新一代人工智能系列教材

模式识别

周杰 郭振华 张林 编著

中国教育出版传媒集团

高等教育出版社·北京

模式识别

周杰　郭振华　张林
编著

1 计算机访问http://abook.hep.com.cn/187933，或手机扫描二维码，下载并安装Abook应用。

2 注册并登录，进入"我的课程"。

3 输入封底数字课程账号（20位密码，刮开涂层可见），或通过Abook应用扫描封底数字课程账号二维码，完成课程绑定。

4 单击"进入课程"按钮，开始本数字课程的学习。

"模式识别"数字课程与纸质教材一体化设计，紧密配合。数字课程包含电子教案及相关素材，拓展了教材内容。在提升课程教学效果的同时，为学生学习提供思维与探索的空间。

课程绑定后一年为数字课程使用有效期。受硬件限制，部分内容无法在手机端显示，请按提示通过计算机访问学习。

如有使用问题，请发邮件至 abook@hep.com.cn。

扫描二维码
下载Abook应用

http://abook.hep.com.cn/187933

新一代人工智能系列教材编委会

人工智能是引领这一轮科技革命、产业变革和社会发展的战略性技术，具有溢出带动性很强的"头雁效应"。当前，新一代人工智能正在全球范围内蓬勃发展，促进人类社会生活、生产和消费模式巨大变革，为经济社会发展提供新动能，推动经济社会高质量发展，加速新一轮科技革命和产业变革。

2017 年 7 月，我国政府发布了《新一代人工智能发展规划》，指出了人工智能正走向新一代。新一代人工智能 (AI2.0) 的概念除了继续用电脑模拟人的智能行为外，还纳入了更综合的信息系统，如互联网、大数据、云计算等去探索由人、物、信息交织的更大更复杂的系统行为，如制造系统、城市系统、生态系统等的智能化运行和发展。这就为人工智能打开了一扇新的大门和一个新的发展空间。人工智能将从各个角度与层次，宏观、中观和微观去发挥"头雁效应"，去渗透我们的学习、工作与生活，去改变我们的发展方式。

要发挥人工智能赋能产业、赋能社会，真正成为推动国家和社会高质量发展的强大引擎，需要大批掌握这一技术的优秀人才。因此，中国人工智能的发展十分需要重视人工智能技术及产业的人才培养。

高校是科技第一生产力、人才第一资源、创新第一动力的结合点。因此，高校有责任把人工智能人才的培养置于核心的基础地位，把人工智能协同创新摆在重要位置。国务院《新一代人工智能发展规划》和教育部《高等学校人工智能创新行动计划》发布后，为切实应对经济社会对人工智能人才的需求，我国一流高校陆续成立协同创新中心、人工智能学院、人工智能研究院等机构，为人工智能高层次人才、专业人才、交叉人才及产业应用人才培养搭建平台。我们正处于一个百年未遇、大有可为的历史机遇期，要紧紧抓住新一代人工智能发展的机遇，勇立潮头、砥砺前行，通过凝练教学成果及把握科学研究前沿方向的高质量教材来"传道、授业、解惑"，提高教学质量，投身人工智能人才培养主战场，为我国构筑人工智能发展先发优势和贯彻教育强国、科技强国、创新驱动战略贡献力量。

为促进人工智能人才培养，推动人工智能重要方向教材和在线开放课程建设，国家新一代人工智能战略咨询委员会和高等教育出版社于2018 年 3 月成立了"新一代人工智能系列教材"编委会，聘请我担任编委会主任，吴澄院士、郑南宁院士、高文院士、陈纯院士和高等教育出版社林金安副总编辑担任编委会副主任。

根据新一代人工智能发展特点和教学要求，编委会陆续组织编写和出版有关人工智能基础理论、算法模型、技术系统、硬件芯片、伦理安全、"智能 +"学科交叉和实践应用等方面内容的系列教材，形成了理论技术和应用实践两个互相协同的系列。为了推动高质量教材资源的共享共用，同时发布了与教材内容相匹配的在线开放课程、研制了新一代人工智能科教平台"智海"和建设了体现人工智能学科交叉特点的"AI+X"微专业，以形成各具优势、衔接前沿、涵盖完整、交叉融合具有中国特色的人工智能一流教材体系、支撑平台和育人生态，促进教育链、人才链、产业链和创新链的有效衔接。

"AI 赋能、教育先行、产学协同、创新引领"，人工智能于 1956 年从达特茅斯学院出发，踏上了人类发展历史舞台，今天正发挥"头雁效应"，推动人类变革大潮，"其作始也简，其将毕也必巨"。我希望"新一代人工智能系列教材"的出版能够为人工智能各类型人才培养做出应有贡献。

衷心感谢编委会委员、教材作者、高等教育出版社编辑等为"新一代人工智能系列教材"出版所付出的时间和精力。

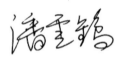

作为人工智能的重要分支，模式识别是一门实践性和理论性紧密结合的学科。其建立在矩阵论、概率论与数理统计等理论知识之上，是声、图、文等信息处理的基础，在人机交互、自动驾驶、工业制造、医学工程和基因技术等方面都发挥着重要作用。

本书是根据教育部印发《高等学校人工智能创新行动计划》与"新一代人工智能系列教材"的基本要求，以探索适合我国高等学校人工智能人才培养的教学内容和教学方法为目标，结合作者长期从事模式识别的研究经验和体会，为适应高等学校人工智能领域的人才培养方案而编写的。

由于模式识别课程的基础是矩阵论、数学分析、概率论等理论性较强的数学课程，在教学过程中需要进行大量的证明推导，一旦基础知识点出现断层，将会给后续的知识理解造成困难。随着人工智能和数据挖掘等新兴技术的高速发展，模式识别相关研究一直处于科技发展的前沿，对跨学科的应用介绍及引导讲解也显得尤为重要。基于以上考虑，本书涵盖了统计决策论、线性分类器、概率密度函数估计等基础知识点，注重公式推导；将经典算法结合前沿技术应用进行介绍，如深度学习在生物特征识别领域的应用等。本书将知识分成基础知识点、经典算法和前沿技术这三个层次进行分层讲解，把重点、难点内容结合实际项目实例进行讲授分析。

本书重视理论与实践的结合，引入了国内外前沿的理论和最新方法，并结合若干应用展开介绍，非常适合高等学校相关专业的本科生和研究生学习基础理论知识、培养工程实践能力。对于本科生，本书可作为专业选修课教材，引导学生对模式识别和人工智能领域的研究产生兴趣。对于研究生，本书可作为专业必修课教材，培养人工智能产业的应用型人才，并为进一步培养研究型人才奠定基础。同时，本书也适合于人工智能领域的创新创业课程，帮助学生了解产业界最新的产品和技术。

本书由周杰、郭振华、张林共同编写。中国科学院自动化所的刘成林研究员和南京理工大学的杨健教授不辞辛劳地认真审阅了书稿，并提出了宝贵的意见。在本书的整理与定稿过程中，还得到了清华大学陈胜杰、兰升、连建彬、桂灏、马晔、刘冀洋、李国球、江邦睿、李尚霖、林澜波等和同济大学张荔郡、刘潇、张天骏、李曦媛、张映艺、赵世雨、黄君豪、朱西宁、朱安琪、陈钧涛等学生们的热情帮助，对本书的部分章节进行了整理和审校。高等教育出版社对本书的出版进行了精心的组织和周密的安排。在此一并致以诚挚的谢意。

由于作者水平有限，书中难免存在谬误或不妥之处，欢迎教师和读者提出宝贵意见。E-mail: 9885128@qq.com。

周杰　郭振华　张林

2022 年 3 月

目录

第1章 绪论

随着 20 世纪 40 年代计算机的出现以及 20 世纪 50 年代人工智能的兴起, 人们希望能用计算机来代替或扩展人类的部分脑力劳动。(计算机) 模式识别在 20 世纪 60 年代迅速发展并成为一门新学科。模式识别技术是人工智能的基础技术, 21 世纪是智能化、信息化、计算化、网络化的世纪, 在这个以数字计算为特征的世纪里, 模式识别研究取得了大量的成果, 在很多地方取得了成功的应用。

模式识别研究主要集中在两方面: 一是研究生物体 (包括人) 是如何感知对象的, 属于认识科学的范畴; 二是在给定的任务下, 如何用计算机实现模式识别的理论和方法。前者是生物学家、心理学家、生理学家和神经生理学家的研究内容, 后者是数学家、信息学专家和计算机科学工作者的研究范畴。本书主要针对后者, 力图结合应用中遇到的一些问题, 系统性地介绍模式识别现有的理论和方法。

为了使读者更好地掌握后面各章的内容, 对这些内容的有效性和局限性有较全面的认识, 本章主要介绍模式识别的一些基本概念和问题, 以利于对模式识别的现状、应用与未来发展有更全面的了解。

1.1 模式和模式识别的概念

人们在观察事物或现象的时候, 常常要寻找它与其他事物或现象的不同之处, 并根据 定的目的把各个相似的但又不完全相同的事物或现象组成一类, 称为模式 (pattern)。字符识别就是一个典型的例子。例如, 数字 "0" 可以有各种写法, 但都属于同一类别。更为重要的是, 即使对于某种写 法的 "0", 以前虽未见过, 也能把它分到 "0" 所属的这一类别。人脑的这种思维能力就构成了 "模式" 的概念。

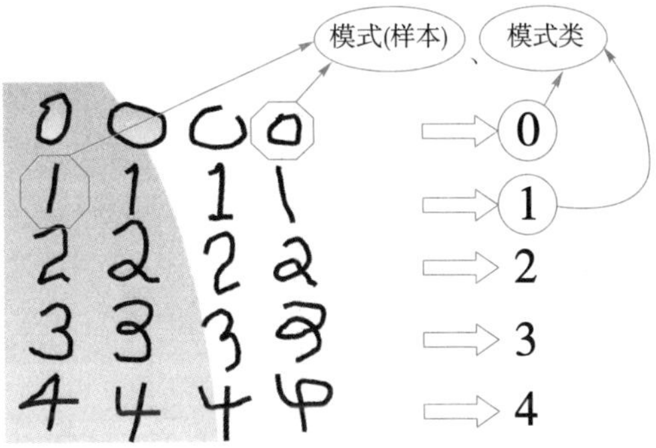

基于模式, 人们在生活中时时刻刻都在进行模式识别 (pattern recognition): 通过视觉, 识别不同人脸; 通过听觉, 理解人们所说的词语或句子; 通过触觉, 可以感受到口袋里是否有钥匙; 通过味觉, 判别食物是牛肉还是鸡肉; 通过嗅觉, 可

图 1.1 样本与模式类关系示例

以判断苹果是否熟了。可见, 人的感觉系统 (sensory system) 正是基于模式识别, 形成物理世界与内在感受之间的变换器, 产生对外在世界的知觉。

在形成某一个抽象 "模式" 概念的过程中, 人们常需要很多具体的模式实例。因此, 通常把模式所属的类别或同一类中模式的总体称为模式类 (或简称为类), 把个别具体的模式称为样本。图 1.1 给出一个示例, 描述样本和模式类的关系。

1.2 模式识别系统

模式识别系统就是通过一定数量的样本, 学习或发现规律, 建立起分类器 (classifier), 完成相应的识别决策。模式识别系统通常由两个过程组成: 设计 (或称学习) 和实现 (或称识别)。设计是指用一定数量的样本 [称为训练集 (training set)] 进行分类器的训练, 在设计模式识别系统时, 需要注意模式类的定义、应用场合、模式表示、计算复杂度等。实现是指用所设计的分类器对待识别的样本进行分类决策。

一个模式识别系统通常主要包括三部分, 即数据采集、数据处理和分类决策或模型匹配。针对不同的应用目的, 模式识别系统三部分的内容可以有很大的差异, 特别是在数据处理和分类决策这两部分。例如, 为了提高识别结果的可靠性往往需要加入知识库 (规则) 以对可能产生的错误进行修正, 或通过引入限制条件大大缩小识别模式在模型库中的搜索空间, 以减少匹配计算量。

一般地, 这三部分的工作原理如下。

1. 数据采集

数据采集是利用各种传感器把被研究对象的各种信息转换为计算机可以接受的数值或符号串集合。习惯上, 称这种数值或符号串所组成的空间为模式空间。现实世界里的研究对象是连续的, 维数是无限的, 而计算机可以处理的数据是经过模拟-数字转换的, 是离散而且有限的。在转换过程中, 不可避免地会造成信息损失, 有时候这样的信息损失会严重影响模式识别系统。例如, 利用黑白相机采集数据, 就难以分辨白玫瑰和红玫瑰。因此, 这一步的关键是传感器的选取。有时候, 还会根据识别系统的结果对采集方法进行校正, 例如, 更换光源或者光的照射角度。

为了从这些数值或符号串中抽取出对识别有效的信息, 必须进行数据处理, 包括预处理、特征提取等。

2. 数据处理

预处理的目的是去除噪声, 加强有用的信息, 并对测量仪器或其他因素造成的退化现象进行复原。数字滤波是预处理中常采用的手段, 用于消除输入数据或信息中的噪声, 排除不相干的信号, 只留下与被研究对象的性质和采用的识别方法密切相关的特征, 如物体的形状、周长、面积等。例如, 在进行指纹识别时, 指纹扫描设备采用合适的滤波算法, 如基于块方图的方向滤波、二值滤波等, 过滤掉指纹图像中不必要的部分。

特征提取是指从预处理后的数据中衍生出有用的信息, 从许多特征中寻找出最有效的特征, 以降低后续处理过程的难度。在对预处理后的这些特征进行必要的计算后, 通过特征选择或基元选择形成模式的特征空间。那么, 如何判断什么特征是最有效的呢? 人类很容易获取的特征, 对于机器来说就很难获取了, 这就是模式识别中的特征选择与提取的问题。特征选择和提取是模式识别的一个关键问题。一般情况下, 候选特征种类越多, 得到的结果应该越好。但是, 由此可能会引发维数灾害 (curse of dimensionality), 即特征维数过高, 计算机难以求解。因此, 数据处理阶段的关键是预处理算法和特征提取方法的选取。不同的应用场合, 采用的预处理算法和特征提取方法, 以及提取出来的特征也会不同。经过数据处理后, 特征空间的维度通常小于模式空间的维度。

3. 分类决策或模型匹配

基于数据处理生成的模式特征空间, 人们就可以进行模式识别的最后一部分, 依据分类的判决规则进行模式分类或模型匹配。该阶段最后输出的可能是模式所属的类型, 也可能是类型空间中与模式最相似的模式编号。有时候, 分类决策后, 还会结合后处理算法, 纠正一些明显的错误。例如文字识别中, 通过后处理, 避免出现 "犬学生" 的情况。通常, 利用一定数量的样本 [称为测试集 (test set)] 统计错误概率, 判断系统是否满足精度需求, 如不满足, 可以重新设计和实现系统。

以树木分类系统为例, 图 1.2 给出实现一个模式识别系统的过程。

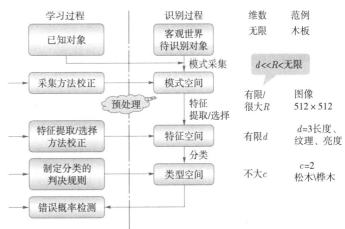

图 1.2　模式识别系统实现过程示例

1.3 模式识别的基本方法

1.3.1 有监督与无监督学习

识别 (recognition) 是一个再认知过程 (re-cognition)。模式识别就是依据训练集再认知，把测试样本归入某一类别的过程。要进行归类，首先要有类存在。通常在设计模式识别系统时，分类标准是人为地从系统外给定的，通过分类器的设计或有监督的学习过程使系统能完成特定的识别任务。这时候，训练集中每个样本的类别已知，或称为有标签 (label)。利用标签信息指导学习的识别方法称为有监督学习 (supervised learning)。例如，老师让学生识别猫和狗，老师分别给了学生 100 张狗和 100 张猫的图片，学生根据带标签样本学习猫和狗的特点，设计分类器。一般来说有监督学习方法可以分为 5 类：模板匹配、句法模式识别、统计模式识别、模糊模式识别和神经网络。

可是，在很多实际应用中由于缺少形成模式类过程的认识，或者由于实际工作中的困难 (例如给样本打标签成本很高)，人们往往只能用没有类别标签的样本集进行工作，这就是通常所说的无监督学习方法 (unsupervised learning)。一般来说无监督学习方法可以分成两大类，基于概率密度函数估计的直接方法和基于样本间相似性度量的间接聚类方法 (clustering)。不论是哪一种方法，在把样本集划分为若干个子集 (类别)后，人们或者直接用它们解决分类问题，或者把它们作为训练样本集，用有监督学习方法进行分类器设计。例如，老师让学生识别猫和狗，给了学生 200 张包含猫和狗的图片，但每张图片没有指明是猫还是狗，学生可以先聚成 2 类，然后根据聚类结果，设计分类器。但聚类过程中，可能误将一张猫的图片聚到狗的图片集里，误导分类器。所以通常情况下，无监督学习效果不如有监督学习。

半监督学习 (semi-supervised learning)，是有监督学习与无监督学习相结合的一种学习方法。半监督学习使用大量的未标记数据，以及同时使用少量的标记数据，来进行模式识别工作。使用半监督学习时，能充分利用大量无标签数据，同时又可以减少对样本打标签的要求，能够取得比较高的准确性。例如，老师让学生识别猫和狗，给了学生 200 张包含猫和狗的图片，但由于时间关系，只给其中的 20 张图片标记了类别。学生可以用不同方法将图片先聚成 2 类，然后根据已知标签的图片，判断不同方法的聚类质量，选择最优的聚类结果，基于此设计分类器。

1.3.2 有监督模式识别方法分类

有监督模式识别方法根据特点可以大概分为以下 5 类方法。

1. 模板匹配 (template matching)

主要依据"照葫芦画瓢"的思想, 如图 1.3 所示。模板匹配是一种最原始、最基本的模式识别方法。例如, 研究某一特定对象物的图案位于图像的什么地方, 进而识别对象物, 这就是一个匹配问题, 它是图像处理中最基本、最常用的匹配方法。模板匹配具有自身的局限性, 主要表现在它只能应对平移、旋转等刚性变换, 若原图像中的匹配目标发生非刚性变换, 该算法无效。

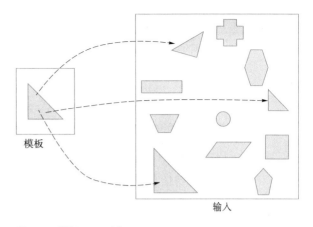

图 1.3 模板匹配示例

2. 句法模式识别 (syntactic pattern recognition)

句法模式识别法亦称结构模式识别方法 (structural pattern recognition) 或语言学方法 (linguistics method)。把被识别的模式 (样本或图形) 按其结构组合成一定的语句, 然后用句法模式识别法确定其属于哪一个类别。这种方法把一个模式描述为较简单的子模式的组合, 子模式又可描述为更简单的子模式的组合, 最后得到一个树形的结构描述, 在底层的最简单的子模式称为模式基元 (primitive), 如图 1.4 所示。基元代表模式的基本特征, 不应含有重要的结构信息。这种以一组基元和它们的组合关系来描述模式的形式, 称为模式描述语句。这相当于在语言中, 字符组合成词, 词组合成短语和句子一样。基元按照语法规则组合成模式。因此, 一旦基元被鉴别, 识别过程即可按句法分析进行, 即分析给定的模式语句是否符合指定的语法, 满足某类语法的模式即被分入该类。句法模式识别理论是早期汉字识别研究的主要方法, 其思想是先把汉字图像划分为很多个基元组合, 再用结构方法描述这些基元组合所代表的结构和关系,

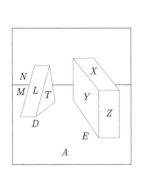

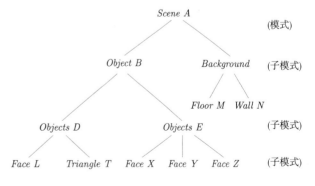

图 1.4 句法模式识别示例

优点是对字体变化的适应性强, 区分相似字能力强, 但由于抗干扰能力差, 从汉字图像中精确地抽取基元、轮廓、特征点比较困难, 匹配过程复杂, 逐渐被其他方法替代。

3. 统计模式识别 (statistical pattern recognition)

统计模式识别方法也称为决策论模式识别 (decision pattern recognition) 方法, 它是从被研究的模式中选择能足够代表它的若干特征 (假设有 d 个特征), 每一个模式都由这 d 个特征组成的在 d 维特征空间的一个 d 维特征向量来代表, 于是每一个模式就在 d 维特征空间占有一个位置。一个合理的假设是同类的模式在特征空间相距较近, 而不同类的模式在特征空间相距较远。如果用某种方法来分割特征空间, 使得同一类模式大体上都在特征空间的同一个区域中, 对于待分类的模式, 就可根据它的特征向量位于特征空间中的哪一个区域而判定它属于哪一类模式。一般直接利用各类的分布特征, 即利用各类的概率分布函数、后验概率或隐含地利用上述概念进行分类识别, 包括判别类域界面法、统计判决等。统计模式识别方法很多, 通常较为有效, 已形成了完整的体系, 有比较好的数学表达形式, 技术理论比较完善, 但一般假设数据满足某一特定分布, 方法对数据分布有一定依赖性。图 1.5 给出常见的统计模式识别流程图。

统计模式识别还发展出了一种新的模式识别方法 —— 支持向量机 (support vector machine, SVM)。支持向量机是在分类与回归分析中进行数据分析的有监督学习模型。给定一组训练样本, 每个训练样本被标记为属于两个类别中的一个或另一个, SVM 训练算法创建一个将新的样本分配给两个类别之一的模型, 使其成为非概率二元线性分类器。SVM 模型是将样本表示为空间中的点, 这样分类器就使得单独类别的样本被尽可能宽的明显的间隔分开。除了进行线性分类之外, SVM 还可以使用核技巧 (kernal trick) 有效地进行非线性分类, 将其输入隐式映射到高维特征空间中。

4. 模糊模式识别 (fuzzy pattern recognition)

人类对模式识别过程的机理仍然不是很清楚。对具体事物的识别主要是心理现象, 对抽象事物的识别主要是思维现象。一个人对于具体事物的认识, 涉及人与客观事物在人类感官中所引起的刺激之间的关系。当一个人感受到一个模式时, 他把此感觉与他从自己过去的经验中得来的一般概念或线索结合起来, 并做出归纳性的推理判断。由于客观事物的特征存在不同程度的模糊性, 结合这种模糊性, 模糊识别技术应运而生。

1965 年, 美国著名控制论专家、加利福尼亚大学 Lotfi A. Zadeh 教授

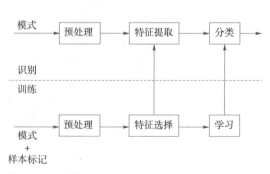

图 1.5 统计模式识别流程示例

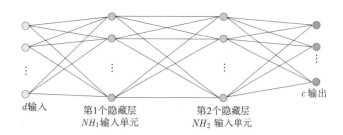

图 1.6　神经网络示例

d 输入　　第1个隐藏层 NH_1 输入单元　　第2个隐藏层 NH_2 输入单元　　c 输出

提出模糊集 (fuzzy sets) 概念, 建立了模糊集理论, 创造了研究模糊性或不确定性问题的理论方法。以此为理论基础, 模糊模式识别等应用学科得以发展。模糊模式识别是对统计和句法识别方法的有力补充, 在模式识别中引入模糊数学方法, 用模糊技术来设计模式识别系统, 能对模糊事物进行识别和判断, 试图广泛、深入地模拟人脑的思维过程, 从而对客观事物进行有效的分类与识别。

5. 神经网络 (neural network)

神经网络也称为人工神经网络 (artificial neural network, ANN) 或称作连接模型 (connectionist model), 它是一种模仿动物神经网络行为特征, 进行分布式并行信息处理的算法数学模型。这种网络依靠系统的复杂程度, 通过调整内部大量神经元之间相互连接的关系, 从而达到处理信息的目的, 如图 1.6 所示。神经网络的发展最早可以追溯到 1943 年, 心理学家 Warren S. Mcculloch 和数理逻辑学家 Walter Pitts 在分析、总结神经元基本特性的基础上首先提出神经元的数学模型。此模型沿用至今, 并且直接影响着这一领域研究的进展。1958 年就职于康奈尔航空实验室的 Frank Rosenblatt 发明了感知器 (perceptron), 一种由两层神经元组成的神经网络。在 "感知器" 中, 有两个层次: 分别是输入层和输出层。输入层里的 "输入单元" 只负责传输数据, 不做计算。输出层里的 "输出单元" 则需要对前面一层的输入进行计算。它可以被视为一种最简单形式的前馈神经网络, 是一种二元线性分类器。1969 年, Hyman Minsky 指出感知器无法解决异或 (XOR) 问题, 由于 Hyman Minsky 的巨大影响力以及其 *Perceptron* 书中表达的悲观态度, 让很多学者和实验室纷纷放弃了神经网络的研究。后来有学者发现增加一个计算层以后, 多层感知器 (multilayer perceptron, MLP) 不仅可以解决异或问题, 而且具有非常好的非线性分类效果。不过 MLP 的计算是一个问题, 当时没有较好的解法。直到 1986 年, David E. Rumelhart 等人提出了反向传播 (backpropagation, BP) 算法, 解决了多层神经网络所需要的复杂计算量问题, 从而带动了工业界研究 MLP 的热潮。但在 20 世纪 90 年代, MLP 遇到来自更为简单的 SVM 的强劲挑战。

回顾神经网络的发展, 经历过几次低谷, 在相当长的时间里, 统计模式识别占据主导地位, 直到 2006 年 Geoffrey Hinton 等人在传统神经网络基础上, 提出了深度学习 (deep learning) 概念, 并在 2012 年的大型图像识别比赛 ImageNet 里取得第一名。伴随着有标签数据的增长和 GPU 计算能力的提高, 近年来, 深度学习在模式识别很多领域取得了重大突破, 占据着主导地位。深度学习的基本原理 "简单、粗暴", 不需要假定数据分布, 没有严格数学推导, 根据给定的输入和输出, 建立识别模型。因此, 如何破解深度学习的 "黑盒子", 使其更好地具有解释性, 从 "记忆" 向 "智能" 发展, 是深度学习亟待解决的问题。

除了上述方法, 还有一些混合方法, 如分类器组合 (classifier combination)、混合专家系统 (mixture of experts)、证据累积 (evidence accumulation) 等。这些方法主要依据 "三个臭皮匠, 赛过诸葛亮" 的思想, 在原始数据、特征、决策等不同层面进行信息融合, 提高识别系统性能或鲁棒性。

1.4 关于模式识别的一些基本问题

1. 泛化能力 (generalization ability)

泛化能力是指分类器对测试样本的适应能力。训练时可以发现隐含在数据背后的规律, 对具有同一规律的训练集以外的数据, 经过训练的分类器也能给出合适的输出, 该能力称为泛化能力。

例如, 利用长度特征和重量特征, 根据训练样本学习分类器, 试图将三文鱼和海鲈鱼区分开。图 1.7 给出一个泛化能力好的示例图: 大部分训练样本能正确识别, 且分类器决策界面 (decision boundary) 比较简单。

2. 过拟合 (over-fitting)

过拟合问题是指分类器的训练误差过小, 反而导致在测试样本上性能不佳。一般情况下, 产生过拟合问题的原因是采用了结构过于复杂的分类器。当分类器的结构过于复杂时, 训练得到的模型会对样本过度拟合, 甚至将样本中

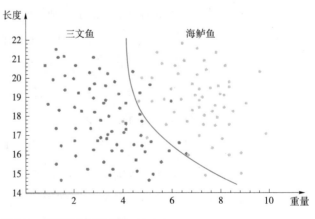

图 1.7　泛化能力好的示例

的噪声都学习到, 这便会导致过拟合现象。

图 1.8 是一个过拟合情况示例。问号所在区域本属于三文鱼, 但由于噪声等原因, 在问号左下方存在一条海鲈鱼, 为了使训练样本都能正确识别, 分类器决策界面非常复杂。这样得到的分类器虽然可以在训练集上得到很好的效果, 但问号所在区域的测试样本将无法正确识别。

3. 欠拟合 (under-fitting)

欠拟合问题是指分类器结构简单, 学习能力不足, 模型很难拟合数据的真实分布, 训练误差过大。

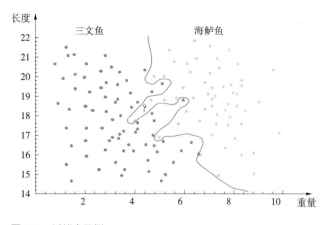

图 1.8　过拟合示例

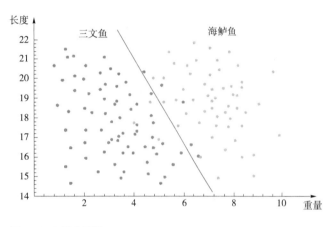

图 1.9　欠拟合示例

如图 1.9 是一个欠拟合情况示例。同图 1.7 和图 1.8, 利用长度特征和重量特征, 将三文鱼和海鲈鱼分开。但分类器过于简单, 分类器决策界面未能准确区分很多训练样本, 难以满足实际问题的需要。

对比图 1.8 和图 1.9, 图 1.7 决策界面可以比较好地区分三文鱼和海鲈鱼, 复杂程度也介于前两者之间。虽然图 1.7 训练误差高于图 1.8, 但对训练集以外的数据, 具有比较好的鲁棒性; 虽然图 1.7 决策界面比图 1.9 略复杂, 但能够比较好地反映三文鱼和海鲈鱼的分布。

4. 验证集 (validation set)

理论上来说, 当分类器足够复杂, 针对训练集, 可以取得足够小的训练误差, 但这时容易产生过拟合现象。因此, 常常将原有训练集拆分出来一部分做验证集, 构建一个不重叠的验证集和训练集, 根据验证集的误差, 选择合适的分类器, 避免出现过拟合。以神经网络为例, 如图 1.10 所示, 随着网络训练时间变长, 训练误差逐渐减少, 但此时陷入过拟合, 测试集准确性可能变差。观察验证集的准确性变化, 让网络在适当的时候终止学习, 可以有效避免过拟合现象。

当训练集和测试集都较少时, 分类器正确率容易受个别样本影响, 产生波动。为了得到可靠的统计结果, 常采用交叉验证 (cross-validation) 的方式。交叉验证, 有的时候也称作循环估计 (rotation esti-

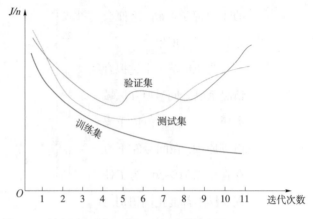

图 1.10 神经网络训练、验证、测试误差示意图

mation), 是一种统计学上将样本集切割成较小子集的实用方法。该理论由 Seymour Geisser 提出。在给定的样本集中, 拿出大部分样本建立模型, 留小部分样本用刚建立的模型进行预测, 并求这小部分样本的预测误差。这个过程一直进行, 直到所有的样本都被预测了一次而且仅被预测一次。常见的做法包括 K 折交叉验证 (K-fold cross-validation) 和留一验证 (leave-one-out cross-validation)。前者将样本集分割成 K 个子集, 一个单独的子集被保留验证模型, 其他 $K-1$ 个子集用来训练, 交叉验证重复 K 次, 每个子集验证一次, 平均 K 次的结果或者使用其他结合方式, 最终得到一个统计结果; 后者只使用原样本集中的一个样本来做验证, 而剩余的则留下来做训练, 这个步骤一直持续到每个样本都被验证一次。事实上, 这等同于 K 折交叉验证, 其中 K 为样本个数。

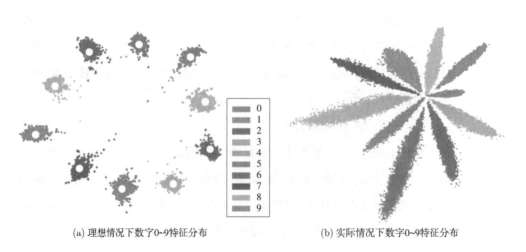

(a) 理想情况下数字0~9特征分布　　　(b) 实际情况下数字0~9特征分布

图 1.11　数字 0~9 特征分布

5. 类别可分离性 (class separability)

对分类器设计来说, 使用什么样的特征描述事物, 也就是说使用什么样的特征空间是个很重要的问题。因此, 分析各种特征的有效性并选出最有代表性的特征是模式识别系统设计的关键步骤。如图 1.7 所示, 利用长度和重量特征, 可以较好地区分三文鱼和海鲈鱼; 而如果用鱼鳍的数量, 可能无法将两者分开。

可见, 识别三文鱼和海鲈鱼时, 长度和重量的类别可分离性高而鱼鳍的类别可分离性低。类别可分离性判据主要有距离、概率分布、熵函数等, 其中, 距离是最常见的判据。

6. 类内距离 (intraclass distance) 与类间距离 (interclass distance)

当设计一个模式识别系统时, 人们期望通过特征提取或选择以后, 样

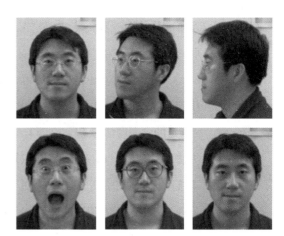

图 1.12　同一个人变化大示例

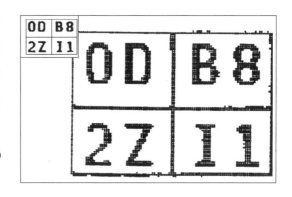

图 1.13　不同字符相似示例

本的分布可以如图 1.11(a) 所示, 同类样本非常紧凑, 不同类样本间隔很大。而实际情况可能如图 1.11(b) 所示, 同类样本分布松散, 不同类样本间隔不大, 甚至出现重叠。

造成这种现象的主要原因是类内变化和类间相似。如图 1.12 所示, 即使是同一个人, 可能存在不同表情、姿态等变化, 类内距离较大。另一方面, 如图 1.13 所示, 不同字符之间, 差异可能很小, 类间距离较小。类内距离和类间距离通常又是相互矛盾的, 因此, 模式识别的核心就是在两者之间寻求最优方案, 期望降低类内距离, 同时提升类间距离。

1.5　关于本书的内容安排

本书将从直观、基础核心的内容开始安排下面的章节, 首先简单介绍模板匹配 (第 2 章) (最直观的方法) 和基于统计决策的分类法 (第 3 章) (最基础核心的方法)。然后,

基于前面的内容和关联性, 例如, 高斯密度假设下的贝叶斯决策与线性判别函数有关联, 分别介绍线性判别函数 (第 4 章)、非线性判别函数 (第 5 章)、特征选择与提取 (第 6 章)、统计学习理论与 SVM (第 7 章)。接下来从统计模式识别拓展到聚类 (第 8 章)、模糊模式识别 (第 9 章) 和结构模式识别 (第 10 章)。并从基本的人工神经网络 (第 11 章) 延伸到深度学习 (第 12 章)。最后以生物特征识别这一应用领域为依托, 介绍一些方法的应用 (第 13 章), 希望通过这些应用实例使读者对模式识别方法在一维信号和二维图像识别中的运用有一个更直观的认识, 同时也可以了解到利用信号处理和图像处理技术获取模式识别的特征的一些常用方法。当然, 由于篇幅和本书的目的所限, 对这些例子的介绍只能是较简单的, 仅供读者参考。

第 2 章 模板匹配

2

2.1 模板匹配介绍

2.1.1 模板匹配基本概念

模板匹配是一种最基本、最原始的模式识别方法。如图 2.1 所示, 早在 1928 年, 奥地利学者 Gustav Tauschek 就申请了一种基于模板匹配的光学字符识别 (optical character reader, OCR) 专利。模板匹配是指给定一些参考模式 (模板) 并判断目标模式 (测试模式) 与哪一种参考模式最佳匹配。这些模式可以是手写的字符, 也可以是语音中的音节、图片中的物体、视频中的动作等。

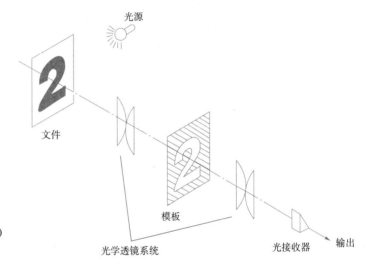

图 2.1　Gustav Tauschek 申请的 OCR 专利

模板匹配作为机器的模式识别方法被提出。使用该方法时需要获取并定义参考模式, 更一般地, 可以使用一些向量或矩阵来描述参考模板的特征并且制定一种衡量目标模式与参考模式之间相似程度的测度或指标, 通过计算来判断目标与模板之间的匹配程度。

此外, 模板匹配也常用于解释人或动物的模式识别。人在长时间的记忆中, 存储着生活中各类外部模式的 "模板", 当人的感官接收到外界的信号或刺激时, 大脑开始搜索最佳匹配模板, 从而对接收到的信号加以解释和/或其他加工, 实现对外界的认知。例如, 游览动物园时看到大象, 视网膜得到视觉信号后, 通过判断,"大象" 的模板与之匹配, 从而不会将其识别为犀牛或者长颈鹿。

2.1.2　应用举例

模板匹配有着相当广泛的应用。如文字与字符识别、视频中物体跟踪等。本小节中将从模板匹配相似程度设计与计算、模板选择与确定, 以及场景中的应用角度给出一些具体应用实例。

1. 印刷体数字识别

印刷体字符形态规范, 相对手写体字符往往更容易识别。印刷体数字识别应用也十分常见, 如车牌识别、银行卡号识别等。使用图 2.2(a) 中所示的印刷体数字字体, 印刷成实体后经由相机拍摄采集, 需要对照片中的数字识别。方便起见, 已经将照片中数字提取对齐、尺寸规范化, 并进行二值化处理作为目标图像, 一般来说, 由于拍摄时光线影响以及相机分辨率影响, 其二值化结果一般带有 "毛边", 但整体形状仍具有可识别性, 如图 2.2(b) 所示。

识别过程中, 可以将目标图像与印刷体字符模板逐个进行对比, 如图 2.2(c) 所示, 可统计模板图与目标图相交像素的数目。尽管图 2.2 中没有给出示例, 考虑如数字 5 和数字 6, 印刷体字符为 5 与目标图字符为 6, 或印刷体字符为 6 与目标图字符为 5 时, 其相交像素情况极有可能完全一致。因此, 仅仅依靠相交像素数目作为判断匹配成功依据是不严格的。因此, 可以采用 IoU (intersection over union, 概念同 Jaccard 系数) 指标, 使用采集图与目标图相交集合像素数和其并集像素数比值判断匹配情况。最终, 根据目标图与模板图的匹配程度确定识别结果。

2. 汉字识别

国标一二级字库 (GB2312) 中共收录 6 763 个常用汉字与次常用汉字, 对于形态规范的印刷体汉字, 通常可以采用模板匹配的方式进行识别。需要思考如何设置模板以能够快速执行模板匹配, 从而识别文字。

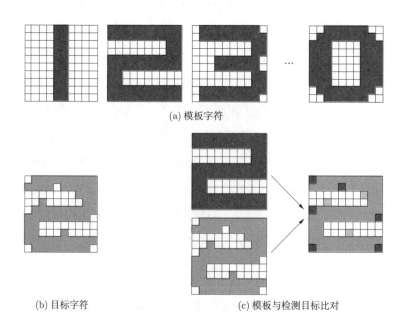

(a) 模板字符

图 2.2　印刷体数字识别　　　　　　(b) 目标字符　　　　　　(c) 模板与检测目标比对

思路 1: 完整汉字作为模板。这意味着需要全部 6 763 个模板, 每识别一个汉字需要遍历全部模板。识别效率可能较低, 模板存储空间也会较大。

思路 2: 采用偏旁部首和独体字作为模板。汉字中常见两百余个偏旁部首, 对于一个非独体字的汉字, 通常可按照偏旁部首拆成多个 "零件", 如图 2.3 所示。使用这些 "零件" 作为模板, 可以有效地提高匹配效率, 并减少模板存储空间。

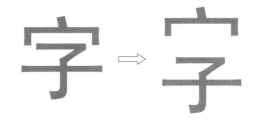

图 2.3 汉字按偏旁部首拆分

思路 3: 采用基本笔画作为模板。汉字是由简单的笔画构成的, 更一般的来说, 可以将笔画归纳为 "横" "竖" "撇" "捺" 四种, 其中 "撇" 和 "捺" 用于描述 45 度角方向的笔画。基于这种思路进行模板匹配, 可以将目标汉字简化成笔画的编码。当然, 由于存在一些笔画完全相同的汉字, 如 "土" "士" "干", 基于模块化思想设计模板匹配的汉字识别, 将目标文字可能的范围有效缩减后还需要进一步识别确定。假设能够获取文字书写过程的笔画顺序, 模板匹配后有序的笔画编码更能提高识别文字的效率。

3. 序列图像的目标跟踪

一般在序列图像的初始帧中通过目标检测算法或人工选框标记的形式标定待跟踪物体, 并通过计算实现目标跟踪。模板匹配的思想应用于目标跟踪问题, 主要以相关滤波 (correlation filter) 的形式为主。

空间域下的跟踪相关滤波数学形式以式 (2–1) 给出, 其中 g 表示某时刻的输入图像帧, f 是该时刻的检测模板, 通过相关 (卷积) 计算, 获得该时刻响应图 r, 并根据响应图中极大值位置从而获得该时刻跟踪目标的位置。当然, 根据相关 (卷积) 计算的性质, 可以将计算转换到频域空间相乘关系以加速计算, 如式 (2–2), 其中 G、F 和 R 分别描述图像帧、模板和响应图的频域情况。

$$r = g \otimes f \tag{2-1}$$

$$R = G * F \tag{2-2}$$

定位物体的检测模板 $F(f)$ 一般根据第一帧图像中物体检测或标记的位置选取计算获得。为了适应跟踪过程中目标的小幅度形变或亮度改变, 一般会在跟踪过程中不断计算并更新模板。同时为了防止跟踪目标被遮挡等影响, 检测模板更新会拥有 "学习率" 的概念, 每一帧对模板的调整是微小的。

考虑到本小节以介绍模板匹配应用场景为目的, 算法的实现细节不占用过多篇幅叙述, 更具体的相关内容可自行查阅了解 MOSSE[①] 算法或 KCF[②] 算法。

2.1.3　相似度度量

相似度是衡量目标模式与模板匹配程度的重要指标。最基本的方法可以使用范数来计算目标与模板之间的误差关系来描述其相似程度, 其误差越小则目标模式与模板越匹配。假设考虑二维连续模型情况下的目标 g 和模板 f, 假设某时刻模板移动至位置 (i, j), D 为此时刻模板覆盖的有效范围。无穷范数形式的相似度 R 可描述为式 (2–3), 以获得模板和目标模式之间相似关系。以一范数形式计算相似度由式 (2–4) 给出, 即对模板有效范围内求取检测误差绝对值积分。

$$R(i,j) = \max_{(x,y)\in D} |f(x-i,y-j) - g(x,y)| \qquad (2\text{–}3)$$

$$R(i,j) = \iint\limits_{(x,y)\in D} |f(x-i,y-j) - g(x,y)| \qquad (2\text{–}4)$$

以式 (2–5) 所示的二范数形式描述模板与目标模式误差关系式时, 可以展开得到式 (2–6) 形式, 其中, 被加数第一项固定不变, 假设被加数第三项在模板移动过程中变化不大, 即目标模式空间内变化平缓时, 可进一步使用式 (2–7) 作为相似度衡量指标。当然, 从误差形式的相似度计算转换为相关运算形式的相似度计算, 式 (2–7) 的计算结果越大, 则模板和目标模式的匹配程度越高。

$$R(i,j) = \iint\limits_{(x,y)\in D} [f(x-i,y-j) - g(x,y)]^2 \qquad (2\text{–}5)$$

$$R(ij) = \iint\limits_{(x,y)\in D} f(x,y)^2 - 2\iint\limits_{(x,y)\in D} f(x-i,y-j)g(x,y) + \iint\limits_{(x,y)\in D} g(x,y)^2 \qquad (2\text{–}6)$$

$$R(i,j) = \iint\limits_{(x,y)\in D} f(x-i,y-j)g(x,y) \qquad (2\text{–}7)$$

考虑更一般的由离散像素点组成的图像场景, 使用离散二维矩阵描述模板与目标模式, 可以对式 (2–7) 重写为离散形式:

$$R(i,j) = \sum_x \sum_y f(x-i,y-j)g(x,y) \qquad (2\text{–}8)$$

值得注意的是, 在获得式 (2–7) 的相关运算形式时, 进行了条件假设, 这意味着以式 (2–7) 或式 (2–8) 计算时, 面临着结果对目标模式 g 局部敏感的问题。如对灰度图中的物体识别时, 模板移动至图像中较亮区域 (g 较大) 时, 其计算 R 值则很大概率比

---

① BOLME D, BEVERIDGE J, DRAPER B, et al. Visual object tracking using adaptive correlation filters[C]// CVPR 2010, IEEE, 2010: 2544-2550.

② HENRIQUES J, CASEIRO R, MARTINS P, et al. High-speed tracking with kernelized correlation filters[J]. IEEE TPAMI, 2015, 37(3): 583-596.

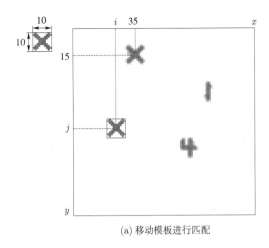
(a) 移动模板进行匹配

(b) 相似度响应图

图 2.4　相似度响应可视化示例

模板移动至图像中较暗区域 (g 较小) 时大, 从而引起误判。为了削弱模板本身 f 的数值、目标模式 g 的数值和范围 D 的面积对相似度 R 无意义的影响, 通过规范化处理, 即获得 "互相关系数" 的形式来计算模板与目标模式的相似程度, 具体为

$$R(i,j) = \frac{\sum\limits_{x}\sum\limits_{y}(f(x-i,y-j)-\overline{f})(g(x,y)-\overline{g})}{\sqrt{\sum\limits_{x}\sum\limits_{y}(f(x,y)-\overline{f})^2}\sqrt{\sum\limits_{x}\sum\limits_{y}(g(x,y)-\overline{g})^2}} \tag{2-9}$$

其中 $\overline{f}$ 和 $\overline{g}$ 表示 f 和 g 的平均值。

图 2.4 给出可视化示例。10×10 大小的模板中带有标准符号 "×", 测试图像中带有采集到的模糊且有噪声的符号 " ×" 及数字 "1" "4", 如图 2.4(a) 所示, 使用模板在测试目标中移动来识别测试图像中的 "×" 及其位置。通过式 (2-9) 互相关系数作为相似度指标, 得到可视化结果如图 2.4(b) 所示, 并根据结果图中最大值位置获得测试图中指定符号 " ×" 位置, 如本例中为 $(35, 15)$。

2.1.4　分类准则

假设对某一个目标样本需要判断其属于备选的 S 个不同种类中的哪一种。为方便讨论, 进一步假设目标模式 g 中仅有一个待分类样本。

模板匹配方法运用到分类问题时, 需要预先选定 S 个标准模板 $\{f_1, f_2, \cdots, f_s\}$。根据选定的相似度计算方法, 使用每一个模板对目标样本进行匹配测试, 从而得到目标模式相似度分布。如使用式 (2-9) 方法获得第 k 个模板检测结果的分布 $R_k(i,j)$, 根据假设情况可使用其相似度分布最大值描述目标模式中与模板的匹配程度, 即 $R_{k\,\max} = \max\{R_k(i,j)\}$, 整理全部 S 个样本匹配情况 $\{R_{1\,\max}, R_{2\,\max}, \cdots, R_{S\,\max}\}$ 并搜索其最优匹配, 若 $R_{K\,\max} = \max\{R_{k\,\max}\}, k = 1, 2, \cdots, S$, 则目标模式属于第 K 类。

关于分类情况的相似度计算, 这里再次观察式 (2–6) 简化为式 (2–7) 的过程, 分类问题时并不是使用唯一模板, 即相似程度的计算将同时受到模板均值、模板面积、目标模式局部均值的影响, 为了去除这些不必要的干扰, 如式 (2–9) 形式的规范化处理显得更为重要。

为了更好地证明规范化处理相似度计算的鲁棒性, 给出假设目标模式 g 具有线性变换后 $g' = ag + b$ 的相似度计算情况, 参数 a, b 为常数。这可以理解为现实中待检测图片采集时光照不同的影响。

去除偏置 b 影响。考虑式 (2–9) 形式相似度计算公式分子部分。式 (2–10) 给出目标模式线性变化前的公式展开情况。式中使用数学期望 E 代替上文中求和, 更强调弱化模板面积的影响, 当然加入相关的分母计算后, 结果与式 (2–9) 形式将完全一致。而式 (2–11) 给出线性变换后的目标模式线性变化前的公式展开情况, 与目标模式线性变换前计算结果具有 a 倍关系。

$$
\begin{aligned}
R_{fg} &= \mathrm{E}[(f - \overline{f})(g - \overline{g})] \\
&= \mathrm{E}[fg] - \overline{g}\mathrm{E}[f] - \overline{f}\mathrm{E}[g] + \overline{f}\,\overline{g} \\
&= \mathrm{E}[fg] - \overline{f}\,\overline{g} \tag{2-10}
\end{aligned}
$$

$$
\begin{aligned}
R_{fg'} &= \mathrm{E}[fg'] - \overline{f}\,\overline{g'} \\
&= \mathrm{E}[f(ag + b)] - \overline{f}\,\overline{(ag + b)} \\
&= a\mathrm{E}[fg] + b\overline{f} - a\overline{f}\,\overline{g} - b\overline{f} \\
&= a(\mathrm{E}[fg] - \overline{f}\,\overline{g}) \\
&= aR_{fg} \tag{2-11}
\end{aligned}
$$

利用方差 (标准差) 作为分母调整消去分子中的比例系数, 式 (2–12)～ 式 (2–14) 给出模板方差、原始目标模式方差和线性变换后目标模式的方差情况。结合分子和分母后, 如式 (2–15), 可知相似度计算结果不变, 这使得在分类或其他模板匹配应用中, 使用规范化处理的相似度计算方法, 能更好地保证识别结果的稳定性。

$$
\sigma_f^2 = \mathrm{E}[f^2] - (\overline{f})^2 \tag{2-12}
$$

$$
\sigma_g^2 = \mathrm{E}[g^2] - (\overline{g})^2 \tag{2-13}
$$

$$
\begin{aligned}
\sigma_{g'}^2 &= \mathrm{E}[g'^2] - (\overline{g'})^2 \\
&= \mathrm{E}[(ag + b)^2] - (\overline{ag + b})^2 \\
&= a^2\{\mathrm{E}[g^2] - (\overline{g})^2\}
\end{aligned}
$$

$$= a^2 \sigma_g^2 \tag{2-14}$$

$$R = \frac{R_{fg'}}{\sigma_f \sigma_{g'}} = \frac{a R_{fg}}{a \sigma_f \sigma_g} = \frac{R_{fg}}{\sigma_f \sigma_g} \tag{2-15}$$

2.1.5　困难和问题

在以上小节的内容和举例中不难发现, 所考虑的模板和目标模式在方向和尺度上需要完全一致。一般来说, 最简单的模板匹配方法对尺度和旋转是不够鲁棒的, 一些改进, 如多分辨率金字塔方法, 将会大大增加计算量, 降低识别效率。现实世界中, 假设物体三维空间旋转后再投影, 单一的模板匹配很难完成需要的识别工作, 例如, 使用人脸正面模板去识别人的侧脸。

实际生活中使用简单的模板匹配进行识别时, 往往很难寻找到合适的模板。以印刷体文字识别为例, 抛去尺度和角度问题, 不同字体之间笔画位置存在差异, 这使得选取某一种字体的文字作为模板时对其他字体识别时容易产生误差。此外, 笔画的粗细也会对匹配产生影响。在一些更复杂的场景中, 如手写体文字, 则更难使用简单模板匹配完成识别。

模板匹配方法尽管有着诸多限制和困难, 但其作为最基本的模式识别方法之一, 其思想上仍有着重要的作用, 为其他方法提供借鉴或者在特定应用场景应用。例如, 可以对样本进行归一化处理, 然后利用模板匹配, 或者设计动态模板以适应渐变的情况。

2.2　变形模板匹配

2.2.1　变形模板基本概念

在 2.1 节中的讨论可以知道, 简单的模板匹配问题一般需要待检测的目标模式与模板中的模式高度一致才会获得较高的相似度计算结果, 实际应用中很难满足这样严格的需求。而假设允许目标模式和模板之间有一定变形偏差, 换言之允许模板发生一定的变形, 再通过分析形状特征和变形偏差从而完成匹配任务, 这将能够适应更多的应用场景, 如褶皱面上的文字识别、手写体识别等。

变形模板匹配 (deformable template matching) 也称作弹性匹配 (elastic matching, EM)、柔性模板匹配 (flexible template matching) 或非线性模板匹配, 其基本思想是通过变形获得原型模板的变体再进行匹配计算。如何获得最合适的变形是变形模板匹配方法的关键, 以图像的模板变形为例, 这是一个二维扭曲 (two-dimensional warping, 2DW) 过程。为方便表述, 约定数学符号 f 描述模板模式, 以 $T_{\boldsymbol{w}}$ 描述参数为 $\boldsymbol{w}$ 的变换, 变换后的 $T_{\boldsymbol{w}}(f)$ 将和目标模式 g 进行匹配, 使用代价函数 D 度量变形模板与目标模式的匹配程度, 称为匹配能量 $E_M(\boldsymbol{w})$, 如式 (2-16) 所示。

$$E_M(\boldsymbol{w}) = D(T_{\boldsymbol{w}}(f), g) \tag{2-16}$$

对于匹配能量, 其值越小则匹配度越高。但显然, 仅仅依靠优化匹配能量来定义最佳变形并不合理, 不加限制的变形可能使得获得最优匹配能量的变形模板与其原始模式并不相似。例如, 目标模式为手写数字 "2", 模板原型模式为数字 "1", 形变总能使线条简单的 "1" 变换为 "2" 的形状从而获得最佳匹配, 但这种变形在识别中已经失去意义。因此, 额外约定模板变形能量 $E_D(\boldsymbol{w})$, 对于原型模板变形越严重, 变形代价越大, $E_D(\boldsymbol{w})$ 也就越大。

综合考虑匹配能量与变形能量, 最佳形变参数 $\boldsymbol{w}^*$ 可使用式 (2-17) 表示, 一般来说变形能量在优化过程中被赋予权重系数 C, 用作正则项。

$$\boldsymbol{w}^* = \underset{\boldsymbol{w}}{\arg\min}\{E_M(\boldsymbol{w}) + CE_D(\boldsymbol{w})\} \tag{2-17}$$

概括来说, 使用变形模板匹配在给定原型模板基础上具有以下 2 个重要因素:

- 原型模板变形方法 (参数 $\boldsymbol{w}$);
- 变形策略优化 (优化两个能量函数)。

2.2.2 弹性匹配

使用变形模板弹性匹配时, 需要选择具有代表性的原型模板。例如, 当目标模式具有典型的形状特征时, 原型模板可选择相应形状类的平均形状。选定模板后可以根据式 (2-17) 进行弹性匹配, 求解出最佳的变形参数 $\boldsymbol{w}^*$ 进而获得变形模板与目标模式的最佳匹配。本小节将着重介绍关于模板变形方法, 即如何获取变形模板, 并且介绍弹性匹配中的匹配能量和变形能量具体形式。

1. 变形方法

这里考虑模板的二维变形 (2DW), 数学化表示为式 (2-18)。对于二维图形范围归一化到 $[0,1]$ 的连续坐标 (x, y), 其偏移量描述为 $(\Delta^x(x, y), \Delta^y(x, y))$。

$$(x, y) \to (x, y) + (\Delta^x(x, y), \Delta^y(x, y)) \tag{2-18}$$

偏移的获得方法没有严格限制, 即可使用不同函数完成变形映射, 在这里给出一种方法示例, 具体为:

$$\Delta^x(x, y) = \sum_{m=1}^{M} \sum_{n=1}^{N} w_{mn}^x e_{mn}^x(x, y) \tag{2-19}$$

$$\Delta^y(x, y) = \sum_{m=1}^{M} \sum_{n=1}^{N} w_{mn}^y e_{mn}^y(x, y) \tag{2-20}$$

(a) 原型模板

(b) 原型模板的轮廓

(c) 不同变形参数的变形结果

(d) 不同变形参数的变形结果

(e) 不同变形参数的变形结果

(f) 不同变形参数的变形结果

图 2.5　不同变形参数的变形结果示意

$$e_{mn}^x(x,y) = a_{mn}\sin(\pi nx)\cos(\pi my) \tag{2-21}$$

$$e_{mn}^y(x,y) = a_{mn}\cos(\pi mx)\sin(\pi ny) \tag{2-22}$$

选的正整数参数 m 和 n, 基函数 $e_{mn}^x(x,y)$ 与 $e_{mn}^y(x,y)$ 中归一化系数 a_{mn} 具体为

$$a_{mn} = \frac{1}{\pi^2(n^2+m^2)} \tag{2-23}$$

系数 w_{mn}^x 与 w_{mn}^y 是参数矩阵 $\boldsymbol{w}$ 中的具体元素, 在给出固定 m,n 时将决定最终的变形效果。对于实际像素离散化的图像变形, 以上映射函数计算时也应当相应量化处理。如图 2.5 所示, 当 $m = n = 1$ 时, 不同 $\boldsymbol{w}$ 参数时的变形效果示意。

2. 匹配能量

匹配能量也称作外部能量, 描述变形模板和目标模式之间的匹配情况, 其匹配能量越小则匹配时误差越小, 匹配越精确。其计算方法也并不唯一, 以下给出一种对于变形轮廓模板时用以计算匹配能量的方法示例:

$$E_M(\boldsymbol{w},\theta) = \frac{1}{N_w}\sum_{x,y}\left(1 + \Phi(x,y)\left|\cos(\beta(x,y))\right|\right) \tag{2-24}$$

其中, θ 为描述变形模板的位置、方向和缩放的参数, N_w 是变形模板上的像素数量。方法关注变形模板中像素 (x,y) 和在目标模式中与其空间距离最近点, $\Phi(x,y)$ 作为变形模板轮廓像素与最近点之间的距离能量函数:

$$\Phi(x,y) = -\exp(-\rho(\delta_x^2 + \delta_y^2)^{1/2}) \tag{2-25}$$

ρ 为常数参数, (δ_x,δ_y) 描述模板像素 (x,y) 与其最近点位移, 以及 $\beta(x,y)$ 描述模板像素 (x,y) 与其最近点处切线夹角。

3. 变形能量

变形能量描述模板变形程度, 通常与目标模式无关, 故也称作内部能量。变形能量期望最小。对于上文中介绍的变形策略而言, 计算变形能量一种合理的选择可以是:

$$E_D(\boldsymbol{w}) = \sum_m \sum_n [(w_{mn}^x)^2 + (w_{mn}^y)^2] \tag{2-26}$$

在原型模板没有发生形变, 即 $\boldsymbol{w} = 0$ 时, 变形能量取得最小值为零, 符合我们的认知。当然, 根据变形策略的不同, 变形能量的设计也并不唯一。

2.2.3 变形模板应用

相较于普通模板匹配方法的诸多限制, 变形模板匹配通常更能适应目标模式的非线性形变从而可以用于解决更复杂场景下的问题。下面将对一些使用变形模板匹配的实际应用简单介绍。

1. 手写数字识别

手写体字符相对于印刷体字符而言没有固定规范的形态, 通常不易使用普通的模板匹配进行识别。手写体数字作为手写体字符中具有代表性的问题在实际生活中用于诸多应用场景, 如信件手写的邮政编码识别以加快信件的分拣效率。

手写体数字识别有着大量相关研究, 变形模板匹配也被应用到其中。Anil K. Jain 等人对于模板字符和目标字符匹配上, 除了优化匹配能量和变形能量, 额外考虑了 Jaccard 距离 J:

$$J(A, B) = 1 - \frac{A \cap B}{A \cup B} \tag{2-27}$$

其中 A, B 表示输入的两个二值图像, 在模板匹配问题中可理解为变形后的模板图像和目标图像。最终的模板与目标匹配距离 D 被描述为:

$$D = \alpha E + (1 - \alpha)J \tag{2-28}$$

能量 E 表示最优变形参数时的匹配能量与变形能量组合, α 是调节组合能量与 Jaccard 距离的比例系数。

使用 NIST 的 200 个手写数字验证识别准确性, 可以每次选取一个样本作为未知类别样本, 其余 1 999 个样本作为已知类别样本, 根据未知样本和已知样本的最短距离进而判断该未知样本的数字类别。值得注意的是, 在两张图片比对时关注样本距离, 而未必一定要指定已知样本才可以是模板, 未知样本只能是匹配目标。一些简单的数字作为模板时更具有 "可塑性", 如数字 "0" 经过变形也容易变换为 "8" 的形态, 这时单向的匹配容易产生误检。而拓扑结构特性复杂的 "8" 则较难变形恢复成 "0", 这意味着变形模板匹配衡量两张图的相似程度时是不对称的, 分别选择两个样本 i, j 中一个作为模板并使另一样本作为匹配目标获得的最终结果 D_{ij} 和 D_{ji} 通常是不同的。在对比两张图片时, 分别作为模板进行匹配获得距离平均值通常更具有代表性。Anil K. Jain

等人的变形模板匹配方法在 NIST 数据集上可获得 99.25% 的准确率。更多实现细节可参考其原始论文[4]。

2. 弹性匹配人脸识别

宽泛的人脸识别, 可以包括在图片中检测出人脸及位置、人脸特征点定位和识别人脸的身份信息等任务, 作为模式识别领域内的重要问题具有广泛的应用场景。在一些早期的人脸识别方法中就有使用模板匹配方法, 以人的眼、鼻、口, 以及整张人脸作为特征, 选取人物数据库中人脸的相关区域作为模板对测试目标图像匹配, 根据匹配情况实现身份认证。这些方法一般对正面人脸有较好效果, 但对人脸角度变换等鲁棒性差。

Martin Lades 等人提出一种使用网格稀疏化描述面部特征并进行弹性匹配人脸识别的方法。在模板人脸上叠加二维网格, 网格节点处赋予其描述附近信息的特征向量, 一般可使用 Gabor 特征。对于目标人脸及附近区域使用更细的网格并使用与模板中相同的方法赋予节点特征。模板和目标的匹配从原始图像层面转至网格节点描述的特征空间匹配, 根据设计的匹配函数, 模板中网格的每一个节点匹配到目标中的某一个节点, 如图 2.6 所示, 这一过程获得原始模板图像中网格每一个节点在目标图像中对应

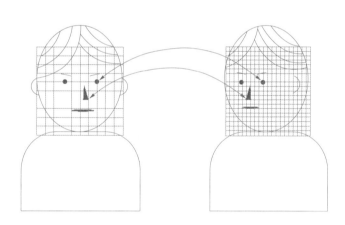

图 2.6　网格化面部特征匹配

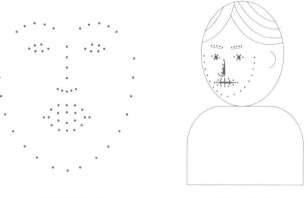

图 2.7　人脸定位点模型　　　　　　　　　　　　　(a) 常用人脸特征点　　　　　　　　(b) 人脸特征点标定示意

的位置, 即直接考虑式 (2–18) 中模板中每一个元素的变形偏移。最终根据目标人脸和全部人脸库中的模板比对相关函数计算结果判断其类别, 实现人脸识别功能。

此外, 使用主动形状模型 (active shape model, ASM) 方法定位人脸特征点也可以理解为一种弹性匹配方法。

不同于与数据库中人脸类别一一比对, 该类方法一般通过对人工标记的训练数据计算获得平均人脸定位点模型, 并以此作为模板, 如图 2.7 所示。匹配过程依据变形模板匹配算法原理。可以根据特征点附近梯度情况或特征点附近特征设计 "匹配能量函数", 从而对模板进行变形。最优的特征点模板变形结果即为最后的人脸特征点定位。

第 3 章　基于统计决策的概率分类方法

3

3.1　相关概率基础

模式识别的目的是要确定某一给定模式属于哪一类 [8]。人们通过对被识别对象的多种观察和测量构成特征向量, 并将其作为某一判决规则的输入, 并依据规则对输入样本进行分类。而在此过程中, 一般来说, 获取模式的观察值的时候, 有以下两种情况。

确定性事件: 确定性事件指事物间有确定的因果关系, 即某事件在一定的条件下必然会发生或者必然不发生。例如, 某世界级乒乓球单打比赛, 两名中国选手进入了决赛, 那么冠军是中国选手就是一个确定性事件。

随机事件: 随机事件指事物间没有确定的因果关系。在许多实际情况中, 由于存在噪声和缺乏测度模式向量的完全信息, 有些观察数据具有不确定的特点, 并不完全属于一类, 只有在大量重复的观察下才会出现某种规律。也就是说, 观察得到的特征具有统计特性, 是一个随机向量。对随机模式向量只能利用模式集的统计特性来进行分类, 以使分类器发生分类错误的概率最小。这就是本章要介绍的统计决策理论 (statistical decision theory)。

统计决策理论一般指的是贝叶斯决策理论, 其核心理论依据就是概率论中的贝叶斯公式。统计决策理论是建立在概率分类的基础之上的, 因此直观地称为 "概率分类法" [9]。在介绍具体的统计决策方法之前, 首先要对有关的概率论知识做一个简单的概述。

1. 概率的定义

设 Ω 是随机实验的基本空间 (所有可能的实验结果或基本事件的全体构成的集合, 也称样本空间), A 为随机事件, $P(A)$ 为定义在所有随机事件组成的集合上的实函数, 若 $P(A)$ 满足:

(1) 对任一事件 A 有: $0 \leqslant P(A) \leqslant 1$;

(2) $P(\Omega) = 1$, 其中 Ω 为事件的全体;

(3) 对于两两互斥的事件, $A_1, A_2, \cdots, A_n$, 有

$$P(A_1 + A_2 + \cdots + A_n) = P(A_1) + P(A_2) + \cdots + P(A_n)$$

则称函数 $P(A)$ 为事件 A 的概率。

2. 概率的性质

(1) 不可能事件 V 的概率为零, 即 $P(V) = 0$;

(2) 对任一事件 A 有 $P(\overline{A}) = 1 - P(A)$;

(3) $P(A \cup B) = P(A) + P(B) - P(AB)$, 其中 $P(AB)$ 是 A、B 同时发生的联合概率。

3. 条件概率

设 A、B 是两个随机事件, 且 $P(B) > 0$, 则称

$$P(A|B) = \frac{P(AB)}{P(B)} \tag{3-1}$$

为在事件 B 发生的条件下事件 A 发生的条件概率。

关于条件概率, 有下面三个重要的结论。

(1) 乘法公式。如果 $P(B) > 0$, 则联合概率

$$P(AB) = P(A|B)P(B) = P(B|A)P(A) \tag{3-2}$$

(2) 全概率公式。设事件 $A_1, A_2, \cdots, A_n$ 两两互斥, 且

$$\bigcup_{i=1}^{n} A_i = \Omega, i = 1, 2, \cdots, n, \quad P(A_i) > 0$$

则对任意事件 B 有

$$P(B) = \sum_{i=1}^{n} P(B|A_i) P(A_i) \tag{3-3}$$

(3) 贝叶斯公式 [10]。在全概率公式的条件下, 若 $P(B) > 0$, 则有

$$P(A_i|B) = \frac{P(A_i B)}{P(B)} = \frac{P(A_i) P(B|A_i)}{\sum_{j=1}^{n} P(A_j) P(B|A_j)} \tag{3-4}$$

4. 统计模式识别理论中常用的两个概率术语

设样本的特征向量 $\boldsymbol{x} \in \mathbb{R}^d$ 是随机向量, 常用的两个术语如下。

(1) 先验概率 (a prior probability) $P(\omega_i)$。它表示 ω_i 类样本出现的概率, "先验" 一词强调的是它是在观察到样本 $\boldsymbol{x}$ 之前就知道的, 与 $\boldsymbol{x}$ 无关。先验概率来自先前的知识和经验, 或基于大量的统计资料, 与现在无关。

(2) 后验概率 (a posterior probability)$P(\omega_i|\boldsymbol{x})$。相比之下, 后验概率是样本 $\boldsymbol{x}$ 属于 ω_i 类的概率。"后验" 一词表示这个概率考虑了被测试事件的相关证据。

例如: 一个二分类问题, ω_1 类表示某地区患有高血压的人群, ω_2 类表示无此病的

人群。那么, 先验概率 $P(\omega_1)$ 表示该地区居民患有高血压的概率, 先验概率 $P(\omega_2)$ 表示该地区居民无此病的概率。这两个值可以通过大量的统计调查得到。

如果采用某种方法检测是否患病, 设 x 表示 "试验反应呈阳性", 那么, $P(x|\omega_2)$ 表示无患者群做该试验时反应呈阳性的概率, $P(\omega_2|x)$ 表示试验呈阳性的人中, 实际上并没有高血压症的概率 (误检率)。

根据贝叶斯公式, 可以得到后验概率、先验概率和类概率密度函数之间的关系为:

$$P(\omega_i|\boldsymbol{x}) = \frac{p(\boldsymbol{x}|\omega_i)P(\omega_i)}{p(\boldsymbol{x})} = \frac{p(\boldsymbol{x}|\omega_i)P(\omega_i)}{\sum_{i=1}^{c} p(\boldsymbol{x}|\omega_i)P(\omega_i)} \qquad (3-5)$$

其中, c 为所有可能的类别数, 类条件概率密度函数 $p(\boldsymbol{x}|\omega_i)$ 反映了在类 ω_i 中观察到特征向量 $\boldsymbol{x}$ 的相对可能性。注意, 本章按照一般教材的惯用法, 用 P 表示概率或离散型随机变量的分布律, 用 p 表示概率密度函数。

3.2　贝叶斯决策

贝叶斯决策论 [11] (Bayesian decision theory) 是统计决策理论中的一个基本方法。用该方法进行分类时, 需要知道各类别总体的先验概率分布以及各类的类条件概率密度。其中, 各类别总体的先验概率分布和各类的类条件概率密度可以从训练样本中估计出来。

3.2.1　最小错误率贝叶斯决策

在一般的模式识别问题中, 人们往往希望尽量减少分类的错误, 即目标是追求最小的分类错误率。从最小错误率的要求出发, 利用概率论中的贝叶斯公式, 就能得出错误率最小的分类决策, 称为最小错误率贝叶斯决策。

先来约定一下要解决的分类问题。假定样本 $\boldsymbol{x} \in \mathbb{R}^d$ 是由 d 维实数特征组成的, 即 $\boldsymbol{x} = (x_1, x_2, \cdots, x_d)^{\mathrm{T}}$, 其中 $(\cdot)^{\mathrm{T}}$ 表示矩阵的转置。可能属于的类别有 c 个, 记作 ω_i, $i = 1, 2, 3, \cdots, c$, c 是已知的。要做的决策是, 对于未知样本 $\boldsymbol{x}$, 判断它属于哪一类。

最小错误率贝叶斯决策规则为:

$$\text{若 } P(\omega_i|\boldsymbol{x}) = \max\{P(\omega_j|\boldsymbol{x}), j = 1, 2, \cdots, c\}, \quad \text{则 } \boldsymbol{x} \in \omega_i \qquad (3-6)$$

虽然后验概率 $P(\omega_i|\boldsymbol{x})$ 可以提供有效的分类信息, 但是在现实任务中这通常难以直接获得。因此, 可以借助贝叶斯公式, 将后验概率转化为类概率密度函数和先验概率的表示, 即式 (3–5)。观察式 (3–5) 可以看到, 分母部分的 $p(\boldsymbol{x})$ 是用于归一化的全概率, 对于给定的样本 $\boldsymbol{x}$, $p(\boldsymbol{x})$ 与类标记 ω_i 无关。因此, 估计 $P(\omega_i|\boldsymbol{x})$ 的问题就转化为

如何基于统计数据来估计先验概率 $P(\omega_i)$ 和类条件密度 $p(\boldsymbol{x}|\omega_i)$ 的问题, 分类规则也可以等价地表示为:

$$若\ p(\boldsymbol{x}|\omega_i)P(\omega_i) = \max\{p(\boldsymbol{x}|\omega_j)P(\omega_j),\ j = 1, 2, \cdots, c\}, \quad 则\ \boldsymbol{x} \in \omega_i \qquad (3\text{-}7)$$

对二分类问题, 该式相当于:

$$若\ p(\boldsymbol{x}|\omega_1)P(\omega_1) > p(\boldsymbol{x}|\omega_2)P(\omega_2), \quad 则\ \boldsymbol{x} \in \omega_1$$

$$若\ p(\boldsymbol{x}|\omega_1)P(\omega_1) < p(\boldsymbol{x}|\omega_2)P(\omega_2), \quad 则\ \boldsymbol{x} \in \omega_2$$

可改写为:

$$若\ l(\boldsymbol{x}) = \frac{p(\boldsymbol{x}|\omega_1)}{p(\boldsymbol{x}|\omega_2)} > \frac{P(\omega_2)}{P(\omega_1)}, \quad 则\ \boldsymbol{x} \in \omega_1$$

$$若\ l(\boldsymbol{x}) = \frac{p(\boldsymbol{x}|\omega_1)}{p(\boldsymbol{x}|\omega_2)} < \frac{P(\omega_2)}{P(\omega_1)}, \quad 则\ \boldsymbol{x} \in \omega_2$$

在统计学中, $l(\boldsymbol{x})$ 被称为似然比, $P(\omega_2)/P(\omega_1)$ 被称为似然比阈值, 统一写为:

$$若\ l(\boldsymbol{x}) = \frac{p(\boldsymbol{x}|\omega_1)}{p(\boldsymbol{x}|\omega_2)} \gtrless \frac{P(\omega_2)}{P(\omega_1)}, \quad 则\ \boldsymbol{x} \in \begin{cases} \omega_1 \\ \omega_2 \end{cases} \qquad (3\text{-}8)$$

这样, 可以事先计算出似然比阈值 $P(\omega_2)/P(\omega_1)$, 对每一个样本计算 $l(\boldsymbol{x})$ 并与似然比阈值进行比较, 大于阈值则决策为第一类, 小于阈值则决策为第二类。

在很多情况下, 用对数形式进行计算会更加方便, 因此人们定义了对数似然比, 即对式 (3-8) 取自然对数, 令 $h(\boldsymbol{x}) = \ln l(\boldsymbol{x})$, 有:

$$若\ h(\boldsymbol{x}) = \ln p(\boldsymbol{x}|\omega_1) - \ln p(\boldsymbol{x}|\omega_2) \gtrless \ln \frac{P(\omega_2)}{P(\omega_1)}, \quad 则\ \boldsymbol{x} \in \begin{cases} \omega_1 \\ \omega_2 \end{cases} \qquad (3\text{-}9)$$

式 (3-6)~ 式 (3-9) 都是最小错误率贝叶斯决策规则的等价形式。

例 3.1 假定在某一地区, 当地人群患有胃癌的先验概率 $P(\omega_1)$ 和没患该症的先验概率 $P(\omega_2)$ 分别为 0.1 和 0.9。现有一待分类个体样本, 其特征观察值 (某个与胃癌相关的生化指标) 为 $\boldsymbol{x}$, 从类条件概率密度分布曲线上查得 $p(\boldsymbol{x}|\omega_1) = 0.4$, $p(\boldsymbol{x}|\omega_2) = 0.2$, 请判断该个体是否患有胃癌。

解

[方法 1] 通过计算后验概率来判定 (根据式 3-6)。

$$P(\omega_1|\boldsymbol{x}) = \frac{p(\boldsymbol{x}|\omega_1)P(\omega_1)}{\displaystyle\sum_{i=1}^{2} p(\boldsymbol{x}|\omega_i)P(\omega_i)} = \frac{0.4 \times 0.1}{0.4 \times 0.1 + 0.2 \times 0.9} \approx 0.182$$

$$P(\omega_2|\boldsymbol{x}) = \frac{p(\boldsymbol{x}|\omega_2)P(\omega_2)}{\displaystyle\sum_{i=1}^{2} p(\boldsymbol{x}|\omega_i)P(\omega_i)} = \frac{0.2 \times 0.9}{0.4 \times 0.1 + 0.2 \times 0.9} \approx 0.818$$

因为 $P(\omega_2|\boldsymbol{x}) > P(\omega_1|\boldsymbol{x})$，所以 $\boldsymbol{x} \in \omega_2$，即该测试个体没有患胃癌。

[方法 2] 利用先验概率和类条件密度函数来判定 (根据式 3–7)。

$$p(\boldsymbol{x}|\omega_1)P(\omega_1) = 0.4 \times 0.1 = 0.04$$

$$p(\boldsymbol{x}|\omega_2)P(\omega_2) = 0.2 \times 0.9 = 0.18$$

因为 $p(\boldsymbol{x}|\omega_1)P(\omega_1) < p(\boldsymbol{x}|\omega_2)P(\omega_2)$，所以 $\boldsymbol{x} \in \omega_2$，即该测试个体没有患胃癌。当然，也可以用式 (3–8) 或式 (3–9) 的形式来计算。

3.2.2　最小风险贝叶斯决策

1. 风险的概念

在一般的模式识别任务中，以错误率最小为规则是合理的。但是在不同的实际场景中，人们关心的很可能不仅仅是错误率，而是错误带来的损失或风险。例如，如果把正常健康人误判为胃癌患者，会给患者带来精神上的负担和不必要的进一步检查，这是一种损失；反之，如果把胃癌患者误判为正常健康人，则损失更大，因为这可能会导致患者丧失了宝贵的治疗时间，甚至可能会造成更严重的后果。将这两种类型的错误一视同仁来对待显然是不恰当的。

最小风险贝叶斯决策对最小错误率贝叶斯决策规则做了一些修改，考虑了不同错判情况时风险大小不同的问题，当某一类的错判要比对另一类的错判更为关键时，对其作用予以体现，引入了"平均风险"的概念，以各种错判所造成的"平均风险"最小为规则进行分类决策。

2. 问题表述

下面首先用决策论的概念把问题描述一下。

(1) 样本 $\boldsymbol{x} \in \mathbb{R}^d$ 是由 d 维实数特征组成的，即 $\boldsymbol{x} = (x_1, x_2, \cdots, x_d)^1$

(2) 状态空间 Ω 由 c 个可能的状态 (c 类) 组成：$\Omega = \{\omega_1, \omega_2, \cdots, \omega_c\}$

(3) 对样本 $\boldsymbol{x}$ 可能采取的决策构成了决策空间，它由 k 个决策组成

$$A = \{\alpha_1, \alpha_2, \cdots, \alpha_k\}$$

注意，这里没有假定 $k = c$，这是更一般的情况。例如，有时除了判别为某一类外，对某些样本还可以做出拒绝的决策，即不能判断属于任何一类；有时也可以在决策时把几类合并为同一大类等。

(4) 设对于实际状态为 ω_j 的向量 $\boldsymbol{x}$，采取决策 α_i 所带来的损失为：

$$\lambda(\alpha_i, \omega_j), \quad i = 1, \cdots, k, \ j = 1, \cdots, c$$

$\lambda(\alpha_i, \omega_j)$ 称作损失函数，它描述了类别为 ω_j 时采取决策 α_i 所带来的风险，通常它可以用表格的形式给出，叫做决策表。在应用中，往往需要结合问题的背景确定合理的决策表。

3. 决策规则

对于样本 $\boldsymbol{x}$, 它属于各个状态的后验概率是 $P(\omega_j|\boldsymbol{x})$, $j = 1, \cdots, c$, 对它采取决策 $\alpha_i(i = 1, \cdots, k)$ 的期望损失是:

$$R(\alpha_i|\boldsymbol{x}) = E\left[\lambda(\alpha_i, \omega_j)|\boldsymbol{x}\right] = \sum_{j=1}^{c} \lambda(\alpha_i, \omega_j)P(\omega_j|\boldsymbol{x}) \tag{3-10}$$

设有某一决策规则 $\alpha(\boldsymbol{x})$。它对特征空间中所有可能的样本 $\boldsymbol{x}$ 采取决策所造成的期望损失可以表达为:

$$R(\alpha) = \int R(\alpha(\boldsymbol{x})|\boldsymbol{x})p(\boldsymbol{x})\mathrm{d}\boldsymbol{x} \tag{3-11}$$

$R(\alpha)$ 被称作平均风险或期望风险。最小风险贝叶斯决策就是要最小化这一期望风险, 即

$$\min_{\alpha} R(\alpha) \tag{3-12}$$

在式 (3-11) 中, $R(\alpha(\boldsymbol{x})|\boldsymbol{x})$ 和 $p(\boldsymbol{x})$ 都是非负的, $p(\boldsymbol{x})$ 是样本 $\boldsymbol{x}$ 出现的概率, 是已知的, 且与决策准则无关。要使积分 $R(\alpha)$ 最小, 只需要对所有 $\boldsymbol{x}$ 都使 $R(\alpha(\boldsymbol{x})|\boldsymbol{x})$ 最小。因此, 对于任意给定样本 $\boldsymbol{x}$, 其最小风险贝叶斯决策 α 就是:

$$\alpha = \alpha_i, \quad \text{若 } R(\alpha_i|\boldsymbol{x}) = \min_{j=1,\cdots,k} R(\alpha_j|\boldsymbol{x}) \tag{3-13}$$

将上述分析过程整理总结一下, 对给定样本 $\boldsymbol{x}$, 其最小风险贝叶斯决策可以按照以下步骤得到。

(1) 利用贝叶斯公式计算后验概率, 这里要求先验概率和类条件密度已知,

$$P(\omega_j|\boldsymbol{x}) = \frac{p(\boldsymbol{x}|\omega_j)P(\omega_j)}{\displaystyle\sum_{i=1}^{c} p(\boldsymbol{x}|\omega_i)P(\omega_j)}, \quad j = 1, \cdots, c \tag{3-14}$$

(2) 利用损失函数 (决策表), 计算决策 $\alpha_i(i = 1, \cdots, k)$ 的条件风险,

$$R(\alpha_i|\boldsymbol{x}) = \sum_{j=1}^{c} \lambda(\alpha_i, \omega_j)P(\omega_j|\boldsymbol{x}) \tag{3-15}$$

(3) 最终进行决策, 即在各种候选决策中选择风险最小的决策,

$$\alpha = \underset{\alpha_i, i=1,\cdots,k}{\arg\min} R(\alpha_i|\boldsymbol{x}) \tag{3-16}$$

特别地, 在实际是两类且决策也是两类 (没有拒绝决策) 的情况下, 最小风险贝叶斯决策为:

$$\text{若 } \lambda_{11}P(\omega_1|\boldsymbol{x}) + \lambda_{12}P(\omega_2|\boldsymbol{x}) \gtrless \lambda_{21}P(\omega_1|\boldsymbol{x}) + \lambda_{22}P(\omega_2|\boldsymbol{x}), \quad \text{则 } \boldsymbol{x} \in \begin{cases} \omega_2 \\ \omega_1 \end{cases} \tag{3-17}$$

其中, $\lambda_{ij} = \lambda(\alpha_i, \omega_j)$, $i = 1, 2$, $j = 1, 2$ 是把第 j 类样本分为第 i 类的损失。例如, $\lambda_{12} = \lambda(\alpha_1, \omega_2)$ 是把属于第 2 类的样本分为第 1 类时所带来的损失; $\lambda_{11} = \lambda(\alpha_1, \omega_1)$、$\lambda_{22} = \lambda(\alpha_2, \omega_2)$ 是决策正确 (把第 1 类样本分为第 1 类、把第 2 类样本分为第 2 类) 时的损失。通常, $\lambda_{11} = \lambda_{22} = 0$, $\lambda_{11} < \lambda_{21}$, $\lambda_{22} < \lambda_{12}$。

显然当 $\lambda_{11} = \lambda_{22} = 0$, $\lambda_{12} = \lambda_{21} = 1$ 时, 最小风险贝叶斯决策就转化为了最小错误率贝叶斯决策。因此, 可以把最小错误率贝叶斯决策看作是最小风险贝叶斯决策的特例。实际上, 在多分类情况下, 采用这种 $0 - 1$ 损失函数, 即决策与状态相同则损失为 0、否则损失为 1, 那么最小风险贝叶斯决策也等价于最小错误率贝叶斯决策。

下面通过一个具体的例子来进一步体会一下最小风险贝叶斯决策和最小错误率贝叶斯决策的不同。

例 3.2 假设在某个局部地区, 正常健康人 (ω_1) 和患有胃癌的人 (ω_2) 两类的先验概率分别为 $P(\omega_1) = 0.9, P(\omega_2) = 0.1$。现有一待分类个人样本, 其观察值为 $\boldsymbol{x}$, 从类条件概率密度曲线上分别查得 $p(\boldsymbol{x}|\omega_1) = 0.2, p(\boldsymbol{x}|\omega_2) = 0.4$, 各决策的损失如表 3.1 所示, 请根据最小风险贝叶斯决策准则对该个体进行决策。

表 3.1 例 3.2 的决策表

决策	状态	
	ω_1	ω_2
α_1	0	6
α_2	1	0

解 由决策表可知, $\lambda_{11} = 0$, $\lambda_{12} = 6$, $\lambda_{21} = 1$, $\lambda_{22} = 0$。根据贝叶斯公式求得后验概率:

$$P(\omega_1|\boldsymbol{x}) = \frac{p(\boldsymbol{x}|\omega_1)P(\omega_1)}{p(\boldsymbol{x}|\omega_1)P(\omega_1) + p(\boldsymbol{x}|\omega_2)P(\omega_2)} = 0.818$$

$$P(\omega_2|\boldsymbol{x}) = \frac{p(\boldsymbol{x}|\omega_2)P(\omega_2)}{p(\boldsymbol{x}|\omega_1)P(\omega_1) + p(\boldsymbol{x}|\omega_2)P(\omega_2)} = 0.182$$

根据式 $(3-15)$ 计算出条件风险:

$$R(\alpha_1|\boldsymbol{x}) = \sum_{j=1}^{2} \lambda_{1j} P(\omega_j|\boldsymbol{x}) = \lambda_{12} P(\omega_2|\boldsymbol{x}) = 6 \times 0.182 = 1.092$$

$$R(\alpha_2|\boldsymbol{x}) = \sum_{j=1}^{2} \lambda_{2j} P(\omega_j|\boldsymbol{x}) = \lambda_{21} P(\omega_1|\boldsymbol{x}) = 1 \times 0.818 = 0.818$$

由于 $R(\alpha_1|\boldsymbol{x}) > R(\alpha_2|\boldsymbol{x})$, 即决策为 ω_2 的条件风险小于决策为 ω_1 的条件风险, 因此判定此待分类的个体为 ω_2 类, 即为胃癌患者。

对照例 3.1 可以看出, 在同样的数据下, 对两类错误所带来的风险的认识不同, 这里得出了相反的结论。

需要强调的是, 最小风险贝叶斯决策中的损失函数 (决策表) 是需要人为确定的, 损失函数不同会导致决策结果的不同。损失函数要根据实际问题的性质, 分析各种错误决策造成损失的严重程度, 结合专家的经验和知识来确定。

3.3 错误率

3.3.1 错误率的概念

错误率是指将应属于某一类的模式错分到其他类中的概率。在分类过程中, 任何一种决策规则都有相应的错误率, 都不能得到完全正确的分类。在分类器设计出来之后, 通常是以错误率的大小来衡量其性能的优劣, 特别是对于同一问题设计出不同的分类方案时, 错误率更是比较方案好坏的重要标准。因此, 在模式识别的理论和实践之中, 错误率是非常重要的参数。错误率一般指的是平均错误率, 定义为

$$P(e) = \int_{-\infty}^{+\infty} P(e|\boldsymbol{x})p(\boldsymbol{x})\mathrm{d}\boldsymbol{x} \tag{3-18}$$

式中, $\boldsymbol{x} = (x_1, x_2, \cdots, x_d)^{\mathrm{T}}$; $P(e|\boldsymbol{x})$ 是 $\boldsymbol{x}$ 的条件错误概率, 可以理解为对于特定的 $\boldsymbol{x}$ 值, 分类器将其错分到其他模式类的概率。

下面, 首先分析两类和多类问题的错误率, 然后介绍错误率的实验估计方法。

3.3.2 错误率分析

1. 两类问题的错误率

设 R_1 和 R_2 分别为 ω_1 类和 ω_2 类样本的判别区域。在两类问题中, 属于 ω_1 类和 ω_2 类的样本应该对应地划分到 R_1、R_2 区域中, 但是可能会发生两种错误:

(1) 将来自 ω_1 类的样本错分到 R_2 中去;

(2) 将来自 ω_2 类的样本错分到 R_1 中去。

对两类问题, 在样本 $\boldsymbol{x}$ 上错误的概率为

$$P(e|\boldsymbol{x}) = \begin{cases} P(\omega_2|\boldsymbol{x}), & \text{决策 } \boldsymbol{x} \in \omega_1 \\ P(\omega_1|\boldsymbol{x}), & \text{决策 } \boldsymbol{x} \in \omega_2 \end{cases} \tag{3-19}$$

错误率定义为所有服从同样分布的独立样本上错误概率的期望, 即为

$$P(e) = \int P(e|\boldsymbol{x})p(\boldsymbol{x})\mathrm{d}\boldsymbol{x} \tag{3-20}$$

对于两类问题, 式 (3-20) 也可以写为

$$P(e) = P(\boldsymbol{x} \in R_1, \omega_2) + P(\boldsymbol{x} \in R_2, \omega_1)$$
$$= P(\boldsymbol{x} \in R_1|\omega_2)P(\omega_2) + P(\boldsymbol{x} \in R_2|\omega_1)P(\omega_1)$$
$$= P(\omega_2)\int\limits_{R_1} p(\boldsymbol{x}|\omega_2)\mathrm{d}\boldsymbol{x} + P(\omega_1)\int\limits_{R_2} p(\boldsymbol{x}|\omega_1)\mathrm{d}\boldsymbol{x}$$
$$= P(\omega_2)P_2(e) + P(\omega_1)P_1(e) \tag{3-21}$$

其中,

$$P_1(e) = \int\limits_{R_2} p(\boldsymbol{x}|\omega_1)\mathrm{d}\boldsymbol{x} \tag{3-22}$$

是把第一类样本决策为第二类的错误率; 而

$$P_2(e) = \int\limits_{R_1} p(\boldsymbol{x}|\omega_2)\mathrm{d}\boldsymbol{x} \tag{3-23}$$

是把第二类样本决策为第一类的错误率。两种错误率用相应类别的先验概率加权得到的就是平均错误率。

考虑两类总的错误率是有必要的, 因为对于分类问题来说, 待识别样本可能属于 ω_1 类, 也可能属于 ω_2 类, 仅使一类样本的错误率最小是没有意义的, 因为此时另一类的错误率可能很大。

2. 多类情况的错误率

设一共有 M 类模式, 当决策 $\boldsymbol{x} \in \omega_i$ 时错误率为

$$\sum_{\substack{j=1 \\ j!=i}}^{M} \int\limits_{R_i} P(\omega_j|\boldsymbol{x})p(\boldsymbol{x})\mathrm{d}\boldsymbol{x} = \sum_{\substack{j=1 \\ j!=i}}^{M} \int\limits_{R_i} p(\boldsymbol{x}|\omega_j)P(\omega_j)\mathrm{d}\boldsymbol{x} \tag{3-24}$$

类似的, $\boldsymbol{x}$ 被判决为任何一类的时候, 都存在这样一个可能的错误, 故总的错误率为

$$P(e) = \sum_{i=1}^{M}\sum_{\substack{j=1 \\ j!=i}}^{M} \int\limits_{R_i} p(\boldsymbol{x}|\omega_j)P(\omega_j)\mathrm{d}\boldsymbol{x} \tag{3-25}$$

上式共有 $M(M-1)$ 项, 可见直接求解 $P(e)$ 的计算量很大, 可以通过计算平均正确分类概率来间接求取。平均正确分类概率为

$$P(c) = \sum_{i=1}^{M} \int\limits_{R_i} p(\boldsymbol{x}|\omega_i)P(\omega_i)\mathrm{d}\boldsymbol{x} \tag{3-26}$$

则错误率为

$$P(e) = 1 - P(c) \qquad (3-27)$$

3.3.3 错误率的估计

错误率是模式识别中的关键指标, 但它的理论计算相当困难, 必须对复杂的密度函数做高维积分, 这样便难以从理论推导获得结果。在处理实际问题的时候, 更多的是依赖于实验, 即通过实验的方法利用样本来计算错误率的估计值, 分两种情况:

(1) 对于已经设计好的分类器, 利用样本来估计其错误率;

(2) 对于尚未设计好的分类器, 将样本分成两部分, 分别用于分类器设计和错误率的估计。

1. 已经设计好分类器时错误率的估计

(1) 先验概率未知——随机抽样

如果不知道先验概率 $P(\omega_i)$, 可以简单地随机抽取 N 个样本, 用它们检验分类器的分类效果。设 ε 是真实的错误率, 假定得到的错分样本数目为 k, 可以认为错误率的估计值 $\hat{\varepsilon}$ 为被错分的样本数目和样本总数之比, 即

$$\hat{\varepsilon} = \frac{k}{N} \qquad (3-28)$$

但考虑到是任意抽取 N 个样本的, 每次抽取的并不一定是相同的 N 个样本, 所以每次实验的错分样本数就可能不同, 因此 k 是一个离散变量。这样, 式 (3-28) 的估计值 $\hat{\varepsilon}$ 是否可信呢? 回答是肯定的。下面做一个简单说明。

假定在给定 ε 的条件下对 N 个样本做分类实验, 错分样本数为 k, 则 k 满足二项分布,

$$P(k|\varepsilon) = C_N^k \varepsilon^k (1-\varepsilon)^{N-k} \qquad (3-29)$$

其中, $C_N^k = \dfrac{N!}{k!(N-k)!}$。$\varepsilon$ 的最大似然估计应满足

$$\frac{\partial P(k|\varepsilon)}{\partial \varepsilon} \Big|_{\varepsilon = \hat{\varepsilon}} = 0$$

写成对数形式不会改变其极值点, 即

$$\frac{\partial \ln P(k|\varepsilon)}{\partial \varepsilon} \Big|_{\varepsilon = \hat{\varepsilon}} = 0 \qquad (3-30)$$

式 (3-30) 左边为

$$\frac{\partial}{\partial \varepsilon} \left\{ \ln C_N^k + k \ln \varepsilon + (N-k) \ln (1-\varepsilon) \right\} = \frac{k}{\varepsilon} + (N-k) \frac{-1}{1-\varepsilon}$$

要求其为 0, 则有

$$k(1 - \widehat{\varepsilon}) = (N - k)\widehat{\varepsilon}$$

所以有

$$\widehat{\varepsilon} = \frac{k}{N}$$

(2) 先验概率已知——选择性抽样

如果先验概率 $P(\omega_i)$ 已知, 对于两类情况, 可分别从 ω_1 类和 ω_2 类中抽取出 N_1 和 N_2 个样本, 使

$$N_1 = P(\omega_1)N, N_2 = P(\omega_2)N$$

并用 $N_1 + N_2 = N$ 个样本对设计好的分类器做分类检验。设来自 ω_1 类的样本被错分的个数为 k_1, 来自 ω_2 类的样本被错分的个数为 k_2, 因为 k_1 和 k_2 是统计独立的, 所以 k_1 和 k_2 的联合概率为

$$P(k_1, k_2) = P(k_1)P(k_2) = \prod_{i=1}^{2} C_{N_i}^{k_i} \varepsilon_i^{k_i} (1 - \varepsilon_i)^{N_i - k_i} \tag{3-31}$$

其中, ε_i 是 ω_i 类的真实错误率。用同样的方法可求得总的错误率 ε 的最大似然估计为

$$\widehat{\varepsilon} = \sum_{i=1}^{2} P(\omega_i)k_i/N_i \tag{3-32}$$

式 (3–32) 显然可以经简单推广来计算多类分类任务的错误率,

$$\widehat{\varepsilon} = \sum_{i=1}^{M} P(\omega_i) k_i/N_i \tag{3-33}$$

其中, M 是类别数, M 个类别分别是 $\omega_1, \omega_2, \cdots, \omega_M$, $N_i = P(\omega_i) N, i = 1, \cdots, M$, 且 $\sum_{i=1}^{M} N_i = N$。

2. 未设计好分类器时错误率的估计

在实际工作中, 人们能收集到的样本往往只有有限的个数, 要求基于这些样本设计出分类器并估计其性能。这时, 这些样本就不得不既用来作为设计分类器的训练样本, 又要用来检验分类器的错误率。

待估计的错误率与采用哪一种分类器有关。为了使问题简化, 假定采用贝叶斯分类器, 这样待估计的贝叶斯最小错误率在给定的样本分布条件下就成为一个确定的参数。同时, 这个错误率也是在给定分布条件下所能达到的最小错误率。一般来说, 错误率既与用于设计分类器的那些样本的分布参数 θ_1 有关, 也与用于检验分类器性能的那些样本的分布参数 θ_2 有关, 即错误率的函数形式应该是 $\varepsilon(\theta_1, \theta_2)$。

设 θ 是全部训练样本分布的真实参数集, 如果既用这些样本设计贝叶斯分类器,

又用它们来检验分类器, 这时的错误率是 $\varepsilon(\theta,\theta)$。但在设计分类器时, 如果只采用全部样本中的 N 个, 其分布的参数估计量为 $\widehat{\theta}_N$, 这时如果用同样的 N 个样本来检验所设计分类器, 其分类错误率是 $\varepsilon\left(\widehat{\theta}_N,\widehat{\theta}_N\right)$。凭直观想象, 这时的错误率应当比 $\varepsilon(\theta,\theta)$ 小, 即为错误率估计值的下限。考虑到选择 N 个样本的随机组合, $\widehat{\theta}_N$ 是随机变量, 应取它的平均错误率, 于是可得

$$E\left\{\varepsilon\left(\widehat{\theta}_N,\widehat{\theta}_N\right)\right\} \leqslant \varepsilon(\theta,\theta) \tag{3-34}$$

再考虑一种情况, 如果仍是选取 N 个样本来设计贝叶斯分类器, 但用全部的样本对分类器进行检验, 假如不考虑这些样本与设计分类器样本的相关性, 可以想象, 这时的错误率会大一些, 即

$$E\left\{\varepsilon\left(\widehat{\theta}_N,\theta\right)\right\} \geqslant \varepsilon(\theta,\theta) \tag{3-35}$$

以此作为错误率估计值的上限。

现在讨论将有限的样本划分为设计样本集和检验样本集的两种基本方法。

(1) 样本划分法

设样本总数为 N, 将样本划分为两组, 其中一组用来设计分类器, 另一组用来检验分类器, 求其错误率。采用不同的样本划分方法, 可以得到不同的错误率, 取它们的平均值作为对错误率的估计。采用这种方法时, 为了得到较好的分类器设计和较好的错误率估计, 需要的样本数 N 很大。当 N 较小的时候, 可以采用下面的留一法来估计错误率。

(2) 留一法

为了能充分利用样本集, 将 N 个样本每次留下其中的一个, 用其余的 $N-1$ 个样本设计分类器, 然后用留下的那个样本进行检验, 检验完后将样本重新放回样本集。下一次, 仍是从 N 个样本中取一个样本检验, 用剩下的设计分类器, 这样重复 N 次。值得注意的是, 每次留下的一个样本应当是不同的样本。在 N 次检验中, 根据判别错误的样本数目就能算出错误率的估计值。留一法的优点是有效地利用了 N 个样本, 比较适用于样本数目较小的情况, 缺点是需要计算 N 次分类器, 计算量较大。

3.4　聂曼–皮尔逊决策

设计贝叶斯分类器时需要知道先验概率 $P(\omega_i)$, 当 $P(\omega_i)$ 难以确定时, 可采用聂曼–皮尔逊 [12] (Neyman-Pearson) 决策规则, 其基本思想是设法限制或约束某一错误率, 与此同时追求另一个错误率最小。

在某些应用中, 有时希望保证某一类错误率为一个固定的水平, 在此前提下再考虑如何使另一类的分类错误率更低。例如, 在信号检测中, 如果检测出某一目标非常重要, 可能会要求确保漏报率达到某一水平 ε_0, 在此前提下再追求误报率尽可能低。如果把 ω_1 类看成阴性而把 ω_2 看成阳性, 那么所谓的 "漏报率" 实际上就是第二类错误率。根据式 (3–23), 第二类错误率为 $P_2(e) = \int_{R_1} p\,(\boldsymbol{x}|\omega_2)\,\mathrm{d}\boldsymbol{x}$, 第一类错误率为 $P_1(e) = \int_{R_2} p\,(\boldsymbol{x}|\omega_1)\,\mathrm{d}\boldsymbol{x}$, 其中 R_1、R_2 是第一、二类的决策域, 则上面所提的在固定第二类错误率的前提下再尽可能降低第一类错误率的要求可以表示为,

$$\min P_1(e), \quad s.t. \quad P_2(e) - \varepsilon_0 = 0 \tag{3–36}$$

这就是所谓的 "固定一类错误率、使另一类错误率尽可能小" 的决策。

要解决这个问题, 可以借助拉格朗日乘子法把式 (3–36) 的等式约束下的极值问题转化成无约束的极值问题,

$$\min \gamma = P_1(e) + \lambda\,(P_2(e) - \varepsilon_0) \tag{3–37}$$

其中, λ 是引入的拉格朗日乘子, 最小值是关于两类的分界面求解的。设 R_1、R_2 是两类的决策域, R 是整个特征空间, 即 $R = R_1 + R_2$, 两个决策区域之间的边界称作决策边界或分界面 t。根据概率密度函数的性质知道

$$\int_{R_2} p\,(\boldsymbol{x}|\omega_1)\,\mathrm{d}\boldsymbol{x} = 1 - \int_{R_1} p\,(\boldsymbol{x}|\omega_1)\,\mathrm{d}\boldsymbol{x} \tag{3–38}$$

将式 (3–23) 代入式 (3–37) 并考虑式 (3–38), 可以得到

$$\begin{aligned}
\gamma &= \int_{R_2} p\,(\boldsymbol{x}|\omega_1)\,\mathrm{d}\boldsymbol{x} + \lambda\left(\int_{R_1} p\,(\boldsymbol{x}|\omega_2)\,\mathrm{d}\boldsymbol{x} - \varepsilon_0\right) \\
&= (1 - \lambda\varepsilon_0) + \int_{R_1} [\lambda p\,(\boldsymbol{x}|\omega_2) - p\,(\boldsymbol{x}|\omega_1)]\,\mathrm{d}\boldsymbol{x}
\end{aligned} \tag{3–39}$$

优化的目标是求解使式 (3–39) 取得最小值的决策边界 t。将式 (3–39) 分别对 λ 和 t 求导, 在 γ 的极值处这两个导数都应该为 0。由 $\dfrac{\partial \gamma}{\partial t} = 0$ 可得, 在决策边界上应该满足

$$\lambda = \frac{p\,(\boldsymbol{x}|\omega_1)}{p\,(\boldsymbol{x}|\omega_2)} \tag{3–40}$$

由 $\dfrac{\partial \gamma}{\partial \lambda} = 0$ 可知, 这个决策边界应该使得

$$\int_{R_1} p\,(\boldsymbol{x}|\omega_2)\,\mathrm{d}\boldsymbol{x} = \varepsilon_0 \tag{3–41}$$

在式 (3–39) 中, 要使 γ 最小, 应选择 R_1 使积分项内全为负值 (否则可通过把非负区域划出 R_1 而使 γ 更小), 因此 R_1 应该是所有使

$$\lambda p\left(\boldsymbol{x}|\omega_2\right) - p\left(\boldsymbol{x}|\omega_1\right) < 0 \tag{3–42}$$

成立的 $\boldsymbol{x}$ 组成的区域。所以, 决策规则是

$$\text{若 } l(\boldsymbol{x}) = \frac{p\left(\boldsymbol{x}|\omega_1\right)}{p\left(\boldsymbol{x}|\omega_2\right)} \gtrless \lambda, \quad \text{则 } \boldsymbol{x} \in \begin{cases} \omega_1 \\ \omega_2 \end{cases} \tag{3–43}$$

其中, λ 是使决策域区域满足式 (3–41) 的一个阈值。这种在限定一类错误率为常数而使另一类错误率最小的决策规则称作聂曼–皮尔逊 (Neyman-Pearson) 决策规则。

一般来说, 使得式 (3–41) 满足的 λ 是很难求得闭式解的, 需要用数值方法求解。可以用似然比密度函数来确定 λ 的值。似然比为 $l(\boldsymbol{x}) = p\left(\boldsymbol{x}|\omega_1\right)/p\left(\boldsymbol{x}|\omega_2\right)$, 其密度函数为 $p(l|\omega_2)$, 这样式 (3–41) 可变为

$$P_2(e) = 1 - \int_0^{\lambda} p\left(l|\omega_2\right)\mathrm{d}l = \varepsilon_0 \tag{3–44}$$

由于 $p(l|\omega_2) \geqslant 0$, $P_2(e)$ 是 λ 的单调函数: 当 λ 增加时, $P_2(e)$ 将逐渐减小; 当 $\lambda = 0$ 时, $P_2(e) = 1$; 当 $\lambda \to \infty$ 时, $P_2(e) \to 0$。因此, 在采用试探法对几个不同的 λ 值计算出 $P_2(e)$ 后, 总可以找到一个合适的 λ 值, 使它能满足 $P_2(e) = \varepsilon_0$ 的条件, 又能使 $P_1(e) = 1$ 尽可能地小。

3.5 概率密度函数的参数估计

贝叶斯决策的基础是概率密度函数的估计, 即根据一定的训练样本来估计统计决策中用到的先验概率 $P(\omega_i)$ 和类条件概率密度函数 $p(\boldsymbol{x}|\omega_i)$。其中, 先验概率的估计比较简单, 通常只需要根据大量样本计算出各类样本在其中所占的比例, 或者根据对所研究问题的领域知识事先确定。因此, 本节重点介绍类条件概率密度函数的估计问题。

在监督学习中, 训练样本的类别是已知的, 而且假定各类样本只包含本类的信息, 这在多数情况下是正确的。因此, 需要利用同一类的样本来估计本类的类条件概率密度。为了讨论方便, 在本节后面的论述中, 除了特别说明外, 假定所有样本都是来自同一类, 不再标出类别标号。

概率密度函数估计的方法分为两大类: 参数估计法 (parametric estimation) 和非参数估计法 (non-parametric estimation)。参数估计法是指在已知概率密度函数的形式而不知函数有关参数的情况下, 通过估计参数来估计概率密度函数的方法。而参数

估计的方法又有两类: 最大似然估计和贝叶斯估计。非参数估计法是指概率密度函数的形式未知而直接估计概率密度函数的方法, 需要用样本把概率密度函数数值化地估计出来。参数估计和非参数估计都是根据一组已知类别的样本来进行的。

本节主要讨论两种主要的参数估计法——最大似然估计和贝叶斯估计与贝叶斯学习, 而在 3.6 节中将讨论概率密度函数的非参数估计方法。

3.5.1 最大似然估计

设概率密度函数具有某种确定的函数形式 $p(\boldsymbol{x};\boldsymbol{\theta})$, $\boldsymbol{\theta}$ 是该函数的未知参数向量。最大似然估计把 $\boldsymbol{\theta}$ 当作确定的 (非随机) 未知量进行估计。

设 $X = \{\boldsymbol{x}_1, \boldsymbol{x}_2, \cdots, \boldsymbol{x}_n\}$ 为独立地按照概率密度函数 $p(\boldsymbol{x};\boldsymbol{\theta})$ 抽取的 n 个样本, 则这 n 个样本出现的联合概率 $P(X;\boldsymbol{\theta})$ 称为相对于样本集 X 的 $\boldsymbol{\theta}$ 的似然函数。因为 n 个样本是独立抽取的, 所以,

$$P(X;\boldsymbol{\theta}) = \prod_{i=1}^{n} p(\boldsymbol{x}_i;\boldsymbol{\theta}) \qquad (3-45)$$

式中, $p(\boldsymbol{x}_i;\boldsymbol{\theta})$ 实际上是 $\boldsymbol{\theta}$ 已知时概率密度函数 $p(\boldsymbol{x}_i;\boldsymbol{\theta})$ 在 $\boldsymbol{x} = \boldsymbol{x}_i$ 时的值。现在因为已经得到了样本集 X, 而 $\boldsymbol{\theta}$ 是未知的, 式 (3-45) 就成了 $\boldsymbol{\theta}$ 的函数, 它反映的是在不同参数值下取得当前样本集的可能性。每一项 $p(\boldsymbol{x}_i;\boldsymbol{\theta})$ 就是 $\boldsymbol{\theta}$ 相对于每一个样本的似然函数。

似然函数给出了从总体中抽出 X 这 n 个特定样本的概率。现在 $\boldsymbol{\theta}$ 是未知的, 希望知道这组样本 "最可能" 来自哪个密度函数 ($\boldsymbol{\theta}$ 取什么值), 即要在参数空间中找到一个 $\boldsymbol{\theta}$ 值 (用 $\hat{\boldsymbol{\theta}}$ 表示), 它能使似然函数 $P(X;\boldsymbol{\theta})$ 极大化。$\boldsymbol{\theta}$ 的最大似然估计量 $\hat{\boldsymbol{\theta}}$ 就是使似然函数达到最大的估计量, 是下面微分方程的解, 即,

$$\frac{\mathrm{d}P(X;\boldsymbol{\theta})}{\mathrm{d}\boldsymbol{\theta}} = 0 \qquad (3-46)$$

为了便于分析, 使用似然函数的对数比使用似然函数本身更加容易些。因为对数函数是单调递增的, 所以使对数似然函数最大的 $\hat{\boldsymbol{\theta}}$ 的值也必然使似然函数最大。定义对数似然函数为

$$H(\boldsymbol{\theta}) = \ln P(X;\boldsymbol{\theta}) = \ln\left(\prod_{i=1}^{n} p(\boldsymbol{x}_i;\boldsymbol{\theta})\right) = \sum_{i=1}^{n} \ln p(\boldsymbol{x}_i;\boldsymbol{\theta}) \qquad (3-47)$$

在似然函数连续、可微的条件下, 当 $\boldsymbol{\theta} = (\theta_1, \theta_2, \cdots, \theta_p)^{\mathrm{T}}$ 时, 求解似然函数的最大值就需要对 $\boldsymbol{\theta}$ 的每一维分别求偏导数, 即用下面的梯度算子,

$$\nabla_{\boldsymbol{\theta}} = \left(\frac{\partial}{\partial \theta_1}, \cdots, \frac{\partial}{\partial \theta_p} \right)^{\mathrm{T}} \tag{3-48}$$

来对似然函数或者对数似然函数求梯度并令其等于零

$$\nabla_{\boldsymbol{\theta}} l(\boldsymbol{\theta}) = 0 \tag{3-49}$$

或者

$$\nabla_{\boldsymbol{\theta}} H(\boldsymbol{\theta}) = \sum_{i=1}^{n} \nabla_{\boldsymbol{\theta}} \ln p(\boldsymbol{x}_i; \boldsymbol{\theta}) = 0 \tag{3-50}$$

得到 p 个方程, 即

$$\begin{cases} \sum\limits_{i=1}^{n} \dfrac{\partial}{\partial \theta_1} \ln p(\boldsymbol{x}_i; \boldsymbol{\theta}) = 0 \\[2mm] \sum\limits_{i=1}^{n} \dfrac{\partial}{\partial \theta_2} \ln p(\boldsymbol{x}_i; \boldsymbol{\theta}) = 0 \\ \qquad\qquad \vdots \\ \sum\limits_{i=1}^{n} \dfrac{\partial}{\partial \theta_p} \ln p(\boldsymbol{x}_i; \boldsymbol{\theta}) = 0 \end{cases} \tag{3-51}$$

方程组 (3-50) 的解就是似然函数的极值点。需要注意的是, 在某些情况下, 似然函数可能有多个极值点, 此时上述方程组可能存在多个解, 其中使得似然函数最大的那个解才是最大似然估计量。

例 3.3　一维正态分布函数的最大似然估计。

设有从一维数据空间采集的样本集 $X = \{\boldsymbol{x}_1, \boldsymbol{x}_2, \cdots, \boldsymbol{x}_n\}$, 它们服从正态分布

$$p(x; \mu, \sigma^2) = \frac{1}{\sqrt{2\pi}(\sigma^2)^{1/2}} \mathrm{e}^{-\frac{(x-\mu)^2}{2\sigma^2}} \tag{3-52}$$

其中, μ 和 σ^2 分别是正态分布的均值与方差。目标是要从 X 中估计出它们所服从的正态分布的参数 μ 和 σ^2。

根据式 (3-45), 参数 μ 和 σ^2 的似然函数为

$$P(X; \boldsymbol{\theta}) = \prod_{i=1}^{n} p(\boldsymbol{x}_i; \boldsymbol{\theta}) = \prod_{i=1}^{n} \frac{1}{\sqrt{2\pi}(\sigma^2)^{1/2}} \mathrm{e}^{-\frac{(x_i-\mu)^2}{2\sigma^2}} \tag{3-53}$$

根据式 (3-47), μ 和 σ^2 的对数似然函数为

$$\begin{aligned} H(\mu, \sigma^2) &= \sum_{i=1}^{n} \ln p(\boldsymbol{x}_i; \boldsymbol{\theta}) \\ &= \sum_{i=1}^{n} \ln \left(\frac{1}{\sqrt{2\pi}(\sigma^2)^{1/2}} \mathrm{e}^{-\frac{(x_i-\mu)^2}{2\sigma^2}} \right) \end{aligned}$$

$$= -\frac{n}{2}\ln 2\pi - \frac{n}{2}\ln \sigma^2 - \frac{1}{2\sigma^2}\sum_{i=1}^{n}(x_i - \mu)^2 \tag{3-54}$$

令 $\dfrac{\partial H}{\partial \mu} = 0$, $\dfrac{\partial H}{\partial \sigma^2} = 0$, 得到,

$$\begin{cases} \dfrac{1}{\sigma^2}\sum_{i=1}^{n}(\boldsymbol{x}_i - \mu) = 0 \\ -\dfrac{n}{2}\dfrac{1}{\sigma^2} - \dfrac{1}{2}\sum_{i=1}^{n}(\boldsymbol{x}_i - \mu)^2 \cdot \left(-\dfrac{1}{\sigma^4}\right) = 0 \end{cases} \tag{3-55}$$

求解式 (3-55), 容易得到,

$$\begin{cases} \widehat{\mu} = \dfrac{1}{n}\sum_{i=1}^{n}x_i \\ \widehat{\sigma}^2 = \dfrac{1}{n}\sum_{i=1}^{n}(x_i - \widehat{\mu})^2 \end{cases} \tag{3-56}$$

这正是人们经常使用的对数据样本均值和方差的估计, 它们是对正态分布概率密度函数的均值参数和方差参数的最大似然估计。

例 3.4 多维正态分布函数的最大似然估计。

设有从 d 维数据空间采集的样本集 $X = \{\boldsymbol{x}_1, \boldsymbol{x}_2, \cdots, \boldsymbol{x}_n\}$, $\boldsymbol{x}_i \in \mathbb{R}^{d \times 1}$, 它们服从正态分布,

$$p(\boldsymbol{x}; \boldsymbol{\mu}, \boldsymbol{\Sigma}) = \frac{1}{(2\pi)^{d/2}|\boldsymbol{\Sigma}|^{1/2}}\exp\left(-\frac{1}{2}(\boldsymbol{x} - \boldsymbol{\mu})^{\mathrm{T}}\boldsymbol{\Sigma}^{-1}(\boldsymbol{x} - \boldsymbol{\mu})\right) \tag{3-57}$$

其中 $\boldsymbol{\mu} \in \mathbb{R}^{d \times 1}$; $\boldsymbol{\Sigma} \in \mathbb{R}^{d \times d}$ 为协方差矩阵, 并且为了使定义有意义, 要求 $\boldsymbol{\Sigma}$ 是一个正定矩阵 (当然也是实对称); $|\boldsymbol{\Sigma}|$ 返回的是矩阵 $\boldsymbol{\Sigma}$ 的行列式。目标是要从 X 中估计出它们所服从的正态分布的参数 $\boldsymbol{\mu}$ 和 $\boldsymbol{\Sigma}$。

根据式 (3-45), 参数 $\boldsymbol{\mu}$ 和 $\boldsymbol{\Sigma}$ 的似然函数为

$$P(X; \boldsymbol{\theta}) = \prod_{i=1}^{n}p(\boldsymbol{x}_i; \boldsymbol{\theta}) = \prod_{i=1}^{n}\frac{1}{(2\pi)^{d/2}|\boldsymbol{\Sigma}|^{1/2}}\exp\left(-\frac{1}{2}(\boldsymbol{x}_i - \boldsymbol{\mu})^{\mathrm{T}}\boldsymbol{\Sigma}^{-1}(\boldsymbol{x}_i - \boldsymbol{\mu})\right) \tag{3-58}$$

根据式 (3-47), $\boldsymbol{\mu}$ 和 $\boldsymbol{\Sigma}$ 的对数似然函数为

$$\begin{aligned} H(\boldsymbol{\mu}, \boldsymbol{\Sigma}) &= \sum_{i=1}^{n}\ln p(\boldsymbol{x}_i; \boldsymbol{\theta}) \\ &= \sum_{i=1}^{n}\ln\left(\frac{1}{(2\pi)^{d/2}|\boldsymbol{\Sigma}|^{1/2}}\exp\left(-\frac{1}{2}(\boldsymbol{x}_i - \boldsymbol{\mu})^{\mathrm{T}}\boldsymbol{\Sigma}^{-1}(\boldsymbol{x}_i - \boldsymbol{\mu})\right)\right) \\ &= -\frac{nd}{2}\ln(2\pi) - \frac{n}{2}\ln(|\boldsymbol{\Sigma}|) - \frac{1}{2}\sum_{i=1}^{n}(\boldsymbol{x}_i - \boldsymbol{\mu})^{\mathrm{T}}\boldsymbol{\Sigma}^{-1}(\boldsymbol{x}_i - \boldsymbol{\mu}) \end{aligned} \tag{3-59}$$

现在要计算最优的 $\widehat{\boldsymbol{\mu}}$ 和 $\widehat{\boldsymbol{\Sigma}}$，来使得 $H(\boldsymbol{\mu}, \boldsymbol{\Sigma})$ 达到最大，因此要计算 $H(\boldsymbol{\mu}, \boldsymbol{\Sigma})$ 的驻点，即要求解使得 $\frac{\partial H}{\partial \boldsymbol{\mu}} = 0$，$\frac{\partial H}{\partial \boldsymbol{\Sigma}} = 0$ 的参数值。

$$
\begin{aligned}
\frac{\partial H}{\partial \boldsymbol{\mu}} &= -\frac{1}{2} \frac{\partial \left\{ \sum\limits_{i=1}^{n} (\boldsymbol{x}_i - \boldsymbol{\mu})^{\mathrm{T}} \boldsymbol{\Sigma}^{-1} (\boldsymbol{x}_i - \boldsymbol{\mu}) \right\}}{\partial \boldsymbol{\mu}} \\
&= -\frac{1}{2} \sum\limits_{i=1}^{n} \frac{\partial \left\{ (\boldsymbol{\mu} - \boldsymbol{x}_i)^{\mathrm{T}} \boldsymbol{\Sigma}^{-1} (\boldsymbol{\mu} - \boldsymbol{x}_i) \right\}}{\partial \boldsymbol{\mu}} \\
&= -\frac{1}{2} \sum\limits_{i=1}^{n} \left(\boldsymbol{\Sigma}^{-1} + \boldsymbol{\Sigma}^{-\mathrm{T}} \right) (\boldsymbol{\mu} - \boldsymbol{x}_i) \\
&= \boldsymbol{\Sigma}^{-1} \sum\limits_{i=1}^{n} (\boldsymbol{x}_i - \boldsymbol{\mu})
\end{aligned}
\tag{3-60}
$$

令式 (3-60) 等于 0，即 $\boldsymbol{\Sigma}^{-1} \sum\limits_{i=1}^{n} (\boldsymbol{x}_i - \boldsymbol{\mu}) = 0$，由于 $\boldsymbol{\Sigma}^{-1}$ 可逆，则 $\sum\limits_{i=1}^{n} (\boldsymbol{x}_i - \boldsymbol{\mu}) = 0$，因此，

$$
\widehat{\boldsymbol{\mu}} = \frac{1}{n} \sum\limits_{i=1}^{n} \boldsymbol{x}_i
\tag{3-61}
$$

接下来要计算最优的 $\widehat{\boldsymbol{\Sigma}}$。在最优的 $\boldsymbol{\mu}$ 已经估计为 $\widehat{\boldsymbol{\mu}}$ 以后，对数似然函数就变成了 $\boldsymbol{\Sigma}$ 的函数，$H(\boldsymbol{\Sigma}; \widehat{\boldsymbol{\mu}})$。要直接计算 $H(\boldsymbol{\Sigma}; \widehat{\boldsymbol{\mu}})$ 对 $\boldsymbol{\Sigma}$ 的导数不太容易，把 $H(\boldsymbol{\Sigma}; \widehat{\boldsymbol{\mu}})$ 代换成关于 $\boldsymbol{\Sigma}^{-1}$ 的等价函数 $H(\boldsymbol{\Sigma}^{-1}; \widehat{\boldsymbol{\mu}})$，求出可使得 $H(\boldsymbol{\Sigma}^{-1}; \widehat{\boldsymbol{\mu}})$ 取得最大值时的 $\widehat{\boldsymbol{\Sigma}^{-1}}$，当然就可以求得 $\widehat{\boldsymbol{\Sigma}} = \left(\widehat{\boldsymbol{\Sigma}^{-1}} \right)^{-1}$。令 $A = \boldsymbol{\Sigma}^{-1}$，则 $A^{-1} = \boldsymbol{\Sigma}$，且容易知道，$A = A^{\mathrm{T}}$，$H(\boldsymbol{\Sigma}; \widehat{\boldsymbol{\mu}})$ 可等价转换为

$$
H(A; \widehat{\boldsymbol{\mu}}) = -\frac{nd}{2} \ln(2\pi) - \frac{n}{2} \ln \left(|A^{-1}| \right) - \frac{1}{2} \sum\limits_{i=1}^{n} (\boldsymbol{x}_i - \widehat{\boldsymbol{\mu}})^{\mathrm{T}} A (\boldsymbol{x}_i - \widehat{\boldsymbol{\mu}})
\tag{3-62}
$$

求解 H 关于 A 的梯度为零的点，

$$
\begin{aligned}
\frac{\mathrm{d}H}{\mathrm{d}A} &= -\frac{n}{2} \frac{\mathrm{d}\left\{ \ln\left(|A^{-1}| \right) \right\}}{\mathrm{d}A} - \frac{1}{2} \frac{\mathrm{d}\left\{ \sum\limits_{i=1}^{n} (\boldsymbol{x}_i - \widehat{\boldsymbol{\mu}})^{\mathrm{T}} A (\boldsymbol{x}_i - \widehat{\boldsymbol{\mu}}) \right\}}{\mathrm{d}A} \\
&= -\frac{n}{2} \frac{\mathrm{d}\{ -\ln|A| \}}{\mathrm{d}A} - \frac{1}{2} \sum\limits_{i=1}^{n} \frac{\mathrm{d}\left\{ (\boldsymbol{x}_i - \widehat{\boldsymbol{\mu}})^{\mathrm{T}} A (\boldsymbol{x}_i - \widehat{\boldsymbol{\mu}}) \right\}}{\mathrm{d}A} \\
&= \frac{n}{2} \frac{1}{|A|} |A| A^{-\mathrm{T}} - \frac{1}{2} \sum\limits_{i=1}^{n} (\boldsymbol{x}_i - \widehat{\boldsymbol{\mu}}) (\boldsymbol{x}_i - \widehat{\boldsymbol{\mu}})^{\mathrm{T}} \\
&= \frac{n}{2} A^{-1} - \frac{1}{2} \sum\limits_{i=1}^{n} (\boldsymbol{x}_i - \widehat{\boldsymbol{\mu}}) (\boldsymbol{x}_i - \widehat{\boldsymbol{\mu}})^{\mathrm{T}}
\end{aligned}
\tag{3-63}
$$

令式 (3-63) 等于 0, 即 $\dfrac{n}{2}\boldsymbol{A}^{-1}-\dfrac{1}{2}\sum\limits_{i=1}^{n}(\boldsymbol{x}_i-\widehat{\boldsymbol{\mu}})(\boldsymbol{x}_i-\widehat{\boldsymbol{\mu}})^{\mathrm{T}}=0$, 则有

$$\left(\widehat{\boldsymbol{A}}\right)^{-1}=\frac{1}{n}\sum_{i=1}^{n}(\boldsymbol{x}_i-\widehat{\boldsymbol{\mu}})(\boldsymbol{x}_i-\widehat{\boldsymbol{\mu}})^{\mathrm{T}} \tag{3-64}$$

则,

$$\widehat{\boldsymbol{\Sigma}}=\left(\widehat{\boldsymbol{A}}\right)^{-1}=\frac{1}{n}\sum_{i=1}^{n}(\boldsymbol{x}_i-\widehat{\boldsymbol{\mu}})(\boldsymbol{x}_i-\widehat{\boldsymbol{\mu}})^{\mathrm{T}} \tag{3-65}$$

以上结论表明, 均值向量的最大似然估计是样本的均值, 协方差矩阵的最大似然估计是 N 个协方差矩阵的算术平均。

3.5.2　贝叶斯估计与贝叶斯学习

最大似然估计是把未知参数看作确定性参数进行估计, 而贝叶斯估计和贝叶斯学习是把未知参数看成随机参数进行考虑。本小节将介绍贝叶斯估计和贝叶斯学习的内容, 在 3.5.3 小节, 将以正态分布函数为例来说明贝叶斯估计的应用。

1. 贝叶斯估计

可以把概率密度函数的参数估计问题看作是一个贝叶斯决策问题, 但这里要决策的不是离散的类别, 而是参数的取值, 是在连续的空间里做决策。

把待估计的参数 $\boldsymbol{\theta}$ 看作具有先验分布密度 $p(\boldsymbol{\theta})$ 的随机变量, 其取值与样本集 $X=\{\boldsymbol{x}_1,\boldsymbol{x}_2,\cdots,\boldsymbol{x}_N\}$ 有关。现在要做的就是要根据 X 估计最优的 $\boldsymbol{\theta}$ (记作 $\boldsymbol{\theta}^*$)。对连续变量 $\boldsymbol{\theta}$, 假定把它估计为 $\widehat{\boldsymbol{\theta}}$ 所带来的损失为 $\lambda\left(\widehat{\boldsymbol{\theta}},\boldsymbol{\theta}\right)$, 设样本的取值空间为 E^d, 参数的取值空间为 Θ, 则当用 $\widehat{\boldsymbol{\theta}}$ 来作为估计时总期望风险为

$$R=\int_{E^d}\int_{\Theta}\lambda\left(\widehat{\boldsymbol{\theta}},\boldsymbol{\theta}\right)p(\boldsymbol{x},\boldsymbol{\theta})\mathrm{d}\boldsymbol{\theta}\mathrm{d}\boldsymbol{x}=\iint_{E^d}\int_{\Theta}\lambda\left(\widehat{\boldsymbol{\theta}},\boldsymbol{\theta}\right)p(\boldsymbol{\theta}|\boldsymbol{x})p(\boldsymbol{x})\mathrm{d}\boldsymbol{\theta}\mathrm{d}\boldsymbol{x} \tag{3-66}$$

定义在样本 $\boldsymbol{x}$ 下的条件风险为

$$R\left(\widehat{\boldsymbol{\theta}}|\boldsymbol{x}\right)=\int_{\Theta}\lambda\left(\widehat{\boldsymbol{\theta}},\boldsymbol{\theta}\right)p(\boldsymbol{\theta}|\boldsymbol{x})\mathrm{d}\boldsymbol{\theta} \tag{3-67}$$

那么式 (3-66) 便可以写成

$$R=\int_{E^d}R\left(\widehat{\boldsymbol{\theta}}|\boldsymbol{x}\right)p(\boldsymbol{x})\mathrm{d}\boldsymbol{x} \tag{3-68}$$

现在的目标是对期望风险求最小。这里的期望风险是在所有可能的 $\boldsymbol{x}$ 情况下的条件风险的积分, 而条件风险又是非负的, 所以求期望风险最小就等价于对所有可能的 $\boldsymbol{x}$ 求条件风险最小。在有限样本集合 $X=\{\boldsymbol{x}_1,\boldsymbol{x}_2,\cdots,\boldsymbol{x}_N\}$ 的情况下, 就是对所有的样

本求条件风险最小, 即

$$\boldsymbol{\theta}^* = \underset{\widehat{\boldsymbol{\theta}}}{\arg\min} \, R\left(\widehat{\boldsymbol{\theta}}|X\right) = \int_{\Theta} \lambda\left(\widehat{\boldsymbol{\theta}},\boldsymbol{\theta}\right) p\left(\boldsymbol{\theta}|X\right) \mathrm{d}\boldsymbol{\theta} \tag{3-69}$$

最常用的损失函数形式为平方误差损失函数, 即

$$\lambda\left(\widehat{\boldsymbol{\theta}},\boldsymbol{\theta}\right) = \left\|\widehat{\boldsymbol{\theta}} - \boldsymbol{\theta}\right\|_2^2 \tag{3-70}$$

可以证明, 如果采用平方误差损失函数, 则在样本 $\boldsymbol{x}$ 条件下 $\boldsymbol{\theta}$ 的贝叶斯估计量 $\boldsymbol{\theta}^*$ 是在给定 $\boldsymbol{x}$ 下 $\boldsymbol{\theta}$ 的条件期望, 即

$$\boldsymbol{\theta}^* = E[\boldsymbol{\theta}|\boldsymbol{x}] = \int_{\Theta} \boldsymbol{\theta} p(\boldsymbol{\theta}|\boldsymbol{x}) \mathrm{d}\boldsymbol{\theta} \tag{3-71}$$

类似地, 在给定样本集 X 的条件下, $\boldsymbol{\theta}$ 的贝叶斯估计量 $\boldsymbol{\theta}^*$ 是,

$$\boldsymbol{\theta}^* = E[\boldsymbol{\theta}|X] = \int_{\Theta} \boldsymbol{\theta} p(\boldsymbol{\theta}|X) \mathrm{d}\boldsymbol{\theta} \tag{3-72}$$

这样, 在最小平方误差损失函数下, 概率密度函数参数的贝叶斯估计的步骤为:

(1) 根据先验知识确定 $\boldsymbol{\theta}$ 的先验分布 $p(\boldsymbol{\theta})$;

(2) 由于样本是独立同分布的, 而且已知样本的概率密度函数形式 $p(\boldsymbol{x}|\boldsymbol{\theta})$, 可以从形式上得出样本集 X 的联合分布,

$$P(X|\boldsymbol{\theta}) = \prod_{i=1}^{N} p\left(\boldsymbol{x}_i|\boldsymbol{\theta}\right) \tag{3-73}$$

(3) 根据贝叶斯公式求 $\boldsymbol{\theta}$ 的后验概率分布,

$$p(\boldsymbol{\theta}|X) = \frac{P(X|\boldsymbol{\theta})p(\boldsymbol{\theta})}{\int_{\Theta} P(X|\boldsymbol{\theta})p(\boldsymbol{\theta})\mathrm{d}\boldsymbol{\theta}} \tag{3-74}$$

(4) 根据式 (3-72), $\boldsymbol{\theta}$ 的贝叶斯估计量是 $\boldsymbol{\theta}^* = \int_{\Theta} \boldsymbol{\theta} p(\boldsymbol{\theta}|X) \mathrm{d}\boldsymbol{\theta}$。

值得注意的是, 本来的目的并不是要估计概率密度函数的参数, 而是要估计样本的概率密度函数 $p(\boldsymbol{x}|X)$ 本身, 因为假设概率密度函数的形式已知, 才转化为估计概率密度函数中的参数的问题。实际上, 在上面介绍的贝叶斯估计框架下, 从式 (3-74) 得到了参数的后验概率后就可以不必再求对参数的估计, 而是可以直接得到样本的概率密度函数,

$$p(\boldsymbol{x}|X) = \int_{\Theta} p(\boldsymbol{x}, \boldsymbol{\theta}|X)\mathrm{d}\boldsymbol{\theta} = \int_{\Theta} p(\boldsymbol{x}|\boldsymbol{\theta})p(\boldsymbol{\theta}|X)\mathrm{d}\boldsymbol{\theta}$$

2. 贝叶斯学习

现在来考虑如何根据观测样本用式 (3-72) 来估计样本概率密度函数的参数。为了明确反映出样本的数目，把样本集重新记为 $X^N = \{\boldsymbol{x}_1, \boldsymbol{x}_2, \cdots, \boldsymbol{x}_N\}$，这样，式 (3-72) 可以相应的重新写为，

$$\boldsymbol{\theta}^* = \int_{\Theta} \boldsymbol{\theta} p\left(\boldsymbol{\theta}|X^N\right)\mathrm{d}\boldsymbol{\theta} \tag{3-75}$$

其中，

$$p\left(\boldsymbol{\theta}|X^N\right) = \frac{P\left(X^N|\boldsymbol{\theta}\right)p(\boldsymbol{\theta})}{\displaystyle\int_{\Theta} P\left(X^N|\boldsymbol{\theta}\right)p(\boldsymbol{\theta})\mathrm{d}\boldsymbol{\theta}} \tag{3-76}$$

当 $N > 1$ 时，有，

$$P\left(X^N|\boldsymbol{\theta}\right) = p\left(\boldsymbol{x}_N|\boldsymbol{\theta}\right)P\left(X^{N-1}|\boldsymbol{\theta}\right) \tag{3-77}$$

把式 (3-77) 带入式 (3-76)，可以得到如下递推公式，

$$
\begin{aligned}
p\left(\boldsymbol{\theta}|X^N\right) &= \frac{p\left(\boldsymbol{x}_N|\boldsymbol{\theta}\right)P\left(X^{N-1}|\boldsymbol{\theta}\right)p(\boldsymbol{\theta})}{\displaystyle\int_{\Theta} p\left(\boldsymbol{x}_N|\boldsymbol{\theta}\right)P\left(X^{N-1}|\boldsymbol{\theta}\right)p(\boldsymbol{\theta})\mathrm{d}\boldsymbol{\theta}} \\[2mm]
&= \frac{p\left(\boldsymbol{x}_N|\boldsymbol{\theta}\right)\dfrac{p\left(\boldsymbol{\theta}|X^{N-1}\right)P\left(X^{N-1}\right)}{p(\boldsymbol{\theta})}p(\boldsymbol{\theta})}{\displaystyle\int_{\Theta} p\left(\boldsymbol{x}_N|\boldsymbol{\theta}\right)\dfrac{p\left(\boldsymbol{\theta}|X^{N-1}\right)P\left(X^{N-1}\right)}{p(\boldsymbol{\theta})}p(\boldsymbol{\theta})\mathrm{d}\boldsymbol{\theta}} \\[2mm]
&= \frac{P\left(X^{N-1}\right)p\left(\boldsymbol{x}_N|\boldsymbol{\theta}\right)p\left(\boldsymbol{\theta}|X^{N-1}\right)}{P\left(X^{N-1}\right)\displaystyle\int_{\Theta} p\left(\boldsymbol{x}_N|\boldsymbol{\theta}\right)p\left(\boldsymbol{\theta}|X^{N-1}\right)\mathrm{d}\boldsymbol{\theta}} \\[2mm]
&= \frac{p\left(\boldsymbol{x}_N|\boldsymbol{\theta}\right)p\left(\boldsymbol{\theta}|X^{N-1}\right)}{\displaystyle\int_{\Theta} p\left(\boldsymbol{x}_N|\boldsymbol{\theta}\right)p\left(\boldsymbol{\theta}|X^{N-1}\right)\mathrm{d}\boldsymbol{\theta}}
\end{aligned} \tag{3-78}
$$

式 (3-78) 就是利用样本集 X^N 估计 $p\left(\boldsymbol{\theta}|X^N\right)$ 的迭代计算式，称为参数估计的递推贝叶斯方法，迭代过程也就是贝叶斯学习的过程。下面简述该迭代式的使用。

首先根据先验知识得到 $\boldsymbol{\theta}$ 的先验概率密度函数的初始估计，记为 $p(\boldsymbol{\theta})$，它相当于 $N = 0\left(X^N = X^0\right)$ 时的密度函数的一个估计；为了形式上的统一，把它记为 $p\left(\boldsymbol{\theta}|X^0\right)$。然后给出样本 $\boldsymbol{x}_1$ 对 $\boldsymbol{\theta}$ 进行估计，即用 $\boldsymbol{x}_1$ 对初始的 $p\left(\boldsymbol{\theta}|X^0\right)$ 进行修改。根据式 (3-78)，令 $N = 1$，得到

$$p\left(\boldsymbol{\theta}|X^1\right) = \frac{p\left(\boldsymbol{x}_1|\boldsymbol{\theta}\right)p\left(\boldsymbol{\theta}|X^0\right)}{\int p\left(\boldsymbol{x}_1|\boldsymbol{\theta}\right)p\left(\boldsymbol{\theta}|X^0\right)\mathrm{d}\boldsymbol{\theta}}$$

再给出 $\boldsymbol{x}_2$, 对用 X^1 估计的结果进行修改, 得到 $p\left(\boldsymbol{\theta}|X^2\right)$。对 $p\left(\boldsymbol{\theta}|X^2\right)$ 而言, $p\left(\boldsymbol{\theta}|X^1\right)$ 是它的先验概率密度。由式 (3-78) 得

$$p\left(\boldsymbol{\theta}|X^2\right) = p\left(\boldsymbol{\theta}|\boldsymbol{x}_1,\boldsymbol{x}_2\right) = \frac{p(\boldsymbol{x}_2|\boldsymbol{\theta})p\left(\boldsymbol{\theta}|X^1\right)}{\int p\left(\boldsymbol{x}_2|\boldsymbol{\theta}\right)p\left(\boldsymbol{\theta}|X^1\right)\mathrm{d}\boldsymbol{\theta}}$$

然后, 再逐次给出 $\boldsymbol{x}_3,\boldsymbol{x}_4,\cdots,\boldsymbol{x}_N$, 每次均在前一次的基础上进行修改, $p\left(\boldsymbol{\theta}|X^{N-1}\right)$ 可以看作是 $p\left(\boldsymbol{\theta}|X^N\right)$ 的先验概率密度。最后, 当 $\boldsymbol{x}_N$ 给出后得到

$$p\left(\boldsymbol{\theta}|X^N\right) = \frac{p\left(\boldsymbol{x}_N|\boldsymbol{\theta}\right)p\left(\boldsymbol{\theta}|X^{N-1}\right)}{\int_{\Theta} p\left(\boldsymbol{x}_N|\boldsymbol{\theta}\right)p\left(\boldsymbol{\theta}|X^{N-1}\right)\mathrm{d}\boldsymbol{\theta}}$$

3.5.3　正态分布密度函数的贝叶斯估计

下面以正态分布为例说明贝叶斯估计的运用。为了简化问题, 这里以单变量正态分布为例, 并假定方差 σ^2 已知, 待估计的仅是均值 μ。

设概率密度函数的形式为正态分布,

$$p(x|\mu) = \frac{1}{\sqrt{2\pi}\sigma}\exp\left(-\frac{1}{2\sigma^2}(x-\mu)^2\right)$$

其中, 均值 μ 是未知随机参数。假定均值 μ 的先验分布也是正态分布, 其均值为 μ_0、方差为 σ_0^2, 即,

$$p(\mu) = \frac{1}{\sqrt{2\pi}\sigma_0}\exp\left(-\frac{1}{2\sigma_0^2}(\mu-\mu_0)^2\right) \tag{3-79}$$

μ_0 和 σ_0^2 是已知的。设 $X^N = \{x_1,x_2,\cdots,x_N\}$ 是 N 个独立抽取的样本, 根据式 (3-74) 利用贝叶斯公式求 μ 的后验概率密度函数 $p(\mu|X^N)$,

$$p\left(\mu|X^N\right) = \frac{P(X^N|\mu)p(\mu)}{\int P(X^N|\mu)p(\mu)\mathrm{d}\mu} \tag{3-80}$$

其中, μ 的似然函数 $P\left(X^N|\mu\right)$ 可以表示为

$$P\left(X^N|\mu\right) = \prod_{k=1}^{N} p\left(x_k|\mu\right)$$

带入式 (3-80) 中有

$$p\left(\mu|X^N\right) = a\left\{\prod_{k=1}^{N} p\left(x_k|\mu\right)\right\}p(\mu) \tag{3-81}$$

其中, $a = 1/\int P\left(X^N|\mu\right) p(\mu)\mathrm{d}\mu$, 是与 μ 无关的比例因子, 不影响 $p\left(\mu|X^N\right)$ 的形式。由于 $p(x|\mu) \sim N\left(\mu, \sigma^2\right)$, $p(\mu) \sim N\left(\mu_0, \sigma_0^2\right)$, 所以,

$$
\begin{aligned}
p\left(\mu|X^N\right) &= a\left\{\prod_{k=1}^N p\left(x_k|\mu\right)\right\} p(\mu)\\
&= a\prod_{k=1}^N \frac{1}{\sqrt{2\pi}\sigma}\exp\left[-\frac{(x_k-\mu)^2}{2\sigma^2}\right] \times \frac{1}{\sqrt{2\pi}\sigma_0}\exp\left[-\frac{(\mu-\mu_0)^2}{2\sigma_0^2}\right]\\
&= a'\exp\left\{-\frac{1}{2}\left[\sum_{k=1}^N \frac{(\mu-x_k)^2}{\sigma^2} + \frac{(\mu-\mu_0)^2}{\sigma_0^2}\right]\right\}\\
&= a''\exp\left\{-\frac{1}{2}\left[\left(\frac{N}{\sigma^2}+\frac{1}{\sigma_0^2}\right)\mu^2 - 2\left(\frac{1}{\sigma_0^2}\sum_{k=1}^N x_k + \frac{\mu_0}{\sigma_0^2}\right)\mu\right]\right\} \quad (3\text{-}82)
\end{aligned}
$$

其中, 与 μ 无关的项全部收入 a' 和 a'' 中, 这样 $p(\mu|X^N)$ 是 μ 的二次函数的指数函数, 所以仍是一个正态密度函数。把 $p\left(\mu|X^N\right)$ 写成正态分布密度函数的标准形式 $N\left(\mu_N, \sigma_N^2\right)$, 即

$$
p\left(\mu|X^N\right) = \frac{1}{\sqrt{2\pi}\sigma_N}\exp\left\{-\frac{1}{2}\left(\frac{\mu-\mu_N}{\sigma_N}\right)^2\right\} \quad (3\text{-}83)
$$

令式 (3–83) 和 (3–82) 的对应项系数相等, 即可求得 μ_N 和 σ_N^2 分别为

$$
\mu_N = \frac{N\sigma_0^2}{N\sigma_0^2+\sigma^2}m_N + \frac{\sigma^2}{N\sigma_0^2+\sigma^2}\mu_0 \quad (3\text{-}84)
$$

$$
\sigma_N^2 = \frac{\sigma_0^2\sigma^2}{N\sigma_0^2+\sigma^2} \quad (3\text{-}85)
$$

其中, $m_N = \frac{1}{N}\sum_{k=1}^N x_k$。将所求的 μ_N 和 σ_N^2 带入式 (3–83) 就得到了 μ 的后验概率密度 $p(\mu|X^N)$。这时, 由式 (3–72) 计算 μ 的贝叶斯估计为

$$
\widehat{\mu} = \int \mu p\left(\mu|X^N\right)\mathrm{d}\mu = \int \mu\frac{1}{\sqrt{2\pi}\sigma_N}\exp\left[-\frac{1}{2}\left(\frac{\mu-\mu_N}{\sigma_N}\right)^2\right]\mathrm{d}\mu = \mu_N
$$

将式 (3–84) 结果代入上式, 得

$$
\widehat{\mu} = \frac{N\sigma_0^2}{N\sigma_0^2+\sigma^2}m_N + \frac{\sigma^2}{N\sigma_0^2+\sigma^2}\mu_0
$$

当 $N\left(\mu_0, \sigma_0^2\right) = N\left(0,1\right)$ 且 $\sigma^2 = 1$ 时, 有

$$
\widehat{\mu} = \frac{N}{N+1}m_N = \frac{1}{N+1}\sum_{k=1}^N x_k
$$

也就是说, 此时 μ 的贝叶斯估计与最大似然估计有着类似的形式, 只是分母不同。

3.5.4 高斯混合模型与期望最大化算法

很多时候, 单个高斯模型并不能很好地刻画数据的分布。例如, 在一所大学中, 所有女生的身高分布可以用一个高斯模型来刻画, 所有男生的身高可以用另一个高斯模型来刻画。但想要刻画所有学生的身高分布, 如果用一个统一的单个高斯模型显然就不合适了, 这个时候可以借助高斯混合模型 (Gaussian mixture model)。

高斯混合模型指的是多个高斯分布函数的线性组合, 理论上它可以拟合出任意类型的分布, 通常用于解决同一集合下的数据包含多个不同的分布的情况。

设一个 $\mathbb{R}^d$ 空间中的随机变量 $\boldsymbol{x}$ 服从高斯混合模型分布, 则它的概率密度函数可以表达为,

$$p(\boldsymbol{x}) = \sum_{l=1}^{K} \alpha_l N\left(\boldsymbol{x}; \boldsymbol{\mu}_l, \boldsymbol{\Sigma}_l\right), \quad s.t. \quad \sum_{l=1}^{K} \alpha_l = 1 \tag{3-86}$$

其中,

$$N\left(\boldsymbol{x}; \boldsymbol{\mu}_l, \boldsymbol{\Sigma}_l\right) = \frac{1}{(2\pi)^{\frac{d}{2}}} \frac{1}{|\boldsymbol{\Sigma}_l|^{\frac{1}{2}}} \exp\left(-\frac{1}{2}\left(\boldsymbol{x} - \boldsymbol{\mu}_l\right)^{\mathrm{T}} \boldsymbol{\Sigma}_l^{-1}\left(\boldsymbol{x} - \boldsymbol{\mu}_l\right)\right) \tag{3-87}$$

为第 l 个高斯成分, 对应的均值向量为 $\boldsymbol{\mu}_l$、协方差矩阵为 $\boldsymbol{\Sigma}_l$, 要求 $\boldsymbol{\Sigma}_l$ 为正定矩阵; α_l 为第 l 个高斯成分在混合模型中的权重; K 为高斯成分的个数。

假设有一组观察到的样本, 表示为集合 $X = \{\boldsymbol{x}_1, \boldsymbol{x}_2, \cdots, \boldsymbol{x}_n\}$, 且这组样本服从高斯混合模型分布式 (3-86)。现在来考虑如何从样本集 X 中估计出高斯混合模型的参数。根据最大似然估计方法, 目标就是要解这样一个问题, $\Theta^* = \underset{\Theta}{\mathrm{argmax}}\, L(\Theta)$, $L(\Theta)$ 是 X 的对数似然函数, $\Theta = \{\alpha_l, \boldsymbol{\mu}_l, \boldsymbol{\Sigma}_l\}_{l=1}^{K}$, 即

$$L(\Theta) = \ln P(X; \Theta) = \sum_{i=1}^{n} \ln p\left(\boldsymbol{x}_i; \Theta\right) = \sum_{i=1}^{n}\left\{\ln\left[\sum_{l=1}^{K} \alpha_l \mathcal{N}\left(\boldsymbol{x}_i; \boldsymbol{\mu}_l, \boldsymbol{\Sigma}_l\right)\right]\right\} \tag{3-88}$$

注意到, 能将式 (3-88) 最大化的最优的 Θ^* 是没有解析解形式的, 只能通过迭代的方式来得到 Θ^*, 期望最大化算法便是这样一种能解决这个问题的迭代算法。

下面先介绍期望最大化 (expectation maximization, EM) 算法的原理, 然后再回过头来看如何用该算法来具体解决高斯混合模型的参数估计问题。

EM 算法是一个迭代求解模型参数的算法, 它最大的特点在于引入了所谓的 "隐变量", 隐变量的引入会使得问题变得简化和容易理解。考虑前面提到的从身高数据拟合它们所服从的高斯混合模型的例子。根据先验知识, 采集到的身高数据来自男女两类学生, 所以合理地假定目标高斯混合模型包含有 2 个高斯成分。对于某一个数据样本 $\boldsymbol{x}_i$, 如果不知道它到底是来自哪一个高斯成分 (即不知道它是测量自男生还是女

生), 那么它的似然只好表达为 $p\left(\boldsymbol{x}_i\right) = \sum\limits_{l=1}^{K} \alpha_l \mathcal{N}\left(\boldsymbol{x}_i; \boldsymbol{\mu}_l, \boldsymbol{\Sigma}_l\right)$, 这当然很复杂。如果引入隐变量 z_i, 让 z_i 表示 $\boldsymbol{x}_i$ 来自哪一个高斯成分, 则此时 $\boldsymbol{x}_i$ 的条件似然可以表示为 $p\left(\boldsymbol{x}_i|z_i\right) = \mathcal{N}\left(\boldsymbol{x}_i; \boldsymbol{\mu}_{z_i}, \boldsymbol{\Sigma}_{z_i}\right)$, 这便是一个单个高斯概率密度函数。由此可见, 引入隐变量可以使得问题更容易理解。

假设引入隐变量集合 $Z = \{z_1, z_2, \cdots, z_n\}$, 其中 z_i 表示 $\boldsymbol{x}_i$ 来自哪一个高斯成分, 则显然 $z_i \in \{1, 2, \cdots, K\}$。当采用 EM 算法来估计模型的参数时, 第 $g+1$ 轮的参数 $\Theta^{(g+1)}$ 与第 g 轮的参数 $\Theta^{(g)}$ 之间的迭代关系可表达为,

$$\Theta^{(g+1)} = \underset{\Theta}{\mathrm{argmax}} \int_Z [\ln P(X, Z; \Theta)] P\left(Z|X; \Theta^{(g)}\right) \mathrm{d}Z \qquad (3-89)$$

式 (3–89) 可以看作由两部分组成: $\int_Z [\ln P(X, Z; \Theta)] P\left(Z|X; \Theta^{(g)}\right) \mathrm{d}Z$ 是在计算 $\ln P(X, Z; \Theta)$ 在密度函数为 $P\left(Z|X; \Theta^{(g)}\right)$ 时的期望, 这个期望是参数 Θ 的函数; 之后再计算令这个期望函数取得最大值的参数并记为 $\Theta^{(g+1)}$。现在首先需要验证 EM 算法的有效性: 为什么按照式 (3–89) 的方式来更新参数, 新一轮参数 $\Theta^{(g+1)}$ 会比上一轮参数 $\Theta^{(g)}$ 更好? 也就是说, 需要验证下式成立,

$$\ln P\left(X; \Theta^{(g+1)}\right) \geqslant \ln P\left(X; \Theta^{(g)}\right) \qquad (3-90)$$

由于 $P(X; \Theta) = \dfrac{P(X, Z; \Theta)}{P(Z|X; \Theta)}$, 则,

$$\ln P(X; \Theta) = \ln P(X, Z; \Theta) - \ln P(Z|X; \Theta) \qquad (3-91)$$

对式 (3–91) 两端以 $P\left(Z|X; \Theta^{(g)}\right)$ 为概率密度函数计算期望, 其左边为,

$$\int_Z [\ln P(X; \Theta)] P\left(Z|X; \Theta^{(g)}\right) \mathrm{d}Z = \ln P(X; \Theta),$$

因此可以得到

$$\ln P(X; \Theta)$$
$$= \underbrace{\int_Z [\ln P(X, Z; \Theta)] P\left(Z|X; \Theta^{(g)}\right) \mathrm{d}Z}_{Q(\Theta)} - \underbrace{\int_Z [\ln P(Z|X; \Theta)] P\left(Z|X; \Theta^{(g)}\right) \mathrm{d}Z}_{H(\Theta)}$$

这样,

$$\begin{aligned} \ln P\left(X; \Theta^{(g+1)}\right) &= Q\left(\Theta^{(g+1)}\right) - H\left(\Theta^{(g+1)}\right) \\ \ln P\left(X; \Theta^{(g)}\right) &= Q\left(\Theta^{(g)}\right) - H\left(\Theta^{(g)}\right) \end{aligned} \qquad (3-92)$$

根据式 (3–89), 显然有

$$Q\left(\Theta^{(g+1)}\right) \geqslant Q\left(\Theta^{(g)}\right) \tag{3-93}$$

另一方面, $\forall \Theta$, 有

$$
\begin{aligned}
&H\left(\Theta^{(g)}\right) - H(\Theta) \\
&= \int_Z \left[\ln P\left(Z|X;\Theta^{(g)}\right)\right] P\left(Z|X;\Theta^{(g)}\right) \mathrm{d}Z - \\
&\quad \int_Z \left[\ln P(Z|X;\Theta)\right] P\left(Z|X;\Theta^{(g)}\right) \mathrm{d}Z \\
&= \int_Z \left[\ln \frac{P\left(Z|X;\Theta^{(g)}\right)}{P(Z|X;\Theta)}\right] P\left(Z|X;\Theta^{(g)}\right) \mathrm{d}Z \\
&= \int_Z \left[-\ln \frac{P(Z|X;\Theta)}{P\left(Z|X;\Theta^{(g)}\right)}\right] P\left(Z|X;\Theta^{(g)}\right) \mathrm{d}Z \\
&\geqslant -\ln \left[\int_Z \frac{P(Z|X;\Theta)}{P\left(Z|X;\Theta^{(g)}\right)} P\left(Z|X;\Theta^{(g)}\right) \mathrm{d}Z\right] \\
&= -\ln \left[\int_Z P(Z|X;\Theta) \mathrm{d}Z\right] = 0
\end{aligned}
$$

上述推导过程中出现的不等式是根据 Jensen 不等式得到的。由上式结果可知,

$$H\left(\Theta^{(g+1)}\right) \leqslant H\left(\Theta^{(g)}\right) \tag{3-94}$$

综合式 (3-92) 、式 (3-93) 和式 (3-94), 便可得到

$$\ln P\left(X;\Theta^{(g+1)}\right) \geqslant \ln P\left(X;\Theta^{(g)}\right)$$

即证明了式 (3-90), 也即验证了期望最大化算法的有效性: 按照式 (3-89) 所定义的概率密度函数参数的迭代更新方式, 样本集在新一轮参数下的对数似然值一定大于 (或等于) 在上一轮参数下的对数似然值; 这样, 当迭代收敛之后, 便得到了样本集所服从的概率密度函数参数的最大似然估计值。

接下来, 再回到本节前面遗留的一个问题: 如何用 EM 算法 [式 (3-89)] 来估计高斯混合模型的参数? 下面来具体解决这个问题。

假设样本集 $X = \{\boldsymbol{x}_1, \boldsymbol{x}_2, \cdots, \boldsymbol{x}_n\}$ 中的样本服从高斯混合模型分布 [式 (3-86)], 隐变量集合 $Z = \{z_1, z_2, \cdots, z_n\}$ 中的 z_i 表示 $\boldsymbol{x}_i$ 来自哪一个高斯成分。则,

$$
\begin{aligned}
P(X, Z; \Theta) &= P(X|Z; \Theta) P(Z; \Theta) \\
&= \prod_{i=1}^n p(\boldsymbol{x}_i|Z; \Theta) \cdot \prod_{j=1}^n P(z_j; \Theta) = \prod_{i=1}^n p(\boldsymbol{x}_i|z_i; \Theta) \cdot \prod_{j=1}^n P(z_j; \Theta)
\end{aligned}
$$

$$= \prod_{i=1}^{n} p\left(\boldsymbol{x}_i | z_i; \Theta\right) P\left(z_i; \Theta\right) = \prod_{i=1}^{n} \alpha_{z_i} N\left(\boldsymbol{x}_i; \boldsymbol{\mu}_{z_i}, \boldsymbol{\Sigma}_{z_i}\right) \tag{3-95}$$

$$P\left(Z | X; \Theta\right) = \prod_{i=1}^{n} P\left(z_i | X; \Theta\right) = \prod_{i=1}^{n} P\left(z_i | \boldsymbol{x}_i; \Theta\right) \tag{3-96}$$

将式 (3-95) 和式 (3-96) 带入式 (3-89) 中计算期望的部分,

$$\int_Z [\ln P(X, Z; \Theta)] P\left(Z | X; \Theta^{(g)}\right) \mathrm{d}Z$$

$$= \sum_{z_1=1}^{K} \sum_{z_2=1}^{K} \cdots \sum_{z_n=1}^{K} \left\{ [\ln P(X, Z; \Theta)] P\left(Z | X; \Theta^{(g)}\right) \right\}$$

$$= \sum_{z_1=1}^{K} \sum_{z_2=1}^{K} \cdots \sum_{z_n=1}^{K} \left\{ \left[\ln \left\{ \prod_{i=1}^{n} N\left(\boldsymbol{x}_i; \boldsymbol{\mu}_{z_i}, \boldsymbol{\Sigma}_{z_i}\right) \cdot \alpha_{z_i} \right\} \right] \cdot \right.$$

$$\left. P\left(z_1, z_2, \cdots, z_n | X; \Theta^{(g)}\right) \right\}$$

$$= \sum_{z_1=1}^{K} \sum_{z_2=1}^{K} \cdots \sum_{z_n=1}^{K} \left\{ \left[\sum_{i=1}^{n} \left(\ln\left(N\left(\boldsymbol{x}_i; \boldsymbol{\mu}_{z_i}, \boldsymbol{\Sigma}_{z_i}\right) \right) + \ln \alpha_{z_i} \right) \right] \cdot \right.$$

$$\left. P\left(z_1, z_2, \cdots, z_n | X; \Theta^{(g)}\right) \right\}$$

把 $\ln\left(N\left(\boldsymbol{x}_i; \boldsymbol{\mu}_{z_i}, \boldsymbol{\Sigma}_{z_i}\right) \right) + \ln \alpha_{z_i}$ 记作 $f_i\left(z_i\right)$, 这样就有

$$\int_Z [\ln P(X, Z; \Theta)] P\left(Z | X; \Theta^{(g)}\right) \mathrm{d}Z$$

$$= \sum_{z_1=1}^{K} \sum_{z_2=1}^{K} \cdots \sum_{z_n=1}^{K} \left\{ [f_1\left(z_1\right) + \cdots + f_n\left(z_n\right)] \cdot P\left(z_1, z_2 \cdots, z_n | X; \Theta^{(g)}\right) \right\}$$

$$= \sum_{z_1=1}^{K} \sum_{z_2=1}^{K} \cdots \sum_{z_n=1}^{K} f_1\left(z_1\right) \cdot P\left(z_1, \cdots, z_n | X; \Theta^{(g)}\right) + \cdots +$$

$$\sum_{z_1=1}^{K} \sum_{z_2=1}^{K} \cdots \sum_{z_n=1}^{K} f_n\left(z_n\right) \cdot P\left(z_1, \cdots, z_n | X; \Theta^{(g)}\right)$$

$$= \sum_{z_1=1}^{K} \left[f_1\left(z_1\right) \sum_{z_2=1}^{K} \cdots \sum_{z_n=1}^{K} P\left(z_1, \cdots, z_n | X; \Theta^{(g)}\right) \right] + \cdots +$$

$$\sum_{z_n=1}^{K} \left[f_n\left(z_n\right) \sum_{z_2=1}^{K} \cdots \sum_{z_{n-1}=1}^{K} P\left(z_1, \cdots, z_n | X; \Theta^{(g)}\right) \right]$$

$$= \sum_{z_1=1}^{K} \left[f_1\left(z_1\right) P\left(z_1 | X; \Theta^{(g)}\right) \right] + \cdots + \sum_{z_n=1}^{K} \left[f_n\left(z_n\right) P\left(z_n | X; \Theta^{(g)}\right) \right]$$

$$= \sum_{i=1}^{n} \left\{ \sum_{z_i=1}^{K} \left[f_i\left(z_i\right) P\left(z_i | \boldsymbol{x}_i; \Theta^{(g)}\right) \right] \right\}$$

$$= \sum_{i=1}^{n} \left\{ \sum_{z_i=1}^{K} \left[(\ln \alpha_{z_i} + \ln N\left(\boldsymbol{x}_i \mid \boldsymbol{\mu}_{z_i}, \Sigma_{z_i}\right)) P\left(z_i \mid \boldsymbol{x}_i; \Theta^{(g)}\right) \right] \right\}$$

$$= \sum_{i=1}^{n} \left\{ \sum_{l=1}^{K} \left[(\ln \alpha_l + \ln N\left(\boldsymbol{x}_i; \boldsymbol{\mu}_l, \Sigma_l\right)) P\left(l \mid \boldsymbol{x}_i; \Theta^{(g)}\right) \right] \right\} \tag{3-97}$$

在上式计算的最后一步, 由于 z_i 要遍历所有的 K 个高斯成分, 便把 z_i 用表示高斯成分索引的记号 l 来代替了。把式 (3-97) 的结果带入到 EM 迭代规则式 (3-89) 中, 得到

$$\left\{ \{\alpha_l, \boldsymbol{\mu}_l, \boldsymbol{\Sigma}_l\}_{l=1}^{K} \right\}^{(g+1)}$$
$$= \operatorname*{argmax}_{\{\alpha_l, \boldsymbol{\mu}_l, \boldsymbol{\Sigma}_l\}_{l=1}^{K}} \sum_{i=1}^{n} \left\{ \sum_{l=1}^{K} \left[(\ln \alpha_l + \ln N\left(\boldsymbol{x}_i; \boldsymbol{\mu}_l, \boldsymbol{\Sigma}_l\right)) P\left(l \mid \boldsymbol{x}_i; \Theta^{(g)}\right) \right] \right\} \tag{3-98}$$

这其中,

$$P\left(l \mid \boldsymbol{x}_i; \Theta^{(g)}\right) = \frac{p\left(\boldsymbol{x}_i \mid l; \Theta^{(g)}\right) P\left(l; \Theta^{(g)}\right)}{\sum\limits_{l=1}^{K} p\left(\boldsymbol{x}_i \mid l; \Theta^{(g)}\right) P\left(l; \Theta^{(g)}\right)} = \frac{N\left(\boldsymbol{x}_i; \boldsymbol{\mu}_l^{(g)}, \boldsymbol{\Sigma}_l^{(g)}\right) \alpha_l^{(g)}}{\sum\limits_{l=1}^{K} N\left(\boldsymbol{x}_i; \boldsymbol{\mu}_l^{(g)}, \boldsymbol{\Sigma}_l^{(g)}\right) \alpha_l^{(g)}}$$

$$\tag{3-99}$$

接下来要考虑的问题是如何求解式 (3-98)。求解的总体原则就是要计算待极大化的函数对各个自变量的偏导数并令其等于零, 再解出变量最优值。

先来考虑如何求解最优 $\left\{ \{\alpha_l\}_{l=1}^{K} \right\}^{(g+1)}$。观察式 (3-98) 可知, 求解最优 $\left\{ \{\alpha_l\}_{l=1}^{K} \right\}^{(g+1)}$ 等价于解如下优化问题,

$$\left\{ \{\alpha_l\}_{l=1}^{K} \right\}^{(g+1)} = \operatorname*{argmax}_{\{\alpha_l\}_{l=1}^{K}} \sum_{i=1}^{n} \left\{ \sum_{l=1}^{K} \left[(\ln \alpha_l) P\left(l \mid \boldsymbol{x}_i; \Theta^{(g)}\right) \right] \right\}, \quad s.t., \quad \sum_{l=1}^{K} \alpha_l = 1$$

$$\tag{3-100}$$

这是一个典型的带有等式约束的求极值点问题, 可以通过拉格朗日乘子法来解。构造拉格朗日函数,

$$L\left(\alpha_1, \alpha_2, \cdots, \alpha_K, \lambda\right) = \sum_{i=1}^{n} \left\{ \sum_{l=1}^{K} \left[(\ln \alpha_l) P\left(l \mid \boldsymbol{x}_i; \Theta^{(g)}\right) \right] \right\} - \lambda \left(\sum_{l=1}^{K} \alpha_l - 1 \right)$$
$$= \sum_{l=1}^{K} \left\{ (\ln \alpha_l) \sum_{i=1}^{n} \left[P\left(l \mid \boldsymbol{x}_i; \Theta^{(g)}\right) \right] \right\} - \lambda \left(\sum_{l=1}^{K} \alpha_l - 1 \right)$$

$$\tag{3-101}$$

然后求 $L\left(\alpha_1, \alpha_2, \cdots, \alpha_K, \lambda\right)$ 的驻点,

$$\frac{\partial L}{\partial \alpha_l} = \frac{1}{\alpha_l} \sum_{i=1}^{n} \left[P\left(l \mid \boldsymbol{x}_i; \Theta^{(g)}\right) \right] - \lambda = 0 \tag{3-102}$$

因此有

$$\alpha_l \lambda = \sum_{i=1}^{n} \left[P\left(l|\boldsymbol{x}_i; \Theta^{(g)}\right) \right] \tag{3-103}$$

根据式 (3-103), 得到,

$$\alpha_1 \lambda = \sum_{i=1}^{n} \left[P\left(l = 1|\boldsymbol{x}_i; \Theta^{(g)}\right) \right]$$

$$\alpha_2 \lambda = \sum_{i=1}^{n} \left[P\left(l = 2|\boldsymbol{x}_i; \Theta^{(g)}\right) \right]$$

$$\vdots$$

$$\alpha_K \lambda = \sum_{i-1}^{n} \left[P\left(l = K|\boldsymbol{x}_i; \Theta^{(g)}\right) \right] \tag{3-104}$$

把式 (3-104) 的 K 个等式的左右两边分别求和, 则有

$$\lambda \sum_{l=1}^{K} \alpha_l = \sum_{i=1}^{n} \left[P\left(l = 1|\boldsymbol{x}_i; \Theta^{(g)}\right) \right] + \sum_{i=1}^{n} \left[P\left(l = 2|\boldsymbol{x}_i; \Theta^{(g)}\right) \right] + \cdots +$$

$$\sum_{i=1}^{n} \left[P\left(l = K|\boldsymbol{x}_i; \Theta^{(g)}\right) \right]$$

$$= P\left(l = 1|\boldsymbol{x}_1; \Theta^{(g)}\right) + P\left(l = 1|\boldsymbol{x}_2; \Theta^{(g)}\right) + \cdots + P\left(l = 1|\boldsymbol{x}_n; \Theta^{(g)}\right) +$$

$$P\left(l = 2|\boldsymbol{x}_1; \Theta^{(g)}\right) + P\left(l = 2|\boldsymbol{x}_2; \Theta^{(g)}\right) + \cdots + P\left(l = 2|\boldsymbol{x}_n; \Theta^{(g)}\right) + \cdots +$$

$$P\left(l = K|\boldsymbol{x}_1; \Theta^{(g)}\right) + P\left(l = K|\boldsymbol{x}_2; \Theta^{(g)}\right) + \cdots + P\left(l = K|\boldsymbol{x}_n; \Theta^{(g)}\right)$$

$$= n \tag{3-105}$$

根据式 (3-105) 再结合已知条件 $\sum_{l=1}^{K} \alpha_l = 1$[式 (3-86)], 则可知 $\lambda^* = n$。再由式 (3-106), 得到,

$$(\alpha_l)^{(g+1)} = \frac{1}{n} \sum_{i=1}^{n} \left[P\left(l|\boldsymbol{x}_i; \Theta^{(g)}\right) \right] \tag{3-106}$$

接下来考虑如何求解最优 $\left\{ \{\boldsymbol{\mu}_l, \boldsymbol{\Sigma}_l\}_{l=1}^{K} \right\}^{(g+1)}$。观察式 (3-98) 可知, 求解最优 $\left\{ \{\boldsymbol{\mu}_l, \boldsymbol{\Sigma}_l\}_{l=1}^{K} \right\}^{(g+1)}$ 等价于解如下优化问题,

$$\left\{ \{\boldsymbol{\mu}_l, \boldsymbol{\Sigma}_l\}_{l=1}^{K} \right\}^{(g+1)} = \operatorname*{argmax}_{\{\boldsymbol{\mu}_l, \boldsymbol{\Sigma}_l\}_{l=1}^{K}} \sum_{i=1}^{n} \left\{ \sum_{l=1}^{K} \left[(\ln N\left(\boldsymbol{x}_i; \mu_l, \boldsymbol{\Sigma}_l\right)) P\left(l|\boldsymbol{x}_i; \Theta^{(g)}\right) \right] \right\}$$

$$= \operatorname*{argmax}_{\{\boldsymbol{\mu}_l, \boldsymbol{\Sigma}_l\}_{l=1}^{K}} \sum_{l=1}^{K} \left\{ \sum_{i=1}^{n} \left[(\ln N\left(\boldsymbol{x}_i; \mu_l, \boldsymbol{\Sigma}_l\right)) P\left(l|\boldsymbol{x}_i; \Theta^{(g)}\right) \right] \right\} \tag{3-107}$$

由于上式目标函数中最外层是 K 个项求和, 而这 K 项之间又是相互独立的, 因此要最大化它们的和, 就需要最大化每一项。因此, 求解最优的 $(\boldsymbol{\mu}_l, \boldsymbol{\Sigma}_l)^{(g+1)}$ $(l = 1, 2, \cdots, K)$ 等价于要求解如下目标函数的极大值点,

$$
\begin{aligned}
S(\boldsymbol{\mu}_l, \boldsymbol{\Sigma}_l) &= \sum_{i=1}^{n} \left[(\ln N(\boldsymbol{x}_i; \boldsymbol{\mu}_l, \boldsymbol{\Sigma}_l)) P\left(l | \boldsymbol{x}_i; \Theta^{(g)}\right) \right] \\
&= \sum_{i=1}^{n} \left\{ \ln \left(\frac{1}{(2\pi)^{\frac{d}{2}}} \cdot \frac{1}{|\boldsymbol{\Sigma}_l|^{\frac{1}{2}}} \cdot \exp \left(-\frac{1}{2} (\boldsymbol{x}_i - \boldsymbol{\mu}_l)^{\mathrm{T}} \boldsymbol{\Sigma}_l^{-1} (\boldsymbol{x}_i - \boldsymbol{\mu}_l) \right) \right) \cdot \right. \\
&\qquad \left. P\left(l | \boldsymbol{x}_i; \Theta^{(g)}\right) \right\} \\
&= \sum_{i=1}^{n} \left\{ \left(-\frac{d}{2} \ln 2\pi - \frac{1}{2} \ln |\boldsymbol{\Sigma}_l| - \frac{1}{2} (\boldsymbol{x}_i - \boldsymbol{\mu}_l)^{\mathrm{T}} \boldsymbol{\Sigma}_l^{-1} (\boldsymbol{x}_i - \boldsymbol{\mu}_l) \right) \cdot \right. \\
&\qquad \left. P\left(l | \boldsymbol{x}_i; \Theta^{(g)}\right) \right\} \qquad\qquad (3-108)
\end{aligned}
$$

对于目标函数 $S(\boldsymbol{\mu}_l, \boldsymbol{\Sigma}_l)$, 要求它的极大值点, 就是要计算它的驻点。求解最优的 $(\boldsymbol{\mu}_l)^{(g+1)}$, 就是要解 $\dfrac{\partial S}{\partial \boldsymbol{\mu}_l} = 0$, 即,

$$
\begin{aligned}
\frac{\partial S}{\partial \boldsymbol{\mu}_l} &= -\frac{1}{2} \frac{\partial \left(\sum\limits_{i=1}^{n} \left[(\boldsymbol{x}_i - \boldsymbol{\mu}_l)^{\mathrm{T}} \boldsymbol{\Sigma}_l^{-1} (\boldsymbol{x}_i - \boldsymbol{\mu}_l) \cdot P\left(l | \boldsymbol{x}_i; \Theta^{(g)}\right) \right] \right)}{\partial \boldsymbol{\mu}_l} \\
&= -\frac{1}{2} \sum_{i=1}^{n} \frac{\partial \left((\boldsymbol{\mu}_l - \boldsymbol{x}_i)^{\mathrm{T}} \boldsymbol{\Sigma}_l^{-1} (\boldsymbol{\mu}_l - \boldsymbol{x}_i) \cdot P\left(l | \boldsymbol{x}_i; \Theta^{(g)}\right) \right)}{\partial (\boldsymbol{\mu}_l - \boldsymbol{x}_i)} \\
&= -\frac{1}{2} \sum_{i=1}^{n} \left[(\boldsymbol{\Sigma}_l^{-1} + \boldsymbol{\Sigma}_l^{-\mathrm{T}}) (\boldsymbol{\mu}_l - \boldsymbol{x}_i) P\left(l | \boldsymbol{x}_i; \Theta^{(g)}\right) \right] \\
&= \sum_{i=1}^{n} \left[\boldsymbol{\Sigma}_l^{-1} (\boldsymbol{x}_i - \boldsymbol{\mu}_l) P\left(l | \boldsymbol{x}_i; \Theta^{(g)}\right) \right] = 0 \qquad (3-109)
\end{aligned}
$$

从式 (3-109) 容易得到

$$
(\boldsymbol{\mu}_l)^{(g+1)} = \frac{\sum\limits_{i=1}^{n} \boldsymbol{x}_i P\left(l | \boldsymbol{x}_i; \Theta^{(g)}\right)}{\sum\limits_{i=1}^{n} P\left(l | \boldsymbol{x}_i; \Theta^{(g)}\right)} \qquad\qquad (3-110)
$$

接下来考虑根据 $\dfrac{\partial S}{\partial \boldsymbol{\Sigma}_l} = 0$ 求解最优的 $(\boldsymbol{\Sigma}_l)^{(g+1)}$。直接计算 $\dfrac{\partial S}{\partial \boldsymbol{\Sigma}_l}$ 不是很容易, 可以令 $\boldsymbol{A} = \boldsymbol{\Sigma}_l^{-1}$, 由于要求 $\boldsymbol{\Sigma}_l$ 是正定矩阵, 因此 $\boldsymbol{A}^{\mathrm{T}} = \boldsymbol{A}$。然后把 $S\left(\boldsymbol{\Sigma}_l; (\boldsymbol{\mu}_l)^{(g+1)}\right)$ 转换成关于 $\boldsymbol{A}$ 的等价函数,

$$
S(\boldsymbol{A}) = \sum_{i=1}^{n} \left\{ \left(-\frac{d}{2} \ln 2\pi - \frac{1}{2} \ln |\boldsymbol{A}^{-1}| - \frac{1}{2} \left(\boldsymbol{x}_i - (\boldsymbol{\mu}_l)^{(g+1)} \right)^{\mathrm{T}} \boldsymbol{A} \left(\boldsymbol{x}_i - (\boldsymbol{\mu}_l)^{(g+1)} \right) \right) \cdot \right.
$$

$$P\left(l \mid \boldsymbol{x}_i; \Theta^{(g)}\right)\Big\} \tag{3-111}$$

然后对于函数 $S(\boldsymbol{A})$ 求解最优的 $\boldsymbol{A}$, 即要解

$$
\frac{\mathrm{d}S}{\mathrm{d}\boldsymbol{A}} = \frac{\mathrm{d}\sum_{i=1}^{n}\left\{\left(-\frac{d}{2}\ln 2\pi - \frac{1}{2}\ln\left|\boldsymbol{A}^{-1}\right| - \frac{1}{2}\left(\boldsymbol{x}_i - (\boldsymbol{\mu}_l)^{(g+1)}\right)^{\mathrm{T}}\boldsymbol{A}\left(\boldsymbol{x}_i - (\boldsymbol{\mu}_l)^{(g+1)}\right)\right)\cdot P\left(l \mid \boldsymbol{x}_i; \Theta^{(g)}\right)\right\}}{\mathrm{d}\boldsymbol{A}}
$$

$$
= -\frac{1}{2}\frac{\mathrm{d}\left(\ln\left|\boldsymbol{A}^{-1}\right|\right)}{\mathrm{d}\boldsymbol{A}}\sum_{i=1}^{n}P\left(l \mid \boldsymbol{x}_i; \Theta^{(g)}\right) -
$$

$$
\frac{1}{2}\sum_{i=1}^{n}\left[\frac{\mathrm{d}\left(\left(\boldsymbol{x}_i - (\boldsymbol{\mu}_l)^{(g+1)}\right)^{\mathrm{T}}\boldsymbol{A}\left(\boldsymbol{x}_i - (\boldsymbol{\mu}_l)^{(g+1)}\right)\right)}{\mathrm{d}\boldsymbol{A}}P\left(l \mid \boldsymbol{x}_i; \Theta^{(g)}\right)\right]
$$

$$
= \frac{1}{2}\frac{1}{|\boldsymbol{A}|}|\boldsymbol{A}|\boldsymbol{A}^{-\mathrm{T}}\sum_{i=1}^{n}P\left(l \mid \boldsymbol{x}_i; \Theta^{(g)}\right) -
$$

$$
\frac{1}{2}\sum_{i=1}^{n}\left[\left(\boldsymbol{x}_i - (\boldsymbol{\mu}_l)^{(g+1)}\right)\left(\boldsymbol{x}_i - (\boldsymbol{\mu}_l)^{(g+1)}\right)^{\mathrm{T}}P\left(l \mid \boldsymbol{x}_i; \Theta^{(g)}\right)\right]
$$

$$
= \frac{1}{2}\boldsymbol{A}^{-1}\sum_{i=1}^{n}P\left(l \mid \boldsymbol{x}_i; \Theta^{(g)}\right) -
$$

$$
\frac{1}{2}\sum_{i=1}^{n}\left[\left(\boldsymbol{x}_i - (\boldsymbol{\mu}_l)^{(g+1)}\right)\left(\boldsymbol{x}_i - (\boldsymbol{\mu}_l)^{(g+1)}\right)^{\mathrm{T}}P\left(l \mid \boldsymbol{x}_i; \Theta^{(g)}\right)\right]
$$

$$
= 0
$$

由上式可以得到

$$
\left(\boldsymbol{A}^{-1}\right)^{(g+1)} = \frac{\sum_{l=1}^{n}\left[\left(\boldsymbol{x}_i - (\boldsymbol{\mu}_l)^{(g+1)}\right)\left(\boldsymbol{x}_i - (\boldsymbol{\mu}_l)^{(g+1)}\right)^{\mathrm{T}}P\left(l \mid \boldsymbol{x}_i; \Theta^{(g)}\right)\right]}{\sum_{i=1}^{n}P\left(l \mid \boldsymbol{x}_i; \Theta^{(g)}\right)} \tag{3-112}
$$

因此,

$$
\left(\boldsymbol{\Sigma}_l\right)^{(g+1)} = \frac{\sum_{i=1}^{n}\left[\left(\boldsymbol{x}_i - (\boldsymbol{\mu}_l)^{(g+1)}\right)\left(\boldsymbol{x}_i - (\boldsymbol{\mu}_l)^{(g+1)}\right)^{\mathrm{T}}P\left(l \mid \boldsymbol{x}_i; \Theta^{(g)}\right)\right]}{\sum_{i=1}^{n}P\left(l \mid \boldsymbol{x}_i; \Theta^{(g)}\right)} \tag{3-113}
$$

最终, 综合式 (3–99)、式 (3–106)、式 (3–110) 和式 (3–113), 便可得到用 EM 算法来求解高斯混合模型参数的迭代计算公式,

$$P\left(l \mid \boldsymbol{x}_i; \Theta^{(g)}\right) = \frac{p\left(\boldsymbol{x}_i \mid l; \Theta^{(g)}\right) P\left(l; \Theta^{(g)}\right)}{\sum\limits_{l=1}^{K} p\left(\boldsymbol{x}_i \mid l; \Theta^{(g)}\right) P\left(l; \Theta^{(g)}\right)} = \frac{N\left(\boldsymbol{x}_i; \boldsymbol{\mu}_l^{(g)}, \boldsymbol{\Sigma}_l^{(g)}\right) \alpha_l^{(g)}}{\sum\limits_{l=1}^{K} N\left(\boldsymbol{x}_i; \boldsymbol{\mu}_l^{(g)}, \boldsymbol{\Sigma}_l^{(g)}\right) \alpha_l^{(g)}}$$

$$(\alpha_l)^{(g+1)} = \frac{1}{n} \sum_{i=1}^{n} \left[P\left(l \mid \boldsymbol{x}_i; \Theta^{(g)}\right)\right]$$

$$(\boldsymbol{\mu}_l)^{(g+1)} = \frac{\sum\limits_{i=1}^{n} \boldsymbol{x}_i P\left(l \mid \boldsymbol{x}_i; \Theta^{(g)}\right)}{\sum\limits_{i=1}^{n} P\left(l \mid \boldsymbol{x}_i; \Theta^{(g)}\right)}$$

$$(\boldsymbol{\Sigma}_l)^{(g+1)} = \frac{\sum\limits_{i=1}^{n} \left[\left(\boldsymbol{x}_i - (\boldsymbol{\mu}_l)^{(g+1)}\right)\left(\boldsymbol{x}_i - (\boldsymbol{\mu}_l)^{(g+1)}\right)^{\mathrm{T}} P\left(l \mid \boldsymbol{x}_i; \Theta^{(g)}\right)\right]}{\sum\limits_{i=1}^{n} P\left(l \mid \boldsymbol{x}_i; \Theta^{(g)}\right)}$$

其中, $l = 1, 2, \cdots, K$。

3.6 概率密度函数的非参数估计

前面研究了如何用最大似然方法和贝叶斯方法来对概率密度函数进行估计的问题。要注意到, 实际上最大似然方法和贝叶斯方法都属于参数化的估计方法, 它们要求待估计的概率密度函数形式已知, 只是利用样本来估计函数中的某些参数。但是在很多情况下, 人们对样本的分布并没有充分的了解, 无法事先给出密度函数的形式, 而且有些样本分布的情况也很难用简单的函数来描述。在这种情况下, 为了设计贝叶斯分类器, 只能根据已有的样本来直接估计概率密度函数, 这种方法称为概率密度函数的非参数估计法, 即不对概率密度函数的形式做任何假设, 而是直接用样本估计整个函数。当然, 这种估计只能是用数值方法取得, 无法得到完美的封闭函数形式。从另外的角度来看, 概率密度函数的参数估计实际是在指定的一类函数中选择一个函数作为对未知函数的估计, 而非参数估计则可以看作是从所有可能的函数中进行的一种选择。

3.6.1 非参数估计的基本原理和直方图方法

直方图 (histogram) 是最简单直观的非参数估计方法, 也是人们最常用的对数据进行统计分析的方法。

进行直方图估计的做法是:

(1) 把样本的每个分量在其取值范围内分成 k 个等间隔的小窗, 如果 $\boldsymbol{x}$ 是 d 维向量, 则这种分割就会得到 k^d 个 "小舱", 每个小舱的体积记作 V;

(2) 统计落入每个小舱内的样本数目 q_i;

(3) 把每个小舱内的概率密度看作是常数, 并用 $q_i/(NV)$ 作为其估计值, 其中 N 为样本总数。

下面来分析非参数估计的基本原理。已知样本集 $X = \{x_1, x_2, \cdots, x_n\}$ 中的样本是从服从密度函数 $p(x)$ 的总体中独立抽取出来的, 需要根据 X 来求 $p(x)$ 的估计 $\hat{p}(x)$。

考虑样本所在空间的某个小区域 R, 某个随机向量落入这个小区域的概率是

$$P_R = \int_R p(x)\mathrm{d}x \tag{3-114}$$

根据二项分布, 在样本集 X 中恰好有 k 个落入小区域 R 的概率是

$$P_k = C_N^k P_R^k (1 - P_R)^{N-k} \tag{3-115}$$

其中, C_N^k 表示 N 个样本中取 k 个的组合数。k 的期望是

$$E(k) = NP_R \tag{3-116}$$

因此, P_R 的一个很好的估计是

$$\hat{P}_R = \frac{k}{N} \tag{3-117}$$

当 $p(x)$ 连续、且小区域 R 的体积 V 足够小时, 可以假定在该小区域范围内 $p(x)$ 是常数, 则式 (3–114) 可以近似为

$$P_R = \int_R p(x)\mathrm{d}x = p(x)V \tag{3-118}$$

用式 (3–117) 代入到式 (3–118) 中可得, 在小区域 R 的范围内

$$p(x) = \frac{k}{NV} \tag{3-119}$$

这就是在上面的直方图中使用的对小舱内概率密度的估计。

在上面的直方图估计中, 采用的是把特征空间在样本取值范围内等分的做法。可以设想, 小舱的选择与估计的效果是密切相关的: 如果小舱选择过大, 则假设 $p(x)$ 在小舱内为常数的做法就显得粗糙, 导致最终估计出的密度函数也非常粗糙; 而另一方面, 如果小舱过小, 则有些小舱内可能就会没有样本或者很少样本, 导致估计的概率密度偏差较大, 很不连续。因此, 小舱的选择应该与样本总数相适应。

如果只从理论上考虑, 假定样本总数是 n, 小舱的体积为 V_n, 在 x 附近位置上落入小舱的样本个数是 k_n, 那么当样本趋于无穷多时 $\hat{p}(x)$ 收敛于 $p(x)$ 的条件是

$$(1)\ \lim_{n\to\infty} V_n = 0, \quad (2)\ \lim_{n\to\infty} k_n = \infty, \quad (3)\ \lim_{n\to\infty} \frac{k_n}{n} = 0 \tag{3-120}$$

直观的解释是: 随着样本数的增加, 小舱体积应该尽可能地小, 同时又必须保证小舱内有充分多的样本, 但每个样本又必须是总样本数中很小的一部分。

可以很自然地想到, 小舱内的样本数量不但与小舱体积有关, 还与样本的分布有关。在样本数目有限的下, 如果所有小舱的体积相同, 那么就有可能在样本密度大的地方一个小舱内有很多样本, 而在样本密度小的地方则可能一个小舱内只有很少甚至没有样本, 这样就可能导致密度的估计精度在样本密度不同的地方表现不一致。因此, 固定小舱宽度的直方图方法只是最简单的非参数估计方法, 要想得到更好的估计, 需要采用能够根据样本分布情况调整小舱体积的方法, 接下来两小节将介绍 k_N 近邻估计方法 [8] 和 Parzen [8] 窗法。

3.6.2 k_N 近邻估计方法

k_N 近邻估计就是一种采用可变大小的小舱的密度估计方法。首先, 根据总样本数确定一个参数 k_N, 代表在总样本数为 N 时要求每个小舱拥有的样本个数。在求 x 处的概率密度估计 $\widehat{p}(x)$ 时, 调整包含 x 的小舱体积, 直到小舱内恰好落入 k_N 个样本, 并用式 (3–119) 来估算 $\widehat{p}(x)$, 即

$$\widehat{p}(x) = \frac{k_N}{NV} \tag{3–121}$$

在这样的处理方式下, 在样本密度比较高的区域, 小舱的体积就会比较小, 而在密度低的区域小舱体积则会自动增大, 这样就能够比较好地兼顾在高密度区域估计的分辨率和在低密度区域估计的连续性。

k_N 可取为 N 的某个函数, 例如可以取 $k_N = k_1\sqrt{N}$, k_1 的选择必须使 $k_N \geqslant 1$。

k_N 近邻估计与简单的直方图方法相比还有一个不同, 就是 k_N 近邻估计并不是把 x 的取值范围划分为若干个区域, 而是在 x 的

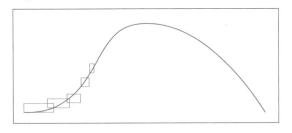

图 3.1　k_N 近邻估计法的窗口宽度与样本密度的关系示意

取值范围内以每一点为小舱中心用式 (3–121) 进行估计, 如图 3.1 所示。

3.6.3 Parzen 窗法

如果采用具有固定体积的小舱, 也可以像 k_N 近邻估计那样用滑动的小舱来估计每个点上的概率密度, 而不是像直方图中那样仅仅在每个小舱内估计平均密度。

假设 $\boldsymbol{x} \in \mathbb{R}^d$ 是 d 维特征向量, 并假设每个小舱是一个超立方体, 它在每一维的棱长都为 h, 则小舱的超体积是

$$V = h^d \tag{3-122}$$

要计算每个小舱内落入的样本数目, 可以定义如下的 d 维单位方窗函数,

$$\varphi\left((u_1, \cdots, u_d)^{\mathrm{T}}\right) = \begin{cases} 1, & |u_j| \leqslant \dfrac{1}{2}, \ j = 1, 2, \cdots, d \\ 0, & \text{其他} \end{cases} \tag{3-123}$$

该函数在以原点为中心的 d 维单位超立方体内取值为 1, 而其他地方取值都为 0。对于每一个 $\boldsymbol{x}$, 要考察某个样本 $\boldsymbol{x}_i$ 是否在这个以 $\boldsymbol{x}$ 为中心、以 h 为棱长的超立方体小舱内, 就可以通过计算 $\varphi\left(\dfrac{\boldsymbol{x} - \boldsymbol{x}_i}{h}\right)$ 来进行。现在共有 N 个观测样本 $\{\boldsymbol{x}_1, \boldsymbol{x}_2, \cdots, \boldsymbol{x}_N\}$, 那么落入以 $\boldsymbol{x}$ 为中心的超立方体内的样本数就可以写成

$$k_N = \sum_{i=1}^{N} \varphi\left(\frac{\boldsymbol{x} - \boldsymbol{x}_i}{h}\right) \tag{3-124}$$

把它代入式 (3-119) 中, 可以得到对于任意一点 $\boldsymbol{x}$ 的密度估计的表达式,

$$\widehat{p}(\boldsymbol{x}) = \frac{1}{NV} \sum_{i=1}^{N} \varphi\left(\frac{\boldsymbol{x} - \boldsymbol{x}_i}{h}\right) \tag{3-125}$$

还可以从另一个角度来理解式 (3-125)。定义核函数 (也称窗函数)

$$K(\boldsymbol{x}, \boldsymbol{x}_i) = \frac{1}{V} \varphi\left(\frac{\boldsymbol{x} - \boldsymbol{x}_i}{h}\right) \tag{3-126}$$

它反映了一个观测样本 $\boldsymbol{x}_i$ 对在 $\boldsymbol{x}$ 处的概率密度估计的贡献与样本 $\boldsymbol{x}_i$ 与 $\boldsymbol{x}$ 的距离有关: $\boldsymbol{x}_i$ 距离 $\boldsymbol{x}$ 越近, 对概率密度估计的贡献越大, 越远则贡献越小。概率密度估计就是在每一点上把所有观测样本的贡献进行了平均,

$$\widehat{p}(\boldsymbol{x}) = \frac{1}{N} \sum_{i=1}^{N} K(\boldsymbol{x}, \boldsymbol{x}_i) \tag{3-127}$$

对概率密度函数进行估计的一个基本要求是, 这样估计出的函数至少应该满足概率密度函数的基本条件, 即函数值应该非负且积分为 1。显然这只需要核函数本身满足密度函数的要求即可, 即

$$K(\boldsymbol{x}, \boldsymbol{x}_i) \geqslant 0, \quad \text{且} \int K(\boldsymbol{x}, \boldsymbol{x}_i) \mathrm{d}\boldsymbol{x} = 1 \tag{3-128}$$

容易验证由式 (3-126) 和式 (3-123) 定义的立方体核函数就满足这一条件。这种用核函数 (窗函数) 估计概率密度的方法称作 Parzen 窗方法 (Parzen window method) 估计或核密度估计 (kernel density estimation)。

由式 (3–126) 定义的核函数称作方窗函数, 还有多种其他核函数。下面列举几种常见的核函数。

(1) 高斯窗

$$K(\boldsymbol{x}, \boldsymbol{x}_i) = \frac{1}{(2\pi)^{\frac{d}{2}}} \frac{1}{|\boldsymbol{\Sigma}|^{\frac{1}{2}}} \exp\left\{ -\frac{(\boldsymbol{x} - \boldsymbol{x}_i)^{\mathrm{T}} \boldsymbol{\Sigma}^{-1} (\boldsymbol{x} - \boldsymbol{x}_i)}{2} \right\} \qquad (3-129)$$

即以样本 $\boldsymbol{x}_i$ 为均值、协方差矩阵为 $\boldsymbol{\Sigma}$ 的正态分布函数。一维情况下的高斯窗为

$$K(\boldsymbol{x}, \boldsymbol{x}_i) = \frac{1}{\sqrt{2\pi}\sigma} \exp\left\{ -\frac{(\boldsymbol{x} - \boldsymbol{x}_i)^2}{2\sigma^2} \right\} \qquad (3-130)$$

(2) 超球窗

$$K(\boldsymbol{x}, \boldsymbol{x}_i) = \begin{cases} V^{-1}, & \|\boldsymbol{x} - \boldsymbol{x}_i\| \leqslant \rho \\ 0, & \text{其他} \end{cases} \qquad (3-131)$$

其中, V 是超球体积, ρ 是超球体半径。

在这些窗口函数中, 都有一个表示窗口宽度的参数 (例如方窗函数中的棱长 h、高斯窗函数中的协方差矩阵 $\boldsymbol{\Sigma}$ 和超球窗函数中的半径 ρ 等), 也称作平滑参数, 它反映了一个样本会对多大范围内的密度估计产生影响。

非参数概率密度函数估计方法的共同问题是对样本数目需求较大, 只要样本数目足够大, 总可以保证收敛于任何复杂的未知密度, 但是计算量和存储量都比较大。当样本数很少时, 如果能够对密度函数有先验认识, 则参数估计方法能取得更好的估计结果。

第4章 线性判别函数

4

4.1 判别函数

4.1.1 判别函数的定义

模式识别的作用和目的在于把某一具体事物正确地归入某一类,判别函数是直接用来对模式样本进行分类的准则函数,也称为判决函数或决策函数。利用判别函数进行模式分类是模式识别的一个重要方法,其具体做法是将事物映射至特征空间后作为判别函数的输入,获取判别函数的输出作为分类结果。

判别函数是一个以样本的特征向量 $\boldsymbol{x}$ 为输入,把它分配到 K 个类别中的某一个类别 (记作 $C_k, k = 1, 2, \cdots, K$) 的函数。例如对于二分类问题,有判别函数 $f(\boldsymbol{x})$ 和判别规则:

$$
\begin{cases}
f(\boldsymbol{x}) > 0, & \text{则 } \boldsymbol{x} \text{ 属于 } C_1 \\
f(\boldsymbol{x}) < 0, & \text{则 } \boldsymbol{x} \text{ 属于 } C_2
\end{cases}
\tag{4-1}
$$

根据在特征空间中的分类决策边界是否为线性,可以将判别函数分为线性判别函数和非线性判别函数。

图 4.1 中以 2 维特征空间中的二分类问题为例,左图的分类决策面为一条直线,对应的判别函数为线性函数;右图的分类决策面为一条曲线,对应的判别函数为非线性函数。

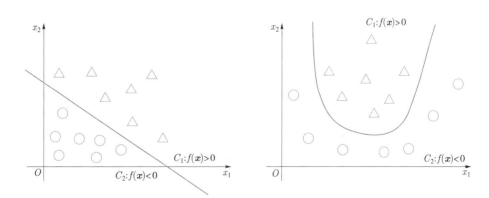

图 4.1　线性判别函数与非线性判别函数

4.1.2 判别函数的确定

基于样本数据设计分类器需要确定三个基本要素，第一个要素是分类器即判别函数的类型；第二个要素是分类器设计的目标或准则，即预先定义的代价函数；第三个要素就是设计算法利用样本数据找到最优的判别函数参数。确定判别函数的过程是在特定模型的基础上，通过在样本训练集上最小化预先定义的代价函数来确定模型的参数[13]。最终确定的判别函数描述了对样本进行分类的判决规则，按这种判决规则进行分类得到的损失最小。判别函数的求取过程是利用最优化技术解决模式识别问题的体现。

判别函数类别的选取主要取决于样本类别在特征空间中的分布情况，需要根据对分布了解的先验知识选择合适的几何模型。但是当特征空间维数超过 3 维时，通常难以对样本类别的分布进行直观观察确定边界形式，此时可以通过试探的方法建立有效的判别函数。当判别函数选择不当时，会导致不可分的情况发生。

本章主要讨论使用线性判别函数进行分类决策。4.2 节介绍二分类问题和多分类问题的线性判别函数的形式化表示；4.3 节介绍二次判别函数和广义线性判别函数；4.4 节介绍线性判别函数的几何性质；4.5 节介绍神经元模型和感知器算法；4.6 节介绍优化方法即梯度下降法；4.7 节介绍线性不可分样本集的分类方法即最小平方误差算法。

4.2 线性判别函数

线性判别函数指在特征空间中的分类决策面是超平面的判别函数，其一般表达式为

$$f(\boldsymbol{x}) = \boldsymbol{w}^{\mathrm{T}}\boldsymbol{x} + w_0 \qquad (4-2)$$

式中 $\boldsymbol{x}$ 是样本的 d 维特征向量，$\boldsymbol{w}$ 称为权向量，分别表示为

$$\boldsymbol{x} = \begin{pmatrix} x_1 \\ x_2 \\ \vdots \\ x_d \end{pmatrix}, \quad \boldsymbol{w} = \begin{pmatrix} w_1 \\ w_2 \\ \vdots \\ w_d \end{pmatrix} \qquad (4-3)$$

w_0 称为偏置，是一个常数。

本节将首先介绍相对简单的二分类问题的线性判别函数，然后再扩展至多分类问题。

4.2.1 二分类问题的线性判别函数

对于二分类问题，分类结果由线性判别函数的正负性确定。即给定一个输入向量 $\boldsymbol{x}$，可以采用如式 (4-1) 所述判别规则。

该判决规则对应的决策边界由 $f(\boldsymbol{x}) = 0$ 决定, 它对应着 d 维空间中的一个 $(d-1)$ 维的超平面, 将归类于 C_1 的点与归类于 C_2 的点分割开。其具体几何含义将在 4.4 节中进行介绍。

4.2.2　多分类问题的线性判别函数

现考虑类别数 $K \geqslant 2$ 的情况。

首先考虑直接把多个二分类判别函数结合起来, 构造一个 K 类判别函数, 但是这会造成一些问题。

考虑使用 K 个二分类器, 每个分类器用来解决如下二分类问题: 属于 C_k 或不属于 C_k, 其中 $k = 1, 2, \cdots, K$。但是这种方法会产生一个样本属于多个类别或者不属于任何一个类别的情况从而无法给出分类结果。如图 4.2 左图为此方法下的三分类问题图示, 灰色区域即为不属于任何一个类别的情况。

考虑使用 $K(K-1)/2$ 个二分类器, 即将类别两两组合, 给每一对类别都设置一个判别函数, 根据这些判别函数中的大多数输出类别确定。但是这也会造成输入空间中无法分类的区域, 即存在两个或两个以上的类别的票数相同。如图 4.2 右图为此方法下的三分类问题图示, 灰色区域即为三个类别票数相同皆为一票, 从而无法判断的情况。

通过引入一个 K 类判别函数, 可以解决 K 类分类问题。K 类判别函数由 K 个线性函数组成, 其表达式为

$$f_k(\boldsymbol{x}) = \boldsymbol{w}_k^{\mathrm{T}} \boldsymbol{x} + w_{k0}, \quad k = 1, 2, \cdots, K \tag{4-4}$$

对于一个样本点 $\boldsymbol{x}$, 如果对于所有的 $i \neq k$ 都有 $f_k(\boldsymbol{x}) > f_i(\boldsymbol{x})$, 则将 $\boldsymbol{x}$ 判别为 C_k, 即

$$k = \underset{i}{\arg\max} \, f_i(\boldsymbol{x}), \quad i = 1, 2, \cdots, K \tag{4-5}$$

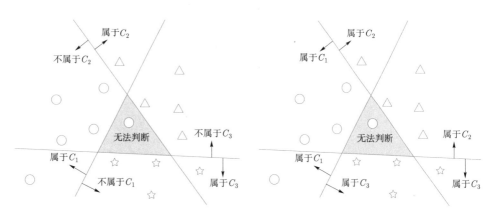

图 4.2　多分类问题图示

任意两个类别 C_i, C_j 之间的决策边界由 $f_i(\boldsymbol{x}) = f_j(\boldsymbol{x})$ 决定, 其表达式为

$$(\boldsymbol{w}_i - \boldsymbol{w}_j)^{\mathrm{T}}\boldsymbol{x} + (w_{i0} - w_{j0}) = 0 \tag{4-6}$$

其形式与 4.2.1 小节中的决策边界形式相同, 也对应着 d 维空间中的一个 $(d-1)$ 维超平面。其具体几何含义将在 4.4 节中进行介绍。

4.3 广义线性判别函数

4.3.1 二次判别函数

线性判别函数适用于分类决策面是超平面的问题, 现考虑如下情况: 两类问题的判别函数是二次函数, 如图 4.3 所示[14]。

图 4.3 中为了简化讨论, 样本特征空间假设只有一维, 当 $x < a$ 或 $x > b$ 时样本属于 C_1, 当 $a < x < b$ 时属于 C_2。线性判别函数无法对此做出决策, 说明线性判别函数不适合于非凸决策区域和多联通区域的划分问题。

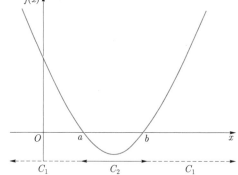

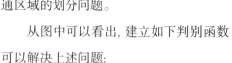

图 4.3　二次判别函数图示

从图中可以看出, 建立如下判别函数可以解决上述问题:

$$f(x) = (x - a)(x - b) \tag{4-7}$$

采用与二分类问题一致的判别规则:

$$\begin{cases} f(x) > 0, & \text{则 } x \text{ 属于 } C_1 \\ f(x) < 0, & \text{则 } x \text{ 属于 } C_2 \end{cases} \tag{4-8}$$

将判别函数展开得到二次判别函数的一般形式:

$$f(x) = c_0 + c_1 x + c_2 x^2 \tag{4-9}$$

将 x 变换到另外一个特征空间 $\boldsymbol{y}$, 即选择 x 到 $\boldsymbol{y}$ 的一个有效的映射, 能将上述公式变成关于 $\boldsymbol{y}$ 的线性判别函数:

$$f(\boldsymbol{y}) = \boldsymbol{w}^{\mathrm{T}}\boldsymbol{y} \tag{4-10}$$

式中

$$\boldsymbol{y} = \begin{pmatrix} y_1 \\ y_2 \\ y_3 \end{pmatrix} = \begin{pmatrix} 1 \\ x \\ x^2 \end{pmatrix}, \quad \boldsymbol{w} = \begin{pmatrix} w_1 \\ w_2 \\ w_3 \end{pmatrix} = \begin{pmatrix} c_0 \\ c_1 \\ c_2 \end{pmatrix} \tag{4-11}$$

上述公式称为广义线性判别函数, w 叫作广义权向量。

4.3.2 广义线性判别函数

对于任意高次的判别函数 $f(x)$, 可以看成是对任意判别函数的泰勒级数展开然后取其截尾后的逼近, 对于任意这样的 $f(x)$, 总能够通过合适有效的 x 到 y 的变换, 化作上述类似的线性判别函数来处理。需要注意的是, 变换后 $f(x)$ 已不再是 x 的线性函数, 而变成了 y 的线性函数, 因此变换后的线性判别函数也被叫作广义线性判别函数。

广义线性判别函数的一般形式是:

$$f(y) = w^{\mathrm{T}} y \tag{4-12}$$

其中

$$y = (1, f_1(x_1), f_2(x_2), \cdots, f_k(x_k))^{\mathrm{T}}, \quad w - (w_0, w_1, w_2, \cdots, w_k)^{\mathrm{T}} \tag{4-13}$$

y 是 x 在 k 维特征空间的变换, w 是广义权向量。

4.3.3 广义线性判别函数的维数灾难问题

经过非线性映射后, 依然可以用线性判别函数来解决复杂问题, 从而达到简化的目的。然而这种简化是有代价的, 那就是导致变换后的特征空间维数大大增加, 从而陷入维数灾难, 而且判别函数的参数数目也很大, 如用广义线性判别函数来构造二次判别多项式:

$$f(x) = x^{\mathrm{T}} W x + w^{\mathrm{T}} x + w_0 = \sum_{i=1}^{d} w_{ii} x_i^2 + 2 \sum_{j=1}^{d-1} \sum_{i=j+1}^{d} w_{ij} x_i x_j + \sum_{j=1}^{d} w_j x_j + w_0 \tag{4-14}$$

变换前的特征空间是 d 维, 变换后的特征空间维数变成了

$$S = d + \frac{d(d-1)}{2} + d = \frac{d(d+3)}{2} \tag{4-15}$$

对应的广义权向量维数则为

$$N = S + 1 = \frac{d(d+3)}{2} + 1 \tag{4-16}$$

因此, 如果 d 较大或者判别函数是高阶函数, 变换后的特征空间维数和判别函数参数将迅速增多, 计算代价将大大增加。除此之外, 特征空间维数增加而样本数目不变, 可能会造成在高维空间中的特征稀疏, 算法效果受到影响。

面对广义线性判别函数的维数灾难问题, 可以对特征进行某种合理的变换, 就可以通过在新的特征空间里求线性分类器的办法来实现在原空间里求非线性分类器, 而第 7 章介绍的支持向量机正是巧妙地采用了这一思路来避免高维计算的。

4.4 线性判别函数的几何性质

4.4.1 二分类问题的线性判别函数的几何性质

如 4.2.1 小节中描述, 对于二分类问题, 在 d 维特征空间中, 线性判别函数定义了一个 $(d-1)$ 维的超平面 $f(\boldsymbol{x}) = \boldsymbol{w}^{\mathrm{T}}\boldsymbol{x} + w_0 = 0$。图 4.4 以 $d = 2$ 为例展示了二分类线性判别函数的超平面是一条直线。

如图 4.4(a) 所示, 考虑两个点 $\boldsymbol{x}_A$ 和 $\boldsymbol{x}_B$, 两个点都位于决策面上, 即 $f(\boldsymbol{x}_A) = f(\boldsymbol{x}_B) = 0$, 则

$$\boldsymbol{w}^{\mathrm{T}}(\boldsymbol{x}_A - \boldsymbol{x}_B) = 0 \tag{4-17}$$

因此向量 $\boldsymbol{w}$ 与决策面内的任何向量都正交, 从而 $\boldsymbol{w}$ 是决策面的法向量。

此外, $f(\boldsymbol{x})$ 的值给出了点 $\boldsymbol{x}$ 到决策面的垂直距离 r 的一个有符号的度量。如图 4.4(b) 所示, 考虑任意一点 $\boldsymbol{x}$ 和它在决策面上的投影 $\boldsymbol{x}_\perp$:

$$\boldsymbol{x} = \boldsymbol{x}_\perp + r\frac{\boldsymbol{w}}{\|\boldsymbol{w}\|} \tag{4-18}$$

将上式代入 $f(\boldsymbol{x}) = \boldsymbol{w}^{\mathrm{T}}\boldsymbol{x} + w_0$ 中,

$$f(\boldsymbol{x}) = \boldsymbol{w}^{\mathrm{T}}\left(\boldsymbol{x}_\perp + r\frac{\boldsymbol{w}}{\|\boldsymbol{w}\|}\right) + w_0 = \boldsymbol{w}^{\mathrm{T}}\boldsymbol{x}_\perp + w_0 + r\frac{\boldsymbol{w}^{\mathrm{T}}\boldsymbol{w}}{\|\boldsymbol{w}\|} = r\|\boldsymbol{w}\| \tag{4-19}$$

即

$$r = \frac{f(\boldsymbol{x})}{\|\boldsymbol{w}\|} \tag{4-20}$$

若原点为 $\boldsymbol{x}$ 原点, 则可计算原点到决策面的距离,

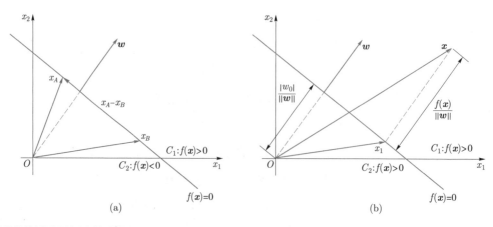

图 4.4　二分类线性判别函数几何性质图示

$$r_0 = \frac{|w_0|}{\|\boldsymbol{w}\|} \tag{4-21}$$

如果 $w_0 > 0$, 则原点在决策面的正侧, 如果 $w_0 < 0$, 则原点在决策面的负侧, 若 $w_0 = 0$, 则决策面经过原点。

二分类问题的线性判别函数决定的决策面的方向由权向量 $\boldsymbol{w}$ 决定, 位置由偏置 w_0 决定, 判别函数的值是特征空间中点到决策面的垂直距离的含符号的度量, 其符号决定了分类结果, 在几何意义上体现为决策面的两侧。

4.4.2 多分类问题的线性判别函数的几何性质

在 4.2.2 小节中, 多分类问题中任意两个类别 C_i, C_j 之间的决策边界由 $f_i(\boldsymbol{x}) = f_j(\boldsymbol{x})$ 决定, 其表达式形式与 4.2.1 小节中的决策边界形式相同, 也对应着 d 维空间中的一个 $(d-1)$ 维超平面, 因此也具有 4.4.1 小节中类似的几何性质。

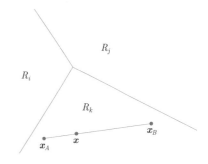

这样的判别函数的决策区域总是单连通的, 并且是凸的。为了说明这一点, 如图 4.5 所示, 考虑两个点 $\boldsymbol{x}_A$ 和 $\boldsymbol{x}_B$, 两个点都位于决策区域 R_k 中, 任何位于连接 $\boldsymbol{x}_A$ 和 $\boldsymbol{x}_B$ 的线段上的点都可以表示成以下形式

$$\boldsymbol{x} = \lambda\boldsymbol{x}_A + (1-\lambda)\boldsymbol{x}_B \tag{4-22}$$

图 4.5 多类判别函数决策区域几何性质图示

其中 $0 \leqslant \lambda \leqslant 1$。根据多类判别函数式 (4-4) 的线性性质, 有

$$f_k(\boldsymbol{x}) = \lambda f_k(\boldsymbol{x}_A) + (1-\lambda)f_k(\boldsymbol{x}_B) \tag{4-23}$$

由于 $\boldsymbol{x}_A$ 和 $\boldsymbol{x}_B$ 位于 R_k 内部, 因此对于所有 $j \neq k$, 都有 $f_k(\boldsymbol{x}_A) > f_j(\boldsymbol{x}_A)$ 以及 $f_k(\boldsymbol{x}_B) > f_j(\boldsymbol{x}_B)$, 因此有 $f_k(\boldsymbol{x}) > f_j(\boldsymbol{x})$, 从而位于连接 $\boldsymbol{x}_A$ 和 $\boldsymbol{x}_B$ 的线段上的点也位于 R_k 内部, 即 R_k 是单连通的并且是凸的。

因此多分类问题中线性判别函数划分的各个类的决策区域都是单连通并且凸的, 也说明了线性判别函数在多连通决策区域和非凸决策区域上具有局限性。

4.5 感知器算法

4.5.1 神经元与感知器

一个神经元 (neuron) 就是一个神经细胞, 它是神经系统的基本组成单位。一个典型的简化了的神经元工作过程是: 来自外界的电信号传递给神经元, 当细胞收到的信号总和超过一定阈值后, 细胞被激活, 向下一个细胞发送电信号, 完成对外界信息的加工[15]。

这一过程可以用如图 4.6 所示的数学模型表示, 其中 x_1, $x_2, \cdots, x_d$ 为神经元接收到的信号, $w_1, w_2, \cdots, w_d$ 称为权值, 反映了各个输入信号的作用强度。神经元将这些信号加权求和, 当求和超过一定阈值, 即图中的 $-w_0$,

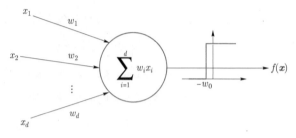

图 4.6　简化的神经元模型

神经元进入激活状态, 输出值 $f(\boldsymbol{x}) = 1$, 否则 $f(\boldsymbol{x}) = 0$。

这个简化的神经元模型称为感知器 (perceptron), 可以表示成以下形式:

$$f(\boldsymbol{x}) = \text{sign}\left(\sum_{i=1}^{d} w_i x_i + w_0\right) \qquad (4-24)$$

其中, $\text{sign}(x)$ 是符号函数:

$$\text{sign}(x) = \begin{cases} +1, & x \geqslant 0 \\ -1, & x < 0 \end{cases} \qquad (4-25)$$

如果将两个可能的输出值看作两类, 则式 (4-24) 描述的实际上就是一个二分类的线性判别模型, 其输入为样本的特征向量, 输出为其类别, 取 $+1$ 和 -1 二值。

4.5.2　感知器算法描述

为了讨论方便, 将样本写成增广向量形式, 判别函数可表示为

$$f(\boldsymbol{y}) = \boldsymbol{\alpha}^{\mathrm{T}} \boldsymbol{y} \qquad (4-26)$$

其中, $\boldsymbol{\alpha} = (w_0, w_1, w_2, \cdots, w_d)^{\mathrm{T}}$ 为增广权向量, $\boldsymbol{y} = (1, x_1, x_2, \cdots, x_d)^{\mathrm{T}}$ 为样本的增广向量。采取式 (4-1) 的判别规则, 对样本进行规范化处理即将 C_2 类的全部样本都乘以 (-1), 为了方便表示仍记为 $\boldsymbol{y}$, 这样对于两类的所有样本, 判别函数都满足

$$f(\boldsymbol{y}) = \boldsymbol{\alpha}^{\mathrm{T}} \boldsymbol{y} > 0 \qquad (4-27)$$

感知器算法通过对已知类别的训练样本集的学习, 寻找满足式 (4-27) 的权向量。

感知器算法的具体步骤如下。

(1) 将训练样本集中的训练样本写成增广向量形式, 并进行规范化处理, 即将 C_2 类的全部样本都乘以 (-1), 得到规范化的训练集 $\{\boldsymbol{y}_1, \boldsymbol{y}_2, \cdots, \boldsymbol{y}_N\}$。任取增广权向量初始值 $\boldsymbol{\alpha}(0)$ 开始迭代, 括号中数值表示当前迭代次数 $k = 0$。

(2) 用训练集中所有样本进行一轮迭代, 每完成一轮迭代, 迭代次数 k 增加 1。每

输入一个样本 $\boldsymbol{y}_i$, 计算 $\boldsymbol{\alpha}^{\mathrm{T}}\boldsymbol{y}_i$ 的值, 分两种情况更新权向量。

① 若 $\boldsymbol{\alpha}^{\mathrm{T}}\boldsymbol{y}_i \leqslant 0$, 说明分类器对当前样本 $\boldsymbol{x}_i$ 分类错误, 权向量需要校正, 且校正为

$$\boldsymbol{\alpha}(k+1) = \boldsymbol{\alpha}(k) + c\boldsymbol{y}_i \qquad (4-28)$$

其中, c 为正的比例因子。

② 若 $\boldsymbol{\alpha}^{\mathrm{T}}\boldsymbol{y}_i > 0$, 说明分类正确, 权向量不变

$$\boldsymbol{\alpha}(k+1) = \boldsymbol{\alpha}(k) \qquad (4-29)$$

(3) 如果在这一轮的迭代中有样本发生了分类错误, 则返回步骤 (2) 进行下一轮迭代, 得到新的 $\boldsymbol{\alpha}(k+1)$, 直至分类器能够对所有训练样本都正确地分类。此时的权向量值即为算法结果。

可以证明感知器算法在线性可分问题上是收敛的, 即经过算法的有限次迭代运算后, 可求出使训练集中所有样本都能够正确分类的权向量。

4.6 梯度法

4.6.1 梯度下降法

梯度下降法 (gradient descent) 是求解无约束最优化问题的一种最常用的方法, 是一种迭代算法, 基本思路是通过求解目标函数的梯度向量, 在负梯度方向对参数进行更新优化。

假设函数 $L(\boldsymbol{x})$ 是 $\mathbb{R}^n$ 上具有一阶连续偏导数的函数, 要求解的无约束最优化问题是

$$\min_{\boldsymbol{x} \in \mathbb{R}^n} L(\boldsymbol{r}) \qquad (4-30)$$

由于梯度方向是使函数值上升最快的方向, 因此以负梯度方向更新 $\boldsymbol{x}$ 的值, 可以使目标函数值最快下降。选取适当的初值 $\boldsymbol{x}(0)$, 不断迭代, 更新 $\boldsymbol{x}$ 的值, 进行目标函数极小化, 直至收敛, 即函数值不再变小。更新过程可表示为

$$\boldsymbol{x}(k+1) = \boldsymbol{x}(k) - c\nabla f(\boldsymbol{x}(k)) \qquad (4-31)$$

其中 c 是正的比例因子, 作为更新步长。步长较小时可能会导致收敛缓慢, 适当增大步长可能会加快收敛, 但是步长过大也会导致错过极小值点从而无法快速收敛。因此在实际使用中需要将学习率调整到较为合适的值。当目标函数是凸函数时, 梯度下降法可以求得全局最优解。但是一般情况下, 梯度下降法可能会获得局部最优解。

在实际训练模型时, 首先需要定义一个损失函数 $J(\boldsymbol{w}, \boldsymbol{x})$, 其中 $\boldsymbol{w}$ 是模型的参数, $\boldsymbol{x}$ 是训练样本。训练的目的是通过调整模型参数 $\boldsymbol{w}$ 最小化该损失函数的值, 使用梯度

下降法对模型参数进行修正:

$$w(k+1) = w(k) - c\left[\frac{\partial J(w,x)}{\partial w}\right]_{w=w(k)} \tag{4-32}$$

将训练样本代入损失函数,经过迭代更新模型参数可以达到极小化损失函数的目的。

4.6.2 随机梯度下降法最小化感知器损失函数

梯度下降法在每一轮迭代中考虑所有样本的贡献,使用所有样本进行目标函数的求值,求偏导数然后进行参数的更新。随机梯度下降法 (stochastic gradient descent) 在每一轮迭代中以一个随机选取的样本代替整个样本集来进行梯度的求取与参数的更新。

以下以感知器损失函数最小化问题为例,展示随机梯度下降法的算法过程。

输入: 训练数据集 $T = \{(x_1,y_1),(x_2,y_2),\cdots,(x_N,y_N)\}$,其中 $x_i \in \mathbb{R}^n$, $y_i \in \{-1,+1\}$, $i=1,2,\cdots,N$; 参数更新步长 c。

输出: w, w_0; 感知机模型:

$$f(x) = \text{sign}\left(w^{\text{T}}x + w_0\right) \tag{4-33}$$

(1) 初始化 w, w_0。

(2) 在训练集中选取数据 (x_i,y_i),如果 $y_i\left(w^{\text{T}}x + w_0\right) \leqslant 0$, 说明当前样本为误分类样本,对参数 w, w_0 进行更新。目标函数:

$$J(w,w_0) = -\sum_{x_i \in T} y_i\left(w^{\text{T}}x_i + w_0\right) \tag{4-34}$$

对参数 w, w_0 求偏导数:

$$\nabla_w J(w,w_0) = -\sum_{x_i \in T} y_i x_i \tag{4-35}$$

$$\nabla_{w_0} J(w,w_0) = -\sum_{x_i \in T} y_i \tag{4-36}$$

因此对参数 w, w_0 进行如下更新:

$$w \leftarrow w + cy_i x_i \tag{4-37}$$

$$w_0 \leftarrow w_0 + cy_i \tag{4-38}$$

(3) 转至步骤 (2),直到训练集中没有误分类点。

该学习算法在一个点被误分类时调整参数 w, w_0 的值,使超平面向该误分类点移动,以减少该误分类点到超平面的距离直到超平面越过误分类点,使其被正确分类。此过程和 4.5.2 小节中的感知器算法一致,说明感知器算法是梯度下降法的一个特例。

4.7　最小平方误差算法

上述的感知器算法只有当样本集线性可分时才收敛, 在不可分的情况下算法会来回摆动, 始终不收敛 [16]。

这一节讨论考虑线性不可分样本集的分类方法。在线性不可分的情况下, 使用 4.5.2 小节中样本规范化处理的表示方法, 不等式组

$$\boldsymbol{\alpha}^{\mathrm{T}}\boldsymbol{y}_i > 0, \quad i = 1, 2, \cdots, N \tag{4-39}$$

不可能同时满足。但是, 求解线性不等式组并不方便, 可以通过引进一系列待定常数把不等式组 (4-39) 转变成下列方程组

$$\boldsymbol{\alpha}^{\mathrm{T}}\boldsymbol{y}_i = b_i > 0, \quad i = 1, 2, \cdots, N \tag{4-40}$$

写成矩阵形式为

$$\boldsymbol{Y}\boldsymbol{\alpha} = \boldsymbol{b} \tag{4-41}$$

其中

$$\boldsymbol{Y} = \begin{pmatrix} \boldsymbol{y}_1^{\mathrm{T}} \\ \vdots \\ \boldsymbol{y}_N^{\mathrm{T}} \end{pmatrix} = \begin{pmatrix} y_{11} & \cdots & y_{1(d+1)} \\ \vdots & \ddots & \vdots \\ y_{N1} & \cdots & y_{N(d+1)} \end{pmatrix} \tag{4-42}$$

$$\boldsymbol{b} = (b_1, b_2, \cdots, b_N)^{\mathrm{T}} \tag{4-43}$$

通常情况下, $N > d + 1$, 所以式 (4-41) 中方程个数大于未知数个数, 无法求得精确解。方程组的误差为

$$\boldsymbol{e} = \boldsymbol{Y}\boldsymbol{\alpha} - \boldsymbol{b} \tag{4-44}$$

可以求得方程组的最小平方误差解, 即

$$\boldsymbol{\alpha}^* = \underset{\boldsymbol{\alpha}}{\operatorname{argmin}} J_s(\boldsymbol{\alpha}) \tag{4-45}$$

$J_s(\boldsymbol{\alpha})$ 即为最小平方误差 (minimum squared error, MSE) 准则函数

$$J_s(\boldsymbol{\alpha}) = \|\boldsymbol{Y}\boldsymbol{\alpha} - \boldsymbol{b}\|^2 = \sum_{i=1}^{N} \left(\boldsymbol{\alpha}^{\mathrm{T}}\boldsymbol{y}_i - b_i\right)^2 \tag{4-46}$$

该准则函数的最小化主要有两类方法: 伪逆法求解与梯度下降法求解。

$J_s(\boldsymbol{\alpha})$ 在极值处对 $\boldsymbol{\alpha}$ 的梯度应该为零, 由此可以得到

$$\nabla J_s(\boldsymbol{\alpha}) = 2\boldsymbol{Y}^{\mathrm{T}}(\boldsymbol{Y}\boldsymbol{\alpha} - \boldsymbol{b}) = 0 \tag{4-47}$$

可得

$$\boldsymbol{\alpha}^* = \left(\boldsymbol{Y}^{\mathrm{T}}\boldsymbol{Y}\right)^{-1}\boldsymbol{Y}^{\mathrm{T}}\boldsymbol{b} = \boldsymbol{Y}^+\boldsymbol{b} \tag{4-48}$$

其中 $\boldsymbol{Y}^+ = \left(\boldsymbol{Y}^{\mathrm{T}}\boldsymbol{Y}\right)^{-1}\boldsymbol{Y}^{\mathrm{T}}$ 是长方矩阵 $\boldsymbol{Y}$ 的伪逆。

也可以用梯度下降法来迭代求解式 (4-46) 的最小值, 算法如下。

(1) 任意选择初始的权向量 $\boldsymbol{\alpha}(0)$ 开始迭代, 括号中数值表示当前迭代次数 $k = 0$。

(2) 按照梯度下降的方向迭代更新权向量

$$\boldsymbol{\alpha}(k+1) = \boldsymbol{\alpha}(k) - c\boldsymbol{Y}^{\mathrm{T}}(\boldsymbol{Y}\boldsymbol{\alpha} - \boldsymbol{b}) \tag{4-49}$$

直到满足 $J_s(\boldsymbol{\alpha}) \leqslant \xi$ 或者 $\|\boldsymbol{\alpha}(k+1) - \boldsymbol{\alpha}(k)\| \leqslant \xi$ 为止, 其中 ξ 是预先定义的误差灵敏度。

这种算法称作 Widrow-Hoff 算法, 也称作最小均方根算法或 LMS (least-mean-square algorithm) 算法, 除了对线性可分的问题能够收敛以外, 对于线性不可分问题也能够通过定义误差灵敏度进行近似求解。

第5章 非线性鉴别函数

5

5.1 多类情况

两类的分类问题是最简单、最基础的情况, 但在很多实际应用中, 经常会面对多类的分类问题, 例如在手写数字识别中, 面对的是 $0 \sim 9$ 十类。

解决多类分类问题有两种基本思路, 一是把多类问题分解成多个两类问题, 通过多个两类分类器实现多类的分类; 另一种是直接设计多类分类器。处理多类情况的常见方法主要有四种, 分别是: 多个两类分类器的组合之一对多分类、多个两类分类器的组合之逐对分类、多类线性判别函数和决策树。

5.1.1 处理多类情况的常见方法

根据第一种思路, 采用的是一对多的做法, 假设共有 c 类, $\omega_1, \omega_2, \cdots,$ ω_c, 共需 $c-1$ 个两类分类器来实现 c 类的分类。对于手写数字识别, 相当于第一个分类器把 0 与其他数字分开, 第二个分类器把 1 和其他数字分开, 依此类推。但是这种方法可能会遇到两方面的问题。第一个问题是, 假如多类中各类的训练样本数目相当, 那么, 在构造每一个一对多的两

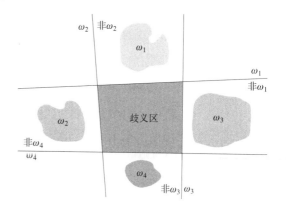

图 5.1　一对多两类分类器实现多类划分时可能出现的歧义区

类分类器时会面临训练样本不均衡的问题, 即两类训练样本的数目差别过大。虽然很多分类器算法并没有要求两类样本均衡, 但是有些算法却可能会因为样本数目过于不均衡而导致分类面有偏, 例如使得多数错误发生在样本数小的一类上。第二个问题是, 用 $c-1$ 个线性分类器实现 c 类的分类, 就是用 $c-1$ 个超平面来把样本所在的特征空间划分成 c 个区域。一般情况下, 这种划分不会恰好得到 c 个区域, 而是会多出一些区域, 而这些区域内的分类会出现歧义区, 如图 5.1 所示。

还是根据第一种思路, 采用的是对多类中的每两类构造一个分类器, 称为逐对分类。考虑到把 ω_i 和 ω_j 分开与把 ω_j 和 ω_i 分开相同, 对于 c 个类别, 共需要 $\dfrac{c(c-1)}{2}$ 个两类的分类器。对于手写数字识别, 相当于设计多个两类分类器, 先用 9 个分类器把 0 和 1,0 和 2, $\cdots$, 0 和 9 分开, 再用 8 个分类器分别把 1 和 2, 1 和 3, $\cdots$, 1 和 9 分开, 依此类推。该方法相比于第一种一对多两类分类器, 虽然需要更多的分类器, 但逐对分类不会出现两类样本数过于不均衡的问题, 而且决策歧义的区域通常要比一对多分类器小, 如图 5.2 所示。

上述关于多个两类分类器的组合的讨论, 并没有涉及具体的两类分类器是什么, 只是假定每个分类器给出样本属于两类中任意一类的决策。实际上, 很多分类器在最后的分类决策前得到的是一个连续的量, 分类结果是把这个量与某个阈值比较的结果, 例如所有线性分类器都是最后转化为一个线性分类函数 $g(\boldsymbol{x}) = \boldsymbol{\omega}^{\mathrm{T}} \boldsymbol{x} + \omega_0$ 与某一阈值

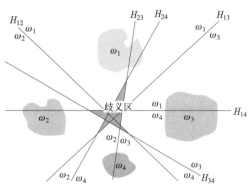

图 5.2 逐对分类器实现多类划分时可能出现的歧义区

(通常为 0) 的比较问题。在很多线性分类器中, 一个正确分类的样本, 如果它离分类面越远, 则往往对它的类别判断就更确定。因此可以把分类器的输出值看作是对样本属于某一类别的一种打分, 如果分值大于零 (或者其他阈值), 则判断样本属于该类, 分值越高则对此分类越确定, 反之决策不属于该类。

利用这种分类器, 可以用 c 个一对多的两类分类器来构造多类分类系统, 即每个类别对应一个分类器, 其输出值是对样本是否属于 ω_i 类给出的一个判断。在多类决策时, 如果只有一个两类分类器给出了大于阈值的输出值, 而其他分类器的输出值均小于阈值, 则把这个样本分到该类。进一步说, 如果各个分类器的输出值是可比的, 而且根据类别的定义可知任意样本必定属于且仅属于 c 个类别中的一类, 那么可以在决策时直接比较各个分类器的输出值, 把样本赋予输出值最大的分类器所对应的类别。值得注意的是, 对于很多分类器来说, 如果它们是分别训练的, 其输出值之间并不一定能保证可比性, 在实际应用中应当根据具体情况仔细分析。

根据第二种思路, 采用的是多类线性判别函数。所谓多类线性判别函数, 是指对 c 类设计 c 个判别函数

$$g_i(\boldsymbol{x}) = \boldsymbol{\omega}_i^{\mathrm{T}} \boldsymbol{x} + \omega_{i0}, \quad i = 1, 2, \cdots, c \qquad (5-1)$$

在决策时哪一类的判别函数最大则决策为哪一类, 即

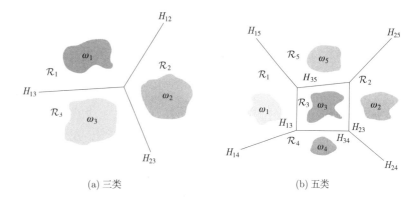

图 5.3　多类线性机器　　　　　　　　　　　(a) 三类　　　　　　　　(b) 五类

$$若\ g_i(\boldsymbol{x}) > g_j(\boldsymbol{x}),\quad \forall j \neq i,\ 则\ \boldsymbol{x} \in \boldsymbol{\omega}_i \tag{5-2}$$

多类线性判别函数也被称作多类线性机器, 可记做 $L(\boldsymbol{\alpha}_1, \boldsymbol{\alpha}_2, \cdots, \boldsymbol{\alpha}_c)$。与采用多个两类分类器进行多类划分的方法比较, 多类线性机器可以保证不会出现有决策歧义的区域, 如图 5.3 所示。

定义 $g_{ij}(\boldsymbol{x}) = g_i(\boldsymbol{x}) - g_j(\boldsymbol{x})$, 如果 c 满足式 (5-2), 显然有 $g_{ij}(x) > 0$, $\forall j \neq i$, $x \in \boldsymbol{\omega}_i$。

此种方式下判别函数的学习需要一种特殊的学习算法: 扩展的感知器算法。同感知器算法一样, 首先初始化 c 个增广的权值向量, 将所有的训练样本变为增广的特征向量, 但不需要规范化。每一轮迭代输入一个训练样本, 根据式 (5-2) 规则判别错误, 利用与感知器算法相同的方式调整相应的权值向量, 直到所有训练样本被正确识别为止。

算法 5.1　扩展的感知器算法

步骤 1　初始化: $\boldsymbol{\alpha}_1, \boldsymbol{\alpha}_2, \cdots, \boldsymbol{\alpha}_c,\ k = 0$;
　　　　每次迭代: $k = k + 1$
　　　　计算 c 个判别函数的输出: $g_i[\boldsymbol{y}(k)] = \boldsymbol{\alpha}_i^{\mathrm{T}} \boldsymbol{y}(k),\ i = 1, 2, \cdots, c$

步骤 2　如果 $\boldsymbol{y}(k) \in \boldsymbol{\omega}_i$, 并且存在 $g_j \geqslant g_i$, 则调整权值
　　　　$\boldsymbol{\alpha}_i = \boldsymbol{\alpha}_i + \boldsymbol{y}(k)$
　　　　$\boldsymbol{\alpha}_j = \boldsymbol{\alpha}_j - \boldsymbol{y}(k)$
　　　　直到全部样本被正确识别;

步骤 3　输出: $\boldsymbol{\alpha}_1, \boldsymbol{\alpha}_2, \cdots, \boldsymbol{\alpha}_c$。

除了上述介绍的三种方法, 还有决策树的方法。利用决策树可以把一个复杂的多类别分类问题转化为若干个简单的分类问题来解决。这种方法不是企图用一种算法、一个决策规则把多个类别一次分开, 而是采用多级的形式, 使分类问题逐步得到解决。

5.1.2　线性机实例

例 5.1　有如下三个训练样本集分别属于三个类别, 用扩展的感知器算法学习一个多类别线性分类器:

$$\boldsymbol{x}_1 = (1, 1)^{\mathrm{T}}, \quad \boldsymbol{x}_2 = (2, 2)^{\mathrm{T}}, \quad \boldsymbol{x}_3 = (2, 0)^{\mathrm{T}}$$

解 将训练样本变成增广的特征向量:

$$\boldsymbol{y}_1 = (1,1,1)^{\mathrm{T}}, \quad \boldsymbol{y}_2 = (2,2,1)^{\mathrm{T}}, \quad \boldsymbol{y}_3 = (2,0,1)^{\mathrm{T}}$$

初始化判别函数的权值向量:

$$\boldsymbol{\alpha}_1 = (-4,1,3)^{\mathrm{T}}, \quad \boldsymbol{\alpha}_2 = (-2,4,-2)^{\mathrm{T}}, \quad \boldsymbol{\alpha}_1 = (1,-5,0)^{\mathrm{T}}$$

第一轮:

输入 $\boldsymbol{y}_1$, 计算判别函数值:

$$g_1(\boldsymbol{y}_1) = \boldsymbol{\alpha}_1^{\mathrm{T}}\boldsymbol{y}_1 = 0, \quad g_2(\boldsymbol{y}_1) = \boldsymbol{\alpha}_2^{\mathrm{T}}\boldsymbol{y}_1 = 0, \quad g_3(\boldsymbol{y}_1) = \boldsymbol{\alpha}_3^{\mathrm{T}}\boldsymbol{y}_1 = -4$$

$g_3 < g_1 \leqslant g_2$, 修正权值向量:

$$\boldsymbol{\alpha}_1 = \boldsymbol{\alpha}_1 + \boldsymbol{y}_1 = (-3,2,4)^{\mathrm{T}}$$

$$\boldsymbol{\alpha}_2 = \boldsymbol{\alpha}_2 - \boldsymbol{y}_1 = (-3,3,-3)^{\mathrm{T}}$$

$$\boldsymbol{\alpha}_3 = \boldsymbol{\alpha}_3 = (1,-5,0)^{\mathrm{T}}$$

输入 $\boldsymbol{y}_2$, 计算判别函数值:

$$g_1(\boldsymbol{y}_2) = \boldsymbol{\alpha}_1^{\mathrm{T}}\boldsymbol{y}_2 = 2, \quad g_2(\boldsymbol{y}_2) = \boldsymbol{\alpha}_2^{\mathrm{T}}\boldsymbol{y}_2 = -3, \quad g_3(\boldsymbol{y}_2) = \boldsymbol{\alpha}_3^{\mathrm{T}}\boldsymbol{y}_2 = -8$$

$g_3 < g_2 < g_1$, 修正权值向量:

$$\boldsymbol{\alpha}_1 = \boldsymbol{\alpha}_1 - \boldsymbol{y}_2 = (-5,0,3)^{\mathrm{T}}$$

$$\boldsymbol{\alpha}_2 = \boldsymbol{\alpha}_2 + \boldsymbol{y}_2 = (-1,5,-2)^{\mathrm{T}}$$

$$\boldsymbol{\alpha}_3 = \boldsymbol{\alpha}_3 = (1,-5,0)^{\mathrm{T}}$$

输入 $\boldsymbol{y}_3$, 计算判别函数:

$$g_1(\boldsymbol{y}_3) = \boldsymbol{\alpha}_1^{\mathrm{T}}\boldsymbol{y}_3 = -7, \quad g_2(\boldsymbol{y}_3) = \boldsymbol{\alpha}_2^{\mathrm{T}}\boldsymbol{y}_3 = -4, \quad g_3(\boldsymbol{y}_3) = \boldsymbol{\alpha}_3^{\mathrm{T}}\boldsymbol{y}_3 = 2$$

$g_3 > g_2 > g_1$, 无须修正权值向量。

第二轮:

输入 $\boldsymbol{y}_1$, 计算判别函数:

$$g_1(\boldsymbol{y}_1) = \boldsymbol{\alpha}_1^{\mathrm{T}}\boldsymbol{y}_1 = -2, \quad g_2(\boldsymbol{y}_1) = \boldsymbol{\alpha}_2^{\mathrm{T}}\boldsymbol{y}_1 = 2, \quad g_3(\boldsymbol{y}_1) = \boldsymbol{\alpha}_3^{\mathrm{T}}\boldsymbol{y}_1 = -4$$

$g_3 < g_1 < g_2$, 修正权值向量:

$$\boldsymbol{\alpha}_1 = \boldsymbol{\alpha}_1 + \boldsymbol{y}_1 = (-4,1,4)^{\mathrm{T}}$$

$$\boldsymbol{\alpha}_2 = \boldsymbol{\alpha}_2 - \boldsymbol{y}_1 = (-2,4,-3)^{\mathrm{T}}$$

$$\boldsymbol{\alpha}_3 = \boldsymbol{\alpha}_3 = (1,-5,0)^{\mathrm{T}}$$

输入 $\boldsymbol{y}_2$, 计算判别函数:

$$g_1(\boldsymbol{y}_2) = \boldsymbol{\alpha}_1^{\mathrm{T}}\boldsymbol{y}_2 = -2, \quad g_2(\boldsymbol{y}_2) = \boldsymbol{\alpha}_2^{\mathrm{T}}\boldsymbol{y}_2 = 1, \quad g_3(\boldsymbol{y}_2) = \boldsymbol{\alpha}_3^{\mathrm{T}}\boldsymbol{y}_2 = -8$$

$g_2 > g_1 > g_3$, 无须修正权值向量。

输入 $\boldsymbol{y}_3$, 计算判别函数值:

$$g_1(\boldsymbol{y}_3) = \boldsymbol{\alpha}_1^{\mathrm{T}}\boldsymbol{y}_3 = -4, \quad g_2(\boldsymbol{y}_3) = \boldsymbol{\alpha}_2^{\mathrm{T}}\boldsymbol{y}_3 = -1, \quad g_3(\boldsymbol{y}_3) = \boldsymbol{\alpha}_3^{\mathrm{T}}\boldsymbol{y}_3 = 2$$

$g_3 > g_2 > g_1$, 无须修正权值向量。

第三轮:

输入 $\boldsymbol{y}_1$, 计算判别函数值:

$$g_1(\boldsymbol{y}_1) = \boldsymbol{\alpha}_1^{\mathrm{T}}\boldsymbol{y}_1 = 1, \quad g_2(\boldsymbol{y}_1) = \boldsymbol{\alpha}_2^{\mathrm{T}}\boldsymbol{y}_1 = -1, \quad g_3(\boldsymbol{y}_1) = \boldsymbol{\alpha}_3^{\mathrm{T}}\boldsymbol{y}_1 = -4$$

$g_1 > g_2 > g_3$, 无须修正权值向量。

分类器能够正确识别全部训练样本, 输出权值向量:

$$\boldsymbol{\alpha}_1 = (-4, 1, 4)^{\mathrm{T}}, \quad \boldsymbol{\alpha}_2 = (-2, 4, -3)^{\mathrm{T}}, \quad \boldsymbol{\alpha}_1 = (1, -5, 0)^{\mathrm{T}}$$

对应三个类别的分类函数为

$$g_1(x) = -4x_1 + x_2 + 4, \quad g_2(x) = -2x_1 + 4x_2 - 3, \quad g_3(x) = x_1 - 5x_2$$

转换成一对一式的判别函数。

$$g_{12}(x) = g_1(x) - g_2(x) = -2x_1 - 3x_2 + 7$$

$$g_{13}(x) = g_1(x) - g_3(x) = -5x_1 + 6x_2 + 4$$

$$g_{23}(x) = g_2(x) - g_3(x) = -3x_1 + 9x_2 - 3$$

扩展的感知器算法同两个类别的感知器算法一样, 当任意两个类别的训练样本之间是线性可分时, 算法具有收敛性, 但当训练样本线性不可分时, 算法不收敛。

5.2 决策树

决策树 (decision tree) [17, 18] 能够建立复杂的非线性决策边界模型。树的首结点 (称为根节点) 显示在最上端, 下面顺序 (有向) 地与其他节点通过链 (或分支) 相连。继续上述构造过程, 直至到达没有后续的终端节点 (称为叶节点)。决策树已经在很多问题中得到了广泛的应用。决策树的优点是能被压缩存储, 能将新样本有效地分类, 并已证明在各种不同问题上能够得到很好的一般化性能。同时, 决策树分类的速度很快, 只需一系列简单的查询。潜在的缺点是设计一棵最优树很难, 在某些问题上, 可能因分类树过大而得到较大的错误率, 特别是当分类边界复杂又使用了决策边界平行于坐标轴的二叉决策树的时候。

5.2.1　树和决策树定义

树是包含 $n(n \geqslant 0)$ 个元素的有穷集, 其中, 每个元素被称为节点, 有一个特定的节点称为根节点, 除根节点之外的其余数据元素被分为 $m\ (m \geqslant 0)$ 个互不相交的集合 $\{T_1, T_2, \cdots, T_m\}$, 其中每一个集合 $T_i\ (1 \leqslant i \leqslant m)$ 本身也是一棵树, 称为原树的子树。

决策树是运用于分类及回归的一种树结构, 是一种对于多类分布问题有效且方便的方法。利用决策树可以把一个复杂的多类别分类问题转化为若干个简单的分类问题来解决。决策树的精髓在于不试图将多个类别一次分开, 而是采用分级的形式, 逐步解决分类问题。如图 5.4 所示为一个决策树的例子。

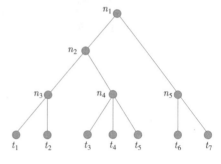

图 5.4　决策树示意图

5.2.2　二叉树分类树

决策树的一种简单形式是二叉树。二叉树是指除叶节点外, 树的每个节点仅分为两个分支。子树通常被称为左子树和右子树, 其次序不能颠倒。类似地, 通过二叉树结构分类器可以把一个复杂的多类别分类问题转化为分级的多个两类问题来解决, 在每一个节点 n_i 都将样本集分为左右两个子集。被分成的每一部分仍可能包含多个类别的样本, 可以将每一部分再分为两个子集, 直至被分成的每一部分只包含同一类别的样本, 或直至某类样本占优势。

二叉树结构分类器在各个节点上可以选择不同的特征和采用不同的决策规则, 因此设计方法灵活, 容易得到一个简单易用的分类器。如图 5.5 所示为一个二叉树的例子。

该例中, 在每个节点只选择一个特征, 同时给出相应的决策阈值。对于未知样本 x, 想要将它分类到合适的类别, 只需从根节点到叶节点, 依次将 x 的某个特征观察值和相应的决策阈值进行比较, 依次作出决策, 将 x 分到相应的分支即可。

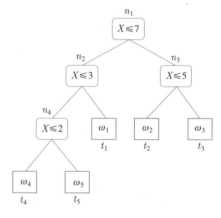

图 5.5　一个二叉树的例子示意图

二叉树主要有如下 3 个性质。

(1) 若二叉树的层次从 0 开始, 则在二叉树的第 i 层至多有 2^i 个节点。

(2) 高度为 k 的二叉树最多有 $2^{(k+1)} - 1$ 个节点 ($k \geqslant -1$, 空树的高度为 -1)。

(3) 对于任何一棵二叉树, 如果其叶节点 (度为 0) 数为 m, 度为 2 的节点数为 n, 则 $m = n + 1$。

5.2.3 一般分类树

一般分类树由一个根节点 n_1、一组非终止节点 n_i 和一些终止节点 t_j 组成。t_j 可以被标上不同类别的标签 (也可出现相同的类别标签)。如果用 T 表示决策树, 那么 T 对应于特征空间的一种划分, 它把特征空间分成若干区域, 在每个区域中, 占优势的类别样本即可被标上该类样本的类别标签。

数学上可对决策树分类器作如下表述。

给定样本集 R, 其中的样本属于 c 个类别, 用 R_i 表示 R 中属于第 i 类的样本集。定义一个指标集 $I = \{1, 2, \cdots, c\}$ 和一个 I 的非空子集的集合:

$$\tau = \{I_1, I_2, \cdots, I_p\} \tag{5-3}$$

令当 $i \neq j$ 时, $I_i \cap I_j = \varnothing$。一个广义决策规则 f 就是 R 到 τ 的一个映射 (记为 $f : R \to \tau$)。若 f 把第 i 类的某个样本映射到包含 i 的那个子集中, 则识别正确。

设 $T(R, I)$ 是由样本集 R 和指标集 I 所形成的所有可能映射的集合, 则 $T(R, I)$ 可表示为 (α_i, τ_i) 所组成的集合, 元素 (α_i, τ_i) 称为一个节点, α_i 是该节点上表征这种映射的参数, $\tau_i = \{I_{i1}, I_{i2}, \cdots, I_{ip}\}$ 是该节点上指标集 I_i 的非空子集的集合。令 n_i 和 n_j 是 $T(R, I)$ 的两个元素, 其中,

$$n_i = (\alpha_i, \tau_i), \quad \tau_i = \{I_{i1}, I_{i2}, \cdots, I_{ip_i}\} \tag{5-4}$$

$$n_j = (\alpha_j, \tau_j), \quad \tau_j = \{I_{j1}, I_{j2}, \cdots, I_{jp_j}\} \tag{5-5}$$

若 $\bigcup\limits_{1 \leqslant l \leqslant p_j} I_{jl} = I_{ik}, 1 \leqslant k \leqslant p_i$, 则称 n_i 为 n_j 的父节点, 或称 n_j 为 n_i 的子节点。

设 $B \subset T(R, I)$ 是节点的有限集, 且 $n \in B$。若 B 中没有一个元素是 n 的父节点, 则称 n 是 B 的根结点。当 $B \subset T(R, I)$ 满足下列条件时, 它就是一个决策树分类规则。

(1) B 中有且只有一个根节点。

(2) 设 n_i 和 n_j 是 B 中两个不同的元素, 则 $\bigcup\limits_{1 \leqslant k \leqslant p_i} I_{ik} \neq \bigcup\limits_{1 \leqslant l \leqslant p_j} I_{jl}$。

(3) 对于每一个 $i \in I$, B 中存在一个节点 $n' = (\alpha', \tau')$, $\tau' = \{I_1', I_2', \cdots, I_p'\}$, 且 τ' 中有一个元素是 i (与它对应的 n' 的子节点叫叶节点, 又称终止节点)。在这样定义的决策树中, 每个类别标签只出现在一个节点上, 当然也可使每个类别标签出现在几个不同的叶节点上。此时, 前述的当 $i \neq j$ 时, $I_i \cap I_j = \varnothing$ 的限制条件就不再成立了。

设计一个决策树, 主要应解决下面的几个问题。

(1) 选择一个合适的树结构, 合理安排树的节点和分支。

(2) 确定在每个非终止节点上要使用的特征。

(3) 在每个非终止节点上选择合适的决策规则, 即决策阈值。

二叉树的设计同样旨在解决这三个问题。将一个多类别分类问题转化为两类问题的形式是多种多样的, 其对应的二叉树的结构也是多种多样的。因此, 目标是寻找一个最优决策树。

一个性能良好的决策树结构应该具备小的错误率和低的决策代价等特点, 但即使每个节点上的性能都达到最优, 也不能判定此时整个决策树的性能达到最优。这是由于很难将错误率的解析表达式和树的结构联系起来, 每个节点上所采用的决策规则也仅仅是在该节点上所采用的特征观察值的函数。在实际问题中, 为了设计出 "最优" 决策树, 人们往往提出一些优化准则, 如极小化整个树的节点数目、极小化从根节点到叶节点的最大路程长度或极小化从根节点到叶节点的平均路程长度, 然后采用动态规划方法最终满足准则即认为达到 "最优"。"最优" 在数学上叫作纯度, 纯度高可理解为将目标变量分得足够开。在实际决策树算法中往往采用的是不纯度。

具体来说, 早期比较著名的决策树构建方法是 ID3, 虽然为二分法, 但方法同样适用于每个节点划分为多个子节点的情况。ID3 算法的基础是香农 (Shannon) 信息论中定义的熵。信息论告诉我们, 如果一件事情有 k 种可能, 每种结果对应的概率为 $p_i, i = 1, \cdots, k$, 则人们对此事件进行观察后得到的信息量可以用如下定义的熵来度量:

$$I = -(P_1 \log_2 P_1 + P_2 \log_2 P_2 + \cdots + P_k \log_2 P_k) = -\sum_{i=1}^{k} P_i \log_2 P_i \qquad (5-6)$$

对某个节点上的样本, 这个度量即为熵不纯度, 它反映了该节点上的特征对样本分类的不纯度。当应用到实际问题时, 可以将各类样本出现的比例来作为对概率的估计。一般来说, 如果特征把 N 个样本划分成 m 组, 每组 N_m 个样本, 则不纯度减少量的计算公式为

$$\Delta I(N) = I(N) - (P_1 I(N_1) + P_2 I(N_2) + \cdots + P_m I(N_m)) \qquad (5-7)$$

其中, $P_m = N_m/N$。ID3 算法流程可总结为: 首先计算当前节点包含的所有样本的熵不纯度 [式 (5-6)], 比较采用不同特征进行分支将会得到的信息增益 (information gain) 即不确定性减少量 [式 (5-7)], 选取具有最大信息增益的特征赋予当前节点, 该特征的取值个数决定了该节点下的分支数目; 如果后继节点只包含一类样本, 则停止该支的生长, 该节点成为叶节点; 如果后继节点仍包含不同类样本, 则再次进行以上步骤, 直至每一支都到达叶节点为止。

除了采用香农熵作为不纯度的度量, 人们也可以采用其他度量, 例如有人用 Gini 不纯度度量, 也称为方差不纯度:

$$I(N) = \sum_{m \neq n} P(\omega_m)P(\omega_n) = 1 - \sum_{j=1}^{k} P^2(\omega_j) \qquad (5-8)$$

也可采用误差不纯度

$$I(N) = 1 - \max_j(P(\omega_j)) \qquad (5-9)$$

这里的 $P(\omega_j)$ 都是当前节点上的 N 个样本中属于第 j 类的样本数占样本总数的比例。在多数情况下, 采用不同的不纯度度量对分类结果的影响不大。

在 ID3 算法之后, 人们还提出了很多改进的算法, 例如 C4.5 算法就采用信息增益率 (gain ratio) 代替原来的信息增益:

$$\Delta I_R(N) = \frac{\Delta I(N)}{I(N)} \qquad (5-10)$$

并且, C4.5 算法还增加了处理连续的数值特征的功能。基本做法是: 若数值特征 x 在训练样本上共包含了 n 个取值, 把它们按照从小到大的顺序排列, 得到 v_i, $i = 1, \cdots, n$; 用二分法选择阈值把这组数值划分, 共有 $n-1$ 种可能的划分方案; 对每一种方案计算信息增益率, 选择增益率最大的方案, 把该连续特征离散化为二值特征, 再与其他非数值特征一起构建决策树。如果要把特征值离散化为多值, 原理仍然相同, 只是可能的划分方案数目增多而已。

除了上面介绍的算法, 另外一种比较著名的决策树算法是 CART, 即分类和回归树 (classification and regression tree) 算法。其核心思想与 ID3 和 C4.5 相同, 主要的不同处在于, CART 在每一个节点上都采用二分法, 即每个节点都只能有两个子节点, 最后构成的是二叉树。而且, CART 既可用于分类问题, 又可用于构造回归树对连续变量进行回归。

分类决策树的构造除了建树的操作, 剪枝操作同样重要。在介绍剪枝操作之前先回顾一下决策树算法的目的: 对未来的样本进行正确的推测, 而不是把已知的样本分类正确。如果一个算法在训练数据上表现很好, 但在测试数据或未来的新数据上的表现与在训练数据上差别很大, 则算法出现过拟合的问题。

在决策树算法中, 控制算法的推广性、防止出现过拟合的主要手段是控制决策树生成算法的终止条件和对决策树进行剪枝。在有限样本下, 如果决策树生长得很大, 则决策树很可能会抓住有限样本中由于采样的偶然性或者噪声带来的假象, 导致过拟合现象。为了解决过拟合问题, 在样本数目有限时, 不能仅仅以追求训练错误率低为目标, 还必须控制决策树的规模, 使其规模与样本数相适应。

控制决策树规模的做法叫作剪枝 (pruning), 决策树剪枝主要有先剪枝和后剪枝。所谓先剪枝, 实际就是控制决策树的生长, 在决策树生长过程中决定某节点是否需要继续分支还是直接作为叶节点。一旦某节点被判为叶节点后, 则该分支就停止生长。通常, 用于判断决策树何时停止的方法有三种。

(1) 数据划分法。先将数据分成训练样本和测试样本, 首先基于训练样本对决策树进行生长, 直到在测试样本上的分类错误率达到最小时停止生长。此方法只利用了一部分样本进行决策树的生长, 没有充分利用数据信息, 因此通常采用多次交叉验证的方法以充分利用数据信息。

(2) 阈值法。通过预先设定一个信息增益阈值, 当从某节点往下生长得到的信息增益小于设定阈值时停止树的生长。在实际应用中, 阈值的选取会比较困难。

(3) 信息增益的统计显著性分析。对已有节点获得的所有信息增益统计其分布, 如果继续生长得到的信息增益与该分布相比不显著, 则停止树的生长, 通常可以用卡方检验考察显著性。

相比于先剪枝, 后剪枝是在决策树得到充分生长后再对其进行修剪。其核心思想在于对一些分支进行合并, 从叶节点出发, 如果消除具有相同父节点的叶节点后不会导致不纯度的明显增加则执行消除, 并以其父节点作为新的叶节点。如此不断地从叶节点往上进行回溯, 直到合并操作不再合适为止。常见的剪枝规则有以下三点。

(1) 减少分类错误修剪法。该方法试图通过独立的剪枝集估计剪枝前后分类错误率的改变, 并基于此对是否合并剪枝进行判断。

(2) 最小代价和复杂性的折中。该方法对合并分支后产生的错误率增加与复杂性减少进行折中考虑, 最后得到一个综合指标较优的决策树。

(3) 最小描述长度 (minimal description length) 准则。其核心思想在于最简单的树就是最好的树。该方法首先对决策树进行编码, 再通过剪枝得到编码最短的决策树。

先剪枝与后剪枝的选择需要根据实际问题具体分析。先剪枝的策略更直接, 难点在于估计何时停止树的生长。由于决策树的生长过程中采用的是贪婪算法, 即每一步都只以当前的准则最优为依据, 没有全局的观念, 且不会进行回溯, 因此该策略缺乏对后效性的考虑, 可能导致树生长的提前终止。后剪枝的策略在实践中更为成功, 它通常利用所有的样本信息先构建决策树, 信息利用较充分的同时计算代价较大。在实际应用中, 也可以将先剪枝和后剪枝结合使用以获得效果更好的决策树。

5.2.4　决策树的特点

相对于其他数据挖掘算法, 决策树有以下优势。

(1) 决策树易于理解和实现, 具有可表示性, 即树中所体现的语义信息, 容易直接用逻辑表达式表示出。这种可表示性有两重意义。首先, 易于将某特定测试模式用从根节点开始, 沿着决策树的对应路径, 直到叶节点的所有判决的逻辑合取式来表达。其次, 可以通过合取式和析取式构造一个逻辑表达式, 进而而获得这个模式的明确描述。

(2) 对于决策树, 数据的准备往往是简单或者不必要的。而其他技术往往要求先把数据一般化, 例如去掉多余或者空白的属性。

(3) 决策树能够同时处理数值型 (连续型) 和类别型 (离散型) 属性的数据。而其他的技术在分析数据集时往往只关注其中一点, 即只关注数值型或只关注类别型。

(4) 决策树在相对短的时间内能够对大型数据源做出可行且效果良好的结果, 对于缺失值不敏感, 同时可处理不相关的特征数据。

(5) 决策树效率相对较高, 具体体现在只需要一次构建, 便可反复使用, 每一次预测的最大计算次数不超过决策树的深度。

决策树同样有以下劣势。

(1) 决策树容易过拟合, 导致模型的泛化能力很差。可以通过剪枝设置每个叶节点的最小样本数和树的最大深度来避免这个问题。

(2) 决策树不稳定, 一些很小的变化可能会导致完全不同的决策树生成。此类问题可通过集成方法来缓解 (如随机森林)。

(3) 学习一棵最优化的决策树是 NPC (non-deterministic polynomial complete) 问题, 因此实际中的决策树学习算法是基于启发式的算法, 例如贪心算法在局部做到最优化决策树的每个节点, 但该方法不能保证得到一个全局最优的决策树, 可通过集成的方法得到改善。

(4) 决策树在学习一些复杂关系时表现不佳, 因为决策树不能清楚地表达它们, 例如异或问题、多路复用问题等。一般这种关系可用神经网络分类方法来解决。

(5) 如果某些类别的样本比例过大, 生成决策树容易偏向于这些类别, 建议在创建决策树之前平衡数据集。

5.2.5　随机森林

随机森林 (random forest) 通过集成学习 (ensemble learning) 的方法, 通过训练数据随机地计算出许多决策树, 形成一个森林, 然后用森林对未知数据进行预测, 选取投票最多的分类。具体来说, 即在变量 (列) 的使用和数据 (行) 的使用上进行随机化, 生成很多分类树, 最后汇总分类树的结果。实践证明, 随机森林在运算量没有显著提高的前提下提高了预测精度, 结果对于缺失数据和非平衡的数据比较稳健, 可以很好地预测多达几千个解释变量的作用, 很大程度上解决了决策树泛化能力弱的缺点。

随机森林中每一棵树为二叉树, 其生成遵循自顶向下的递归分裂原则, 即从根节点开始依次对训练集进行划分, 按照纯度最小原则分裂, 直到满足分支停止规则而停止生长。

算法 5.2 随机森林实现过程

步骤 1 设原始数据集为 N, 应用 bootstrap 法有放回地随机抽取 k 个新的自助样本集, 并由此构建 k 棵分类树, 每次未被抽到的样本组成了 k 个袋外数据。

步骤 2 设有 m_{all} 个变量, 则在每一棵树的每个节点处随机抽取 m_{try} 个变量, 然后在 m_{try} 中选择一个最具有分类能力的变量, 变量分类的阈值通过检查每一个分类点确认。

步骤 3 每棵树最大限度地生长, 不做任何修剪。

步骤 4 将生成的多棵分类树组成随机森林, 用随机森林分类器对新的数据进行判别与分类, 分类结果按树分类器的投票多少决定。

5.3 分段线性鉴别函数

分段线性判别函数 (piecewise linear discriminant functions) [19] 是一种特殊的非线性判别函数, 它确定的决策面是由多个超平面组成的。由于它的基本组成依旧是超平面, 因此它比一般超曲面判别函数简单; 又由于它是由多段超平面组成, 所以它能逼近各种形状的超曲面, 具有很强的自适应性。

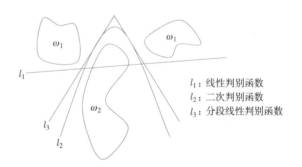

图 5.6 分段线性判别函数示意图

图 5.6 分别给出了采用线性判别函数、二次判别函数和分段线性判别函数对一个特殊的二分类问题进行分类的示意图。从图 5.6 中不难看出, 分段线性判别函数既能够处理一般的线性判别函数无法处理的分类问题, 又比一般的非线性判别函数简单。

下面首先讨论分段线性判别函数的基本概念以及设计分段线性分类器的一般考虑, 然后介绍几种分段线性分类器的设计方法。

5.3.1 基于距离的分段线性鉴别函数

对于一个二分类问题, 如果两类条件概率密度函数为正态分布, 且各特征统计独立且同方差时, 那么使用直观的最小距离分类器能得到最小错误率: 计算两类的均值为它们各自的中心, 计算新输入的样本到类别中心的距离, 哪个类距离近就决策为哪一类。此时的决策面是两类均值连线的垂直平分面, 如图 5.7 所示。

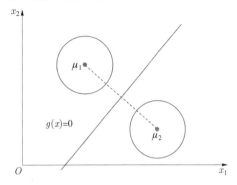

这一判别函数在理想的正态分布情况下是可行的, 在复杂的情况下, 类别数据往往不服从同方差的正态分布。分段线性判别函数的做法就是将不符合正态分布的多峰类别划分为若干个子类, 使每个子类是单峰分布且尽可能地在接近正态分布。再取每个子类的均值为中心, 通过使用多个最小距离分类器, 就能解决分布较为复杂的分类问题。如图 5.8 是一个不规则的两

图 5.7　最小距离分类器示意图

类分类问题。对于这种问题, 如果直接使用最小距离分类器会得到图 5.8(a) 中的决策面, 无法将两类很好地区分开来。但是通过将两个类别分别划分为若干个子类, 再在子类与子类之间使用最小距离分类器, 就会得到由多个超平面组成的分段决策面。如图 5.8(b) 所示, 这种决策面能够拟合逼近超曲面判别函数, 从而将不规则分布的两类区分开。这种分类器就称为分段线性距离分类器。

分段线性距离分类器的数学形式表达如下: 对于分属于 ω_i, $i = 1, 2, \cdots, c$ 类的样本区域 R_i, 将它划分为 l_i 个子区域 R_i^l, $l = 1, 2, \cdots, l_i$。计算每个子区域样本的均值为 $\boldsymbol{\mu}_i^l$, 则对每一个新输入的样本 $\boldsymbol{x}$, ω_i 类的判别函数定义为

$$g_i(x) = \min_{l=1,2,\cdots,l_i} \left\| \boldsymbol{x} - \boldsymbol{\mu}_i^l \right\| \tag{5-11}$$

即本类中距离输入样本最近的子类均值到输入样本的距离。决策规则为

$$\text{若 } g_k(\boldsymbol{x}) = \min_{i=1,2,\cdots,c} g_i(\boldsymbol{x}), \quad \text{则决策 } \boldsymbol{x} \in \omega_k \tag{5-12}$$

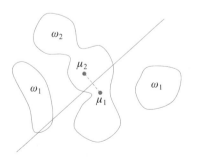

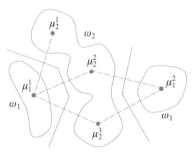

(a) 直接使用最小距离分类器　　　　　　　(b) 划分子类后使用最小距离分类器

图 5.8　分段线性距离分类器示意图

5.3.2 一般的分段线性鉴别函数

在 5.3.1 小节中, 把每一类都分为若干子区域, 并选择各子区域的均值作为代表点以设计最小距离分类器。这种方法只在某些特殊情况下才能得到较好的分类结果, 在很多情况下往往不适用, 例如各类样本服从正态但非等协差分布的情况。这是因为分段线性距离分类器是建立在各子类在各维分布基本对称的条件下的, 想要用它解决更加复杂的问题时需要进行推广得到更加一般形式的分段线性判别函数。首先, 依旧是把每一类分为 l_i 个子类, 即令

$$\omega_i = \left\{ \boldsymbol{\omega}_i^1, \boldsymbol{\omega}_i^2, \cdots, \boldsymbol{\omega}_i^{l_i} \right\}, \quad i = 1, 2, \cdots, c \tag{5-13}$$

然后对于每个子类定义一个线性判别函数:

$$g_i^l(\boldsymbol{x}) = \boldsymbol{w}_i^l \cdot \boldsymbol{x} + w_{i0}^l, \quad l = 1, 2, \cdots, l_i, \ i = 1, 2, \cdots, c \tag{5-14}$$

其中, $\boldsymbol{w}_i^l$ 和 w_{i0}^l 分别被称为对应子类 $\boldsymbol{\omega}_i^{l_i}$ 的权向量和阈值。其增广形式表达为

$$g_i^l(\boldsymbol{x}) = \boldsymbol{a}_i^l \cdot \boldsymbol{y}, \quad l = 1, 2, \cdots, l_i, \ i = 1, 2, \cdots, c \tag{5-15}$$

于是, ω_i 类的线性判别函数可以被定义为

$$g_i(\boldsymbol{x}) = \max_{l=1,2,\cdots,l_i} g_i^l(x), \quad i = 1, 2, \cdots, c \tag{5-16}$$

因此其决策规则为:

$$\text{若 } g_j(\boldsymbol{x}) = \max_{i=1,2,\cdots,c} g_i(\boldsymbol{x}), \quad \text{则决策 } \boldsymbol{x} \in \omega_j \tag{5-17}$$

而两个相邻的类之间的决策面方程就是两个判别函数的取等:

$$g_i(\boldsymbol{x}) = g_j(\boldsymbol{x}) \tag{5-18}$$

在划分好子类之后, 分段线性判别函数的设计就等同于多类分类器的设计。因此, 如何合理地给一个类别划分子类就成了当前问题的关键。目前针对这个问题主要有三种解决方案。

(1) 人工确定子类划分方案

在某些情况下, 人们可以根据问题的先验知识和对数据分布的了解, 人工确定子类的划分方案。例如字符分类中, 同一字符为一类, 其中同一字符的不同字体则可以看作它的不同子类。在某些医学研究中, 同一种疾病的患者可以依据性别、年龄、地域或遗传学特征划分子类。除此之外, 还可以借助聚类分析方法, 对同一类的样本进行聚类, 从而得到其子类的划分。

(2) 错误修正算法

在已知子类数目, 不知子类划分的情况下, 可以利用下面的错误修正算法来设计分段线性分类器, 它与多类线性判别函数的固定增量算法很相似, 其步骤如下:

算法 5.3 错误修正算法

步骤 1 首先给定各子类的初始权向量。设 ω_i 类中有 l_i 个子类, 则随机给定各子类增广形式下判别函数的权值为 $\boldsymbol{a}_i^l(0)$, $l = 1, 2, \cdots, l_i$, $i = 1, 2, \cdots, c$, 通常可以选用较小的随机数。后面用 $\boldsymbol{a}_i^l(t)$ 表示第 t 次迭代时, 第 i 类第 l 个子类的权向量。

步骤 2 利用训练样本集进行迭代, 并按下列规则修改权向量:

在第 t 次迭代时, 对属于 ω_j 类的某个训练样本 $\boldsymbol{y}_k$, 找出 ω_j 类的各个子类中判别函数输出最大的子类, 记为 m, 即

$$\boldsymbol{a}_j^m(t)^{\mathrm{T}}\boldsymbol{y}_k = \max_{l=1,2,\cdots,l_i}\left\{\boldsymbol{a}_j^l(t)^{\mathrm{T}}\boldsymbol{y}_k\right\}$$

如果对 $\forall i = 1, 2, \cdots, c, \forall l = 1, 2, \cdots, l_i$, 都有

$$\boldsymbol{a}_j^m(t)^{\mathrm{T}}\boldsymbol{y}_k > \boldsymbol{a}_j^l(t)^{\mathrm{T}}\boldsymbol{y}_k, \quad i \neq j$$

则说明样本的分类正确, 各权向量保持不变。

如果存在某个或几个子类不满足上述条件, 即存在 l, 使得

$$\boldsymbol{a}_j^m(t)^{\mathrm{T}}\boldsymbol{y}_k \leqslant \boldsymbol{a}_j^l(t)^{\mathrm{T}}\boldsymbol{y}_k, \quad i \neq j$$

则说明样本的分类错误, 权值需要修正。选取 $\boldsymbol{a}_j^l(t)^{\mathrm{T}}\boldsymbol{y}_k$ 中取得最大值的子类, 记为 n, 则权值修正如下:

$$\boldsymbol{a}_j^m(t+1) = \boldsymbol{a}_j^m(t) + \rho_t \boldsymbol{y}_k$$

$$\boldsymbol{a}_j^n(t+1) = \boldsymbol{a}_j^n(t) - \rho_t \boldsymbol{y}_k$$

其中 ρ_t 是训练的步长。

步骤 3 重复上面的迭代过程, 直到算法收敛或达到迭代次数上限。

当样本集对于给定的子类数目能用分段线性判别函数完全正确分类时, 算法将在有限步内收敛, 否则算法将不收敛。如果算法难以收敛, 可以考虑用逐渐递减的 ρ_t 序列。

(3) 树状分段线性分类器

一般的情况是人们无法确认子类的划分和数目的情况。在这种情况下, 虽然可以用不同的子类数目尝试上面的修正算法找到一个解, 但这样所需要的运算量是巨大的。可以采用一种树状分段线性函数来解决这个问题。

如图 5.9 所示是一个二维情况下的二分类问题。树状分段线性函数的做法是类似设计决策树一样去设计分段线性判别函数。首先可以找一个超平面 H_1, 其对应的权向

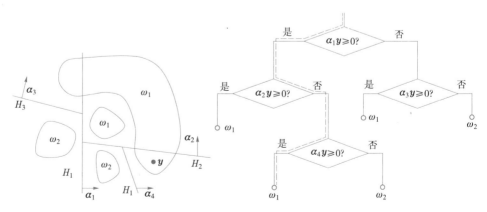

图 5.9 树状分段线性函数示例 　　　　图 5.10 树状决策过程

量是 α_1, 使得两个类别尽可能地区分开来。由于这个问题不是线性可分的, 从图 5.9 中可以看到分开的两部分都掺杂着两个类别的样本。

接下来就像设计决策树一样, 对于未能完全正确区分的两个部分, 分别找到两个超平面 H_2 和 H_3, 及其对应的权向量 α_2 和 α_3, 再对这两部分进行分类。重复上述步骤, 直到两个类别被完全分开为止。

这样得到的分类器显然也是分段线性的, 其决策面如图 5.9 所示。"→" 表示权向量 α_i 的方向, 它指向超平面 H_i 的正侧。它的识别过程是一个树状结构, 如图 5.10 所示。对一个未知样本 y, 可以如图 5.5 中的树状决策结构中, 依次判断它属于超平面的哪一边, 从而判断得出 $y \in \omega_1$, 其中虚线表示 y 的决策路径。

这种方法对初始权向量的选择很敏感, 其结果随初始权向量的不同而大不相同。此外, 在每个节点上所用的寻找权向量 α_i 的方法不同, 结果也将各异。通常可以选择分属两类的欧氏距离最小的一对样本, 取其垂直平分面的法向量作为 α_1 的初始值, 然后求得其局部最优解作为第一段超平面的法向量。对包含两类样本的各子类的划分也可以采用同样的方法。

5.4 最近邻规则

在模式识别中, 最近邻规则 [20] 是一种常常用于分类的非参数估计算法。这类算法首先记录若干个训练样本在特征空间的位置, 以及这些样本的类别。然后对于每一个新的输入样本, 最近邻规则将其映射到特征空间, 在特征空间寻找距离新的输入样本最近的训练样本, 并将找到的训练样本的类别作为输入样本的分类结果。其量化如下:

已知样本集 $S_n = \{(\boldsymbol{x}_1, \theta_1), (\boldsymbol{x}_2, \theta_2), \cdots, (\boldsymbol{x}_n, \theta_n)\}$, 其中, $\boldsymbol{x}_i$ 是样本 i 的特征向量, θ_i 是它对应的类别, 设为 c 个类, 即 $\theta_i \in \{1, 2, \cdots, c\}$。定义两个样本间的距离度量为 $D(\boldsymbol{x}_i, \boldsymbol{x}_j)$, 则对于一个新输入的样本 $\boldsymbol{x}$, 求 S_n 中与之距离最近的样本 $\boldsymbol{x}'$, 即

$$D(\boldsymbol{x}, \boldsymbol{x}') = \min D(\boldsymbol{x}, \boldsymbol{x}_j), \quad j = 1, 2, \cdots, n \tag{5-19}$$

并将 $\boldsymbol{x}$ 归为 $\boldsymbol{x}'$ 的类别 θ' 类。

最近邻规则是机器学习中最简单的一种, 它的优势是训练过程非常简单, 近乎无, 并且在具有大量训练样本的情况下具有不错的准确率; 其劣势是无法对学到的数据模式进行解释, 以及分类过程相对耗时很大, 因为输入样本需要与每一个训练样本比对距离。

5.4.1 样本距离的衡量

最近邻规则的关键在于如何衡量样本之间的距离。这一距离标准在不同的应用场

景下有不同的选取。

通常来说直接输入的数据都存在一些冗余的信息, 或者可区分的特征隐藏在表面数据之下。因此在选取最近邻规则的距离标准时, 最常见的做法是选取一种特征提取方法, 将样本映射到特征空间上, 然后把样本在特征空间上的欧氏距离作为样本之间的距离。

针对不同的分类问题, 希望能提取出与这个问题相关的、具有区分性的特征。一个好的特征的标识是能让不同类别的样本在特征空间上产生足够的距离, 让相同类别的样本在特征空间上足够接近。

一个经典的例子是最近邻规则在计算机视觉中人脸识别上的应用。在使用最近邻规则处理这个问题时, 最常用的方法是使用 Haar 特征加上主成分分析的方法来提取人脸的特征, 然后再用欧氏距离计算不同人脸之间的距离。

5.4.2 k 近邻规则

k 近邻 (k-nearest neighbors) 规则 [21] 是最近邻规则的一个常见扩展。由于最近邻规则过于绝对, 难以处理个别噪点数据的影响, 因此在实际中更为常用的是 k 近邻规则。k 近邻规则采用投票的机制, 让前 k 个距离输入样本最近的训练样本进行投票, 票数最高的类别则为这个输入样本的判别类别。k 近邻规则的量化表达如下所示:

已知样本集 $S_n = \{(\boldsymbol{x}_1, \theta_1), (\boldsymbol{x}_2, \theta_2), \cdots, (\boldsymbol{x}_n, \theta_n)\}$, 其中, $\boldsymbol{x}_i$ 是样本 i 的特征向量, θ_i 是它对应的类别, 设为 c 个类, 即 $\theta_i \in \{1, 2, \cdots, c\}$。定义两个样本间的距离度量为 $D(\boldsymbol{x}_i, \boldsymbol{x}_j)$, 则对于一个新输入的样本 $\boldsymbol{x}$, 考察 S_n 中与之距离最近的前 k 个样本, 统计其中最多的类别为 θ' 类, 并将 $\boldsymbol{x}$ 归为 θ' 类。

在实践过程中, 如何选取 k 的值是一个关键性的问题。理论上来说, k 值越大, 噪点数据对算法的影响就会越小, 而类别之间的分界线就会越模糊。k 的值可以用多种启发式算法进行选取。当 k 选取为 1 时, 这个算法则是最近邻算法。在解决二分问题的时候, 选取 k 为奇数能够很好地避免票数相当的问题。

k 近邻规则的更进一步扩展是带权重的 k 近邻规则。即在进行投票时, 给距离输入样本更近的训练样本较高的权重, 给距离输入样本更远的样本较小的权重, 一种常用的权重就是取距离 d 的倒数 $1/d$。为 k 近邻规则增加权重可以进一步提高近邻规则的鲁棒性。

5.4.3 近邻规则的快速算法

近邻规则需要足够多的训练样本才能获得较好的性能, 然而大量的训练样本会使近邻规则的时间成本大大增加。在进行近邻规则判别时, 如果让一个输入样本与每一个训练样本计算距离, 时间成本就会随着训练样本的数量线性增长。因此, 在进行近邻搜索的时候, 人们更多采用分支限界法来降低搜索的实际复杂度。基本思想就是将训练样本集分级划分为多个子集, 形成一个树形结构, 每个节点都是一个子集。对每个子集求出范围和均值, 通过把输入样本与各个子集的均值和范围比对来排除不可能包含最近邻的子集, 只在可能包含最近邻的节点上才进行一一比对。

下面举一个简单的例子。

用 $X = \{x_1, x_2, \cdots, x_n\}$ 表示训练样本集。目标是在 X 中寻找输入样本 x 的最近邻。算法可分为两个阶段, 第一阶段是将样本集 X 分级分解, 形成树结构, 第二阶段用深度优先搜索算法找出待识样本的最近邻。以下是各个阶段的详细讨论。

第一阶段: 样本集 X 的分级分解。

训练样本集的划分可以采用常见的聚类算法, 这里不做赘述。对于训练样本集 X, 首先将其划分为 l 个子集, 然后每个子集再划分为 l 个子集。每个节点上对应一群样本。用 p 表示这样一个节点, 并用下列参数表示 p 节点的所对应的样本子集。

X_p: 节点 p 对应的样本子集。

N_p: X_p 中的样本数。

M_p: 样本子集 X_p 中的样本均值。

$r_p = \max D(x_i, M_p)$: 从 M_p 到 $x_i \in X_p$ 的最大距离。

第二阶段: 搜索。

用两个规则来判断输入样本 x 的最近邻是否在 X_p 中。

规则 1: 如果存在

$$D(x, M_p) - r_p > B \qquad (5-20)$$

则 $x_i \in X_p$ 不可能是 x 的最近邻。其中 B 是在算法执行过程中已经找到的最小距离, 其的初始值可设为 ∞。

规则 1 阐述的是对于一个子集, 如果其中与输入样本可能的最近距离比已知的最小距离还要大, 那么可以直接排除最近邻在这个子集中的可能。根据规则 1, 许多明显不可能的节点就可以被排除, 从而减少计算量。

规则 2: 如果

$$D(x, M_p) - D(x_i, M_p) > B \qquad (5-21)$$

其中 $x_i \in X_p$, 则 x_i 不是 x 的最近邻。

规则 2 阐述的是对于子集中的一个样本, 如果其到输入样本的最小距离比已知的最小距离还要大, 那么它不可能是最近邻。利用规则 2, 不需要计算输入样本到子集中每个训练样本的距离, 而可以通过计算其到子集均值的距离排除一部分子集样本。而每个训练样本到子集均值的距离计算一次之后就可以重复利用, 从而减少计算量。如图 5.11 所示。

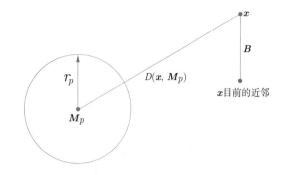

图 5.11　　判断子集是否可能包含最近邻

根据上述两个规则, 最近邻的快速搜索算法可以总结为如下。

算法 5.4　　最近邻的快速搜索算法

步骤 1　置 $B \to \infty, L = 0, p = 0$。($L$ 是当前分级, p 是当前节点)

步骤 2　将当前节点 p 的所有直接后继节点放入一个目录表中, 并对这些节点计算 $D(\boldsymbol{x}, \boldsymbol{M}_p)$。

步骤 3　对步骤 2 中的每个节点, 根据规则 1, 如果有 $D(\boldsymbol{x}, \boldsymbol{M}_p) - r_p > B$, 则从目录表中去掉 p。

步骤 4　如果目录表已空, 则后退到前一个分级, 即置 $L = L - 1$。如果 $L = 0$ 无法后退, 则算法结束, 否则后退并转至步骤 3。
　　　　如果步骤 3 的目录表中还有节点存在, 则进入步骤 5。

步骤 5　在目录表中选择使 $D(\boldsymbol{x}, \boldsymbol{M}_p)$ 最小的节点 p', 称 p' 为当前执行节点, 从目录表中去掉 p'。如果当前的分级 L 是最终分级, 则进入步骤 6。否则置 $L = L + 1$, 转至步骤 2。

步骤 6　对现在执行节点 p' 中的每个样本 $\boldsymbol{x}_i$, 利用规则 2 做如下检验。如果
$$D(\boldsymbol{x}, \boldsymbol{M}_p) - D(\boldsymbol{x}_i, \boldsymbol{M}_p) > B$$
则 $\boldsymbol{x}_i$ 不是 $\boldsymbol{x}$ 的最近邻, 从而不计算 $D(\boldsymbol{x}, \boldsymbol{x}_i)$, 否则计算 $D(\boldsymbol{x}, \boldsymbol{x}_i)$。若
$$D(\boldsymbol{x}, \boldsymbol{x}_i) < B$$
置 $nn = i$ 和 $B = D(\boldsymbol{x}, \boldsymbol{x}_i)$。在当前执行节点中所有 $\boldsymbol{x}_i$ 被检验之后, 回到步骤 3。

当算法结束后, 输出 $\boldsymbol{x}$ 的最近邻 $\boldsymbol{x}_{nn}$ 和 $\boldsymbol{x}$ 与 $\boldsymbol{x}_{nn}$ 的距离 $D(\boldsymbol{x}, \boldsymbol{x}_{nn}) = B$。

当进行 k 近邻搜索时, 只需要对上述算法做部分修改即可。首先, 应该将 B 设为当前找到的距离输入样本第 k 近的训练样本到输入样本的距离。其次, 算法搜索过程中需要记录当前找到的 k 个近邻和它们的排序, 对每一个新的比较样本, 需要依次与这 k 个近邻的距离相比。如果小于至少一个 k 近邻距离, 则插入 k 近邻之中, 排除距离最大的一个。

5.5　子空间模式识别

5.5.1　基本思想

子空间模式识别旨在通过投影, 实现高维特征向低维空间的映射, 是一种经典的降维思想。其中, 特征提取方法是通过适当的变换把 D 个特征转换成 $d(d < D)$ 个新特征。通过特征提取的方式, 可以降低特征空间的维数, 使后续的分类器设计在计算上更容易实现。同时, 也可以减少特征中与分类无关的信息, 使新的特征更有利于分类。

最经常采用的特征变换是线性变换, 即若 $x \in \mathbb{R}^D$ 是 D 维原始特征, 变换后的 d 维新特征 $y \in \mathbb{R}^d$ 为 $y = Wx$。其中, W 是 $d \times D$ 维矩阵, 称作变换阵。特征提取就是根据训练样本求适当的 W, 使某种特征变换的准则最优。

一般情况下, $d < D$, 即特征变换都是降维变换。在某些情况下也可以采用非线性变换 $y = W(x)$, 此处 $W(\cdot)$ 为非线性变换。主要方法有 PCA、K-L 变换、MDS、KPCA、IsoMap、LLE 等。本节将就线性变换方法和非线性变换方法介绍两种基本方法: 主成分分析和核主成分分析。

5.5.2　线性变换方法——主成分分析

首先介绍主成分分析 (principal component analysis, PCA) [22], 方法是从尽量减少信息损失的角度来实现特征降维的, 其出发点是从特征中计算出一组按重要性从小到大排列的新特征, 它们是原来特征的线性组合, 并且相互是不相关的。

记 $x_1, \cdots, x_p$ 为 p 个原始特征, 设新特征 $\xi_i, i = 1, \cdots, p$ 是这些原始特征的线性组合

$$\xi_i = \sum_{j=1}^{p} \alpha_{ij} x_j = \alpha_i^{\mathrm{T}} x \tag{5-22}$$

为了统一 ξ_i 的尺度, 不妨要求线性组合的模为 1, 即

$$\alpha_i^{\mathrm{T}} \alpha_i = 1 \tag{5-23}$$

式 (5-22) 写成矩阵形式是

$$\xi = A^{\mathrm{T}} x \tag{5-24}$$

其中, ξ 是由新特征 ξ_i 组成的向量, A 是特征变换矩阵。要求的是最优的正交变换 A, 它使新特征 ξ_i 的方差达到极值。正交变换保证了新特征间不相关, 而新特征的方差越大, 则样本在该维特征的差异就越大, 因而这一特征就越重要。

考虑第一个新特征 $\boldsymbol{\xi}_1$

$$\boldsymbol{\xi}_1 = \sum_{j=1}^{p} \boldsymbol{\alpha}_{1j}\boldsymbol{x}_j = \boldsymbol{\alpha}_1^{\mathrm{T}}\boldsymbol{x} \tag{5-25}$$

它的方差是

$$\mathrm{var}(\boldsymbol{\xi}_1) = E[\boldsymbol{\xi}_1^2] - E[\boldsymbol{\xi}_1]^2 = E[\boldsymbol{\alpha}_1^{\mathrm{T}}\boldsymbol{x}\boldsymbol{x}^{\mathrm{T}}\boldsymbol{\alpha}_1] - E[\boldsymbol{\alpha}_1^{\mathrm{T}}\boldsymbol{x}]E[\boldsymbol{x}^{\mathrm{T}}\boldsymbol{\alpha}_1] = \boldsymbol{\alpha}_1^{\mathrm{T}}\boldsymbol{\Sigma}\boldsymbol{\alpha}_1 \tag{5-26}$$

其中, $\boldsymbol{\Sigma}$ 是 $\boldsymbol{x}$ 的协方差矩阵, 可以用样本估计; E 是数学期望。要在约束条件 $\boldsymbol{\alpha}_1^{\mathrm{T}}\boldsymbol{\alpha}_1 = 1$ 下最大化 $\boldsymbol{\xi}_1$ 的方差, 这等价于求下列拉格朗日函数的极值

$$f(\boldsymbol{\alpha}_1) = \boldsymbol{\alpha}_1^{\mathrm{T}}\boldsymbol{\Sigma}\boldsymbol{\alpha}_1 - v(\boldsymbol{\alpha}_1^{\mathrm{T}}\boldsymbol{\alpha}_1 - 1) \tag{5-27}$$

v 是拉格朗日乘子。将式 (5–27) 对 $\boldsymbol{\alpha}_1$ 求导并令它等于零, 得到最优解 $\boldsymbol{\alpha}_1$ 满足

$$\boldsymbol{\Sigma}\boldsymbol{\alpha}_1 = v\boldsymbol{\alpha}_1 \tag{5-28}$$

这是协方差矩阵 $\boldsymbol{\Sigma}$ 的特征方程, 即 $\boldsymbol{\alpha}_1$ 应该是 $\boldsymbol{\Sigma}$ 的最大本征向量, v 是对应的本征值。把式 (5–28) 代入式 (5–26) 中, 可得

$$\mathrm{var}(\boldsymbol{\xi}_1) = \boldsymbol{\alpha}_1^{\mathrm{T}}\boldsymbol{\Sigma}\boldsymbol{\alpha}_1 = v\boldsymbol{\alpha}_1^{\mathrm{T}}\boldsymbol{\alpha}_1 = v \tag{5-29}$$

因此, 最优 $\boldsymbol{\alpha}_1$ 应该是 $\boldsymbol{\Sigma}$ 的最大本征值对应的本征向量。$\boldsymbol{\xi}_1$ 称作第一主成分, 它在原始特征的所有线性组合里是方差最大的。

下面求第二个新特征, 它除了满足与第一个特征同样的要求 (方差最大、模为 1), 还必须与第一主成分不相关, 即

$$E[\boldsymbol{\xi}_2\boldsymbol{\xi}_1] - E[\boldsymbol{\xi}_2]E[\boldsymbol{\xi}_1] = 0 \tag{5-30}$$

代入式 (5–22) 整理可得

$$\boldsymbol{\alpha}_2^{\mathrm{T}}\boldsymbol{\alpha}_1 = 0 \tag{5-31}$$

在 $\boldsymbol{\alpha}_2^{\mathrm{T}}\boldsymbol{\alpha}_1 = 0$ 和 $\boldsymbol{\alpha}_2^{\mathrm{T}}\boldsymbol{\alpha}_2 = 1$ 的约束条件下最大化 $\boldsymbol{\xi}_2$ 的方差, 可以得到 $\boldsymbol{\alpha}_2$ 是 $\boldsymbol{\Sigma}$ 的第二大本征值对应的本征向量, $\boldsymbol{\xi}_2$ 称为第二主成分。

协方差矩阵 $\boldsymbol{\Sigma}$ 共有 p 个本征值 $\lambda_i, i = 1, \cdots, p$ (包括可能相等的本征值和可能为 0 的本征值), 把它们从大到小排序为 $\lambda_1 \geqslant \lambda_2 \geqslant \cdots \geqslant \lambda_p$。按照与上面相同的方法, 可以得出由对应这些本征值本征向量构造的 p 个主成分 $\boldsymbol{\xi}_i, i = 1, \cdots, p$。全部主成分的方差之和是

$$\sum_{i=1}^{p} \mathrm{var}(\boldsymbol{\xi}_i) = \sum_{i=1}^{p} \lambda_i \tag{5-32}$$

它等于各个原始特征的方差之和。

变换矩阵 $\boldsymbol{A}$ 的各个列向量是由 $\boldsymbol{\Sigma}$ 的正交归一的本征向量组成的, 因此, $\boldsymbol{A}^{\mathrm{T}} = \boldsymbol{A}^{-1}$, 即 $\boldsymbol{A}$ 是正交矩阵。从 $\boldsymbol{\xi}$ 到 $\boldsymbol{x}$ 的逆变换是

$$x = A\xi \tag{5-33}$$

实际上人们通常把主成分进行零均值化, 即用

$$\xi = A^{\mathrm{T}}(x - \mu) \tag{5-34}$$

和

$$x = A\xi + \mu \tag{5-35}$$

来代替式 (5-24) 和式 (5-33), 这种平移并不影响主成分的方向。

作为一种特征提取方法, 通常希望用较少的主成分来表示数据。如果取前 k 个主成分, 可以得知, 这 k 个主成分所代表的数据全部方差的比例是

$$\frac{\sum_{i=1}^{k} \lambda_i}{\sum_{i=1}^{p} \lambda_i} \tag{5-36}$$

在模式识别问题中应用主成分分析方法, 通常的流程如下述所示。

算法 5.5　　主成分分析方法

步骤 1　首先用样本估算协方差矩阵或自相关矩阵。

步骤 2　求其特征方程, 得到各个主成分方向。

步骤 3　选择适当数目的主成分作为样本的新特征, 将样本投影到这些主成分方向上进行分类或聚类。

选择较少的主成分来表示数据, 不但可以用作特征的降维, 还可以用来消除噪声。在很多情况下, 在本征值谱中排列在后面的主成分 (也有人称为成分) 往往反映了数据中的随机噪声。

在模式识别中, 使用主成分分析可以实现对特征的变换和降维。这种特征变换是非监督的, 没有考虑样本类别的信息。在监督模式情况下, 以方差大为目标进行的主成分分析并不一定总有利于后续的分类。

之所以能够用较少的维数来表示高维样本, 是因为那些样本的特征维度虽然很高, 但并不是所有维的特征都是独立的, 也不是所有维的特征都反映了有效信息。进行子空间模式识别, 实际上是假设数据在高维空间中沿着一定的方向分布, 并且这些方向能够用较少的维数来表示。采用线性变换进行特征提取, 就是假定这种方向是线性的。但是在某些情况下数据可能会按照某种非线性的规律分布, 如图 5.12 所示, 如果采用主成分分析等线性方法, 可以得到一个直线方向, 但数据实际按照图 5.12(b) 中曲线分布, 将数据投影到这条曲线上, 同样是只用了一维特征, 却可以更好地表示原数据。要提取数据分布中的非线性信息, 就需要非线性变换。非线性变换有很多种类, 这些方法一般称为流形学习 (manifold learning)。非线性特征提取方法中有一类是以线性方法

为基础的, 如核主成分分析、核线性判别分析。一般来说, 所有的线性特征提取方法都可以通过引入核函数变成非线性方法, 或者利用非线性流形在局部可以用线性流形近似的特点实现非线性特征提取, 如 Isomap 和 LLE。下面主要介绍核主成分分析。

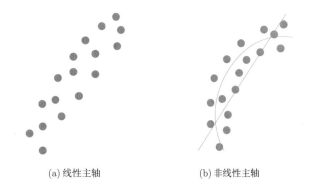

图 5.12　数据沿主轴分布的例子　　　　　(a) 线性主轴　　　　　(b) 非线性主轴

5.5.3　非线性变换方法——核主成分分析

核主成分分析 (kernel principal component analysis, KPCA) [23] 的基本思想是, 对样本进行非线性变换, 通过在变换空间进行主成分分析来实现在原空间的非线性主成分分析。利用与支持向量机中相同的原理, 根据可再生希尔伯特空间的性质, 在变换空间中的协方差矩阵可以通过原空间中的核函数进行运算, 从而绕过了复杂的非线性变化。算法的基本步骤如下。

(1) 通过核函数计算矩阵 $\boldsymbol{K} = (\boldsymbol{K}_{ij})_{n \times n}$, 其元素为

$$\boldsymbol{K}_{ij} = (\phi(\boldsymbol{x}_i) \cdot \phi(\boldsymbol{x}_j)) = k(\boldsymbol{x}_i, \boldsymbol{x}_j) \qquad (5-37)$$

其中, n 为样本数, $\boldsymbol{x}_i$ 和 $\boldsymbol{x}_j$ 是原空间中的样本, $k(\cdot, \cdot)$ 是与支持向量机中类似的核函数, $\phi(\cdot)$ 是非线性变化。

(2) 解矩阵 $\boldsymbol{K}$ 的特征方程

$$\frac{1}{n} \boldsymbol{K} \boldsymbol{\alpha} = \boldsymbol{\lambda} \boldsymbol{\alpha} \qquad (5-38)$$

并将得到的归一化本征向量 $\boldsymbol{\alpha}^l, l = 1, 2, \cdots$ 按照本征值从大到小排列。本征向量的维数是 n, 向量的元素记作 $\boldsymbol{\alpha}^l = (\boldsymbol{\alpha}_1^l, \boldsymbol{\alpha}_2^l, \cdots, \boldsymbol{\alpha}_n^l)$。由于引入了非线性变换, 这里得到的非零本征值数目可能超过原来样本的维数。根据需要选择前若干本征值对应的本征向量作为非线性主成分。第 l 个非线性主成分是

$$\boldsymbol{v}^l = \sum_{i=1}^{n} \boldsymbol{\alpha}_i^l \phi(\boldsymbol{x}_i) \qquad (5-39)$$

由于并没有使用显式的变换 $\phi(\cdot)$, 所以不能求出 $\boldsymbol{v}^l$ 的显式表达, 但是可以计算任意样本在 $\boldsymbol{v}^l$ 方向上的投影坐标。

(3) 计算样本在非线性主成分上的投影。对样本 $\boldsymbol{x}$, 它在第 l 个非线性主成分上的投影是

$$z^l(\boldsymbol{x}) = (\boldsymbol{v}^l \cdot \phi(\boldsymbol{x})) = \sum_{i=1}^{n} \boldsymbol{\alpha}_i^k k(\boldsymbol{x}_i, \boldsymbol{x}) \tag{5-40}$$

如果选择 m 个非线性主成分, 则样本 $\boldsymbol{x}$ 在前 m 个非线性主成分上的坐标就构成样本在新空间的表示 $\left(z^1(\boldsymbol{x}), \cdots, z^m(\boldsymbol{x})\right)^{\mathrm{T}}$。

5.5.4　基本分类规则

如果采用类别可分性判据作为衡量新特征的准则, 则特征提取的问题就是求解最优 $\boldsymbol{W}^*$, 使

$$\boldsymbol{W}^* = \underset{\{\boldsymbol{w}\}}{\operatorname{argmax}} J\left(\boldsymbol{W}^{\mathrm{T}}\boldsymbol{x}\right) \tag{5-41}$$

其中, $J(\cdot)$ 可以是基于类内类间距离的类别可分性判据, 也可以是基于概率距离或熵的可分性判据。

如果采用基于类内类间距离的可分性判据 $J_1 \sim J_5$, 经过 $\boldsymbol{W}$ 的特征变换后, 类内离散度矩阵和类间离散度矩阵分别变为 $\boldsymbol{W}^{\mathrm{T}}\boldsymbol{S}_w\boldsymbol{W}$ 和 $\boldsymbol{W}^{\mathrm{T}}\boldsymbol{S}_b\boldsymbol{W}$, 则特征提取的问题就是求 $\boldsymbol{W}^*$, 使下列准则最优

$$J_1(\boldsymbol{W}) = \operatorname{tr}(\boldsymbol{W}^{\mathrm{T}}(\boldsymbol{S}_w + \boldsymbol{S}_b)\boldsymbol{W})$$

$$J_2(\boldsymbol{W}) = \operatorname{tr}[(\boldsymbol{W}^{\mathrm{T}}(\boldsymbol{S}_w)\boldsymbol{W})^{-1}(\boldsymbol{W}^{\mathrm{T}}(\boldsymbol{S}_b)\boldsymbol{W})]$$

$$J_3(\boldsymbol{W}) = \ln \frac{\boldsymbol{W}^{\mathrm{T}}(\boldsymbol{S}_b)\boldsymbol{W}}{\boldsymbol{W}^{\mathrm{T}}(\boldsymbol{S}_w)\boldsymbol{W}}$$

$$J_4(\boldsymbol{W}) = \frac{\operatorname{tr}(\boldsymbol{W}^{\mathrm{T}}(\boldsymbol{S}_b)\boldsymbol{W})}{\operatorname{tr}(\boldsymbol{W}^{\mathrm{T}}(\boldsymbol{S}_w)\boldsymbol{W})}$$

$$J_5(\boldsymbol{W}) = \frac{|\boldsymbol{W}^{\mathrm{T}}(\boldsymbol{S}_w + \boldsymbol{S}_b)\boldsymbol{W}|}{|\boldsymbol{W}^{\mathrm{T}}(\boldsymbol{S}_w)\boldsymbol{W}|}$$

这些准则虽然形式不同, 但得到的最优变换矩阵是相同的, 如下所述。

设矩阵 $\boldsymbol{S}_w^{-1}\boldsymbol{S}_b$ 的本征值为 $\lambda_1, \lambda_2, \cdots, \lambda_D$, 按大小顺序排列为

$$\lambda_1 \geqslant \lambda_2 \geqslant \cdots \geqslant \lambda_D$$

则选择前 d 个本征值对应的本征向量作为 $\boldsymbol{W}$, 即

$$\boldsymbol{W} = (u_1, u_2, \cdots, u_d)$$

所构成的变换矩阵就是在这些准则下的最优变换矩阵。

类别可分性判据是基于样本间距离的, 没有直接考虑样本的分布情况, 很难与错误率建立直接的联系。为了考察在不同特征下两类样本概率分布的情况, 人们定义了

基于概率分布的可分性判据。

分布密度的交叠程度可用 $p(\boldsymbol{x}|\omega_1)$ 和 $p(\boldsymbol{x}|\omega_2)$ 这两个分布密度函数之间的距离来度量。

下面列出几种常用的概率距离度量:

Bhattacharyya 距离

$$\boldsymbol{J}_B = -\ln \int [p(\boldsymbol{x}|\omega_1)p(\boldsymbol{x}|\omega_2)]^{\frac{1}{2}}\mathrm{d}\boldsymbol{x} \tag{5-42}$$

Chernoff 界限

$$\boldsymbol{J}_C = -\ln \int p(\boldsymbol{x}|\omega_1)^s p^{1-s}(\boldsymbol{x}|\omega_2)\mathrm{d}\boldsymbol{x} \tag{5-43}$$

其中, s 是在 $[0,1]$ 区间的一个参数。显然, 当 $s = 0.5$ 时, Chernoff 界限和 Bhattacharyya 距离相同。

两类概率密度函数的似然比对于分类是一个重要的度量, 人们在似然比的基础上定义了以下的散度作为类别可分性的度量:

$$\boldsymbol{J}_D = \int_{\boldsymbol{x}} [p(\boldsymbol{x}|\omega_1) - p(\boldsymbol{x}|\omega_2)] \ln \frac{p(\boldsymbol{x}|\omega_1)}{p(\boldsymbol{x}|\omega_2)}\mathrm{d}\boldsymbol{x} \tag{5-44}$$

不难得出, 在两类样本都服从正态分布的情况下, 散度为:

$$\boldsymbol{J}_D = \frac{1}{2}\mathrm{tr}(\boldsymbol{\Sigma}_1^{-1}\boldsymbol{\Sigma}_2 + \boldsymbol{\Sigma}_2^{-1}\boldsymbol{\Sigma}_1 - 2I) + \frac{1}{2}(\boldsymbol{\mu}_1 - \boldsymbol{\mu}_2)^{\mathrm{T}}(\boldsymbol{\Sigma}_1^{-1} + \boldsymbol{\Sigma}_2^{-1})(\boldsymbol{\mu}_1 - \boldsymbol{\mu}_2) \tag{5-45}$$

其中, $\boldsymbol{\mu}_1, \boldsymbol{\mu}_2, \boldsymbol{\Sigma}_1, \boldsymbol{\Sigma}_2$ 分别是两类的均值向量和协方差矩阵。特别地, 当两类协方差矩阵相等时, Bhattacharyya 距离和散度有如下关系:

$$\boldsymbol{J}_D = (\boldsymbol{\mu}_1 - \boldsymbol{\mu}_2)^{\mathrm{T}}\boldsymbol{\Sigma}^{-1}(\boldsymbol{\mu}_1 - \boldsymbol{\mu}_2) = 8\boldsymbol{J}_B \tag{5-46}$$

这也等于两类均值之间的 Mahalanobis 距离。

上面给出的是考察两类概率密度之间距离的一些准则, 与此类似, 也可定义类条件概率与总体概率密度函数之间的差别, 用来衡量一个类别与各类混合的样本总体的可分离程度。考察特征 $\boldsymbol{x}$ 与类 ω_i 的联合概率密度函数:

$$p(\boldsymbol{x}, \omega) = p(\boldsymbol{x}|\boldsymbol{\omega}_i)p(\omega_i) \tag{5-47}$$

如果 $\boldsymbol{x}$ 与类 ω_i 独立, 则 $p(\boldsymbol{x}, \omega) = p(\boldsymbol{x})p(\omega_i)$, 特征 $\boldsymbol{x}$ 不提供分类 ω_i 的信息。$p(\boldsymbol{x}|\omega_i)$ 与 $p(\boldsymbol{x})$ 差别越大, 则 $\boldsymbol{x}$ 提供的分类信息越多。因此可用 $p(\boldsymbol{x}|\omega_i)$ 与 $p(\boldsymbol{x})$ 之间的函数距离作为特征对分类贡献的判据:

$$\boldsymbol{J}_i = \int g(p(\boldsymbol{x}|\omega_i), p(\boldsymbol{x}), p(\omega_i))\mathrm{d}\boldsymbol{x} \tag{5-48}$$

称作概率相关性判据。

为了衡量各类后验概率的集中程度, 人们借用信息论中熵的概念定义了类别可分性的判据。熵的概念如下: 把类别 $\omega_i, i = 1, \cdots, c$ 看作一系列随机事件, 它的发生依赖于随机变量 $\boldsymbol{x}$, 给定 $\boldsymbol{x}$ 后 ω_i 的后验概率为 $p(\omega_i|\boldsymbol{x})$。如果根据 $\boldsymbol{x}$ 能够完全确定 ω, 则 ω 就没有不确定性, 对 ω 本身的观察就不会再提供信息量, 此时熵为 0, 特征最有利于分类; 如果 $\boldsymbol{x}$ 完全不能确定 ω, 则 ω 不确定性最大, 对 ω 本身的观察所提供信息量最大, 此时熵最大, 最不利于分类。

常用的熵度量有以下几种。

Shannon 熵:

$$H = -\sum_{i=1}^{c} P(\omega_i|\boldsymbol{x}) \log_2 P(\omega_i|\boldsymbol{x}) \tag{5-49}$$

平方熵:

$$H = 2\left[1 - \sum_{i=1}^{c} P^2(\omega_i|\boldsymbol{x})\right] \tag{5-50}$$

在这些熵的基础上, 对特征的所有取值积分, 就得到了基于熵的可分性判据:

$$\boldsymbol{J}_E = \int H(\boldsymbol{x})p(\boldsymbol{x})\mathrm{d}\boldsymbol{x} \tag{5-51}$$

$\boldsymbol{J}_E$ 越小, 可分性越好。

采用基于概率距离的判据或基于熵的判据作为基本分类规则是可行的, 但一般情况下都只能靠数值求解, 在数据服从正态分布并满足某些特殊条件时可以得到形式化的解。

第6章 特征选择与特征提取

6

6.1 基本概念

在前面的章节中, 本书介绍了分类器的设计, 还有一些聚类算法等。在这些方法中, 都不可避免地利用了用来描述对象的特征, 即用样本的特征来描述样本, 再对其进行分类、聚类。一些特征可以用数表示, 一些需要使用向量, 还有一些非数值特征需要进行特殊的处理。

这些特征都是通过对于对象的直接或间接地观察得到的。在模式识别系统的设计中, 这些特征是否能较好地表示样本, 关系到其是否能对问题的解决起到应有的作用和效果。所以, 如何设计和获取特征是解决实际问题的第一步。

特征的获取应从具体的问题出发, 没有办法一概而论。但是在与模式识别有关的问题中, 很大的一个问题就是维数灾难, 即为了获取全面的信息, 获取的信息维度过大, 以至于影响了模式识别系统的性能。并且, 有许多理由要求必须将特征数量减少。其一, 过高维度的特征会让计算复杂性提高; 其二, 虽然一些特征有很好的样本信息, 可以帮助解决模式识别问题, 但当将这些特征组合在一起时, 因为它们具有很高的相关性, 因而无法获取更多信息, 反而凭空增加了计算复杂性; 最后, 当特征维数过高时, 可能会降低分类器的泛化能力, 易产生过拟合现象, 降低模型的通用性。

因此在很多情况下, 需要降低特征的维度。本章会介绍两种降低维度的方式: 特征选择和特征提取。

特征选择, 顾名思义, 就是在已有的特征中选择一部分用于模式识别系统。在确定选择哪些特征时, 有一点必须确定: 如何定量地选择特征, 即制定什么样的标准来区分哪些特征较好。本章将以分类问题为例, 介绍类别可分性测度 (measurement of class separation), 作为特征选择的指导。有时, 为了避免某些特征动态范围过大, 影响客观判断, 需要对特征进行归一化, 统一到相同的量纲。

另一个降低特征维度的方法是特征提取。特征提取是通过适当的变换, 将高维特征转换为低维数的新特征。这样做的目的, 一是降低特征空间的维数; 二是为了消除或者降低特征之间可能存在的相关性, 减少冗余的信息, 便于模式识别系统的设计。在本章中, 同样以分类问题为例, 介绍了一些特征提取的方法。

值得特别指出的是, 有时人们把获取原始特征的方法或特征选择的方法也称为特征提取, 为了避免混淆, 本章的特征提取都是指通过变换方式的特征提取, 同时也称为特征变换。

6.2 类别可分性测度

需要进行特征选择时, 首先就要确定选择的准则。以分类问题为例, 当我们选择特征时, 希望选择的特征可以在分类的错误率上最低。不过, 这种想法是未必可行。即使概率密度函数已知, 准确率也不容易直接通过计算获得; 并且, 在实际情况中, 通常样本的概率密度是未知的, 这就需要大量的交叉验证, 在原特征维数较高时, 这样做显然计算量过大。

这时, 就需要一个可以更容易计算的判别准则, 这个准则可以衡量不同类别之间的可分性, 这样的准则称为类别可分性测度。类别可分性测度 J_{ij} 应该满足一下几个条件。

(1) 应当与错误率 (或错误率的上界) 有单调关系, 这样才可以反映分类的目标。

(2) 当特征独立时, 对特征应该具有可加性, 即:

$$J_{ij}(x_1, x_2, \cdots, x_d) = \sum_{k=1}^{d} J_{ij}(x_k) \tag{6-1}$$

其中, x 为特征, d 为特征的维度, J_{ij} 为第 i 类和第 j 类的可分性函数, J_{ij} 越大, 两类的分离程度越大。

(3) 应当具有以下的度量性:

$$
\begin{aligned}
J_{ij} &> 0, \quad i \neq j \\
J_{ij} &= 0, \quad i = j \\
J_{ij} &= J_{ji}
\end{aligned}
\tag{6-2}
$$

(4) 理想的测度应当对特征具有单调性, 即加入新特征不会使测度变小。

如果类别可分性测度满足上述条件, 并相对便于计算, 则会十分便于人们进行特征选择。实际情况下, 这些条件并不容易满足。下面详细介绍基于类内类间距离的可分性测度。

常见的 Fisher 判别函数采用了 Fisher 准则 (Fisher criterion) 来确定投影方向, 其目的是使类间距离尽可能大, 类内距离尽可能小。在特征选择中, 也可以使用这种思想, 用各类特征之间的平均距离来作为可分性的准则。

令 $\boldsymbol{x}_k^{(i)}$, $\boldsymbol{x}_l^{(j)}$ 分别为第 i 类中第 k 个样本及第 j 类中第 l 个样本的特征向量, $\delta(\boldsymbol{x}_k^{(i)} \boldsymbol{x}_l^{(j)})$ 为这两个向量的距离, 则上述各类特征向量之间的平均距离是:

$$J_d(\boldsymbol{x}) = \frac{1}{2}\sum_{i=1}^{c} P_i \sum_{j=1}^{c} P_j \frac{1}{n_i n_j} \sum_{k=1}^{n_i} \sum_{l=1}^{n_j} \delta\left(\boldsymbol{x}_k^{(i)}, \boldsymbol{x}_l^{(j)}\right) \tag{6-3}$$

其中, c 为类别数, n_i、n_j 分别代表第 i 类及第 j 类的样本数目, P_i 和 P_j 为第 i 类及第 j 类的先验概率。在这个式子中, $\delta\left(\boldsymbol{x}_k^{(i)}, \boldsymbol{x}_l^{(j)}\right)$ 可以是多种距离度量, 在使用欧氏距离作为距离度量的情况下, 可以推导出:

$$J_d(\boldsymbol{x}) = \mathrm{tr}\left(\boldsymbol{S}_w + \boldsymbol{S}_b\right) \tag{6-4}$$

其中:

$$\boldsymbol{S}_b = \sum_{i=1}^{c} P_i \left(\boldsymbol{m}_i - \boldsymbol{m}\right)\left(\boldsymbol{m}_i - \boldsymbol{m}\right)^{\mathrm{T}} \tag{6-5}$$

$$\boldsymbol{S}_w = \sum_{i-1}^{c} P_i \frac{1}{n_i} \sum_{k=1}^{n_i} \left(\boldsymbol{x}_k^{(i)} - \boldsymbol{m}_i\right)\left(\boldsymbol{x}_k^{(i)} - \boldsymbol{m}_i\right)^{\mathrm{T}} \tag{6-6}$$

其中, $\boldsymbol{m}_i$ 为 i 类样本均值, $\boldsymbol{m}$ 为整体均值。可以看到, $\boldsymbol{S}_w$ 为类内散度矩阵, $\boldsymbol{S}_b$ 为类间散度矩阵。当然, 除了这种准则, 还可以定义一系列基于类内类间距离的准则, 下面列出几种供参考:

$$\begin{aligned}
J_1 &= \mathrm{tr}(\boldsymbol{S}_w^{-1}\boldsymbol{S}_b) \\
J_2 &= \ln\frac{|\boldsymbol{S}_b|}{|\boldsymbol{S}_w|} \\
J_3 &= \frac{\mathrm{tr}(\boldsymbol{S}_b)}{\mathrm{tr}(\boldsymbol{S}_w)} \\
J_4 &= \frac{|\boldsymbol{S}_b - \boldsymbol{S}_w|}{|\boldsymbol{S}_w|}
\end{aligned} \tag{6-7}$$

上述判据原理直观, 计算简单、直接。但是, 这些基于距离的判据也有很多缺点, 就是很难与分类错误率建立直接的联系。当各类样本分布的协方差不大时, 使用这些特征可以得到较好的效果。

同样, 基于类内类间距离的类别可分性测度只是这些判定准则中的一种。还有基于概率分布的可分性测度、基于熵的可分性测度等。基于概率的可分性测度考虑了样本的分布情况, 从而直接与错误率产生了联系; 基于熵的可分性测度从后验概率的角度考虑, 衡量各类后验概率的集中程度, 并以此作为判定准则。

6.3 特征选择

在确定了特征选择的准则之后, 如 6.2 节介绍的可分性准则, 就可以对特征进行筛选。但上述的测度准则有一个假设, 每个特征都是独立的, 不同特征之间相互无关。但在现实生活中, 这种假设通常难以满足, 因此需要考虑特征之间的组合, 即根据给定的准则选择特征子集。

在理想状况下, 根据选择的准则, 可以在总的 D 个特征中选择出一部分 (d 个, $d < D$) 特征, 使得所选择的 d 维特征在选择的准则中最优。如果遍历所有的可能性, 该问题就变为了一个组合问题。在实际的情况中, 这样通常是不可行的, 假设总共有 100 个特征 (D =100), 要选出其中 50 个 (d =50), 这样就大概有 1.009×10^{13} 种可能性, 再加上对于准则的计算过程, 使得穷举的策略变得因计算量过大而不可行。

另一种可以得到最优解的方法是分支定界法 (branch and bound, BB)。这种方法的优点是不需要穷举就可以得到最优解, 但同样有使用的限制条件, 即选择的判定准则对特征具有单调性。即, 对于连续包含的特征组序列:

$$\overline{X_1} \supseteq \overline{X_2} \supseteq \cdots \supseteq \overline{X_i} \tag{6-8}$$

有:

$$J(\overline{X_1}) \geqslant J(\overline{X_2}) \geqslant \cdots \geqslant J(\overline{X_i}) \tag{6-9}$$

分支定界法使用了动态规划的概念, 在求解最优的特征选择时, 不需要遍历所有的可能组合。通常, 在 d 大约是 D 的一半时, 分支定界法比穷举法节省的计算量最大。类似的动态规划方法比较多, 感兴趣的读者可自行查阅。

有时, 使用最优搜索的方法计算量过大, 或者由于这些技术的复杂度过高, 在特征选择时使用较少。一些次优的算法, 凭借其运算快, 实施较简单, 成为特征选择方法中不可或缺的一部分。这些次优的算法, 虽然不能保证找到全局最优解, 但能够较大概率找到全局最优解或找到一个接近全局最优解的结果。下面分别介绍两种次优的方法: 遗传算法和模拟退火算法。

6.3.1 遗传算法

特征选择可以理解为一个搜索问题, 除了穷举和确定的启发式搜索两种最优搜索算法, 还有很多随机搜索的方法, 通过设计优秀的随机采样策略, 对可能的解尽可能多地采样, 来搜索到一个最优或者次优的解。遗传算法 (genetic algorithm, GA) 就是这样的一种方法。

遗传算法的思路来源于生物进化的灵感, 模拟了外界环境和优胜劣汰的机制, 并引入了基因的突变和重组。在生物进化过程中, 生物基因会发生重组, 并以一定概率出现变异, 从而出现新一代的个体, 它们对环境的表现取决于自身的基因。自然环境会遗留下对环境适应能力更好的个体, 淘汰适应能力差的, 从而使一些个体的基因得以保留, 通常这些基因是更能适应环境的也就是更好的基因。

基于这种思路, 建立如下的对应关系: 外界环境—判定准则、生物基因—选取的特征。这时, 对于选取特征的描述, 即对基因的描述是遗传算法设计的关键一步。通常, 对于特征选择问题, 可以将特征描述为一个长度为 D 的序列, 每一个元素可以取 1 或 0, 分别代表对应位置的特征有没有被选取。这样, 每个个体就有了这样一条 "染色体" 来描述它的基因, 也可以据此得到它在该 "环境" (判定准则) 中的适应能力, 为 "繁殖" 出下一代做出指导。

遗传算法的基本步骤如下。

(1) 初始化: $t = 0$, 随机生成出一个种群 $M(0)$。

(2) 计算当前种群 $M(t)$ 对于环境的适应度 $f(m)$。

(3) 按照种群的适应度, 得到对于不同适应度个体的染色体采样概率 $p(f(m))$, 并根据概率生成下一代种群 $M(t+1)$。

(4) 如未达到中止条件, 回到步骤 (2), 继续繁殖新的个体。中止条件可以是适应度达到一定的阈值, 或者是新一代种群与老一代种群的相似度足够高 (即种群不再进化)。

在上述步骤 (3) 中, 产生下一代种群的常用方式中, 有一些基本的方法。基因重组是其中一种, 是指对两个相互配对的染色体按某种方式相互交换其部分基因, 从而形成两个新的个体。以使用 0/1 序列编码的特征选择为例, 即完成如图 6.1 所示交换。

当然, 基因重组的方式和编码的方式多种多样, 需要根据问题进行设计。在 0/1 序列编码的特征选择中, 可以调节的因素就非常多, 例如交叉点的个数、交换的概率、交换的长度等。在其他的基因重组方法中, 也有很多可调节的部分, 例如种群的大小、淘汰的比例等。另外, 为了加快种群进化及寻找最优解, 也可引入基因突变机制, 在一些个体中随机将其基因做改变。

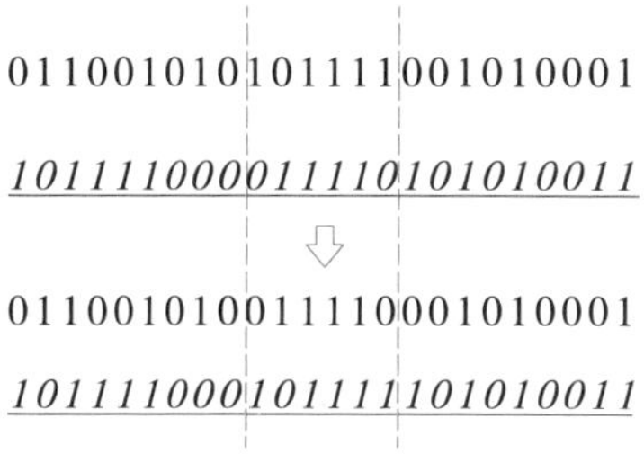

011001010101111001010001
101111000011110101010011
⇩
011001010011110001010001
101111000101111101010011

图 6.1　遗传算法染色体重组示意

遗传算法不能保证收敛到全局最优解, 但在很多情况下可以收敛到可以接受的次优解, 在搜索最优解的成本过高时, 可以考虑使用遗传算法进行特征选择。

6.3.2　模拟退火算法

模拟退火法 (simulated annealing algorithm) 也是一种常用的搜索接近最优解的方法。该算法来源于固体退火过程的模拟, 将固体加温至充分高, 再让其徐徐冷却, 加温时, 固体内部粒子随温升变为无序状, 内能增大, 而徐徐冷却时粒子渐趋有序, 在每个温度都达到平衡态, 最后在常温时达到基态, 内能减为最小。模拟退火法就是模拟一种从高能量向低能量的过程, 是一种基于概率的算法。

模拟退火法是一个优秀的随机算法, 已经被广泛地应用于各种随机的组合优化问题。并且, 模拟退火法已经被证明以概率 1 接近最优解。

在特征选择中, 可以将选择的特征组合作为其粒子的状态, 对应的判定准则作为其 "温度"。这样, 就可以将特征选择问题描述成一个组合优化问题并使用模拟退火法进行求解。

下面是模拟退火算法的流程。

(1) 初始化: $t = 0$, 保证初始温度 $T(0)$ 较大, 随机生成一个初始解 S, 计算其能量 $C(0)$。

(2) 随机产生新解 S', 计算其能量 $C(t+1)$, 计算温度差 ΔT, $\Delta T = C(t+1) - C(t)$。

(3) 如 $\Delta T < 0$, 则接受新解 S' 作为当前解; $\Delta T \geqslant 0$ 时以概率 $e^{-\Delta T/T}$ 接受新解 S' 作为当前解。

(4) $t = t + 1$, 减小温度 $T(t)$。判断是否满足终止条件, 如不满足, 则回到步骤 (2); 否则终止。

可以看到, 模拟退火法中也有很多可以调节的因素。首先, 在步骤 (2) 中, 生成新解 S' 的方法就需要进行设计。在特征选择问题中, 可以简单地随机更换其中一些被选择的特征, 也可以完全重新随机选择特征。值得注意的是, 搜索范围对于算法的收敛影响较大, 可以在退火的不同阶段采用不同的搜索策略。例如, 在高能量、高温度阶段, 搜索较大的范围; 在低能量、低温度阶段, 搜索较小的近邻范围。

并且, 步骤 (3) 中提到了接受新解的准则。普遍接受的是 Metropolis 准则: 若 $\Delta T < 0$ 则接受 S' 作为新的当前解 S; 否则以概率 $e^{-\Delta T/T}$ 接受 S' 作为新的当前解 S。这样的接受准则使得在高能量状态下, 有更大的概率接受一个能量较高的新状态, 从而跳出近邻的局部最小解, 更有可能找到全局最优解; 在能量较低的情况下, 接受高能量新状态的概率变低, 从而增加收敛的速度。

值得注意的是, 温度 T 的减小速度也是模拟退火法中值得注意的一部分。应当保证, 在迭代初期, 设置较高的温度, 扩大搜索的范围; 在迭代中, 避免温度短期大幅度下降, 导致解局限在某局部极小值中。较简单的方法使 $T(t + 1) = cT(t)$, c 取在 0.8 到 0.99 之间。如果不考虑计算资源的话, 应当保证温度下降足够慢, 保证解的准确性。

6.4 特征归一化

通常, 由于多方面的因素, 可以获取的特征数据具有不同的动态范围。因此, 即便在设计良好的损失函数中, 由于不同的动态范围, 使得不同特征之间的重要程度产生较大区别, 拥有大范围的特征在损失函数中变得更加重要, 以至于一些小范围值的特征的影响变得很小。为了解决这个问题, 使得各个特征在损失函数中的作用都能得到体现, 可以对各个特征进行归一化 (feature scaling)。

最简单的常用方法是使用特征的均值和方差进行归一化, 使特征的均值为 0, 方差为 1。对于第 k 个特征的 N 个数据 x_i $(1 \leqslant i \leqslant N)$, 可以做如下变换:

$$\widetilde{x^k} = \frac{1}{N} \sum_{i=1}^{N} x_i^k, \quad k = 1, 2, \cdots, l$$

$$\sigma^k = \sqrt{\frac{1}{N} \sum_{i=1}^{N} (x_i^k - \widetilde{x^k})^2} \qquad (6-10)$$

$$y = Wx = \frac{x - \widetilde{x}}{\sigma}$$

显然, 这是一个线性方法。另一个线性方法是统计该特征的最大和最小值, 使得归一化后的特征在 $[0, 1]$ 或 $[-1, 1]$ 之间。下面是一个归一化到 $[0, 1]$ 之间的例子:

$$\widehat{x}_i^k = \frac{x_i^k - \min(x^k)}{\max(x^k) - \min(x^k)} \qquad (6-11)$$

当特征数据并不在均值附近均匀分布时, 使用线性方法在部分情况下就不太恰当。这时, 需要设计一个非线性函数来将特征数据映射到指定的区间中。一种通用的方法是使用 softmax 比例方法。在计算特征的均值和方差后, 再经过以下两步计算得到:

$$y_i^k = \frac{x_i^k - \widetilde{x^k}}{r\sigma^k}$$

$$\widehat{x}_i^k = \frac{1}{1 + \mathrm{e}^{-y_i^k}} \qquad (6-12)$$

这样的非线性函数将数据归一化到 $[0, 1]$ 区间, 并且当 y 在 0 附近时, 上式近似于 x^k 的线性函数, 近似线性的范围取决于该特征数据分布的标准差 σ^k 和用户设计的系数 r; 当 y 的绝对值较大时, 即 x^k 远离均值时, 数值按指数被压缩。

6.5　基于 K-L 变换的特征提取

在模式识别中, Karhunen–Loève 变换 (K-L 变换) 是常用的降低维度和特征提取的方法。它有很多种形式, 根据场景、目标的不同而决定。在单类别中和多类别中也有不同的应用。K-L 变换是由 K-L 展开引出的, 并在一定条件下被命名为主成分分析, 主成分分析也是常用的无监督的特征降维方法。

在获取样本的过程中, 一个样本可以当作一个随机向量的一次实现。对于一个 D

维的随机向量 $\boldsymbol{x} \in \mathbb{R}^D$, 可以用一组 D 维空间的基向量 $\boldsymbol{u}_j, j = 1, \cdots, \infty$ 表示 (这里 D 维空间的正交基数量没有表示成 D 个, 而是用了无穷维的普适形式)。这些基向量为单位向量, 且满足正交关系。即 $\boldsymbol{x}$ 满足:

$$\boldsymbol{x} = \sum_{j=1}^{\infty} \boldsymbol{c}_j \boldsymbol{u}_j \tag{6-13}$$

其中:

$$\boldsymbol{u}_i^{\mathrm{T}} \boldsymbol{u}_j = \begin{cases} 1, & i = j \\ 0, & i \neq j \end{cases} \tag{6-14}$$

将式 (6–13) 左乘 $\boldsymbol{u}_j^{\mathrm{T}}$, 可以得到:

$$\boldsymbol{c}_j = \boldsymbol{u}_j^{\mathrm{T}} \boldsymbol{x} \tag{6-15}$$

即 $\boldsymbol{c}_j$ 为 $\boldsymbol{x}$ 在该基上的投影。如果只用 $d \, (d < D)$ 维特征对其做近似, 即:

$$\widehat{\boldsymbol{x}} = \sum_{j=1}^{d} \boldsymbol{c}_j \boldsymbol{u}_j^{\mathrm{T}} \tag{6-16}$$

则与原向量的均方误差为:

$$e = E\left[(\boldsymbol{x} - \widehat{\boldsymbol{x}})^{\mathrm{T}} (\boldsymbol{x} - \widehat{\boldsymbol{x}}) \right] = \sum_{j=d+1}^{\infty} \boldsymbol{u}_j^{\mathrm{T}} E[\boldsymbol{x}\boldsymbol{x}^{\mathrm{T}}] \boldsymbol{u}_j \tag{6-17}$$

上面推导中利用了 $\boldsymbol{u}_j$ 的正交性质。记 $\boldsymbol{\psi} = E[\boldsymbol{x}\boldsymbol{x}^{\mathrm{T}}]$, 即 $\boldsymbol{x}$ 的二阶矩阵, 则均方误差可以表示为:

$$e = \sum_{j=d+1}^{\infty} \boldsymbol{u}_j^{\mathrm{T}} \boldsymbol{\psi} \boldsymbol{u}_j \tag{6-18}$$

这里通过求取整个数据集的最小均方误差, 即数据集的误差期望 $\boldsymbol{\psi}$ 实现对整个数据集而非单独一个样本的最优重建。最小化均方误差可表示为一个优化问题:

$$\min e = \sum_{j=d+1}^{\infty} \boldsymbol{u}_j^{\mathrm{T}} \boldsymbol{\psi} \boldsymbol{u}_j \tag{6-19}$$
$$\text{s.t.} \quad \boldsymbol{u}_j^{\mathrm{T}} \boldsymbol{u}_j = 1, \quad \forall j$$

这个优化问题可以用拉格朗日法求解, 得到无约束的目标函数:

$$g(\boldsymbol{u}) = \sum_{j=d+1}^{\infty} \boldsymbol{u}_j^{\mathrm{T}} \boldsymbol{\psi} \boldsymbol{u}_j - \sum_{j=d+1}^{\infty} \lambda_i (\boldsymbol{u}_j^{\mathrm{T}} \boldsymbol{u}_j - 1) \tag{6-20}$$

对各个基向量求偏导并令其为零, $\dfrac{\partial g(\boldsymbol{u})}{\partial \boldsymbol{u}_j} = 0, j = d+1, \cdots, \infty$, 得到如下一组方程:

$$(\boldsymbol{\psi} - \lambda_i \boldsymbol{I})\boldsymbol{u}_j = 0, \quad j = d+1, \cdots, \infty \tag{6-21}$$

可以看出, 最优解的 $\boldsymbol{u}_j$ 是矩阵 $\boldsymbol{\psi}$ 的特征向量, 满足:

$$\boldsymbol{\psi}\boldsymbol{u}_j = \lambda_i \boldsymbol{u}_j \tag{6-22}$$

其中, λ_i 为该特征向量对应的特征值。在取最小值时, 可以得到均方误差为:

$$\boldsymbol{e} = \sum_{j=d+1}^{\infty} \lambda_i \tag{6-23}$$

从而可以看出, 如果想取得该问题的最优解, 将 $\boldsymbol{\psi}$ 的特征值按从大到小排序, 取其中最大的 d 个特征值对应的特征向量作为投影的基底, 此时的截断误差在所有的 d 维展开中最小。

$\boldsymbol{u}_j, j = 1, \cdots, d$ 组成了新的特征空间, 样本 $\boldsymbol{x}$ 在这个新空间上的展开系数组成了新的特征向量, 这种特征提取的方法称为 K-L 变换, 其中 $\boldsymbol{\psi}$ 称作 K-L 变换的产生矩阵。其中, d 的个数可以手工设置, 也可以根据期望保留的信息量自动设置, 如根据 $\dfrac{\sum\limits_{j=1}^{d} \lambda_i}{\sum\limits_{j=1}^{\infty} \lambda_i} > 0.95$ 选取 d。

可以看到, K-L 变换有如下很多重要的性质。

(1) K-L 变换是信号的最佳压缩表示, 其解在所有 d 维的正交变换中最小。

(2) K-L 变换得到的新特征是两两互不相关的, 新特征的二阶矩阵是对角阵, 其对角元素是 $\boldsymbol{\psi}$ 矩阵的较大 d 个特征值。

(3) 用 K-L 坐标系来表示数据, 表示熵最小, 样本的方差信息最大程度集中在较少的维度上。

以上介绍了利用样本的二阶矩阵求解的 K-L 变换, 其最小化的目标函数是投影后的样本均方误差。当对样本进行去均值处理时, 即 ($\widehat{\boldsymbol{x}} = \boldsymbol{x} - \overline{\boldsymbol{x}}, \overline{\boldsymbol{x}}$ 为均值), 或原样本均值为 0 时, 则其二阶矩阵 $\boldsymbol{\psi}$ 也是样本的协方差矩阵, 利用该目标进行的 K-L 变换也称为主成分分析。

6.5.1　基于类内散度矩阵的单类模式特征提取

上面介绍了 K-L 变换的推导和一些性质, 可以看到, 当对样本进行不同的操作时, 可以得到不同的 K-L 变换。实际上, K-L 变换的目标可以是多种多样的, 可以根据需求进行设计。

当只针对单类, 或者是不考虑类别信息时, 可以基于类内散度矩阵 (协方差矩阵) 进行单类模式的特征提取。其方式与主成分分析相同, 基于的矩阵 $\boldsymbol{\psi}$ 即为当前类别的

散度矩阵:

$$\psi = E[\boldsymbol{x}\boldsymbol{x}^{\mathrm{T}}] \tag{6-24}$$

可以观察到如下的性质。

(1) 变换后的均值为:

$$\widehat{\boldsymbol{M}} = E[\widehat{\boldsymbol{X}}] = E[\boldsymbol{A}\boldsymbol{X}] = \boldsymbol{A}E[\boldsymbol{X}] = \boldsymbol{A}\boldsymbol{M} \tag{6-25}$$

其中, $\boldsymbol{M}$、$\widehat{\boldsymbol{M}}$ 分别代表变换前后的均值, $\boldsymbol{A}$ 是 $\boldsymbol{u}_j, j = 1, \cdots, d$ 拼成的投影矩阵。这说明均值也满足与提取特征相同的线性变换关系。

(2) 容易推得, 变换后的协方差为对角矩阵:

$$
\begin{aligned}
\widehat{\boldsymbol{C}} &= E\left[\left(\widehat{\boldsymbol{X}} - \widehat{\boldsymbol{M}}\right)\left(\widehat{\boldsymbol{X}} - \widehat{\boldsymbol{M}}\right)^{\mathrm{T}}\right] \\
&= \boldsymbol{A}E\left[(\boldsymbol{X} - \boldsymbol{M})(\boldsymbol{X} - \boldsymbol{M})^{\mathrm{T}}\right]\boldsymbol{A}^{\mathrm{T}} \\
&= \boldsymbol{A}\boldsymbol{C}\boldsymbol{A}^{\mathrm{T}} \\
&= \begin{pmatrix} \lambda_1 & 0 & 0 \\ 0 & \ddots & 0 \\ 0 & 0 & \lambda_n \end{pmatrix}
\end{aligned}
\tag{6-26}
$$

其对角线的元素是变换前矩阵 ψ 的特征值, 也是变换后该分量的方差。

(3) 变换后的类内距离保持不变。

$$
\begin{aligned}
\overline{D^2} &= E\left[\left\|\widehat{\boldsymbol{X}}_i - \widehat{\boldsymbol{X}}_j\right\|^2\right] \\
&= E\left[\left(\boldsymbol{X}_i - \boldsymbol{X}_j\right)^{\mathrm{T}}\boldsymbol{A}^{\mathrm{T}}\boldsymbol{A}\left(\boldsymbol{X}_i - \boldsymbol{X}_j\right)\right] \\
&= E\left[\left\|\boldsymbol{X}_i - \boldsymbol{X}_j\right\|^2\right]
\end{aligned}
\tag{6-27}
$$

6.5.2　基于 K-L 变换的多类模式特征提取

以上介绍的基于 K-L 变换的特征提取都没有利用到样本的类别信息, 在一些情况下, 我们希望可以保留鉴别类别信息的能力。这时, 通过对 ψ 的设计, 可以得到不同的 K-L 变换, 常用的方法有以下几种。

(1) 采用多类类内散布矩阵 $\boldsymbol{S}_w$ 做 K-L 变换

多类的类内散布矩阵 $\boldsymbol{S}_w$ 为:

$$\boldsymbol{S}_w = \sum_{i=1}^{c} P_i \sum_{k=1}^{n_i} \left(\boldsymbol{x}_k^{(i)} - \boldsymbol{m}_i\right)\left(\boldsymbol{x}_k^{(i)} - \boldsymbol{m}_i\right)^{\mathrm{T}} \tag{6-28}$$

其中, P_i 为该类别的先验概率, $\boldsymbol{m}_i$ 为每类的均值。此时, 可以分为两种情况, 得到两种不同的 K-L 坐标系: 如果要突出各类模式的主要特征, 则取 $\boldsymbol{S}_w$ 较大特征值对应的特征向量组成变换矩阵; 如果要使同一类的样本聚集在一个较小的特征空间范围, 则取 $\boldsymbol{S}_w$ 较小特征值对应的特征向量组成变换矩阵。

(2) 采用多类类间散布矩阵 $\boldsymbol{S}_b$ 做 K-L 变换

当类间间距较大, 类内间距较小时, 类均值即可代表大部分类间的关系, 则可以只使用类间散布矩阵来求解对应的关系:

$$\boldsymbol{S}_b = \sum_{i=1}^{c} P_i(\boldsymbol{m}_i - \boldsymbol{m})(\boldsymbol{m}_i - \boldsymbol{m})^{\mathrm{T}} \tag{6-29}$$

在这里的 $\boldsymbol{S}_b$ 与 6.2 节中的类间散度矩阵相同。以类间散布矩阵 $\boldsymbol{S}_b$ 求解的 K-L 变换只适用于类间间距比类内间距大得多的情况, 可选择较大的特征值对应的特征向量组成变换矩阵, 得到较全面的信息。

(3) 采用总体散度矩阵 $\boldsymbol{S}_t$ 做 K-L 变换

当然, 也可以将多类模式合并, 当作一个整体的分布, 这样, 总体散度矩阵:

$$\boldsymbol{S}_t = \boldsymbol{S}_b + \boldsymbol{S}_w \tag{6-30}$$

也可以作为 K-L 变换的基准。这种变换能够保持模式原有的主要分布。可以发现, 这与单类的主成分分析使用了相同的基准, 只不过出发点稍有区别。

6.6 其他子空间特征提取方法

6.5 节介绍了基于 K-L 变换的特征提取方法。除去这些方法, 根据问题的不同, 经常需要其他的方法来适应不同的问题。例如, 盲源信号分离 (blind source separation, BSS) 问题: 在嘈杂的鸡尾酒会上, 许多人在同时交谈, 可能还有背景音乐, 但人耳却能准确而清晰地听到对方的话语。这种可以从混合声音中选择自己感兴趣的声音而忽略其他声音的现象称为 "鸡尾酒会效应"。此时, 线性不相关的音频信号并不能满足将声音分离出来的期望, 存在不同声音的混叠, 需要更强的条件, 利用其他的特征提取方法。

6.6.1 独立成分分析

在一些情况下, 例如上面介绍的 BSS 问题, 需要将特征中相互独立的成分分解出来。相互独立是比不相关更严格的条件, 只有在样本服从高斯分布时才等价。独立成分分析 (independent component analysis, ICA) 的任务是给定一个输入样本集 $\boldsymbol{x}$, 确定一个 $N \times N$ 的可逆矩阵 $\boldsymbol{W}$, 使得变换后的向量:

$$\boldsymbol{y} = \boldsymbol{W}\boldsymbol{x} \tag{6-31}$$

其中, $\boldsymbol{y}(i)$, $i = 1, 2, \cdots, n$ 是相互独立的。

由于 $\boldsymbol{W}$ 和 $\boldsymbol{y}$ 都不确定, 那么在没有先验知识的情况下, 无法同时确定这两个相关参数。当 $\boldsymbol{W}$ 扩大两倍时, $\boldsymbol{y}$ 只需要同时扩大两倍即可, 等式仍然满足, 因此无法得到唯一的 $\boldsymbol{y}$。同时, 如果将 $\boldsymbol{x}$ 的特征打乱, 即改变 $\boldsymbol{x}$ 行向量的顺序, 变成另外一个顺序, 那么只需要调换 $\boldsymbol{W}$ 的列向量顺序即可, 因此也无法单独确定 $\boldsymbol{y}$。这两种情况称为 ICA 的不确定性 (ICA ambiguities)。

在应用 ICA 技术之前, 必须明确的是, 这个问题的解需要什么条件。假设输入随机数据向量 $\boldsymbol{x}$ 确实是通过统计独立的线性组合生成的, 并且严格意义上讲成分是固定的, 即:

$$\boldsymbol{x} = \boldsymbol{A}\boldsymbol{y} \tag{6-32}$$

通过 ICA 模型可辨识时, 需要所有可能具有期望的独立成分 $\boldsymbol{y}(i)$, $i = 1, 2, \cdots, n$ 都是非高斯的, 且矩阵 $\boldsymbol{W}$ 必须可逆。通常情况下, 矩阵 $\boldsymbol{A}$ 是一个非平方的 $l \times N$ 矩阵, l 必须大于 N, $\boldsymbol{A}$ 必须满足列满秩。前面已经描述, 当随机变量是高斯分布时独立和不相关等价, PCA 满足条件, 此时, 并不存在唯一的矩阵 $\boldsymbol{W}$ 满足 ICA 的条件, 所以 ICA 即失去意义。从数学的观点来看, ICA 问题对于高斯过程是病态的。

ICA 方法可以看作 PCA 方法的推广, K-L 变换注重的是变换后样本的 2 阶统计量, 并且需要其相关性 $E[\boldsymbol{y}(i)\boldsymbol{y}(j)] = 0$, $i \neq j$。在 ICA 中需要 $\boldsymbol{y}$ 的成分是统计独立的, 这就等同于不同特征之间的任意阶累积量为零。基于 2 阶和 4 阶累积量的 ICA 就是利用了独立成分的该性质。下面列举了不同变量的 3 阶统计量。

$$k_1(\boldsymbol{y}(i)) = E[\boldsymbol{y}(i)] = 0$$

$$k_2(\boldsymbol{y}(i), \boldsymbol{y}(j)) = E[\boldsymbol{y}(i)\boldsymbol{y}(j)] = 0, \quad i \neq j \tag{6-33}$$

$$k_3(\boldsymbol{y}(i), \boldsymbol{y}(j), \boldsymbol{y}(k)) = E[\boldsymbol{y}(i)\boldsymbol{y}(j)\boldsymbol{y}(k)] = 0, \quad i \neq j \neq k$$

4 阶累积量如下:

$$
\begin{aligned}
k_4(\boldsymbol{y}(i), \boldsymbol{y}(j), \boldsymbol{y}(k), \boldsymbol{y}(l)) = {} & E[\boldsymbol{y}(i)\boldsymbol{y}(j)\boldsymbol{y}(k)\boldsymbol{y}(r)] \\
& - E[\boldsymbol{y}(i)\boldsymbol{y}(j)]E[\boldsymbol{y}(k)\boldsymbol{y}(r)] \\
& - E[\boldsymbol{y}(i)\boldsymbol{y}(k)]E[\boldsymbol{y}(j)\boldsymbol{y}(l)] \\
& - E[\boldsymbol{y}(i)\boldsymbol{y}(l)]E[\boldsymbol{y}(j)\boldsymbol{y}(k)]
\end{aligned}
\tag{6-34}
$$

这里, 首先假设过程为零均值, 并且相关概率密度是对称的, 这也是在实际问题中经常遇到的情况。这个假设使所有的奇次阶累积量为零。所以, 可以将问题简化为: 寻找 $\boldsymbol{W}$ 使得转换后特征 $\boldsymbol{y}$ 的 2 阶和 4 阶累积量为零。求解这一问题可以按照以下步骤。

(1) 计算输入数据的 PCA 变换, 即:

$$\widehat{\boldsymbol{y}} = \boldsymbol{A}^{\mathrm{T}}\boldsymbol{x} \tag{6-35}$$

其中, $\boldsymbol{A}$ 是 PCA 变换的变换矩阵, 因此, $\widehat{\boldsymbol{y}}$ 的成分是两两不相关的。

(2) 计算另一个单位矩阵, 使得变换随机分量的 4 次交叉累积量为零。

$$y = \widehat{\boldsymbol{A}}^{\mathrm{T}}\widehat{\boldsymbol{y}} \tag{6-36}$$

可以证明, 使得 4 次交叉累积量为零等同于使得 4 次自累积量最大, 即:

$$\max_{\widehat{\boldsymbol{A}}\widehat{\boldsymbol{A}}^{\mathrm{T}}=\boldsymbol{I}} \boldsymbol{\psi}(\widehat{\boldsymbol{A}}) = \sum_{i=0}^{N-1} k_4(\boldsymbol{y}(i))^2 \tag{6-37}$$

一旦这两个步骤完成, 逼近独立成分的特征向量就可以得到了, 即:

$$\boldsymbol{y} - (\boldsymbol{A}\widehat{\boldsymbol{A}})^{\mathrm{T}}\boldsymbol{x} = \boldsymbol{W}\boldsymbol{x} \tag{6-38}$$

这里需要注意, 由于 $\widehat{\boldsymbol{A}}$ 是单位正交向量组成的矩阵, 第一步得到的不相关性可以被继承, 即可以满足 $\boldsymbol{y}$ 的 2 次和 4 次交叉累积量都为零。这里介绍的是一种常见的 ICA 解法, 简单直观, 还可以基于最大似然估计, 从概率的角度求解, 如 Infomax principal 算法。

图 6.2 给出一个示例。当样本不满足高斯分布时, PCA 变换后得到的分量无法准确刻画样本的真实分布, 而 ICA 算法得到的分量与样本的实际分布比较符合。另外, 还一个值得注意的地方, ICA 算法提取特征时, 没有利用样本的标签信息, 因此, 也是一种无监督的特征提取和降维方法。

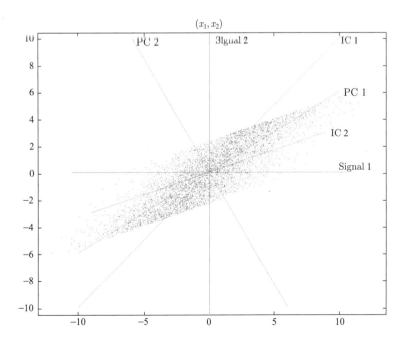

图 6.2　PCA 与 ICA 投影轴示例

6.6.2 线性判别分析

线性判别分析 (linear discriminant analysis, LDA), 又称 Fisher 线性判别函数, 可以将其分为下面两个步骤。

(1) 利用 Fisher 判别准则:

$$\max_{\boldsymbol{w}} J_F(\boldsymbol{w}) = \frac{\boldsymbol{w}^{\mathrm{T}} \boldsymbol{S}_b \boldsymbol{w}}{\boldsymbol{w}^{\mathrm{T}} \boldsymbol{S}_w \boldsymbol{w}} \qquad (6-39)$$

求出最佳的投影方向 $\boldsymbol{w}$, 其中 $\boldsymbol{S}_b$ 为类间散度, $\boldsymbol{S}_w$ 为类内总散度。

(2) 依据投影方向求出分类面。

Fisher 线性判别方法的特点是, 判别准则使得投影后的类间距离尽可能远, 同时每一

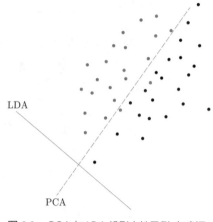

图 6.3　PCA 与 LDA 投影主轴示例, 灰度深浅代表不同类别的样本

类的类内距离尽可能小, 即每一类聚集。这个特点在特征提取中使用也十分广泛。有时, 需要提取的特征尽可能地体现出类别间的不同信息。此时, 可以利用 LDA 中计算投影方向的方法求解最佳投影方向并依此对特征进行线性变换, 以得到新的特征。如式 (6-39) 所示, 在计算投影轴的时候考虑了类别信息, 因此 LDA 是一种有监督的特征提取和降维方法。如图 6.3 所示, 一般情况下 LDA 得到的投影主轴, 因为考虑了类别信息, 会比 PCA 更有利于分类。

式 (6-38) 中的 $\boldsymbol{S}_w$ 和 $\boldsymbol{S}_b$ 都是半正定矩阵 (本征值都不非负的实对称矩阵), 通常转换为求解 $\boldsymbol{S}_w^{-1} \boldsymbol{S}_b$ 的特征向量, 然后类似于 PCA 的方法, 根据特征值从大到小排序, 得到特征提取的变换矩阵。此外, 还有其他形式的目标函数实现特征提取。

$$J_1 = \mathrm{Tr}\left(\boldsymbol{S}_w^{-1} \boldsymbol{S}_b\right)$$

$$J_2 = \ln\left(\frac{|\boldsymbol{S}_b|}{|\boldsymbol{S}_w^{-1}|}\right)$$

$$J_3 = \frac{\mathrm{Tr}(\boldsymbol{S}_b)}{\mathrm{Tr}(\boldsymbol{S}_w)} \qquad (6-40)$$

$$J_4 = \frac{|\boldsymbol{S}_w + \boldsymbol{S}_b|}{|\boldsymbol{S}_w|} = \frac{|\boldsymbol{S}_t|}{|\boldsymbol{S}_w|}$$

可以证明 J_1、J_2 和 J_4 在任何非奇异线性变换下是不变的, J_3 与坐标轴有关。在 c 类条件下 $\boldsymbol{S}_b$ 的秩最大等于 $c-1$, 因此 LDA 提取的特征维度不能超过 $c-1$。

当样本个数小于样本的特征维度时, $\boldsymbol{S}_w$ 是奇异的, 为了解决这个问题, 通常有两种做法。一种是不求解 $\boldsymbol{S}_w$ 的逆矩阵, 例如, 将目标函数转换为 $J = \mathrm{Tr}(\boldsymbol{S}_b - \gamma \boldsymbol{S}_w)$, γ 是一个变量常数, 通常手工设定, 一般可以得到比较理想的结果。另一种做法是利用

PCA, 将样本的特征维度降低到小于样本个数, 降维后样本的 S_w 非奇异, 就可以用标准的 LDA 提取特征。因为 PCA 可以比较好地保留样本原始分布, 信息损失小, 再用 LDA 提取特征, 所得到的特征能够较好地增大样本的可分性。

一般情况下, 有监督的特征提取方法 LDA 比无监督的特征提取方法 PCA 得到的特征更好。但有研究表明, 当训练样本较少时, PCA 可能比 LDA 更适合特征提取, 也就是说 PCA 对训练样本的数目不敏感。可能的原因是 PCA 只需要统计一个相关矩阵 ψ, 而 LDA 需要统计两个散度矩阵 S_b 和 S_w, 当样本数目不多时, 得到的统计矩阵与样本的实际分布有偏差, 所以使用更多统计矩阵的 LDA 对样本数目相对敏感。

6.6.3　核方法

本章前面介绍的特征变换方法, 包括 PCA、ICA 和 LDA, 都是从某个角度, 利用维度低的特征来代表维度高的特征。之所以可以用较少的维度, 是因为样本的特征维度虽然高, 但是并非所有维度都是独立的, 即这些维度所包含的信息是有冗余的。前面介绍的方法都是利用线性变换进行特征变换, 这就假定了数据在高维空间中是沿着某一线性方向分布的。当样本不满足这种线性关系时, 可能需要一些其他方式来提取特征。

将上面的思路进行推广, 如果将这一方向推广成非线性的, 采用主成分分析等线性方法可能就不那么合适了。在图 6.4 中, 可以看到, 如果采用非线性主轴, 虽然只用了一个维度, 也可以很好地表示原始数据的分布。

要提取数据中的非线性规律, 就需要采用非线性变换。核方法 (kernel method) 就是一种常用的非线性变换方法。核方法是一类模式识别的算法, 其目的是找出并学习一组数据中

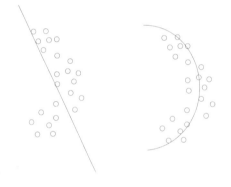

图 6.4　非线性方法示意

的相互关系。核方法特征提取的核心思想是: 首先, 通过某种非线性映射将原始数据嵌入到合适的高维特征空间; 然后, 利用通用的特征提取方法在这个新的空间中分析和处理样本。除了特征提取, 核方法广泛应用于支持向量机等, 将在后续章节讨论。

一些特征在原特征空间中是线性不可分的, 如图 6.5 所示, 在该二分类问题中, x 和 y 分别代表两个特征, 容易知道, 并不能用一个线性分类器对其进行分类。但经过一非线性变换:

$$(x, y) \longrightarrow (xy, x^2, y^2) = (z_1, z_2, z_3) \tag{6-41}$$

变换后的特征变为线性可分的特征, 如图 6.6 所示, 且分界面为:

$$\frac{z_2}{a^2} + \frac{z_3}{b^2} = 1 \tag{6-42}$$

上面例子介绍了在核方法中的一个重要思想: 对原特征进行非线性变换以升高维度, 可以使线性不可分的特征变为线性可分。在这里, 记对于特征 $\boldsymbol{x}$ 的非线性变换为 $\phi(\boldsymbol{x})$。

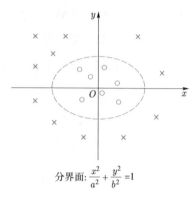

分界面: $\frac{x^2}{a^2} + \frac{y^2}{b^2} = 1$

图 6.5 非线性可分例子

观察之前介绍的特征提取方法, 与特征直接相关的运算中: K-L 变换中, 需要求取相关矩阵 $\boldsymbol{\psi}$; LDA 中, 需要求取类内散度矩阵和类间散度矩阵。这些都可以包含向量内积的运算。在这里, 如果先对特征进行非线性变换, 再对其求取内积, 可以描述为:

$$k(\boldsymbol{x}_i, \boldsymbol{x}_j) = \phi(\boldsymbol{x}_i) \cdot \phi(\boldsymbol{x}_j) \tag{6-43}$$

在上式中, 可以发现, 函数 k 可以作为变换后的特征相关性的度量, 并不需要明确 ϕ 函数的具体形式。在这里, 引入核技巧 (kernel trick), 即不需要确定函数 ϕ, 而使用核函数 k 替换原内积运算。泛函空间的理论告诉我们, 这样做是完全可行的。

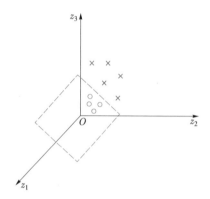

图 6.6 变换后线性可分

当然, 使用核技巧是有其限定条件的, 其中一个充分条件是 Mercer 条件:

定理 (Mercer 条件) 对于任意的对称函数 $k(\boldsymbol{x}, \boldsymbol{x}')$, 它是某个特征空间中的内积运算的充分条件是, 对于任意的 $\phi \neq 0$ 且 $\int \phi^2(\boldsymbol{x}) \mathrm{d}x < \infty$, 有:

$$\iint k(\boldsymbol{x}, \boldsymbol{x}') \phi(\boldsymbol{x}) \phi(\boldsymbol{x}') \mathrm{d}x \mathrm{d}x' \geqslant 0 \tag{6-44}$$

即该函数对称半正定。

需要注意的是, Mercer 条件只是一个充分条件, 并不是必要条件, 即还有其他核函数不满足 Mercer 条件但仍旧是核函数。

采用不同的核函数形式就可以得到不同的空间映射, 目前常用的核函数形式有:

(1) 多项式核函数 (polynomial kernel):

$$k(\boldsymbol{x}, \boldsymbol{x}') = ((\boldsymbol{x} \cdot \boldsymbol{x}') + 1)^q \tag{6-45}$$

其中, q 是多项式核函数的阶数。

(2) 径向基 (radial basis function, RBF) 核函数:

$$k(\boldsymbol{x}, \boldsymbol{x}') = \exp\left(-\frac{\|\boldsymbol{x} - \boldsymbol{x}'\|^2}{\sigma^2}\right) \tag{6-46}$$

其中的 σ 称为径向基核函数的宽度。

(3) sigmoid 函数:

$$k(\boldsymbol{x}, \boldsymbol{x}') = \tanh(v(\boldsymbol{x} \cdot \boldsymbol{x}') + \boldsymbol{c}) \tag{6-47}$$

其中的 v 和 $\boldsymbol{c}$ 就是 sigmoid 核函数可调节的参数。

可以在特征提取的方法中加入核方法, 以获取更适合的特征。其中具有代表性的就是核主成分分析 (KPCA) 和核线性判别分析 (KLDA) 方法。具体的算法如下:

(1) 核主成分分析

步骤 1: 通过核函数计算矩阵 $\boldsymbol{K} = \{K_{ij}\}_{n \times n}$, 其元素为:

$$K_{ij} = k(\boldsymbol{x}_i, \boldsymbol{x}_j) \tag{6-48}$$

其中, n 为样本个数, $\boldsymbol{x}_i$、$\boldsymbol{x}_j$ 为原空间中的样本, k 为选择的核函数。

步骤 2: 解矩阵 $\boldsymbol{K}$ 的特征方程:

$$\frac{1}{n}\boldsymbol{K}\boldsymbol{\alpha} = \lambda\boldsymbol{\alpha} \tag{6-49}$$

解得单位正交的归一化特征向量为 $\boldsymbol{\alpha}^l$, $l = 1, 2, \cdots$, 按照对应的特征值从大到小排列。由于引入了非线性变换, 这里得到的非零特征值个数可能大于原来样本的维度。同时, 与线性 PCA 相同, 根据需要选取前若干个特征值对应的特征向量作为主成分, 第 l 个非线性主成分是:

$$\boldsymbol{v}^l = \sum_{i=1}^{n} \alpha_i^l \phi(\boldsymbol{x}_i) \tag{6-50}$$

由于在求解中使用了核技巧, 并没有显式的非线性变换 ϕ, 所以不能显式地计算 $\boldsymbol{v}^l$。但可以计算任意样本在 $\boldsymbol{v}^l$ 方向上的投影坐标。

步骤 3: 计算样本在非线性主成分上的投影。对于新样本 $\boldsymbol{x}$, 它在第 l 个非线性主成分上的投影是:

$$z^l = (\boldsymbol{v}^l \cdot \phi(\boldsymbol{x})) = \sum_{i=1}^{n} \alpha_i^l k(\boldsymbol{x}_i, \boldsymbol{x}) \tag{6-51}$$

这样就得到了核主成分分析后的新特征。

(2) 核线性判别分析

与 PCA 类似, 线性判别分析中也可以利用核方法求解非线性的投影。它是 LDA 的扩展, 因非线性所以命名为核线性判别分析。与核主成分分析相同, 核线性判别分析也是先将原特征做非线性变换, 之后再对其进行特征提取。下面, 以两类问题为例, 介绍核线性判别分析的各个步骤。

回顾 LDA 中的特征提取, Fisher 判别准则为式 (6-39)。

其中, $\boldsymbol{S}_b$ 为类间散度矩阵, $\boldsymbol{S}_w$ 为类内散度矩阵。当对特征进行非线性变换后, 特征提取目标函数可以表示为:

$$J_F(\boldsymbol{w}) = \frac{\boldsymbol{w}^{\mathrm{T}} \boldsymbol{S}_b^{\phi} \boldsymbol{w}}{\boldsymbol{w}^{\mathrm{T}} \boldsymbol{S}_w^{\phi} \boldsymbol{w}} \tag{6-52}$$

其中:

$$\boldsymbol{S}_b^{\phi} = (\boldsymbol{m}_2^{\phi} - \boldsymbol{m}_1^{\phi})(\boldsymbol{m}_2^{\phi} - \boldsymbol{m}_1^{\phi})^{\mathrm{T}}$$

$$\boldsymbol{S}_w^{\phi} = \sum_{i=1,2} \sum_{n=1}^{l_i} \left(\phi(\boldsymbol{x}_n^i) - \boldsymbol{m}_i^{\phi} \right) \left(\phi(\boldsymbol{x}_n^i) - \boldsymbol{m}_i^{\phi} \right)^{\mathrm{T}} \tag{6-53}$$

$$\boldsymbol{m}_i^{\phi} = \frac{1}{l_i} \sum_{j=1}^{l_i} \phi\left(\boldsymbol{x}_j^i\right)$$

这里可以将 $\boldsymbol{w}$ 用 $\phi(\boldsymbol{x}_j), j = 1, 2, \cdots$ 表示, 方便后面使用核技巧。

$$\boldsymbol{w} = \sum_{i=1}^{l} \alpha_i \phi(\boldsymbol{x}_i) \tag{6-54}$$

记:

$$\boldsymbol{w}^{\mathrm{T}} \boldsymbol{m}_i^{\phi} = \frac{1}{l_i} \sum_{j=1}^{l} \sum_{k=1}^{l_i} \alpha_j k\left(\boldsymbol{x}_j, \boldsymbol{x}_k^i\right) \phi(\boldsymbol{x}_i) = \boldsymbol{\alpha}^{\mathrm{T}} \boldsymbol{M}_i \tag{6-55}$$

则可以推出:

$$\boldsymbol{w}^{\mathrm{T}} \boldsymbol{S}_b^{\phi} \boldsymbol{w} = \boldsymbol{\alpha}^{\mathrm{T}} \left(\boldsymbol{M}_2 - \boldsymbol{M}_1\right) \left(\boldsymbol{M}_2 - \boldsymbol{M}_1\right)^{\mathrm{T}} \boldsymbol{\alpha} = \boldsymbol{\alpha}^{\mathrm{T}} \boldsymbol{M} \boldsymbol{\alpha}$$

$$\boldsymbol{w}^{\mathrm{T}} \boldsymbol{S}_w^{\phi} \boldsymbol{w} = \boldsymbol{\alpha}^{\mathrm{T}} \boldsymbol{N} \boldsymbol{\alpha} \tag{6-56}$$

其中:

$$\boldsymbol{N} = \sum_{j=1,2} \boldsymbol{K}_j \left(\boldsymbol{I} - \boldsymbol{1}_{l_j}\right) \boldsymbol{K}_j^{\mathrm{T}}, \quad \boldsymbol{K}_j(n, m) = k\left(\boldsymbol{x}_n, \boldsymbol{x}_m^j\right) \tag{6-57}$$

在上面公式中, $\boldsymbol{I}$ 为单位矩阵, $\boldsymbol{1}_{l_j}$ 为所有元素都为 $1/l_j$ 的矩阵。注意, 经过上面一系列的计算, 已将原需求解的投影方向 $\boldsymbol{w}$ 转化为新的向量 $\boldsymbol{\alpha}$。同时, 判定准则也相应变为:

$$J(\boldsymbol{\alpha}) = \frac{\boldsymbol{\alpha}^{\mathrm{T}} \boldsymbol{M} \boldsymbol{\alpha}}{\boldsymbol{\alpha}^{\mathrm{T}} \boldsymbol{N} \boldsymbol{\alpha}} \tag{6-58}$$

可以解得, 最优的 $\boldsymbol{\alpha}$ 为:

$$\boldsymbol{\alpha} = \boldsymbol{N}^{-1}(\boldsymbol{M}_2 - \boldsymbol{M}_1) \tag{6-59}$$

值得注意的是, 在实际求解中, $\boldsymbol{N}$ 通常是不可逆的, 所以, 在实际使用中, 经常对其进行近似的求解, 例如使:

$$\boldsymbol{N} = \boldsymbol{N} + \varepsilon\boldsymbol{I} \tag{6-60}$$

对于新样本 $\boldsymbol{x}$, 根据以上投影规则, 其特征提取可由下式表示:

$$y(\boldsymbol{x}) = (\boldsymbol{w} \cdot \phi(\boldsymbol{x})) = \sum_{i=1}^{l} \alpha_i k(\boldsymbol{x}_i, \boldsymbol{x}) \tag{6-61}$$

类似地, 可以根据式 (6-52) 准则, 从多类模式中提取特征。

此外, 如式 (6-51) 和 (6-61) 所示, 核方法对某样本进行特征抽取时, 需计算该样本与所有训练样本间的核函数; 训练样本集越大, 相应计算量也越大, 效率也越低。而很多实际应用的模式识别任务要求系统具有较高的运算效率, 常需要对核方法进行加速。其中常见的思路是, 只利用特征空间中一部分样本的线性组合表示最优变换轴, 相应特征抽取所需计算的核函数个数将大大减少。以两类核线性判别为例, 如式 (6-61) 所示, $y(\boldsymbol{x}) = \sum_{i=1}^{l} \alpha_i k(\boldsymbol{x}_i, \boldsymbol{x})$, 新样本需要计算 l 次核函数, 如果选择 m 个训练样本可以表示 $\boldsymbol{w} = \sum_{i=1}^{m} \alpha_i \phi(\boldsymbol{x}_i')$ $(m < l)$, 则新样本的特征提取简化为只需要计算 m 次核函数, $y(\boldsymbol{x}) = \sum_{i=1}^{m} \alpha_i k(\boldsymbol{x}_i', \boldsymbol{x})$。因此, 快速核方法的关键是样本选择。需要考虑的主要问题有两个: 一个是找到某种依据能够反映样本在构造最优变换轴步骤中的 "重要" 程度; 另外一个是选择算法的设计 (如前向、后向、交叉选择方式等)。限于篇幅, 这里不展开介绍, 感兴趣的读者可以阅读相关的参考文献。

6.7 特征提取的相关应用

早期的模式识别系统, 受限于数据采集和计算资源, 训练样本较少, 样本个数通常小于样本的特征维度, 即小样本问题 (small sample size problem)。因此子空间特征提取方法曾在人脸识别中广泛应用。下面简单介绍基于 PCA 的人脸检测和人脸识别。

1. 人脸检测

人脸检测是指在输入图像中确定所有人脸 (如果存在) 的位置、大小、位姿的过程。人脸检测是自动人脸识别系统中的一个关键环节, 也是人脸信息处理中的一项关键技术。早期的人脸识别研究主要针对具有较强约束条件的人脸图像 (如无背景的图像), 往往假设人脸位置一致或者容易获得, 因此人脸检测问题早期并未受到重视。近年来, 在部署实际的人脸识别系统时, 常发现人脸检测对识别结果影响很大, 特别是无约束的人脸识别, 因此人脸检测越来越受重视。

基于统计的检测方法是将人脸区域图像变换到某一特征空间, 根据其在特征空间中的分布规律划分 "人脸" 与 "非人脸" 两类模式。Baback Moghaddam 等人首次提出基于 PCA 的人脸检测方法。他们发现人脸在特征脸空间的投影聚集比较紧密, 因此利用前若干张特征脸将人脸向量投影到主元子空间 F 和与其正交的补空间 $\overline{F}$, 相应的距离度量分别称为特征空间距离 (distance in feature space, DIFS) 和到特征空间的距离 (distance from feature space, DFFS)。对于人脸检测问题, 由于没有考虑 "非人脸" 样本的分布, 同时使用 DIFS 和 DFFS 可以取得较好的检测效果。

2. 人脸识别

特征脸 (EigenFace) 在人脸识别历史上应该是具有里程碑式意义的, 被认为是第一种有效的人脸识别算法。1987 年 Lawrence Sirovich 和 Michael J. Kirby 为了减少人脸图像的表示采用了 PCA 的方法。1991 年 Matthew Turk 和 Alex Pentland 首次将 PCA 应用于人脸识别。给定若干人脸图像, 根据人脸样本的统计特性进行 K-L 变换, 以消除原有向量各个分量的相关性, 变换得到对应特征值依次递减的特征向量, 取其主元表示人脸, 因其主元有人脸的形状, 故称为 "特征脸", 如图 6.7 所示。随后, 基于 LDA 的 FisherFace 在 1993 年被提出, 进一步提高了人脸识别性能。在接下来的近 20 年里, KPCA、KLDA 等一系列子空间特征提取方法被提出, 并应用在人脸识别上, 成为深度学习之前的主流人脸识别方法。

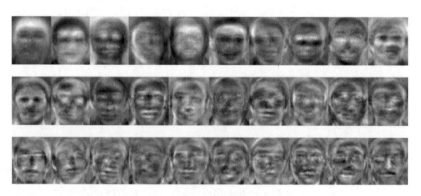

图 6.7　前 30 个特征脸示意图

第7章 统计学习理论及SVM

7

传统统计模式识别方法都是在样本数目足够多的前提下进行的, 所提出的各种方法也只有在样本数量趋向于无穷大时, 其性能才能有理论上的保证, 而在多数实际应用中, 样本数目通常是有限的, 这时很多方法都难以取得理想的效果。

统计学习理论就是针对上述情况专门提出的一种小样本统计理论, 为研究有限样本情况下的统计模式识别和更广泛的机器学习问题建立了一个较好的理论框架, 统计也发展出了一种新的模式识别方法——支持向量机 (support vector machine, SVM) [32] 能够较好地解决小样本学习问题。本章将对其基本内容进行介绍。

7.1 统计学习理论

与传统统计学基于大量样本数据不同, 统计学习理论是一门研究小样本情况下机器学习规律的理论, 该理论针对小样本统计问题建立了一套新的体系, 在这种体系下的统计推理规则不仅考虑了对样本渐进拟合的性能要求, 而且追求能够在现有有限信息下得到最优结果。

从 20 世纪 60 年代开始, 非参数统计学及不适定问题解决方法的出现, 算法复杂度的概念及其与归纳推理的关系的提出, 推动了统计学的发展, 算法复杂度的思想更是成为统计学和信息论中最伟大的思想之一, 并在这之后基于算法复杂度, 形成了对于学习问题的最小描述长度归纳推理原则。这些思想在当时无疑改变了人们对于在有

表 7.1 统计学习理论发展脉络

时间	著作	贡献
1968—1971	*The Necessary and Sufficient Conditions for the Uniforms Convergence of Averages to Expected Values*	经验风险最小化原则下的一般非渐进学习理论; VC 维理论
1965—1973	—	基于随机逼近归纳推理的一般渐进学习理论
1982	*Estimation of Dependences Based on Empirical Data* [33]	结构风险最小化原则
1987	*A Theory of Learning and Generalization* [34]	从数学角度讨论统计学习理论; 以统计学习理论分析神经网络
1995	*The Nature of Statistical Learning Theory* [35]	统计学习理论走向成熟并得到承认
1998	*Statistical Learning Theory*	

限数量的经验数据基础上解决依赖关系的估计问题的主要认知。其中 Vapnik、Lerner,以及 Chervonenkis 于 1963 年开始研究描述学习理论的非线性普适算法,并在此基础上开创了统计机器学习算法的先河,以 Vapnik 为代表的诸多学者随后对统计机器学习的具体内容进行了不断丰富和发展。表 7.1 展示了统计学习理论的基本发展脉络。

本节将对统计学习理论中的关键定义与定理进行阐述,帮助读者初步理解支持向量机的两大理论基石——VC 维理论和结构风险最小化原则。

7.1.1 经验风险最小化原则

统计学习理论中 "学习" 一般指机器学习问题,其目的在于根据给定的训练样本求取系统输入输出间依赖关系的估计,使其能够对未知输出做出尽可能准确的预测。如图 7.1 所示,机器学习问题可以被形式化地表示为:已知研究对象系统 S 中的变量 y 与输入 x 之间存在一定的未知依赖关系,即存在一个未知的概率分布 $F(x,y)$,机器学习就是根据给定的观测样本,求解学习机 LM 作为该未知依赖关系的估计,并最大限度地使预测的期望风险最小。

换言之,机器学习以 n 个独立同分布的观测样本 $\{(x_1,y_1),(x_2,y_2),\cdots,(x_n,y_n)\}$ 为输入,在一组函数 $\{f(x,w)\}$ 中求解最优函数 $f(x,w^*)$ 使预测的期望风险 $R(w)$ 最小:

图 7.1 机器学习的基本模型

$$R(w) = \int L(y, f(x, \widehat{w})) \, \mathrm{d}F(x,y) \quad (7-1)$$

其中 $\{f(x,w)\}$ 为预测函数集合,$w \in \Omega$ 为函数的广义参数,因此 $\{f(x,w)\}$ 在这里表示任意函数集合;$L(y, f(x, \widehat{w}))$ 为用函数 $f(x, \widehat{w})$ 对输出 y 进行预测造成的损失 (即预测输出 $\widehat{y}$ 与实际输出 y 之间的差距),一般称为损失函数;预测出的最优函数 $f(x,w^*)$ 通常也被称为学习函数、学习模式或学习机。

最基本的机器学习问题可分为三类: 分类问题、回归问题和概率密度估计问题,不同类型的机器学习问题有不同形式的损失函数。

对于分类问题 (这里仅讨论监督学习问题),系统 S 的输出就是类别标号,而在最为简单的二类分类问题中,输出 y 即可表示为 $y = \{0,1\}$ 或 $y = \{-1,1\}$,预测函数即为判别函数,这时式 (7-1) 中的损失函数可定义为:

$$L(y, f(x, \widehat{w})) = \begin{cases} 0, & f(x, \widehat{w}) = y \\ 1, & f(x, \widehat{w}) \neq y \end{cases} \quad (7-2)$$

即当预测输出与实际输出相同时损失值为 0,否则为 1,此时期望风险即为预测平均错误率, 使期望风险最小的分类方法可以选择贝叶斯模型。当然根据具体问题可以定义其他的损失函数, 选择其他决策模型。

对于回归问题, 输出 y 为连续变量, 是关于输入 x 的函数, 这时损失函数可定义为:

$$L(y, f(x, \widehat{w})) = (y - f(x, \widehat{w}))^2 \tag{7-3}$$

即计算预测输出与实际输出的差距。

对于概率密度估计问题, 学习的目的是根据训练样本确定 x 的概率分布, 记预测密度函数为 $p(x, \widehat{w})$, 则损失函数可定义为:

$$L(p(x, \widehat{w})) = -\log p(x, \widehat{w}) \tag{7-4}$$

显然, 要使式 (7-1) 定义的期望风险最小化, 必须依赖概率分布 $F(x, y)$, 如在分类问题中需要依赖类先验概率和类条件概率密度, 但是在实际的机器学习问题中, 能够利用的只有有限的观测样本 $\{(x_1, y_1), (x_2, y_2), \cdots, (x_n, y_n)\}$, 因此无法直接计算和最小化期望风险。为此, 传统的学习方法根据概率论中大数定理的思想, 采用算术平均代替数学期望, 定义了 $R_{\text{erm}}(w)$ 来逼近式 (7-1) 中的期望风险:

$$R_{\text{erm}}(w) = \frac{1}{n} \sum_{i=1}^{n} L(y_i, f(x_i, \widehat{w})) \tag{7-5}$$

由于 $R_{\text{erm}}(w)$ 是用已知的训练样本即经验数据定义的, 因此称作经验风险, 用经验风险 $R_{\text{erm}}(w)$ 的最小值代替期望风险 $R(w)$ 的最小值就是经验风险最小化 (experiment risk minimization, ERM) 原则。对于式 (7-2) 经验风险即为训练样本错误率, 对于式 (7-3) 即为平方训练误差, 对于式 (7-4) 经验风险最小化原则就等价于最大似然法, 一些经典的方法如回归问题中的最小二乘法、极大似然法都是经验风险最小化原则在特定损失函数下的应用, 大部分的神经网络学习方法也应用了经验风险最小化原则。

然而事实上, 从期望风险最小化到经验风险最小化并没有可靠的理论依据, 只是直观上合理的想当然做法。首先, 概率论中的大数定理只说明了当样本数量趋于无穷多时 $R_{\text{erm}}(w)$ 将在概率意义上趋近于 $R(w)$, 但并不能保证取得 $R_{\text{erm}}(w)$ 和 $R(w)$ 最小值的 w^* 是同一个点, 也不能保证 $R_{\text{erm}}(w^*)$ 能够趋近于 $R(w^*)$; 其次, 即使能够获得无穷多的样本数量, 也无法保证在这一前提下得到的经验风险最小化方法在样本数有限时仍能取得好的结果。

经验风险最小化不成功的一个典型例子是神经网络中的过拟合问题。最开始研究者们将注意力集中在如何使 $R_{\text{erm}}(w)$ 更小, 但很快便发现一味地追求训练误差的降低并不是总能达到好的预测结果, 有时训练误差过小反而会导致模型泛化能力的下降, 即学习模型无法对未来新的输入进行正确的预测。

之所以出现过拟合现象, 一是因为样本数量过少, 二是由于学习模型设计不合理, 这两个问题是互相关联的。例如当有一组训练样本 (x, y), 其样本数量为 n, 那么总能够找到一个 $n - 1$ 次的多项式模型使训练误差为零, 但显然得到的这个 "最优函数" 不能正确代表原来的函数模型, 出现这种现象的原因即在于试图用一个复杂的模型拟合有限的样本, 结果导致预测模型丧失了泛化能力。在神经网络中, 如果网络对于有限的训练样本来说学习能力过强, 会使得经验风险很快收敛到很小甚至为零, 但往往无法保证网络能够对未来新的样本得到好的预测。有时在很多情况下, 即使已知问题中的样本来自某个比较复杂的模型, 也会由于样本数量的有限, 导致用复杂的预测模型对样本进行学习的效果还是不如相对简单的预测模型。

图 7.2 所示的实验对二次模型 $y = x^2$ 施加随机噪声后产生了 10 个样本 (星号点), 并分别使用一个九次多项式、一个一次函数、一个二次函数根据经验风险最小化原则拟合已知样本。可以看到九次多项式能够完美地拟合有限样本使训练误差为零, 但与真实模型大相径庭; 另一方面虽然真实模型是二次多项式, 但由于样本数目有限且受到噪声的影响, 用一次多项式预测的结果反而更接近真实模型。

从这些讨论中可以得出以下基本结论: 在有限样本情况下,

(1) 经验风险最小并不一定意味着期望风险最小;

(2) 学习模型的复杂性不仅与所研究的问题有关, 还要与有限的学习样本相适应。

这就是有限样本下学习模型的复杂性与泛化能力之间的矛盾, 学习精度与泛化能力之间的矛盾几乎是不可调和的, 因此需要一种能够指导在小样本情况下建立有效学

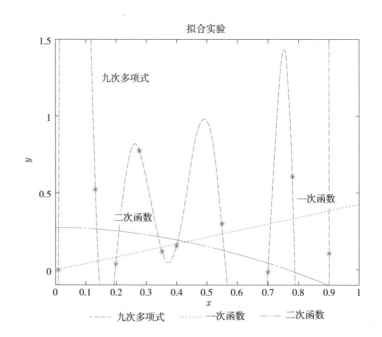

图 7.2 有限样本情况下的拟合实验

习和推广方法的理论。统计学习理论的发展和完善为此问题的解决提供了坚实的理论基础和有效的学习方法。

7.1.2　学习一致性及条件

正如上文所述，概率论中的大数定理只说明了当样本数量趋于无穷多时 $R_{\mathrm{erm}}(w)$ 将在概率意义上趋近于 $R(w)$，并不能保证取得 $R_{\mathrm{erm}}(w)$ 和 $R(w)$ 最小值的 w^* 是同一个点，因此统计学习理论中提出了一个新的概念即学习一致性，指当训练样本数目趋于无穷大时，经验风险的最优值能够收敛到期望风险的最优值，也就是说当满足一致性条件时，能够保证在经验风险最小化原则下得到的最优模型，当样本无穷大时趋近于使期望风险最小的最优解。

记 $f(x, w^*)$ 为在经验风险最小化原则下对 n 个独立同分布的样本求得的预测函数，相应的损失函数为 $L(y, f(x, w^*|n))$、最小经验风险值为 $R_{\mathrm{erm}}(w^*|n)$、最小期望风险值为 $R(w^*|n)$，那么当下面两式同时成立时，这个经验风险最小化学习即满足一致性：

$$R_{\mathrm{erm}}(w^*|n) \xrightarrow[n \to \infty]{} R(w_{\min}) \tag{7-6a}$$

$$R(w^*|n) \xrightarrow[n \to \infty]{} R(w_{\min}) \tag{7-6b}$$

其中 $R(w_{\min}) = \inf R(w)$ 为期望风险即实际风险的最小值，即式 (7-1) 的下确界。经验风险与期望风险收敛到同一极限的这种关系，可以用图 7.3 表示。

事实上，可能预测函数集中包含某个特殊的函数使上述条件得以满足，而一旦在函数集中去掉这个函数，这些条件就不再满足，因此为了保证一致性是所研究的学习模型的基本性质，而不是由函数集中

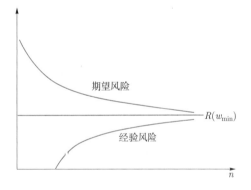

图 7.3　经验风险与期望风险关系示意图

的个别特殊函数导致的，提出了非平凡一致性的概念，即要求函数集中的所有函数都能使式 (7-6) 成立，本节后续提到的一致性均指非平凡一致性。

随后，Vapnik 和 Chervonenkis 于 1989 年提出了学习理论的关键定理，将学习一致性问题转化为式 (7-7) 的一致收敛问题，即对于有界的损失函数，经验风险最小化学习一致性的充分必要条件是经验风险在如下意义上一致地收敛于期望风险：

$$\lim_{n \to \infty} P \left[\sup_w (R(w) - R_{\mathrm{erm}}(w)) > \varepsilon \right] = 0, \quad \forall \varepsilon > 0 \tag{7-7}$$

其中，P 表示概率，$R_{\mathrm{erm}}(w)$ 和 $R(w)$ 分别表示在 n 个样本下对于同一个 w 的经验风

险与期望风险。回顾期望风险与经验风险的定义可知, 这一收敛过程既依赖于预测函数集, 又依赖于样本的概率分布。

由于学习过程中经验风险和期望风险都是预测函数的函数, 其目的不在于使用经验风险逼近期望风险, 而是通过求解使经验风险最小化的函数来逼近能使期望风险最小化的函数, 因此其一致性条件比传统统计学中的一致条件更严格。

显然, 需要解决的问题在于如何判断预测函数集是否满足一致性条件, 虽然学习理论的关键定理给出了经验风险最小化原则成立的充分必要条件, 但没有给出什么样的学习模型能够满足这些条件。为此, 统计学习理论定义了一些指标来衡量函数集的学习性能, 其中最重要的是 VC 维 (Vapnik-Chervonenkis dimension) [36]。

7.1.3　函数的学习性能与 VC 维

为了研究预测函数集在经验风险最小化原则下的学习一致性问题和一致性收敛的速度, 统计学习理论定义了一系列有关函数集学习性能的指标, 包括 VC 熵、生长函数、退火的 VC 熵, 这些指标多是从二类分类函数提出的, 后又推广到一般函数, 统计学习理论在这些指标的基础上得到了一系列关于学习过程的收敛性条件和收敛速度、经验风险与期望风险之间误差的上界 (泛化能力的上界, 又称推广性的界) 的结论, 在学习理论的发展过程中起到了十分重要的作用, 但由于这些理论结果离实用尚有较大距离, 且被后来建立在 VC 维基础上的新的界所取代, 因此在这里不再赘述, 而直接介绍 VC 维和在它基础上得到的推广性的界。

VC 维的直观定义是: 假如存在一个有 h 个样本的样本集, 预测函数集中的函数能够将这个样本集按照所有可能的 2^h 种分类情况分成两类, 则称该函数集能够把样本数为 h 的样本集打散, 预测函数集的 VC 维就是函数集能够打散的最大样本集的样本数目, 即如果存在拥有 h 个样本的样本集能够被函数集打散, 而不存在拥有 $h+1$ 个样本的样本集能够函数集打散, 则该函数集的 VC 维为 h; 如果对于任意的样本数量, 总能找到一个样本集能够被函数集打散, 则该函数集的 VC 维为无穷大。

根据 VC 维的直观定义可知, d 维空间中的线性分类器 $f(x, w) = \text{sign}(\sum_{i=1}^{d} w_i x_i + w_0)$ 的 VC 维是 $d+1$, d 维空间中的实值线性函数 $f(x, w) = \sum_{i=1}^{d} w_i x_i + w_0$ 的 VC 维也是 $d+1$; 特殊函数 $f(x, w) = \sin(\alpha x)$ 的 VC 维是无穷大, 因为它可以将无穷大样本数量的样本集打散 ($\sin(\alpha x)$ 能够分布在整个实数域中), 相应的分类器 $f(x, w) = \text{sign}(\sin(\alpha x))$ 的 VC 维也是无穷大。可见, 分类函数越简单, 其 VC 维越小, 分类函数越复杂, VC 维则越大。

另外, 本节前面定义了损失函数, 损失函数集 $L(y, f(x, w))$ 与预测函数集 $\{f(x, w)\}$

具有相同的 VC 维。经验风险最小化学习过程一致性的充分必要条件是函数集的 VC 维有限，且此时收敛速度最快。

VC 维是统计学习理论中的一个核心概念，它是目前为止对函数集学习性能的最好描述指标，可以客观地描述函数集的复杂程度与分类能力，但遗憾的是，目前尚没有计算任意函数集 VC 维的通用理论，只有一些特殊函数集的 VC 维能够准确知道，而对于一些较为复杂的学习模型 (如神经网络)，则很难确定其 VC 维。对于给定的学习函数集，如何用理论或实验的方法计算它的 VC 维仍是当前统计学习理论中有待解决的一个问题。

7.1.4 推广性的界

在 VC 维的基础上，统计学习理论还建立了经验风险与期望风险之间关系的重要结论，称作推广性的界，它是分析学习模型性能和发展新的学习算法的重要基础。另外由于函数集具有有限 VC 维是学习过程一致性收敛的充分必要条件，因此除非特别注明，这里只讨论 VC 维有限的函数。

在二类分类问题中，即损失函数为式 (7–2) 时，对于预测函数集中的所有函数 (包括使经验风险最小的函数)，经验风险与实际风险之间至少以概率 $1 - \eta$ 满足如下关系：

$$R(w) \leqslant R_{\mathrm{erm}}(w) + \frac{1}{2}\sqrt{\varepsilon} \qquad (7-8)$$

其中，由于函数集中包含无穷多个元素，即参数 w 有无穷多个取值情况，这时：

$$\varepsilon = a_1 \frac{h\left(\ln\dfrac{a_2 n}{h} + 1\right) - \ln\left(\dfrac{\eta}{4}\right)}{n} \qquad (7-9)$$

其中，h 为函数集的 VC 维，a_1 和 a_2 为两个常数，满足 $0 < a_1 \leqslant 4$, $0 < a_2 \leqslant 2$，在最坏分布情况下有 $a_1 = 4$, $a_2 = 2$，此时式 (7–9) 可被简化为：

$$R(w) \leqslant R_{\mathrm{erm}}(w) + \sqrt{\dfrac{h(\ln\left(\dfrac{2n}{h}\right) + 1) - \ln\left(\dfrac{\eta}{4}\right)}{n}} \qquad (7-10)$$

对于其他的多类分类问题、回归问题等情况，即损失函数为一般的有界非负实函数、无界函数时，也有类似式 (7–10) 的结论，这里不做介绍。

对式 (7–10) 进一步简化：

$$R(w) \leqslant R_{\mathrm{erm}}(w) + \varPhi \qquad (7-11)$$

可以发现在经验风险最小化原则下，学习模型的实际风险是由两部分组成的，其中第一部分为训练样本的经验风险，另一部分称为置信范围 (confidence interval)，又称置信风险。置信风险即经验风险与真实风险之间的差距的上界，反映了根据经验风险最小化原则得到的学习模型的泛化能力, 因此称为推广性的界。

通过分析可以发现, 置信风险不仅受置信水平 Φ 的影响, 而且更会受到函数集的 VC 维和训练样本数目 n 的影响。

当选择的预测函数集即学习模型固定时, 函数集的 VC 维不变, 置信风险 Φ 与训练样本数目 n 的关系可以简化为:

$$\Phi \propto \frac{\ln 2n + 1}{n} \qquad (7\text{--}12)$$

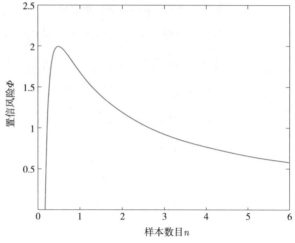

如图 7.4 所示, 该函数为关于训练样本数目 n 的单调递减函数 $(n \geqslant 1)$。简单来说, 当函数集的 VC 维不变时, 若训练样本数 n 较小, 则置信风险 Φ 较大, 用经验风险近似期望风险就会产生较大的误差, 用经验风险最小化取得的最优解可能具有较差的泛化能力; 若训练样本数 n 较大, 则置信风险 Φ 较小, 经验风险最小化的最优解则更接近实际的最优解。

图 7.4 学习模型固定时, 置信风险与训练样本数目间的关系

另一方面, 置信风险还是函数集 VC 维和训练样本数量比值的函数, 且随着该比值的增加而单调减少, 即式 (7–11) 还可以简化为:

$$R(w) \leqslant R_{\mathrm{erm}}(w) + \Phi(h/n) \qquad (7\text{--}13)$$

进一步分析可以发现, 当解决特定问题时, 训练样本数目 n 为固定值, 若函数集的 VC 维越大 (即复杂度越高), 则置信风险 Φ 越大, 导致经验风险与期望风险间的误差越大; 若函数集的 VC 维越小, 则置信风险 Φ 越小, 经验风险最小化求得的最优解即为期望风险最小化的最优解。

因此, 在设计分类器时不但要使经验风险最小化, 还要使其 VC 维尽可能地小, 从而减小置信风险, 这也就是在一般情况下尤其是训练样本数量较少时, 选用过于复杂的分类器或神经网络往往得不到好的效果的原因。例如在图 7.2 的实验中, 用九次多项式函数虽然可以拟合所有样本点, 但其 VC 维过高, 学习模型过于复杂, 因此虽然经验风险达到了 0, 但实际风险却很大, 不具有较好的泛化能力; 同样即使已知样本是由二次函数产生的, 但由于训练样本数量过少, 用较小 VC 维的函数 (一次函数) 去拟合比用较大 VC 维的函数 (二次函数) 效果要更好。类似的, 神经网络等方法之所以会出现过拟合现象, 就是因为在有限样本的情况下, 如果网络或算法设计不够合理, 就会导

致虽然经验风险较小, 但置信风险较大的情况, 导致学习模型泛化能力的下降。

需要指出, 推广性的界是对于最坏情况的结论, 在很多情况下是较松的, 尤其是在 VC 维较高时更是如此, 且这种界只在对同一类学习函数进行比较时有效, 帮助指导从函数集中选择最优函数, 在不同函数集之间比较却不一定成立。Vapnik 指出, 寻找更好地反映学习模型性能的指标从而得到更紧的界是学习理论今后的研究方向之一。

7.1.5 结构风险最小化原则

从前面的讨论中可以看到, 传统的机器学习方法普遍采用的经验风险最小化原则在样本数量有限时是不合理的, 因为实际上需要同时最小化经验风险和置信风险, 才能保证最终得到的学习模型既能够得到较小的训练误差, 又能够拥有较好的泛化能力。

事实上, 在传统方法中, 选择学习模型和算法的过程就是优化置信风险的过程, 当选择的模型较为适合现有训练样本时 (即 h/n 数值相当), 使经验风险最小的函数作为最优函数就能够取得较好的效果。例如在神经网络中, 需要先根据具体问题和样本数量来选择合适的网络结构, 这种做法就是在确定式 (7–13) 中学习模型的 VC 维来固定置信风险, 然后再最小化经验风险求得最优模型参数; 而在分类问题中, 选定一种分类器形式 (如线性分类器) 也是一样的道理。但由于缺乏对置信风险的认识, 这种事先的选择往往是依赖先验知识和经验进行的, 这导致了神经网络等方法对使用者 "技巧" 的过分依赖; 而在普通的分类问题中, 虽然很多问题并不是线性的, 但当样本数量有限时, 用线性分类器往往能够得到不错的结果, 其原因在于线性分类器的 VC 维较低, 利于在样本较少的情况下得到较小的置信风险。

式 (7–13) 能够帮助使用另一种策略解决同时最小化经验风险和置信风险的这一问题。首先将函数集分解成为一个函数子集序列 (或可称为子集结构).

$$S_1 \subset S_2 \subset \cdots \subset S_k \subset \cdots \subset S_n \tag{7–14}$$

使各个子集能够按照置信风险的大小排列, 也就是按照函数子集 VC 维的大小排列, 即:

$$h_1 < h_2 < \cdots < h_k < \cdots < h_n \tag{7–15}$$

这样在同一个子集中函数的置信风险相同, 选择经验风险与置信风险之和最小的子集, 就可以达到期望风险的最小, 这个子集中使经验风险最小的函数就是最优函数。上述思想称作有序风险最小化或结构风险最小化 (structural risk minimization) [36] 原则。如图 7.5 所示, 综合考虑经验风险与置信风险的变化, 求得最小的期望风险即真实风险的边界, 那么最小值点对应的函数子集 S_k 就是具有最佳泛化能力的函数集合, 该子集中使经验风险最小的函数就是最优函数。

通俗地来说, 经验风险是指学习模型在给定训练样本上的误差, 置信风险是指学习

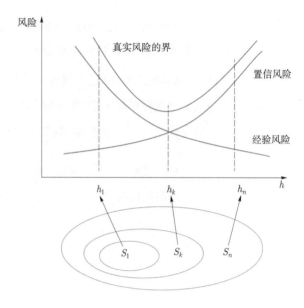

图 7.5 结构风险最小化示意图

模型在未知测试样本上的误差, 结构风险即经验风险与置信风险之和。为了降低经验风险往往会选择提高学习模型的复杂度 (即 VC 维), 但这会导致在样本数量有限的情况下提高置信风险, 因此最小化结构风险的要点在于达到样本数量与学习模型复杂度的平衡, 以达到经验风险与置信风险的平衡, 使得到的最优函数能够最小化结构风险, 即既能够在训练样本上有着高水平的表现, 又能够拥有较强的泛化能力, 避免过拟合。

综上可以得到以下两种运用结构风险最小化原则构造学习模型的思路。

(1) 对于任意给定函数集合, 按照式 (7–14) 分解出函数子集序列, 在每个子集中求取最小经验风险, 然后选择经验风险与置信风险之和最小的子集中的最优函数。

(2) 对于任意给定函数集合, 找到一种子集划分方法, 使得不必逐一计算就可以知道每个子集中所可能取得的最小经验风险 (例如使所有子集都能把训练样本完全正确分类, 即使最小经验风险为 0), 再选择使置信风险最小的子集, 其中使经验风险最小的就是最优函数。

方法 (1) 思路清晰与上文描述一致, 但当子集数目较大时, 该方法费时费力甚至常常不可行; 而本章后续将要介绍的支持向量机就是方法 (2) 思想的具体实现, 7.2 节将详细介绍其具体原理。

7.2 支持向量机 (SVM)

7.1 节主要介绍了统计学习理论的基本内容, 它较为系统地研究了四个方面的知

识, 其中包括:

(1) 经验风险最小化原则下统计学习一致性的条件;

(2) 函数的学习性能指标与推广性的界;

(3) 在界的基础上建立的结构风险最小化原则;

(4) 实现新原则的实际算法。

上述前 3 个部分的核心内容是其理论的部分, 而要使理论在实际中发挥作用, 还要求它能够实现, 这就是本节将要讨论的第 4 部分, 即实现统计学习理论思想的方法 —— 支持向量机。这是统计学习理论中最为年轻的部分, 其主要内容在 1992 年至 1995 年间才基本完成, 目前仍处在不断发展阶段。可以说, 统计学习理论之所以从 20 世纪 90 年代以来受到越来越多的重视, 很大程度上是因为它发展出了支持向量机这一通用学习方法。

通俗来说, SVM 是一种二类分类模型, 其基本模型定义为特征空间上的最大化间隔分类器, 其学习策略是使样本数据几何间隔最大化, 并将目标函数转化为一个凸二次规划问题的求解。

本节将循序渐进地介绍 SVM 的基本原理, 从定义基本问题与概念到分析线性情况下的 SVM, 再通过引入核函数推广到非线性情况, 最后简单介绍 SVM 的应用并对其进行讨论分析。

7.2.1　SVM 基础

问题是从第 4 章的线性判别函数引出的, 因此为了方便理解 SVM, 首先将问题限定在线性可分的情况, 讨论最简单的二类线性可分情况下的分类器。

考虑图 7.6 所示的二维二类线性可分情况, 图中实心点与空心点分别表示两类的训练样本, 由于这些样本是线性可分的, 所以可以用一条直线将这两类数据无错误地分开, 即图中的直线 H, H_1、H_2 分别为过两类样本中离分类线 H 最近的点且平行于分类线 H 的直线, H_1 和 H_2 之间的距离称作这两类的分类空隙或分类间隔。SVM

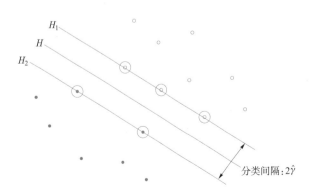

图 7.6　线性分类情况

方法即是在线性可分情况下寻找最优分类线, 所谓最优分类线就是要求分类线不仅能将样本两类无错误地分开, 还要能够使两类的分类间隔最大, 前者是保证经验风险最小为 0, 后者则是使推广性的界中的置信风险最小, 从而使真实风险最小。寻找最优分类线的这一策略也可以称作最大化分类间隔, SVM 因此也称作最大间隔分类器 (maximum margin classifier), 而当推广到高维空间时, 最优分类线就成了最优分类面 (optimal hyperplane)。

设线性可分样本集 T 为 $(\boldsymbol{x}_i, y_i)$, $i = 1, \cdots, n, \boldsymbol{x} \in \mathbb{R}^d, y \in \{+1, -1\}$ 其中 $\boldsymbol{x}$ 为数据点, y 表示类别。一个线性分类器的学习目标便是要在 d 维的数据空间中找到一个超平面即分类面, 该超平面的方程为:

$$\boldsymbol{w}^{\mathrm{T}}\boldsymbol{x} + \boldsymbol{b} = 0 \tag{7-16}$$

对应的分类函数则为:

$$f(\boldsymbol{x}) = \boldsymbol{w}^{\mathrm{T}}\boldsymbol{x} + \boldsymbol{b} \tag{7-17}$$

当 $f(\boldsymbol{x}) = 0$ 时, $\boldsymbol{x}$ 为位于超平面上的点; 当 $f(\boldsymbol{x}) > 0$ 时, $\boldsymbol{x}$ 的类别 y 为 1; 当 $f(\boldsymbol{x}) < 0$ 时, $\boldsymbol{x}$ 的类别 y 为 -1。即使用 $f(\boldsymbol{x})$ 进行分类的映射关系为:

$$y = \begin{cases} 1, & f(\boldsymbol{x}) > 0 \\ -1, & f(\boldsymbol{x}) < 0 \end{cases} \tag{7-18}$$

那么一个能够正确分类全部 n 个样本数据的超平面满足:

$$y_i * f(\boldsymbol{x}_i) > 0, \quad \forall i = 1, \cdots, n \tag{7-19}$$

在超平面 $\boldsymbol{w}^{\mathrm{T}}\boldsymbol{x} + \boldsymbol{b} = 0$ 确定的情况下, $|\boldsymbol{w}^{\mathrm{T}}\boldsymbol{x}_i + \boldsymbol{b}|$ 能够表示点 $\boldsymbol{x}_i$ 到超平面的距离远近, 可以用于定义函数间隔 (functional margin)$\widehat{\gamma}_i$:

$$\widehat{\gamma}_i = |\boldsymbol{w}^{\mathrm{T}}\boldsymbol{x}_i + \boldsymbol{b}| = |f(\boldsymbol{x}_i)| = y_i(\boldsymbol{w}^{\mathrm{T}}\boldsymbol{x}_i + \boldsymbol{b}) \tag{7-20}$$

那么超平面 $(\boldsymbol{w}, \boldsymbol{b})$ 关于样本集 T 中所有样本点 $(\boldsymbol{x}_i, y_i)$ 的函数间隔的最小值即为超平面 $(\boldsymbol{w}, \boldsymbol{b})$ 关于数据集 T 的函数间隔 $\widehat{\gamma}$:

$$\widehat{\gamma} = \min \widehat{\gamma}_i \tag{7-21}$$

但当 $\boldsymbol{w}$ 与 $\boldsymbol{b}$ 等比例变换时, 虽然 $\boldsymbol{w}^{\mathrm{T}}\boldsymbol{x} + \boldsymbol{b} = 0$ 还表示同一个分类平面, 上述定义的函数间隔的数值却会随之变化, 不能作为 SVM 方法中需要被最大化的分类间隔, 因此在函数间隔的基础上继续定义几何间隔 (geometrical margin) $\widetilde{\gamma}_i$:

$$\widetilde{\gamma}_i = \frac{|\boldsymbol{w}^{\mathrm{T}}\boldsymbol{x}_i + \boldsymbol{b}|}{\|\boldsymbol{w}\|} = \frac{\widehat{\gamma}_i}{\|\boldsymbol{w}\|} \tag{7-22}$$

几何间隔 $\widetilde{\gamma}_i$ 能够表示点 $\boldsymbol{x}_i$ 到超平面的几何距离, 即归一化后的函数间隔, 且同理,

超平面 $(\boldsymbol{w}, \boldsymbol{b})$ 关于样本集 T 中所有样本点 $(\boldsymbol{x}_i, y_i)$ 的几何间隔的最小值即为超平面 $(\boldsymbol{w}, \boldsymbol{b})$ 关于数据集 T 的几何间隔 $\widetilde{\gamma}$。几何间隔只随超平面的改变而改变, SVM 寻找的最大间隔分类超平面中的 "间隔" 指的就是几何间隔 $\widetilde{\gamma}$, 图 7.6 中 H_1 和 H_2 之间的距离即为 $2\widetilde{\gamma}$。

7.2.2　线性可分下的 SVM

通过 7.2.1 小节的分析可知, 在样本数据线性可分的情况下, 存在能够无错误地分类所有样本的超平面, 其中最优分类面是使分类间隔即几何间隔最大的超平面, 寻找这样的超平面即为 SVM 方法的核心思想。

那么最大间隔分类器 SVM 的目标函数可以定义为:

$$\max \widetilde{\gamma} = \max \frac{\widehat{\gamma}}{\|\boldsymbol{w}\|} \tag{7-23}$$

同时根据函数间隔的定义, 需满足条件:

$$y_i(\boldsymbol{w}^{\mathrm{T}}\boldsymbol{x}_i + \boldsymbol{b}) = \widehat{\gamma}_i \geqslant \widehat{\gamma} \tag{7-24}$$

为了方便后续推导, 需要对目标函数进行优化: 将分类函数 $f(\boldsymbol{x})$ 归一化, 使两类中所有样本都满足 $|f(\boldsymbol{x})| \geqslant 1$, 即所有样本的函数间隔 $\widehat{\gamma}_i \geqslant 1$, 那么关于整个数据集的函数间隔 $\widehat{\gamma} = 1$, 则有几何间隔 $\widetilde{\gamma} = 1/\|\boldsymbol{w}\|$ 且 $y_i(\boldsymbol{w}^{\mathrm{T}}\boldsymbol{x}_i + \boldsymbol{b}) \geqslant 1$, 从而将上述目标函数转化为:

$$\max \frac{1}{\|\boldsymbol{w}\|}, \quad \text{s.t.} \quad y_i(\boldsymbol{w}^{\mathrm{T}}\boldsymbol{x}_i + \boldsymbol{b}) \geqslant 1, \quad i = 1, \cdots, n \tag{7-25}$$

且该目标函数等价于:

$$\min \frac{1}{2}\|\boldsymbol{w}\|^2, \quad \text{s.t.} \quad y_l(\boldsymbol{w}^{\mathrm{T}}\boldsymbol{x}_l + \boldsymbol{b}) \geqslant 1, \quad i = 1, \cdots, n \tag{7-26}$$

那么, 能够在约束条件下使式 (7-26) 的目标函数最小的超平面就是最优超平面。另外, 如图 7.6 中用圆圈标出的点所示, 位于超平面 H_1、H_2 上的样本的函数间隔最小, 即能够使 $y_i(\boldsymbol{w}^{\mathrm{T}}\boldsymbol{x}_i + \boldsymbol{b}) = 1$, 此时它们支撑了最优分类面, 因此被称为支持向量。

下面讨论如何求解最优分类面。考虑优化后的目标函数, 可以发现式 (7-26) 中目标函数是二次的, 约束条件是线性的, 因此它是一个凸二次规划问题, 一般这类问题可以使用二次规划 (quadratic programming) 优化包进行求解, 但由于该问题的特殊结构, 还可以通过拉格朗日对偶性 (Lagrange duality) 将其变换到对偶变量 (dual variable) 形式的优化问题, 即通过求解与原问题等价的对偶问题得到原始问题的最优解, 这就是线性可分条件下支持向量机的对偶算法。这一做法的优点在于, 对偶问题往往比原始问题更容易求解, 并且可以自然地引入核函数, 进而推广到非线性分类问题中。

对于目标函数式 (7-26), 能够定义如下的拉格朗日函数:

$$L(\boldsymbol{w}, \boldsymbol{b}, \alpha) = \frac{1}{2} \|\boldsymbol{w}\|^2 - \sum_{i=1}^{n} \alpha_i (y_i (\boldsymbol{w}^\mathrm{T} \boldsymbol{x}_i + \boldsymbol{b}) - 1) \tag{7-27}$$

其中, $\alpha_i \geqslant 0$ 为拉格朗日乘子 (Lagrange multiplier)。

然后令

$$\theta(\boldsymbol{w}) = \max_{\alpha_i \geqslant 0} L(\boldsymbol{w}, \boldsymbol{b}, a) \tag{7-28}$$

容易验证, 当约束条件不满足即 $y_i (\boldsymbol{w}^\mathrm{T} \boldsymbol{x}_i + \boldsymbol{b}) < 1$ 时, 显然有 $\theta(\boldsymbol{w}) = \infty$(只要令 $\alpha_i = \infty$ 即可); 当约束条件满足时, 则有 $\theta(\boldsymbol{w}) = 1/2 \|\boldsymbol{w}\|^2$, 即原目标函数中希望最小化的量。因此, 在约束条件得到满足的情况下最小化 $1/2 \|\boldsymbol{w}\|^2$, 实际上等价于最小化 $\theta(\boldsymbol{w})$, 那么目标函数式 (7-26) 则等价于:

$$\min_{\boldsymbol{w}, \boldsymbol{b}} \theta(\boldsymbol{w}) = \min_{\boldsymbol{w}, \boldsymbol{b}} \max_{\alpha_i \geqslant 0} L(\boldsymbol{w}, \boldsymbol{b}, a) = p^* \tag{7-29}$$

p^* 表示该优化问题的最优值, 且与原始优化问题等价。此时交换最大与最小的求解顺序:

$$\max_{\alpha_i \geqslant 0} \min_{\boldsymbol{w}, \boldsymbol{b}} L(\boldsymbol{w}, \boldsymbol{b}, a) = d^* \tag{7-30}$$

交换后的新问题即原始问题的对偶问题, 当原始问题满足 KKT 条件 (Karush-Kuhn-Tucher conditions) [37] 时, 新问题的最优值 d^* 与原始问题的最优值 p^* 相等, 因此可以通过求解对偶问题来间接地求解原始问题。

KKT 条件是非线性规划问题有最优解的充要条件, 它规定了一个最优化数学模型中最值点必须满足的条件。一般的, 一个最优化数学模型能够表示为下列标准形式:

$$\min f(\boldsymbol{x})$$

$$\text{s.t.} \quad h_j(\boldsymbol{x}) = 0, \quad j = 1, \cdots, p \tag{7-31}$$

$$g_k(\boldsymbol{x}) \leqslant 0, \quad k = 1, \cdots, q$$

其中, $f(\boldsymbol{x})$ 是需要最小化的目标函数, $h(\boldsymbol{x})$ 为等式约束, $g(\boldsymbol{x})$ 为不等式约束, p 和 q 分别为等式约束与不等式约束的数量。那么根据 KKT 条件, 上述数学模型中的最小点 $\boldsymbol{x}^*$ 必须满足下面的条件:

$$h_j(\boldsymbol{x}^*) = 0, \quad j = 1, \cdots, p, \quad g_k(\boldsymbol{x}^*) \leqslant 0, \quad k = 1, \cdots, q \tag{7-32}$$

$$\Delta f(\boldsymbol{x}^*) + \sum_{j=1}^{p} \lambda_j \Delta h_j(\boldsymbol{x}^*) + \sum_{k=1}^{q} \mu_k \Delta g_k(\boldsymbol{x}^*) = 0, \quad \lambda_j \neq 0, \ \mu_k \geqslant 0 \tag{7-33}$$

$$\mu_k g_k(\boldsymbol{x}^*) = 0 \tag{7-34}$$

即最小点 $\boldsymbol{x}^*$ 首先需满足所有的等式和不等式约束, 然后能够使相应的拉格朗日函数的导数为 0, 最后 $g_k(\boldsymbol{x}^*)$ 不为 0 时对应的拉格朗日乘子 μ_k 应为 0。

显然, 式 (7-26) 对应上述条件中的 $f(\boldsymbol{x})$ 和 $g(\boldsymbol{x})$ 都可导, 即 L 对 $\boldsymbol{w}$ 和 $\boldsymbol{b}$ 可导, 且只要非支持向量的样本对应的拉格朗日乘子都为 0, 即当不等式约束 $y_i(\boldsymbol{w}^{\mathrm{T}}\boldsymbol{x}_i+\boldsymbol{b})-1 > 0$ 时相应的 $\alpha_i = 0$, 该最优化问题就能够满足 KKT 条件的所有要求, 从而可以转换为对偶问题进行求解。换言之, 只要能够求解出式 (7-30) 表示的对偶问题的最优值, 就能够得到原始问题的最优值。

那么, 首先固定 α_i, 求解 L 对 $\boldsymbol{w}$ 和 $\boldsymbol{b}$ 的最小化, 即 L 对 $\boldsymbol{w}$ 和 $\boldsymbol{b}$ 分别求偏导:

$$\frac{\partial L}{\partial \boldsymbol{w}} = 0 \Rightarrow \boldsymbol{w} - \sum_{i=1}^{n} \alpha_i y_i \boldsymbol{x}_i = 0 \Rightarrow \boldsymbol{w} = \sum_{i=1}^{n} \alpha_i y_i \boldsymbol{x}_i \tag{7-35}$$

$$\frac{\partial L}{\partial \boldsymbol{b}} = 0 \Rightarrow \sum_{i=1}^{n} \alpha_i y_i = 0 \tag{7-36}$$

将式 (7-35) 和式 (7-36) 代入式 (7-27):

$$\begin{aligned}
L(\boldsymbol{w}, \boldsymbol{b}, \alpha) &= \frac{1}{2} \|\boldsymbol{w}\|^2 - \sum_{i=1}^{n} \alpha_i (y_i(\boldsymbol{w}^{\mathrm{T}}\boldsymbol{x}_i + \boldsymbol{b}) - 1) \\
&= \frac{1}{2} \boldsymbol{w}^{\mathrm{T}}\boldsymbol{w} - \sum_{i=1}^{n} \alpha_i y_i \boldsymbol{w}^{\mathrm{T}}\boldsymbol{x}_i - \sum_{i=1}^{n} \alpha_i y_i \boldsymbol{b} + \sum_{i=1}^{n} \alpha_i \\
&= \frac{1}{2} \boldsymbol{w}^{\mathrm{T}} \sum_{i=1}^{n} \alpha_i y_i x_i - \boldsymbol{w}^{\mathrm{T}} \sum_{i=1}^{n} \alpha_i y_i \boldsymbol{x}_i - \boldsymbol{b} \sum_{i=1}^{n} \alpha_i y_i + \sum_{i=1}^{n} \alpha_i \\
&= -\frac{1}{2} \boldsymbol{w}^{\mathrm{T}} \sum_{i=1}^{n} \alpha_i y_i \boldsymbol{x}_i + \sum_{i=1}^{n} \alpha_i \\
&= -\frac{1}{2} \left(\sum_{i=1}^{n} \alpha_i y_i \boldsymbol{x}_i \right)^{\mathrm{T}} \sum_{i=1}^{n} \alpha_i y_i \boldsymbol{x}_i + \sum_{i=1}^{n} \alpha_i \\
&= -\frac{1}{2} \sum_{i=1}^{n} \alpha_i y_i (\boldsymbol{x}_i)^{\mathrm{T}} \sum_{i=1}^{n} \alpha_i y_i \boldsymbol{x}_i + \sum_{i=1}^{n} \boldsymbol{\alpha}_i \\
&= \sum_{i=1}^{n} \alpha_i - \frac{1}{2} \sum_{i,j=1}^{n} \alpha_i \alpha_j y_i y_j \boldsymbol{x}_i^{\mathrm{T}} \boldsymbol{x}_i
\end{aligned} \tag{7-37}$$

此时拉格朗日函数只包含了一个变量 α_i, 对偶问题式 (7-30) 则变化为:

$$\begin{aligned}
&\max_{\alpha} \sum_{i=1}^{n} \alpha_i - \frac{1}{2} \sum_{i,j=1}^{n} \alpha_i \alpha_j y_i y_j \boldsymbol{x}_i^{\mathrm{T}} \boldsymbol{x}_i \\
&\text{s.t.} \quad \alpha_i \geqslant 0, \quad i = 1, \cdots, n \\
&\qquad \sum_{i=1}^{n} \alpha_i y_i = 0
\end{aligned} \tag{7-38}$$

上述对偶问题的最优解可以通过序列最小优化 (sequential minimal optimization,

SMO) 算法 [38] 求得, 该算法每次选出两个拉格朗日乘子作为待优化项, 固定其他乘子进行优化, 直到满足终止条件则迭代结束 (本书省略了对 SMO 算法的具体推导, 感兴趣的读者可以自行参考相关资料)。

令 α_i^* 为最优解, 根据式 (7–35) 则有:

$$\boldsymbol{w}^* = \sum_{i=1}^{n} \alpha_i^* y_i \boldsymbol{x}_i \tag{7–39}$$

即最优分类面的权系数向量是样本向量的线性组合。同时由于支持向量满足 $y_i(\boldsymbol{w}^{\mathrm{T}}\boldsymbol{x}_i + b) = 1$, 因此 $\boldsymbol{b}^*$ 可以由任意一个支持向量求得, 或通过两类中任意一对支持向量取平均求得:

$$\boldsymbol{b}^* = -\frac{\boldsymbol{w}^{*\mathrm{T}}\boldsymbol{x}_p + \boldsymbol{w}^{*\mathrm{T}}\boldsymbol{x}_q}{2}$$
$$\text{s.t.} \quad \boldsymbol{w}^{*\mathrm{T}}\boldsymbol{x}_p + \boldsymbol{b}^* = 1 \tag{7–40}$$
$$\boldsymbol{w}^{*\mathrm{T}}\boldsymbol{x}_q + \boldsymbol{b}^* = -1$$

因此分类函数式 (7–17) 即为:

$$f(\boldsymbol{x}) = \left(\sum_{i=1}^{n} \alpha_i^* y_i \boldsymbol{x}_i\right)^{\mathrm{T}} \boldsymbol{x} + \boldsymbol{b}^*$$
$$= \sum_{i=1}^{n} \alpha_i^* y_i \langle \boldsymbol{x}_i, \boldsymbol{x} \rangle + \boldsymbol{b}^* \tag{7–41}$$

那么当预测一个新样本 $\boldsymbol{x}'$ 时, 只需要计算它与所有训练样本点的内积即可, 同时由于非支持向量对应的系数 α 都为 0, 因此实际上只需要与少量的支持向量做内积就可以预测 $\boldsymbol{x}'$ 的类别。

经过上述漫长的推导, 此时便得到了一个最大间隔超平面分类器, 即支持向量机。但到目前为止得到的 SVM 能力还较弱, 只能处理线性可分的情况, 下面将引入核函数, 将其推广到非线性分类问题。

7.2.3 核函数

如前文所述, 在 7.2.2 小节中构造推导的 SVM 分类器只能够处理线性可分的情况, 如果训练样本线性不可分则会导致求解程序无限循环, 永远无法求得最优分类面, 这必然使得 SVM 的适用范围大大缩小, 但它的许多优点令研究者们不愿放弃, 因此考虑将 SVM 推广到非线性分类问题。

对于任意一个线性分类器, 如果希望学习一个非线性关系, 那么最原始的方案是采用一个固定的非线性映射, 将原始数据映射到高维特征空间, 使映射后的数据在高维特征空间中线性可分, 然后在新特征空间中使用线性分类器, 以解决在原始空间中线性不可分的问题。

考虑图 7.7 中的非线性分类情况, 将横轴上端点 a 和 b 之间的所有点定为正类, 横轴其余部分点定为负类, 那么对于这些样本点无法找到一个线性分类器即一条直线能把这两类正确分开, 但可以找到图中的一条曲线, 通过观察样本点在这条曲线的上方或下方就可以判断点所属的类别, 这条曲线就是一条二次曲线, 它的函数表达式可以写为:

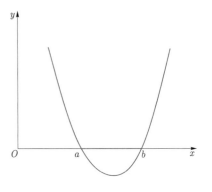

图 7.7　非线性分类情况

$$g(x) = c_0 + c_1 x + c_2 x^2 \tag{7-42}$$

通过构造

$$\boldsymbol{y} = \begin{pmatrix} y_1 \\ y_2 \\ y_3 \end{pmatrix} = \begin{pmatrix} 1 \\ x \\ x^2 \end{pmatrix}, \quad \boldsymbol{a} = \begin{pmatrix} a_1 \\ a_2 \\ a_3 \end{pmatrix} = \begin{pmatrix} c_0 \\ c_1 \\ c_3 \end{pmatrix} \tag{7-43}$$

就可以用线性判别函数:

$$g(\boldsymbol{y}) = \boldsymbol{a}^{\mathrm{T}} \boldsymbol{y} \tag{7-44}$$

实现原空间中的二次判别函数。实际上一般来说, 对于任意高次判别函数, 都可以通过适当的变换转化为另一个空间中的线性判别函数来处理, 这意味着建立非线性分类器可分为以下两步。

(1) 首先使用一个非线性映射 $\phi : X \to F$ 将数据变换到高维特征空间 F。

(2) 然后在特征空间 F 中使用线性分类器分类。

那么对于 SVM 则是在特征空间 F 中求解映射后数据的最优分类面, 相当于把原来的分类函数:

$$f(\boldsymbol{x}) = \sum_{i=1}^n \alpha_i^* y_i \langle \boldsymbol{x}_i, \boldsymbol{x} \rangle + \boldsymbol{b}^* \tag{7-45}$$

映射成:

$$f(\boldsymbol{x}) = \sum_{i=1}^n \alpha_i^* y_i \langle \phi(\boldsymbol{x}_i), \phi(\boldsymbol{x}) \rangle + \boldsymbol{b}^* \tag{7-46}$$

其中, 最优解 α_i^* 可以通过求解如下对偶问题得到:

$$\begin{aligned} & \max_{\alpha} \sum_{i=1}^n \alpha_i - \frac{1}{2} \sum_{i,j=1}^n \alpha_i \alpha_j y_i y_j \langle \phi(\boldsymbol{x}_i), \phi(\boldsymbol{x}_j) \rangle \\ & \text{s.t.} \quad \alpha_i \geqslant 0, \quad i = 1, \cdots, n \\ & \qquad \sum_{i=1}^n \alpha_i y_i = 0 \end{aligned} \tag{7-47}$$

至此 SVM 的非线性情况似乎已经得到解决: 对于任意非线性数据先找到一个映射 $\phi(\cdot)$, 再将原始数据全部映射到新空间中, 最后做线性 SVM 即可。然而事实上问题并没有这么简单, 虽然这种映射理论上可以用简单的线性判别函数解决十分复杂的问题, 但由于新空间的维数往往很高, 容易陷入所谓 "维数灾难" 而使问题变得实际上不可实现; 另一方面, 如何找到合适的映射 $\phi(\cdot)$ 目前也没有系统性的方法。

因此 SVM 在处理非线性数据时引入了核函数的概念, 即如果存在一个 X 到 F 的映射 $\phi(\boldsymbol{x})$, 对于所有 $\boldsymbol{x}, \boldsymbol{z} \in X$, 函数 $K(\boldsymbol{x}, \boldsymbol{z})$ 满足条件:

$$K(\boldsymbol{x}, \boldsymbol{z}) = \langle \phi(\boldsymbol{x}), \phi(\boldsymbol{z}) \rangle \tag{7-48}$$

则称 $K(\boldsymbol{x}, \boldsymbol{z})$ 为核函数。

从式 (7-46) 考虑最优分类面算法的性质, 可以发现, 在新空间中只需进行内积计算 $\langle \phi(\boldsymbol{x}), \phi(\boldsymbol{z}) \rangle$, 而当引入了函数 $K(\boldsymbol{x}, \boldsymbol{z})$ 后, 就不再需要知道采用的非线性映射 $\phi(\boldsymbol{x})$ 的具体形式, 利用原空间中的样本就直接计算得到新空间中的内积, 且即使新空间增加了很多维数, 在其中求解最优分类面也并不会增加计算复杂度。研究者们把计算两个向量在隐式映射后的新空间中内积的函数叫作核函数, 这种核函数能够简化映射空间中的内积运算, 并将 SVM 的分类函数转换为:

$$f(\boldsymbol{x}) = \sum_{i=1}^{n} \alpha_i^* y_i K(\boldsymbol{x}_i, \boldsymbol{x}) + \boldsymbol{b}^* \tag{7-49}$$

其中, 最优解 α_i^* 可以通过求解如下对偶问题得到:

$$\begin{aligned} \max_{\alpha} & \sum_{i=1}^{n} \alpha_i - \frac{1}{2} \sum_{i,j=1}^{n} \alpha_i \alpha_j y_i y_j K(\boldsymbol{x}_i, \boldsymbol{x}_j) \\ \text{s.t.} \quad & \alpha_i \geqslant 0, \quad i = 1, \cdots, n \\ & \sum_{i=1}^{n} \alpha_i y_i = 0 \end{aligned} \tag{7-50}$$

核函数的出现使得 SVM 能够被轻松地推广到非线性分类问题中, 但什么样的函数能够作为核函数? 对于不同的问题又应该如何选择核函数? 如果使用了核函数后问题仍然线性不可分怎么办? 下面将逐一解释这些问题。

对于第一个问题, 统计学习理论指出, 根据 Hilbert-Schmidt 原理, 只要一种运算满足 Mercer 条件, 就可以作为核函数使用。Mercer 条件指的是: 对于任意的对称函数 $K(x, x')$ 和任意的 $\varphi(x) \neq 0$ 且 $\int \varphi^2(x) \mathrm{d}x < \infty$ 满足:

$$\iint K(x, x') \varphi(x) \varphi(x') \mathrm{d}x \mathrm{d}x' > 0 \tag{7-51}$$

对于第二个问题, 实际上核函数的选择目前还缺乏指导原则, 一般研究者可以通过实验比较各种不同的常用核函数, 从中选择适合的一个或多个。目前常用的核函数有如下几种。

(1) 线性核函数:

$$K(\boldsymbol{x}_i, \boldsymbol{x}_j) = \langle \boldsymbol{x}_i, \boldsymbol{x}_j \rangle \tag{7-52}$$

线性核函数存在的目的是使得 "映射后空间中的问题" 和 "映射前空间中的问题" 两者在形式上统一起来, 这样在具体使用核函数的时候就可以通过选用线性核函数实现线性 SVM 分类器。

(2) 多项式核函数:

$$K(\boldsymbol{x}_i, \boldsymbol{x}_j) = (\langle \boldsymbol{x}_i, \boldsymbol{x}_j \rangle + \gamma)^d \tag{7-53}$$

多项式核函数可以实现将低维输入空间映射到高维特征空间, 但当多项式的阶数 d 较高时, 核矩阵的元素值将趋于无穷大或者无穷小, 计算复杂度会大到无法计算。

(3) 高斯核函数:

$$K(\boldsymbol{x}_i, \boldsymbol{x}_j) = \exp\left(-\frac{\|\boldsymbol{x}_i - \boldsymbol{x}_j\|^2}{\sigma^2}\right) \tag{7-54}$$

高斯核函数又称径向基核函数, 是一种局部性强的核函数, 通过调控参数 σ 而具有很高的灵活性, 无论是大样本还是小样本都具有较好的性能, 且相对于多项式核函数参数要少, 因此在大多数情况下优先使用高斯核函数。

(4) sigmoid 核函数:

$$K(\boldsymbol{x}_i, \boldsymbol{x}_j) = \tanh(\eta \langle \boldsymbol{x}_i, \boldsymbol{x}_j \rangle + \theta) \tag{7-55}$$

采用 sigmoid 核函数时, SVM 实现的就是一种多层神经网络。

对于第三个问题, 一般而言, 如果原始数据映射到高维空间后仍然是线性不可分的, 那么往往可能并不是样本数据本身是非线性结构的, 而是因为数据中有噪声, 对于这种偏离正常位置很远的数据点可以称为离群值。

在先前推导的 SVM 模型中, 由于分类超平面本身就只由少数几个支持向量组成, 如果这些支持向量中又存在离群值的话, 会对得到的最优分类面造成很大的影响, 因此离群值的存在有可能会导致得不到最优结果。为了处理这种情况, 可以对原先的约束条件加入松弛项, 以允许数据点在一定程度上偏离分类超平面, 此时约束条件变成了:

$$y_i(\boldsymbol{w}^{\mathrm{T}}\boldsymbol{x}_i + \boldsymbol{b}) \geqslant 1 - \xi_i > 0, \quad \xi_i \geqslant 0, \quad i = 1, \cdots, n \tag{7-56}$$

其中, ξ_i 为松弛变量 (slack variable), 对应数据点 $\boldsymbol{x}_i$ 允许偏离分类超平面的函数间隔的量。由于当允许 ξ_i 无限大时, 任意的超平面都可以满足分类条件, 因此还需在原始

目标函数中加上一项, 以使所有 ξ_i 之和最小:

$$\min \frac{1}{2}\|\boldsymbol{w}\|^2 + C\sum_{i=1}^{n}\xi_i \tag{7-57}$$

其中, C 是权重常量, 用于控制目标函数中 "寻找间隔最大的超平面" 与 "保证数据点偏差量最小" 这两项之间的比重。那么根据拉格朗日乘子法将约束条件加入目标函数中, 可以得到新的拉格朗日函数:

$$L(\boldsymbol{w},\boldsymbol{b},\xi,\alpha,\gamma) = \frac{1}{2}\|\boldsymbol{w}\|^2 + C\sum_{i=1}^{n}\xi_i - \sum_{i=1}^{n}\alpha_i(y_i(\boldsymbol{w}^{\mathrm{T}}\boldsymbol{x}_i + b) - 1 + \xi_i) - \sum_{i=1}^{n}\gamma_i\xi_i \tag{7-58}$$

同前文式 (7-27) 到式 (7-30) 的分析, 式 (7-58) 能够转换为相应的对偶问题, 再让 L 分别对 $\boldsymbol{w}$、$\boldsymbol{b}$ 和 ξ 求偏导:

$$\frac{\partial L}{\partial \boldsymbol{w}} = 0 \Rightarrow \boldsymbol{w}^* = \sum_{i=1}^{n}\alpha_i^* y_i \boldsymbol{x}_i \tag{7-59}$$

$$\frac{\partial L}{\partial \boldsymbol{b}} = 0 \Rightarrow \sum_{i=1}^{n}\alpha_i y_i = 0 \tag{7-60}$$

$$\frac{\partial L}{\partial \xi_i} = 0 \Rightarrow C - \alpha_i - \gamma_i = 0, \quad i = 1,\cdots,n \tag{7-61}$$

将 $\boldsymbol{w}$ 代入 L 并化简则得到和原来一样的目标函数:

$$\max_{\alpha}\sum_{i=1}^{n}\alpha_i - \frac{1}{2}\sum_{i,j=1}^{n}\alpha_i\alpha_j y_i y_j \boldsymbol{x}_i^{\mathrm{T}}\boldsymbol{x}_i \tag{7-62}$$

但由于式 (7-61) 中拉格朗日乘子 $\gamma_i \geqslant 0$, 因此有 $\alpha_i \leqslant C$, 所以求解最优解 α_i^* 的对偶问题现在写作:

$$\max_{\alpha}\sum_{i=1}^{n}\alpha_i - \frac{1}{2}\sum_{i,j=1}^{n}\alpha_i\alpha_j y_i y_j \boldsymbol{x}_i^{\mathrm{T}}\boldsymbol{x}_i$$
$$\text{s.t.} \quad 0 \leqslant \alpha_i \leqslant C, \quad i = 1,\cdots,n \tag{7-63}$$
$$\sum_{i=1}^{n}\alpha_i y_i = 0$$

对比式 (7-38) 与式 (7-63) 可以发现, 当加入了松弛变量 ξ_i 后, 唯一的改变在于对偶函数中的变量 α_i 多了上界 C, 而加入核函数的非线性形式也是一样的 (只需要把 $\langle \boldsymbol{x}_i, \boldsymbol{x}_j \rangle$ 换成 $K(\boldsymbol{x}_i, \boldsymbol{x}_j)$)。这样一来, 一个完整的, 可以处理线性和非线性问题, 并能容忍噪声和离群值的 SVM 才终于介绍完毕。

综上, 我们成功地将 SVM 分类器推广到了非线性分类问题中, 并对相关问题进行了讨论。那么, 支持向量机的基本思想可以概括为: 通过非线性映射将输入空间变换到高维空间, 在高维空间中求取最优线性分类面, 而非线性映射是通过定义适当的核函数实现的。

7.2.4 SVM 讨论

作为小样本问题最优秀的机器学习算法之一, SVM 具有如下特点。

(1) SVM 是一种拥有坚实理论基础的新颖的小样本学习方法。

(2) SVM 的目标是在特征空间中寻找最优超平面, SVM 的方法核心是最大化分类间隔。

(3) 支持向量是 SVM 的训练结果, 并在 SVM 分类决策中起决定作用。

(4) 非线性映射是 SVM 方法的理论基础, SVM 利用内积核函数代替向高维空间的非线性映射。

(5) SVM 的最终决策函数只由少数的支持向量决定, 计算的复杂性取决于支持向量的数目而不是样本空间的维数, 这在某种意义上避免了 "维数灾难"。

(6) 由于只由少数支持向量决定最终结果, 因此不但可以抓住关键样本、剔除大量冗余样本, 而且使 SVM 算法简单并具有较好的鲁棒性。

但另一方面, SVM 仍有一些不足。

(1) 由于 SVM 是借助二次规划来求解支持向量, 而求解二次规划将涉及 m 阶矩阵的计算 (m 为样本的个数), 当 m 数目很大时, 该矩阵的存储和计算将耗费大量的机器内存和运算时间, 因此 SVM 算法对大规模训练样本难以实施。

(2) 经典的 SVM 算法只给出了二类分类的算法, 而在数据挖掘的实际应用中, 一般要解决多类的分类问题, 因此 SVM 需要通过多个二类支持向量机的组合来解决多类分类问题。

目前, SVM 已经被应用于各个领域。在分类问题上, 支持向量分类已广泛应用于手写字识别、语音识别、文本分类、人脸检测、图像分析、故障诊断等问题; 在回归问题方面, 支持向量回归也已应用于滤波器设计、时间序列预测、在线建模等方面。

7.3 支持向量回归 (SVR)

分类和回归是有监督机器学习中最重要的两类任务。支持向量回归 (support vector regression, SVR) 是使用支持向量机拟合曲线, 做回归分析的方法。与分类问题的输出是有限个离散值不同, 回归问题的输出是在一定范围内的连续值。支持向量回归是支持向量机在回归问题上的推广, 通过构建特定宽度的间隔带, 并将间隔带以外的样本作为支持向量来求解回归问题。

本节将介绍 SVR 的基本原理，首先定义回归问题和基础的线性回归方法，再分析线性情况下的 SVR，最后引入核函数推广到非线性的情况。

7.3.1 线性回归

在讨论支持向量回归之前，首先介绍基础的线性回归。线性回归是一种通过属性的线性组合来进行预测的线性模型，其目的是找到一条直线或者一个平面或者更高维的超平面，使得预测值与真实值之间的误差最小化。给定训练样本集 $T = \{(\boldsymbol{x}_1, y_1), (\boldsymbol{x}_2, y_2), \cdots, (\boldsymbol{x}_n, y_n)\}, \boldsymbol{x} \in \mathbb{R}^d, y \in \mathbb{R}$，希望能够学习到一个形如 $f(\boldsymbol{x}) = \boldsymbol{\omega}^{\mathrm{T}} \boldsymbol{x} + \boldsymbol{b}$ 的回归模型，使得给定一组样本 $(\boldsymbol{x}_i, y_i)$，使得 $f(\boldsymbol{x}_i)$ 与 y_i 尽可能地接近。为了方便起见，我们设 $b = \omega_0 x_0$，其中 $x_0 = 1$，此时原回归模型可转化为：

$$f(\boldsymbol{x}) = \boldsymbol{\omega}^{\mathrm{T}} \boldsymbol{x} \tag{7-64}$$

此时，为了度量 $f(\boldsymbol{x}_i)$ 与 y_i 的接近程度，定义预测值与真实值之间的误差为：

$$\varepsilon_i = y_i - \boldsymbol{\omega}^{\mathrm{T}} \boldsymbol{x}_i \tag{7-65}$$

在假设每个样本的预测值与真实值之间的误差独立同分布，并且服从高斯分布的条件下，可以将线性回归的目标函数定义为：

$$
\begin{aligned}
\min_{\boldsymbol{\omega}} \ & J_{\boldsymbol{\omega}}, \\
J(\boldsymbol{\omega}) &= \frac{1}{2} \sum_{i=1}^{n} \left(y_i - \boldsymbol{\omega}^{\mathrm{T}} \boldsymbol{x}_i \right)^2 \\
&= \frac{1}{2} \left\| \begin{pmatrix} y_1 - \boldsymbol{\omega}^{\mathrm{T}} \boldsymbol{x}_1 \\ y_2 - \boldsymbol{\omega}^{\mathrm{T}} \boldsymbol{x}_2 \\ \vdots \\ y_n - \boldsymbol{\omega}^{\mathrm{T}} \boldsymbol{x}_n \end{pmatrix} \right\|^2 = \frac{1}{2} \left\| \begin{pmatrix} y_1 \\ y_2 \\ \vdots \\ y_n \end{pmatrix} - \boldsymbol{\omega}^{\mathrm{T}} \begin{pmatrix} \boldsymbol{x}_1 \\ \boldsymbol{x}_2 \\ \vdots \\ \boldsymbol{x}_n \end{pmatrix} \right\|^2 \\
&= \frac{1}{2} \left\| \boldsymbol{y} - \boldsymbol{\omega}^{\mathrm{T}} \boldsymbol{X} \right\|^2 = \frac{1}{2} \left(\boldsymbol{y} - \boldsymbol{\omega}^{\mathrm{T}} \boldsymbol{X} \right)^{\mathrm{T}} \left(\boldsymbol{y} - \boldsymbol{\omega}^{\mathrm{T}} \boldsymbol{X} \right)
\end{aligned}
\tag{7-66}
$$

其中 $\boldsymbol{y} = (y_1, y_2, \cdots, y_n)^{\mathrm{T}}$，$\boldsymbol{X} = (\boldsymbol{x}_1, \boldsymbol{x}_2, \cdots, \boldsymbol{x}_n)^{\mathrm{T}}$。该目标函数越小代表模型对样本的拟合程度越高，也就是目标函数 $J(\boldsymbol{\omega})$ 越小越好。由于该目标函数是凸函数，因此可以通过最小二乘法求解该目标函数的最优解。首先对 $J(\boldsymbol{\omega})$ 求偏导：

$$
\begin{aligned}
\frac{\partial J(\boldsymbol{\omega})}{\partial \boldsymbol{\omega}} &= \frac{1}{2} \frac{\partial}{\partial \boldsymbol{\omega}} \left(\left(\boldsymbol{y} - \boldsymbol{\omega}^{\mathrm{T}} \boldsymbol{X} \right)^{\mathrm{T}} \left(\boldsymbol{y} - \boldsymbol{\omega}^{\mathrm{T}} \boldsymbol{X} \right) \right) \\
&= \frac{1}{2} \frac{\partial}{\partial \boldsymbol{\omega}} \left(\boldsymbol{\omega}^{\mathrm{T}} \boldsymbol{X}^{\mathrm{T}} \boldsymbol{X} \boldsymbol{\omega} - 2 \boldsymbol{\omega}^{\mathrm{T}} \boldsymbol{X} \boldsymbol{y} + \boldsymbol{y}^{\mathrm{T}} \boldsymbol{y} \right) \\
&= \boldsymbol{X}^{\mathrm{T}} \boldsymbol{X} \boldsymbol{\omega} - \boldsymbol{X} \boldsymbol{y}
\end{aligned}
\tag{7-67}
$$

令偏导等于 0:

$$\frac{\partial J(\boldsymbol{\omega})}{\partial \boldsymbol{\omega}} = 0 \tag{7-68}$$

即:

$$\boldsymbol{X}^{\mathrm{T}} \boldsymbol{X} \boldsymbol{\omega} = \boldsymbol{X} \boldsymbol{y} \tag{7-69}$$

此时该线性回归模型的系数为:

$$\boldsymbol{\omega} = \left(\boldsymbol{X}^{\mathrm{T}} \boldsymbol{X}\right)^{\mathrm{T}} \boldsymbol{X} \boldsymbol{y} \tag{7-70}$$

至此, 通过训练样本集 T 训练得到的回归模型可表示为:

$$f(\boldsymbol{x}) = \left(\left(\boldsymbol{X}^{\mathrm{T}} \boldsymbol{X}\right)^{\mathrm{T}} \boldsymbol{X} \boldsymbol{y}\right)^{\mathrm{T}} \boldsymbol{x} \tag{7-71}$$

7.3.2　SVR 原理

传统的回归模型通常通过直接度量模型预测值 $f(\boldsymbol{x})$ 与样本真实值 $\boldsymbol{y}$ 之间的差别来计算模型损失, 在 $f(\boldsymbol{x})$ 与 $\boldsymbol{y}$ 完全相等的情况下, 损失值才为 0。与之不同, SVR 仅在 $f(\boldsymbol{x})$ 与 $\boldsymbol{y}$ 之间的误差大于特定间隔 σ 的情况下计算模型损失, 也就是假设模型能够容忍预测值与真实值之间最多有 σ 的误差。如图 7.8 所示, SVR 则是在 $f(\boldsymbol{x})$ 的附近构建了一个宽度为 2σ 的间隔带, 若训练样本落入该间隔带内, 则认为该样本是正确的; 而在间隔带外的样本则作为支持向量来训练回归模型。

此时, 可将 SVR 的优化目标函数表示为:

$$\min_{\boldsymbol{\omega}, b} \frac{1}{2} \|\boldsymbol{\omega}\|^2 + C \sum_{i=1}^{n} \max\left(0, |f(\boldsymbol{x}_i) - y_i| - \sigma\right) \tag{7-72}$$

其中, C 为正则化常数。再对该式引入松弛变量 $\xi_i^{\vee}$ 和 $\xi_i^{\wedge}$, 可以得到 SVR 的标准形式:

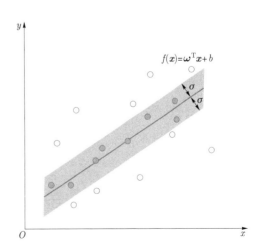

图 7.8　支持向量回归示意图

$$\min_{\boldsymbol{\omega}, b, \xi_i^{\vee}, \xi_i^{\wedge}} \frac{1}{2} \|\boldsymbol{\omega}\|^2 + C \sum_{i=1}^{n} (\xi_i^{\vee} + \xi_i^{\wedge}),$$

$$\text{s.t.} \quad -\sigma - \xi_i^{\vee} \leqslant y_i - f(\boldsymbol{x}_i) \leqslant \sigma + \xi_i^{\wedge}, \qquad (7-73)$$

$$\xi_i^{\vee} \geqslant 0, \quad \xi_i^{\wedge} \geqslant 0$$

与 SVM 类似, 通过引入拉格朗日乘子 $\mu_i^{\vee} \geqslant 0$, $\mu_i^{\wedge} \geqslant 0$, $\alpha_i^{\vee} \geqslant 0$, $\alpha_i^{\wedge} \geqslant 0$, 可以得到上式的拉格朗日函数:

$$L(\boldsymbol{\omega}, b, \xi^{\vee}, \xi^{\wedge}, \mu^{\vee}, \mu^{\wedge}, \alpha^{\vee}, \alpha^{\wedge})$$

$$= \frac{1}{2} \|\boldsymbol{\omega}\|^2 + C \sum_{i=1}^{n} (\xi_i^{\vee} + \xi_i^{\wedge}) - \sum_{i=1}^{n} \mu_i^{\vee} \xi_i^{\vee} - \sum_{i=1}^{n} \mu_i^{\wedge} \xi_i^{\wedge}$$

$$+ \sum_{i=1}^{n} \alpha_i^{\vee} (f(\boldsymbol{x}_i) - y_i - \sigma - \xi_i^{\vee}) + \sum_{i=1}^{n} \alpha_i^{\wedge} (y_i - f(\boldsymbol{x}_i) - \sigma - \xi_i^{\wedge}) \qquad (7-74)$$

此时目标函数式 (7-73) 等价于:

$$\min_{\boldsymbol{\omega}, b, \xi^{\vee}, \xi^{\wedge}} \max_{\mu^{\vee}, \mu^{\wedge}, \alpha^{\vee}, \alpha^{\wedge}} L(\boldsymbol{\omega}, b, \xi^{\vee}, \xi^{\wedge}, \mu^{\vee}, \mu^{\wedge}, \alpha^{\vee}, \alpha^{\wedge}) \qquad (7-75)$$

又由于 SVR 满足 KKT 条件, 即:

$$\begin{cases} \alpha_i^{\vee} (f(\boldsymbol{x}_i) - y_i - \sigma - \xi_i^{\vee}) = 0 \\ \alpha_i^{\wedge} (y_i - f(\boldsymbol{x}_i) - \sigma - \xi_i^{\wedge}) = 0 \\ \alpha_i^{\vee} \alpha_i^{\wedge} = 0, \quad \xi_i^{\vee} \xi_i^{\wedge} = 0 \\ (C - \alpha_i^{\vee}) \xi_i^{\vee} = 0, \quad (C - \alpha_i^{\wedge}) \xi_i^{\wedge} = 0 \end{cases} \qquad (7-76)$$

因此可以交换最大化与最小化的求解顺序得到:

$$\max_{\mu^{\vee}, \mu^{\wedge}, \alpha^{\vee}, \alpha^{\wedge}} \min_{\boldsymbol{\omega}, b, \xi^{\vee}, \xi^{\wedge}} L(\boldsymbol{\omega}, b, \xi^{\vee}, \xi^{\wedge}, \mu^{\vee}, \mu^{\wedge}, \alpha^{\vee}, \alpha^{\wedge}) \qquad (7-77)$$

将 $f(\boldsymbol{x}) = \boldsymbol{\omega}^{\mathrm{T}} \boldsymbol{x} + b$ 代入该式, 再令 $L(\boldsymbol{\omega}, b, \xi^{\vee}, \xi^{\wedge}, \mu^{\vee}, \boldsymbol{\mu}^{\wedge}, \alpha^{\vee}, \alpha^{\wedge})$ 对 $\boldsymbol{\omega}, b, \xi_i^{\vee}, \xi_i^{\wedge}$ 的偏导数等于 0 可得:

$$\boldsymbol{\omega} = \sum_{i=1}^{n} (\alpha_i^{\wedge} - \alpha_i^{\vee}) \boldsymbol{x}_i$$

$$0 = \sum_{i=1}^{n} (\alpha_i^{\wedge} - \alpha_i^{\vee})$$

$$C = \alpha_i^{\vee} + \mu_i^{\vee} \qquad (7-78)$$

$$C = \alpha_i^{\wedge} + \mu_i^{\wedge}$$

那么将式 (7-78) 代入式 (7-74) 中, 可以得到 SVR 的对偶问题:

$$\max_{\alpha^\vee, \alpha^\wedge} \sum_{i=1}^{n} y_i(\alpha_i^\wedge - \alpha_i^\vee) - \sigma(\alpha_i^\wedge + \alpha_i^\vee)$$

$$-\frac{1}{2}\sum_{i=1}^{n}\sum_{j=1}^{n}(\alpha_i^\wedge - \alpha_i^\vee)(\alpha_j^\wedge - \alpha_j^\vee)\boldsymbol{x}_i^{\mathrm{T}}\boldsymbol{x}_j \qquad (7\text{-}79)$$

$$\text{s.t.}\quad \sum_{i=1}^{n}(\alpha_i^\wedge - \alpha_i^\vee) = 0,$$

$$0 \leqslant \alpha_i^\vee, \quad \alpha_i^\wedge \leqslant C$$

通过求解该对偶问题, 可以得到拉格朗日系数 $\alpha_i^\vee$, $\alpha_i^\wedge$, 代入 (7–78) 可进而求得 $\boldsymbol{\omega}$。将 $\boldsymbol{\omega} = \sum_{i=1}^{n}(\alpha_i^\wedge - \alpha_i^\vee)\boldsymbol{x}_i$ 代入 $f(\boldsymbol{x}) = \boldsymbol{\omega}^{\mathrm{T}}\boldsymbol{x} + b$ 可得:

$$f(\boldsymbol{x}) = \sum_{i=1}^{n}(\alpha_i^\wedge - \alpha_i^\vee)\boldsymbol{x}_i^{\mathrm{T}}\boldsymbol{x} + b \qquad (7\text{-}80)$$

根据 KKT 条件, 若 $0 < \alpha_i^\vee < C$, 必有 $\xi_i^\vee = 0$ 以及 $f(\boldsymbol{x}_i) - y_i - \sigma - \xi_i^\vee = 0$; 同时, 若 $0 < \alpha_i^\wedge < C$, 必有 $\xi_i^\wedge = 0$ 以及 $f(\boldsymbol{x}_i) - y_i - \sigma - \xi_i^\wedge = 0$。也就是说, 当样本落入间隔带时, 有 $f(\boldsymbol{x}_i) = y_i + \sigma$, 此时:

$$b = y_i + \sigma - \sum_{j=1}^{n}(\alpha_j^\wedge - \alpha_j^\vee)\boldsymbol{x}_j^{\mathrm{T}}\boldsymbol{x}_i \qquad (7\text{-}81)$$

因此, 在得到 $\alpha_i^\vee$, $\alpha_i^\wedge$ 后, 理论上通过任意满足 $0 < \alpha_i^\vee < C$ 或 $0 < \alpha_i^\wedge < C$ 的样本, 可以求得 b。实践中通常选取多个 (或所有) 满足条件的样本求解 b 后取平均值。

至此, 线性 SVR 原理推导完毕。而将线性 SVR 推广到非线性的情况下, 需要引入核函数, 其原理及推导过程与 SVM 类似, 此处不予赘述。

7.4　讨论

统计学习理论和支持向量机方法之所以从 20 世纪 90 年代以来受到了很大的重视, 在于它们对有限样本情况下的分类与回归问题进行了系统的理论研究, 并在此基础上建立了一种较好的通用学习算法, 以往困扰许多机器学习方法的问题, 如模型选择与过拟合问题、非线性与维数灾难问题等, 都在这里得到了很大程度上的解决, 因此统计学习理论和支持向量机被很多研究者视作研究机器学习问题的基本框架和手段。

从本章的讨论中可以看到, 虽然统计学习理论已提出多年, 拥有较为坚实的理论基础和严格的理论推导, 但从它发展成比较完善和被广泛重视到现在也才只有几年的时间, 其从理论到应用都还有很多尚未解决或尚未充分解决的问题, 还有很多问题仍需人为决定, 例如结构风险最小化原则中函数子集结构的设计、支持向量机中核函数的选择等, 目前尚没有明确的理论指导研究者们做出最优选择。因此, 对这些理论问题的研究仍需要不断推进。另一方面, 人们还在不断研究如何利用新的理论框架解决过去遇到的诸多问题, 重点研究以支持向量机为代表的新的学习方法, 研究如何让这些理论和方法都真正在实际工程应用中发挥作用。

在模式识别和机器学习领域中, 人们已经取得了很多成果, 建立了一系列较为完善的理论体系和方法, 但也存在着很多尚未解决的理论和实际问题, 正因为如此, 这是一个十分值得进一步深入研究的领域, 期待在这一领域中不断有新的成果出现。

第 8 章 聚类分析

8

8.1 无监督学习的基本概念

8.1.1 基本思想

在设计分类器时, 一般假定训练集中每个样本的类别归属是有标签的, 这种利用已标记的样本集进行训练的方法称为 "有监督学习", 与之相对的便是 "无监督学习", 使用没有标记的样本进行训练。

在模式识别任务中, 使用无监督的方法是非常有用的。首先, 搜集一个样本集并对其进行类别归属的标记是一个耗时耗力的工作, 尤其是在模式识别任务需要的数据集比较庞大的情况下。其次, 人们希望可以逆向解决问题: 对于一些不知道具体情况的待处理数据, 先使用大量未标记的样本集来自动训练分类器, 随后再人工地标记数据分组的结果。这种方法适用于文本和数据挖掘方面的大型应用。再次, 在一些模式识别的应用中, 待分类的模式特征可能会随着时间而发生缓慢的变化, 利用无监督学习可以捕捉这些变化, 从而提高分类器的性能。最后, 无监督学习可以提取样本集的基本特征, 特别是在一项探索性的工作中, 无监督的方法可以揭示数据集中的一些内部结构和规律, 根据这些有价值的信息, 人们就能更有效地设计具有针对性的分类器。

从原理上来讲, 能否从未标记的样本中学习到有用的知识, 取决于人们是否愿意接受一些必要的假设。通常, 需要以一个十分严格的假定开始: 样本的概率密度函数的形式是已知的, 而待估计的则是一些未知的参数向量。在无监督的条件下, 进行一般的参数化问题十分困难, 经常采用的无监督方法便是聚类分析。

8.1.2 聚类分析定义

聚类是按照一定的要求和规律对事物进行区分和分类的过程。在这一过程中没有任何关于类别归属的先验知识, 也没有标记的指导, 仅仅依靠事物间的相似性作为类属划分的准则。在某种意义上, 人们希望同一类内的个体彼此接近或相似, 而不同类之间的个体差别较大。聚类是一个古老的问题, 它伴随着人类社会的发展不断深化, 并在许多领域都有应用, 包括数学、计算机科学、统计学、生物学和经济学等。

在人们的日常生活中, 就有很多聚类的例子。常言道, "物以类聚, 人以群分"。例如, 将一个人群划分成两种不同的类别, 可以通过性别、年龄、身高、体重或出生地, 不同的聚类标准可能会导致不同的聚类结果。这个例子也说明, 在聚类分析中, 聚类所采用的特征、划分成的集群数量、如何测量两种特征之间的相似性和距离, 以及使用不同的标准都可能导致不同的聚类结果。

希腊的 Sergios Theodoridis 给出聚类分析的数学定义。设 $X = \{x_1, x_2, \cdots, x_N\}$ 是待聚类样本的数据集, 定义 X 的 K 聚类就是将 X 分割成 K 个集合 (聚类) C_1, $C_2, \cdots, C_K$, 使其满足以下条件:

$$C_i \neq \varnothing, \quad i = 1, \cdots, K$$

$$C_1 \cup C_2 \cup \cdots \cup C_K = X \tag{8-1}$$

$$C_i \cap C_j = \varnothing, \quad i \neq j; \ i, j = 1, \cdots, K$$

从上述条件可以看出, 样本集中的每一个样本只属于某一类, 并且最多属于这一类。与聚类相关的概念是聚集 (assemble), 聚集允许一个模式属于多个类别。例如, 根据单词的意思将其分类, 某些单词有多个意思, 可以属于几个不同的类, 但在本章中, 主要讨论聚类问题。

8.1.3　聚类分析流程与应用

聚类分析是一种无监督的分类方法, 可以把一个没有类别标记的样本集按照某种准则划分成若干个子集, 使相似的样本尽可能归为一类, 不相似的样本尽量划分到不同的类中。与有监督分类类似, 完成一个聚类任务必须遵循一定的步骤, 通常包括如下 5 个部分。

(1) 特征选择 (feature selection): 选择适当的特征, 并尽可能包含与任务相关的信息。在特征选择中, 使信息冗余减少和最小化是主要目标。与有监督分类类似, 通常在应用聚类分析之前, 应对特征进行必要的预处理。

(2) 近邻测度: 用于定量测量两个特征向量的相似程度, 如何 "相似" 或者 "不相似"。很自然地, 如何保证所有选中的特征具有相同程度的近邻性, 并且没有占据支配地位的特征, 这是预处理期间必须要注意的问题。

(3) 聚类准则 (clustering criteria): 聚类准则以蕴含在数据集中类的类型为基础。对于不同的聚类任务, 可能需要根据实际情况, 选择适当的代价函数或者其他规则作为当前聚类任务的准则。

(4) 聚类算法: 根据所采用的近邻测度和聚类准则, 选择特定的算法, 揭示数据集的聚类结构。常见的聚类算法包括简单聚类算法、层次聚类算法和动态聚类算法等。

(5) 结果评价: 根据聚类算法得到结果, 验证结果的准确性, 并且根据所应用领域其他实验数据来分析判定聚类结果, 并最终得到正确的结论。

下面以动物为例进行说明: 羊、狗、猫 (哺乳动物); 麻雀、海鸥 (鸟类); 蛇、蜥蜴 (爬行类); 金鱼、鲨鱼 (鱼类)。为了将这些动物聚类, 需要定义一些聚类的准则。当以动物的生活环境为聚类准则时, 羊、狗、猫、麻雀、海鸥、蛇、蜥蜴将是一类动物 (非水生动物), 其余动物则属于另一类 (水生动物)。如果以是否为脊椎动物为准则进行聚类, 所有的动物则都属于同一类。

上面的例子也说明聚类分析需要根据特定需求, 人为选定某些特征, 采用某种模式的相似性度量, 运用某种聚类算法。在这个过程中实际上已经引入了某些知识和信息, 从而隐含地对样本集的分类结构做了大致的估计。使用不同的特征, 采用不同的相似性度量或者运用不同的聚类算法都将产生不同的聚类结果。因此在实际应用中, 必须深入了解问题, 使得选用的特征、相似性度量和聚类算法能够与当前问题相匹配。本章的剩余部分将依次介绍相似性度量、常见的聚类算法, 以及聚类结果的评价等。

8.2 相似性/距离概念

8.2.1 常见距离度量

模式之间有一定的相似性, 利用相似性度量可以定量地衡量同一类样本之间的相似性和不同类样本之间的差异性, 并对相似的模式进行分类。在聚类分析中, 具体采用什么样的测度进行分类, 要依据样本之间的实际情况进行适当的考虑。本节以向量之间的度量为例进行介绍。

向量 $\boldsymbol{X} = (x_1, x_2, \cdots, x_n)^{\mathrm{T}}$ 和向量 $\boldsymbol{Y} = (y_1, y_2 \cdots, y_n)^{\mathrm{T}}$ 之间的距离 $d(\boldsymbol{X}, \boldsymbol{Y})$ 应该满足以下条件:

$$d(\boldsymbol{X}, \boldsymbol{Y}) \geqslant 0$$

$$d(\boldsymbol{X}, \boldsymbol{Y}) = d(\boldsymbol{Y}, \boldsymbol{X}) \tag{8-2}$$

$$d(\boldsymbol{X}, \boldsymbol{Y}) \leqslant d(\boldsymbol{X}, \boldsymbol{Z}) + d(\boldsymbol{Z}, \boldsymbol{Y})$$

(1) 欧氏距离 (Euclidean distance):

$$d(\boldsymbol{X}, \boldsymbol{Y}) = \|\boldsymbol{X} - \boldsymbol{Y}\| = \left[\sum_{i=1}^{n} (x_i - y_i)^2 \right]^{\frac{1}{2}} \tag{8-3}$$

(2) 城区距离 (city-block distance):

$$d(\boldsymbol{X}, \boldsymbol{Y}) = \sum_{i=1}^{n} |x_i - y_i| \tag{8-4}$$

(3) 切氏距离 (Chebyshev distance):

$$d(\boldsymbol{X}, \boldsymbol{Y}) = \max_i |x_i - y_i| \tag{8-5}$$

(4) 明氏距离 (Minkowski distance):

$$d(\boldsymbol{X}, \boldsymbol{Y}) = \left[\sum_{i=1}^{n}(x_i - y_i)^m\right]^{\frac{1}{m}}, \quad m > 0 \tag{8-6}$$

可以看到, 欧氏距离、城区距离和切氏距离实际上只是明氏距离在 $m = 2$、1 和 ∞ 时的特殊情况。

(5) 马氏距离 (Mahalanobis distance):

$$d^2 = (\boldsymbol{x} - \boldsymbol{M})^{\mathrm{T}}\boldsymbol{C}^{-1}(\boldsymbol{x} - \boldsymbol{M}) \tag{8-7}$$

其中, $\boldsymbol{x}$ 是样本的特征向量, $\boldsymbol{M}$ 是样本的均值向量, $\boldsymbol{C}$ 是协方差矩阵。马氏距离使用的难点在于, 只有当已知类别的样本集给定时, 才能计算出协方差矩阵 $\boldsymbol{C}$, 而在聚类分析中, 待分类的样本往往是无类别的。由于马氏距离对样本的特征相关性做了处理, 因此它对一切非奇异线性变换都是不变的, 并且也是平移不变的。

8.2.2　距离度量的不变性分析

对于聚类分析而言, 可以定义一种距离, 然后计算任意两个样本之间的距离, 希望同一类中样本之间的距离可以比不同类样本之间的距离要小得多。不妨假设, 如果两个样本之间的距

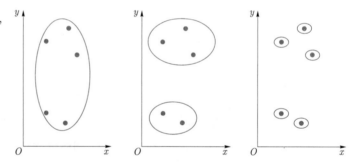

图 8.1　阈值 d_0 对聚类结果的影响

离小于某个阈值 d_0, 那么这两个样本就是一类, 此时如何确定一个合适的距离阈值 d_0 便成为关键问题。如果 d_0 太大, 所有的样本就会被分成同一类; 而 d_0 太小, 每个样本便会被单独分成一类, 如图 8.1 所示。为了得到 "自然" 的聚类结果, d_0 需要大于典型的类内距离, 同时小于典型的类间距离。

当选择欧氏距离作为相似性度量时, 如果特征空间是各向同性并且数据大致均匀分布在各个方向上, 这种选择一般是合理的, 并且欧氏距离得到的结果不会因特征空间的平移或旋转而发生改变。但是一般来说, 欧氏距离并不能对线性变换或者其他扭曲距离关系的变换鲁棒。如图 8.2 所示, 简单的坐标轴缩放就可能导致数据点的重新分布。

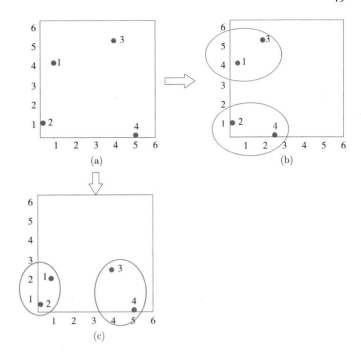

图 8.2　坐标轴缩放影响聚类结果

对于图 8.2(a), 分别在纵轴和横轴上进行缩放, 得到图 8.2(b) 和图 8.2(c)。图 8.2(b) 中样本 1 和样本 3 为一类, 样本 2 和样本 4 为另一类, 而对于图 8.2(c) 而言, 则是样本 1 和样本 2 为一类, 样本 3 和样本 4 为另一类。由此可见, 缩放坐标轴会影响到基于欧氏距离的聚类结果。

在聚类之前进行白化变换 (whitening transformation) 是一种实现距离度量不变性的方法。举例来说, 要实现位移和缩放的不变性, 可以通过平移和缩放坐标轴使得新特征具有零均值和单位方差。如果要得到旋转不变性, 则可以旋转坐标轴使得坐标轴与样本协方差矩阵的特征向量相平行。

但是这个方法并不是通用的, 它的出发点在于有效防止某些特征仅仅因为均值过大而主导距离度量, 从而影响到聚类结果, 例如数据中存在的噪声。但是, 如果数据存在多个子类, 这种白化变换并不合适。在图 8.3 中, 数据点分别落在相隔很远的两个类

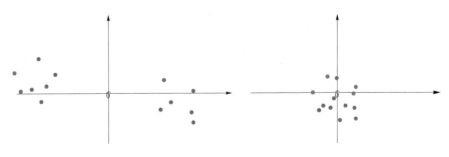

图 8.3　白化变换对聚类的影响

中, 如果对这些数据进行白化变换, 那么就会减少类与类之间的距离, 由此产生的聚类结果并不理想。

8.2.3 常见相似性度量

除了利用距离来衡量样本之间的相似性, 还可以引入非度量的相似性函数 s 来比较向量 $\boldsymbol{x}$ 和 $\boldsymbol{x}'$。按照惯例, 函数 s 应该是一个对称函数, 当 $\boldsymbol{x}$ 和 $\boldsymbol{x}'$ 存在某种相似性时, 函数值比较大。

(1) 归一化内积 (角度相似函数):

$$s(\boldsymbol{x}, \boldsymbol{x}') = \cos(\boldsymbol{x}, \boldsymbol{x}') = \frac{\boldsymbol{x}^{\mathrm{T}}\boldsymbol{x}'}{||\boldsymbol{x}|| * ||\boldsymbol{x}'||} \tag{8-8}$$

采用两个向量之间的夹角余弦值来度量它们之间的相似性。当两个向量夹角的余弦值越大, 表示它们之间相似性越大。这个函数对于旋转和缩放都具有不变性, 但是对于平移和一般的线性变换并不能保证。

当特征是二值 (0 或 1) 的时候, 式 (8-8) 表示的相似性函数可以从共享属性的角度进行解释。如果样本 $\boldsymbol{x}$ 具有第 i 项属性, 则令 $x_i = 1$。那么 $\boldsymbol{x}^{\mathrm{T}}\boldsymbol{x}'$ 则表示向量 $\boldsymbol{x}$ 和 $\boldsymbol{x}'$ 同时拥有的属性的个数, $||\boldsymbol{x}|| * ||\boldsymbol{x}'||$ 则表示两个向量所拥有的属性个数的几何均值, 这样的话, 相似性函数 $s(\boldsymbol{x}, \boldsymbol{x}')$ 就可以表示共享属性的相对比例。

(2) Tanimoto 距离 (tanimoto distance):

$$s(\boldsymbol{x}, \boldsymbol{x}') = \frac{\boldsymbol{x}^{\mathrm{T}}\boldsymbol{x}'}{\boldsymbol{x}^{\mathrm{T}}\boldsymbol{x} + \boldsymbol{x}'^{\mathrm{T}}\boldsymbol{x}' - \boldsymbol{x}^{\mathrm{T}}\boldsymbol{x}'} \tag{8-9}$$

Tanimoto 距离同样可以表示共享属性个数与 $\boldsymbol{x}$ 和 $\boldsymbol{x}'$ 一起拥有属性个数的比例, 经常在信息检索和生物分类学中出现。

不论是距离还是相似性函数, 作为两个向量间相似性的度量各有局限性。一般而言, 距离对于坐标系的旋转和位移是不变的, 对于坐标轴的缩放则不具有不变性。而相似性函数, 一般而言对于坐标系的旋转、放缩都是不变的, 但位移变换除外。使用角度相似性函数时, 当不同类的样本分布在从模式空间原点出发的同一条直线上时, 所有样本之间的相似性函数值均为 1, 会错误将这些样本归为一类。

8.3 聚类准则

有了距离度量或相似性度量, 就能聚类相似的样本。而要剔除无关的样本, 则需要有数值的聚类准则, 用聚类准则来衡量对样本集的某种划分结果的好坏。假设有 n 个

样本组成的集合 $D = \{x_1, \cdots, x_n\}$, 要划分成 c 个互不重叠的子集 $D_1, \cdots, D_c$。每个子集代表一个聚类, 同一聚类内的样本具有更高的相似性。一般来说, 希望类内距离足够小, 而类间距离足够大。这样的话, 聚类准则就是要找到一种划分方式使得准则函数最优, 这也是本节主要讨论的问题。

8.3.1 最小误差平方和准则

误差平方和准则是一种简单并且应用广泛的准则, 令 n_i 表示子集 D_i 中的样本数量, $\boldsymbol{M}_i$ 表示这些样本的均值, 那么误差的平方和定义为:

$$J_e = \sum_{i=1}^{c} \sum_{\boldsymbol{x} \in D_i} \|\boldsymbol{x} - \boldsymbol{M}_i\|^2 \qquad (8-10)$$

这个准则函数可以简单解释为: 对任何一个子集 D_i, 如果 D_i 中误差向量 $\boldsymbol{x} - \boldsymbol{M}_i$ 的平方和为最小的, 那么均值向量 $\boldsymbol{M}_i$ 就是最能代表子集 D_i 中所有样本的一个向量。因此 J_e 衡量的是用 c 个聚类中心 $\boldsymbol{M}_1, \cdots, \boldsymbol{M}_c$ 代表 n 个样本而产生的平方和误差。本小节把使 J_e 值最小化的聚类准则定义为最小误差平方和准则 (least sum of square error criteria)。

什么样的聚类问题比较适合于最小误差平方和准则? 基本上, 当数据点能够划分成很好区分的几类, 而类内的数据也是比较密集分布时, 采用误差平方和准则是比较合适的。简单说, 当样本的各个特征方差相近、类内紧聚、类间分离并且各类样本数目相近时, 采用最小误差平方和准则可以得到比较好的结果。不过值得注意的是, 当不同聚类所包含的样本个数相差较大时, 将一个大的类别分隔开反而可能具有更小的误差平方和, 如图 8.4 所示, 图 8.4(a) 的 J_e 相较于图 8.4(b) 更大。这种情况下, 应该考虑一些额外的条件来实现最小的 J_e, 这些因素的综合考虑才能构成一个更好的准则函数。

8.3.2 相关最小方差准则

针对误差平方和准则, 进行一些代数变换, 去掉均值向量 $\boldsymbol{M}_i$, 得到新的等值表达式:

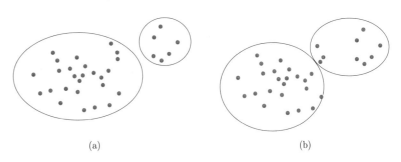

(a)   (b)

图 8.4 准则函数 J_e 与聚类结果的关系

$$J_e = \frac{1}{2} \sum_{i=1}^{c} n_i \bar{s}_i \qquad (8-11)$$

其中:

$$\bar{s}_i = \frac{1}{n_i^2} \sum_{\boldsymbol{x} \in D_i} \sum_{\boldsymbol{x}' \in D_i} \|\boldsymbol{x} - \boldsymbol{x}'\|^2 \qquad (8-12)$$

将 $\bar{s}_i$ 解释为第 i 类中点与点之间距离平方的平均值, 同时最小误差平方和准则中的距离采用的是欧氏距离, 同样可以使用其他距离构造不同的准则函数。更为一般的, 是引入一个合适的相似性函数 $s(\boldsymbol{x}, \boldsymbol{x}')$ 来替换 $\bar{s}_i$:

$$\bar{s}_i = \frac{1}{n_i^2} \sum_{\boldsymbol{x} \in D_i} \sum_{\boldsymbol{x}' \in D_i} s(\boldsymbol{x}, \boldsymbol{x}') \qquad (8-13)$$

这样的话, 就定义了相关最小方差准则 (relative minimum variance criteria)。

8.3.3 散度准则

散度准则 (divergence criteria) 不仅能反映同类样本的聚集程度, 也能反映不同类之间的分散程度。在介绍散度准则之前, 首先定义散度矩阵。

定义第 i 类的均值向量 $\boldsymbol{m}_i$:

$$\boldsymbol{m}_i = \frac{1}{n_i} \sum_{\boldsymbol{x} \in D_i} \boldsymbol{x} \qquad (8-14)$$

定义总体均值向量 $\boldsymbol{m}$:

$$\boldsymbol{m} = \frac{1}{n} \sum_{D} \boldsymbol{x} = \frac{1}{n} \sum_{i=1}^{c} n_i \boldsymbol{m}_i \qquad (8-15)$$

定义第 i 类的类内散度矩阵 (intra-class variance):

$$\boldsymbol{S}_i = \sum_{\boldsymbol{x} \in D_i} (\boldsymbol{x} - \boldsymbol{m}_i)(\boldsymbol{x} - \boldsymbol{m}_i)^{\mathrm{T}} \qquad (8-16)$$

定义类内散度矩阵:

$$\boldsymbol{S}_w = \sum_{i=1}^{c} \boldsymbol{S}_i \qquad (8-17)$$

定义类间散度矩阵 (inter-class variance):

$$\boldsymbol{S}_B = \sum_{i=1}^{c} n_i (\boldsymbol{m}_i - \boldsymbol{m})(\boldsymbol{m}_i - \boldsymbol{m})^{\mathrm{T}} \qquad (8-18)$$

定义总体散度矩阵 (total variance):

$$\boldsymbol{S}_T = \sum_{\boldsymbol{x} \in D} (\boldsymbol{x} - \boldsymbol{m})(\boldsymbol{x} - \boldsymbol{m})^{\mathrm{T}} \qquad (8-19)$$

可以得到 $\boldsymbol{S}_w$、$\boldsymbol{S}_B$ 和 $\boldsymbol{S}_T$ 有如下关系:

$$\boldsymbol{S}_T = \boldsymbol{S}_B + \boldsymbol{S}_w \tag{8-20}$$

注意到总体散度矩阵与样本集的具体划分方式无关, 仅仅取决于全体样本。类内散度矩阵和类间散度矩阵则是由划分方式确定, 并且这两个量存在着一种互补关系: 如果类内散度矩阵增大, 那么类间散度矩阵就会减小。当最小化类内散度矩阵的同时, 类间散度矩阵也被最大化。为了准确考量类内和类间散度矩阵, 需要引入标量来衡量。下面的迹准则和行列式准则便是用来衡量散度矩阵的大小。

(1) 迹准则 (trace criteria): 方阵的主对角线元素之和称为这个方阵的迹, 迹也是衡量散度矩阵大小的最简单的标量。简单来说, 迹是离散度半径的平方和, 它正比于数据在各个坐标轴方向上的方差之和, 因此最小化类内散度矩阵 $\boldsymbol{S}_w$ 的迹可以作为一种准则函数。事实上, 可以证明迹准则和最小误差平方和准则是一致的:

$$\operatorname{tr} \boldsymbol{S}_w = \sum_{i=1}^{c} \operatorname{tr} \boldsymbol{S}_i = \sum_{i=1}^{c} \sum_{\boldsymbol{x} \in D_i} \|\boldsymbol{x} - \boldsymbol{m}_i\|^2 = J_e \tag{8-21}$$

因此在最小化类内散度矩阵的同时, 最大化了类间散度矩阵:

$$\operatorname{tr} \boldsymbol{S}_B = \sum_{i=1}^{c} n_i \|\boldsymbol{m}_i - \boldsymbol{m}\|^2 \tag{8-22}$$

(2) 行列式准则 (determinant criteria): 矩阵的行列式同样可以作为散度矩阵的另一种标量度量。这种度量大致上反映了离散体积平方大小, 它正比于数据在各个主轴方向上的方差之积。不过当类别数小于或等于特征向量的维数时, 类间散度矩阵 $\boldsymbol{S}_B$ 是奇异矩阵, 此时行列式值为 0, 因此 $|\boldsymbol{S}_B|$ 显然不是一个好的准则函数, 所以一般选择类内散度矩阵 $\boldsymbol{S}_w$ 的行列式作为准则函数.

$$J_d = |\boldsymbol{S}_w| = |\sum_{i=1}^{c} \boldsymbol{S}_i| \tag{8-23}$$

最小化 J_d 同最小化 J_e 得到的结果是一样的。不过基于最小误差平方和的聚类会因为坐标轴的缩放而改变结果, 但基于准则函数 J_d 的聚类则不会受到影响。因此 J_d 在一些可能存在未知线性变换的场合下是比较合适的。

(3) 基于不变量的准则 (invariance criteria): 可以证明 $\boldsymbol{S}_w^{-1} \boldsymbol{S}_B$ 的特征值 $\lambda_1, \cdots, \lambda_d$ 在非奇异线性变换下是一个不变量, 可以用来衡量类间散度矩阵和类内散度矩阵在对应特征向量方向上的比值, 因此能够产生令人满意的较大特征值的划分。通过设计基于这些特征值的函数, 就可以得到一些基于不变量的聚类准则函数。例如, 矩阵的迹也是特征值的和, 因此可以利用如下准则函数:

$$\operatorname{tr} \boldsymbol{S}_w^{-1} \boldsymbol{S}_B = \sum_{i=1}^{d} \lambda_i \tag{8-24}$$

同时, 利用关系式 $\boldsymbol{S}_T = \boldsymbol{S}_B + \boldsymbol{S}_w$ 可以导出公式:

$$J_f = \operatorname{tr} \boldsymbol{S}_T^{-1} \boldsymbol{S}_B = \sum_{i=1}^{d} \frac{1}{1 + \lambda_i} \tag{8-25}$$

以及公式:

$$\frac{|\boldsymbol{S}_w|}{|\boldsymbol{S}_T|} = \prod_{i=1}^{d} \frac{1}{1 + \lambda_i} \tag{8-26}$$

因为这些准则函数都具有线性变换不变性, 所以对应的聚类结果的最优划分也具有不变性。可以通过组合上述特征值的适当函数从而设计各种聚类准则。

至此, 本节讨论了很多聚类准则函数, 虽然他们有各种各样的不同, 但本质上, 都是假定待处理的数据可以分成 c 类, 类内散度矩阵 $\boldsymbol{S}_w$ 可以用来衡量类内数据的紧密性, 最基本目标都是希望找到最为紧密的一种划分。

8.4　简单聚类算法

8.4.1　最小距离聚类算法

最小距离聚类算法 (minimum distance-based clustering algorithm) 假设待分类的模式集合为 $X = \{\boldsymbol{x}_1, \cdots, \boldsymbol{x}_n\}$, 选定类内距离阈值 T。通过计算模式特征向量 $\boldsymbol{x}_i$ 到聚类中心的距离并和阈值 T 比较, 从而决定 $\boldsymbol{x}_i$ 归属于哪一类或者作为新的聚类中心。在实际应用中, 常常采用欧氏距离。其算法的主要步骤如下。

(1) 取任意一个模式特征作为第一个聚类中心, 例如, 令 w_1 类的中心 $\boldsymbol{z}_1 = \boldsymbol{x}_1$。

(2) 计算下一个模式特征 $\boldsymbol{x}_2$ 到 $\boldsymbol{z}_1$ 的距离 d_{21}。若 $d_{21} > T$, 则建立新的一类 w_2, 其中心 $\boldsymbol{z}_2 = \boldsymbol{x}_2$; 若 $d_{21} < T$, 则 $\boldsymbol{x}_2 \in w_1$。

(3) 假设已有聚类中心 $\boldsymbol{z}_1, \boldsymbol{z}_2, \cdots, \boldsymbol{z}_k$, 计算尚未确定类别的模式特征 $\boldsymbol{x}_i$ 到各聚类中心 $\boldsymbol{z}_j$ $(j = 1, 2, \cdots, k)$ 的距离 d_{ij}。如果 $d_{ij} > T$, 则 $\boldsymbol{x}_i$ 作为新一类 w_{k+1} 的中心 $\boldsymbol{z}_{k+1} = \boldsymbol{x}_i$; 否则, 如果 $d_{il} = \min[d_{ij}]$, 则判定 $\boldsymbol{x}_i \in w_l$。

(4) 检查所有的模式是否都划分完类别, 否则返回到步骤 (3) 继续进行。

这种简单的聚类算法易于理解, 并且不需要考虑聚类中心的个数, 其计算复杂度也是线性的 $O(N)$。但聚类中心无法在聚类的过程中更改, 样本分类之后也不能更改样本的类别, 具体的聚类结果很大程度上取决于阈值 T 和输入样本序列的顺序。这种简单聚类算法比较适合于类内距离足够小同时类间距离足够大的聚类情况。

在应用过程中, 通常利用先验知识确定阈值 T 和第一个聚类中心, 并且多次尝试不同的阈值和不同的输入顺序, 比较最后的聚类结果, 选择最理想的参数。在聚类过程中, 使用类内方差和类间方差、类内最远样本与中心的距离等评估标准对聚类过程进行指导, 也可以有效提高基于相似性阈值和最小距离的这种简单聚类算法的结果。

8.4.2 最远距离聚类算法

与最小距离聚类算法类似, 最远距离聚类算法 (maximum distance-based clustering algorithm) 假设待分类的模式集合为 $X = \{x_1, \cdots, x_n\}$, 选定类内距离阈值 T。不同的是, 最远距离聚类算法从相互离得最远的样本着手, 逐次分割生成新的类。其算法步骤主要如下。

(1) 取任意一个模式特征作为第一个聚类中心, 例如, 令 w_1 类的中心 $z_1 = x_1$。

(2) 从集合 X 中取出到 z_1 距离最大的样本作为新的类中心 z_2。

(3) 对集合 X 中的剩余样本 x_i, 分别计算到 z_1 和 z_2 的距离, 取其较小者为 D_i。

(4) 如果 $\max D_i > T$, 那么取相应的 x_i 作为新的类中心 z_3; 否则转向步骤 (6)。

(5) 反复进行以上处理寻找新的类中心, 直到不再有新的类中心产生为止。

(6) 把样本 x_i 判定到离它最近中心的那个类。

8.4.3 最大最小距离聚类算法

假设待分类的模式特征集合 $X = \{x_1, \cdots, x_n\}$, 选定比例系数 θ。在模式特征中以最大距离为原则选取新的聚类中心, 同时以最小距离进行模式归类, 这种算法称为最大最小距离法 (max-min distance-based clustering algorithm), 其步骤主要如下。

(1) 取任意一个模式特征作为第一个聚类中心, 例如, 令 w_1 类的中心 $z_1 = x_1$。

(2) 从集合 X 中取出到 z_1 距离最大的样本作为新的类中心 z_2。

(3) 计算未被作为聚类中心的 x_i 与 z_1、z_2 之间的距离, 并求出它们之中的最小值 $d_{ij} = \|x_i - z_j\|$。

(4) 若 $d_l = \max\limits_i[\min(d_{i1}, d_{i2})] > \theta\|z_1 - z_2\|$, 则 x_l 作为第三个聚类中心, $z_3 = x_l$; 否则转至步骤 (6)。

(5) 设存在 k 个聚类中心, 计算未被作为聚类中心的各特征到各聚类中心的距离 d_{ij}, 计算出 $d_l = \max\limits_i[\min(d_{i1}, d_{i2}, \cdots, d_{ik})]$, 如果 $d_l > \theta\|z_1 - z_2\|$, 则 $z_{k+1} = x_l$ 并重复步骤 (5); 否则转至步骤 (6)。

(6) 当判断出不再有新的聚类中心之后, 将 $x_1, x_2, \cdots, x_n$ 按照最小距离的原则分配到各类中。计算 $d_{ij} = \|x_i - z_j\|$, 当 $d_{il} = \min\limits_j[d_{ij}]$, 则判定 $x_i \in w_l$。

这种算法的聚类结果与参数 θ 及第一个聚类中心的选取有关。如果没有先验知识指导 θ 和 z_1 的选取,可通过适当调整 θ 和 z_1 的值,比较多次试探分类的结果,选取最合理的参数 θ 和 z_1。

8.5 层次聚类法

8.5.1 层次聚类的定义

在实际中,聚类算法中形成的类与类之间并不是没有任何联系的,一个大类可能包含很多子类,子类又包含更多的小类。例如,在生物分类学中,整个生物界被分成各种门,门包含很多目,目又由很多科组成,直到特定的生物个体。这种生物学上分层次的聚类方法在科学活动中扮演着重要作用,也就是本节要讨论的层次聚类 (hierarchical clustering)。

考虑 n 个样本聚类成 c 类的情况。首先,将所有样本分成 n 类,每类正好含有一个样本。其次,将样本分成 $n-1$ 类,紧接着是 $n-2$ 类,这样下去直到所有样本都被分成 1 类。称聚类数目 $c = n - k + 1$ 对应层次结构的第 k 层,因此第 1 层对应 n 个类别而第 n 层对应 1 个类别。对层次结构的任意一层及该层中的任意两个样本,如果它们在该层中属于同一类,而且在更高的层次一直属于同一类,那么这样的序列称为 "层次聚类"。

最自然的表达 "层次聚类" 的方式就是树,也就是样本分组中的树图。它能体现各个样本是如何聚在一起的。图 8.5 给出的树图对应着 8 个样本时的简单情况。如果可以衡量不同类别之间的相似性,就可以在树图中加上对应的相似性标尺,如图 8.5 所示,竖向的坐标轴表示类和类之间的相似性标尺。在第 $k = 1$ 层,所有的 8 个点各自

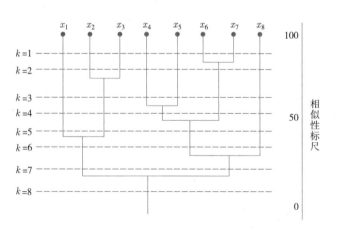

图 8.5   分层聚类的树图

成类。由于 x_6 和 x_7 最为相似，因此它们首先在 $k = 2$ 层合并，如此继续得到整个层次聚类的树图。另一种表达层次聚类的方式是集合，每个层次上的类都可能含有作为子类的集合，如图 8.6 所示。

层次聚类可以通过两种途径实现：合并和分裂。即自底向上还是自顶向下。合并的层次聚类首先将每个样本自成一类然后按照一定的准则逐渐合并，减少类别数，直到满足某个终止条件终止合并。分裂的层次聚类则是将所有的样本看成一类，然后逐渐划分为越来越小的类，直到满足终止条件。对合并方法来说，从一个层次到另一个层次所需的计算比较简单，但是如果样本过多而期望的类别数目又较少，此时所需计算较大。

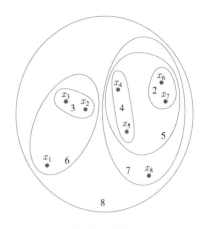

图 8.6　分层聚类的集合图

8.5.2　基于合并的层次聚类

基于合并的层次聚类 (merge-based Hierarchical clustering) 假设 c 是期望的最后聚类数目，其算法主要步骤如下。

(1) 初始分类，$k = 0$，每个样本自成一类，即 $D_i \leftarrow \{x_i\}$，$i = 1, 2, \cdots, n$，即 $c' = n$。

(2) 计算各类之间的距离 d，从而得到最接近的两个聚类 D_i 和 D_j。

(3) 合并 D_i 和 D_j，令 $k = k + 1$，$c' = c' - 1$，如果 $c = c'$，算法停止；否则返回步骤 (2)。

从以上的讨论可以看到，两个聚类之间距离度量的计算方法是层次聚类算法的基础，最常用的距离度量有以下几种：

$$d_{\min}(D_i, D_j) = \min_{\boldsymbol{x} \in D_i, \, \boldsymbol{x}' \in D_j} \|\boldsymbol{x} - \boldsymbol{x}'\| \tag{8 – 27}$$

$$d_{\max}(D_i, D_j) = \max_{\boldsymbol{x} \in D_i, \, \boldsymbol{x}' \in D_j} \|\boldsymbol{x} - \boldsymbol{x}'\| \tag{8 – 28}$$

$$d_{\mathrm{avg}}(D_i, D_j) = \frac{1}{n_i n_j} \sum_{\boldsymbol{x} \in D_i} \sum_{\boldsymbol{x}' \in D_j} \|\boldsymbol{x} - \boldsymbol{x}'\| \tag{8 – 29}$$

$$d_{\mathrm{mean}}(D_i, D_j) = \|\boldsymbol{m}_i - \boldsymbol{m}_j\| \tag{8 – 30}$$

上述这些距离度量可以使用欧氏距离、城区距离等，并且基于最小方差准则。

当使用 $d_{\min}$ 作为距离度量时，得到的聚类算法又称为 “最近邻算法”。一旦最近两个类的距离超过某个任意给定的阈值，算法就自动结束，这个方法又可以成为单连接算法。使用 $d_{\min}$ 计算集合与集合之间的距离，通过找到最近邻点来找到最近的子集，将集合 D_i 和集合 D_j 合并等价于在分别来自集合 D_i 和集合 D_j 同时又靠得最近的两个顶点上加了一条边。通过这样的过程，直到所有的子集连成一个大类，就得到了一个"生成树"。在这个生成树中，任意两个点都是连通的，并且边长度的和是所有生成树中最小的，因此这个算法也可以称为"最小生成树"算法。

当使用 $d_{\max}$ 作为距离度量时，得到的聚类算法又称为"最远邻算法"。一旦最近两个类的距离超过某个任意给定的阈值，算法就自动结束，这个算法也称为全连接算法。基于该算法的应用可以理解成一种图生成的过程，每一个类都可以构成一个完全的子图。两个类之间的最远距离由它们中距离最远的两个顶点决定，当最近的两个类合并时，就是将来自这两类的点对用边连接起来。

无论是使用 $d_{\min}$ 还是 $d_{\max}$，都是类与类之间距离的两个极端值，对噪声点和孤立点都是敏感的。d_{avg} 和 d_{mean} 便是对上述两种距离度量的一种折中。

上述的措施都是基于最小方差准则，适用于同一类紧凑且不同类分离的情况，如果不同类之间彼此接近，或者分布形状不是超球形的，那么得到的聚类结果可能并不理想。

8.5.3 逐步优化的层次聚类

在 8.5.2 小节，通过合并最靠近的两个子类来实现聚类过程，但是在这样的操作中，并未考虑最终得到的聚类结果是否能够使得准则函数取得极值。通过简单的修改，可以得到一个极值化准则函数逐步优化的层次聚类算法。算法的主要步骤如下。

(1) 初始分类，$k = 0$，每个样本自成一类，即 $D_i \leftarrow \{\boldsymbol{x}_i\}$，$i = 1, 2, \cdots, n$，令 $c' = n$。

(2) 寻找合并类，将准则函数改变为最小的聚类，例如 D_i 和 D_j。

(3) 合并 D_i 和 D_j，令 $k = k + 1$，$c' = c' - 1$，如果 $c = c'$，算法停止，否则返回步骤 (2)。

基于 $d_{\max}$ 的聚类方法可以看成一种逐步求精的例子，另一个简单的例子则是基于误差平方和的准则函数 J_e 的例子。如果发现有两个类，它们合并造成 J_e 的增加较少，就可以寻找最小的合并代价：

$$d_e(D_i, D_j) = \sqrt{\frac{n_i n_j}{n_i + n_j}} \|\boldsymbol{m}_i - \boldsymbol{m}_j\| \tag{8-31}$$

这个公式不仅考虑了类与类之间的距离，还考虑了类中所含样本的个数，倾向于将孤立点或较小的类与较大的类合并，最后的结果虽然不一定能够最小化 J_e，但可以为进一步的迭代优化提供非常好的初始点。

8.5.4 层次聚类的评估

层次聚类必须知道聚类的数目，需要预先设定相似度的阈值，对采用何种距离测度以及细节敏感，更为重要的是，只要将样本分到同一个类中，那么这个样本就不能更改类别归属, 尽管有可能被划分到更高级别的类中。

8.6 动态聚类法

在层次聚类和简单聚类中, 类中心一旦选定, 在后续的聚类过程中就不会改变。除了上述的聚类算法, 还有一种动态聚类 (dynamic clustering) 的方法, 其基本思想是: 首先, 选定

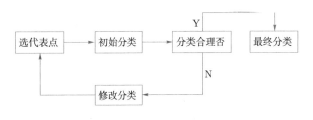

图 8.7 动态聚类算法的流程

某种距离作为样本间相似性度量; 其次, 确定评价聚类结果的准则函数; 最后, 给出某种初始分类, 并采用迭代法找出使得准则函数取得极值的最好聚类结果, 如图 8.7 所示。常见的动态聚类算法有 K 均值算法、ISODATA 算法和核聚类等。

8.6.1 K 均值聚类

已知样本集合 $X = \{\boldsymbol{x}_1, \cdots, \boldsymbol{x}_n\}$, $\boldsymbol{x}_j$ 是 d 维特征向量, $j = 1, 2, \cdots, n$; 已知类别数目 K 和初始聚类中心 $\boldsymbol{C}_i$; 相似性度量可以采用欧氏距离; 聚类准则采用误差平方和准则。K 均值聚类 (K-means clustering) 算法就是通过不断调整聚类中心, 使得误差平方和准则函数 J 取得极小值。

(1) 初始分类的聚类中心的选取方法

① 凭经验选代表点, 根据问题的性质、数据分布, 选取从直观上看来比较合理的代表点。

② 对于全部样本类, 计算每类的重心, 把这些重心作为每类的代表点。

③ 用前 K 个样本点作为代表点。

④ 按照密度大小选代表点, 以每个样本作为球心, 以 d 为半径做球形; 落在球内的样本数称为该点的密度, 并按密度大小排序。首先选密度最大的作为第一个代表点, 即第一个聚类中心。再考虑第二大密度点, 若第二大密度点距第一个代表点的距离大于 d_1 (人为规定的正数) 则把第二大密度点作为第二个代表点, 否则不能作为代表点, 这样按密度大小考察下去, 所选代表点间的距离都大于 d_1。d_1 太小, 代表点太多; d_1 太大, 代表点太少。一般选 $d_1 = 2d$。对代表点内的密度一般要求大于 T。$T > 0$ 为规定的一个正数。

(2) 初始分类和调整

① 选好一批代表点后, 代表点就是聚类中心, 计算其他样本到聚类中心的距离, 把所有样本归于最近的聚类中心点, 形成初始分类, 再重新计算各聚类中心, 称为成批处理法。

② 选好一批代表点后, 依次计算其他样本的归类, 当计算完第一个样本时, 把它归于最近的一类, 形成新的分类。再计算新的聚类中心, 再计算第二个样本到新的聚类中心的距离, 对第二个样本归类。即每个样本的归类都改变一次聚类中心。此法称为逐个处理法。

③ 直接用样本进行初始分类, 先规定距离 d, 把第一个样品作为第一类的聚类中心, 考察第二个样本, 若第二个样本到第一个聚类中心的距离小于 d, 就把第二个样本归于第一类, 否则第二个样本就成为第二类的聚类中心, 再考虑其他样本, 根据样本到聚类中心距离是否大于 d, 决定分裂还是合并。

④ 最佳初始分类: 如图 8.8 所示, 随着初始分类 K 的增大, 准则函数下降很快, 经过拐点 A 后, 下降速度减慢。拐点 A 就是最佳初始分类。

K 均值聚类算法本质就是优化误差平方和, 当 J 取得极小值, 算法终止。下面给出简单证明。已知样本集合 $X = \{\boldsymbol{x}_1 \cdots, \boldsymbol{x}_n\}$, $\boldsymbol{x}_j$ 是 d 维特征向量, $j = 1, 2, \cdots, n$; 已知类别数目 K 和聚类中心 C_i。K 均值聚类目标是最小化下式:

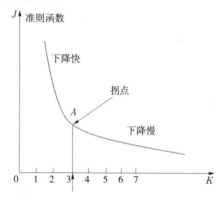

图 8.8 准则函数和聚类类别数关系

$$J_e = \sum_{i=1}^{K} \sum_{\boldsymbol{x} \in D_i} \|\boldsymbol{x} - \boldsymbol{C}_i\|^2 \qquad (8-32)$$

其中, D_i 表示包含属于第 i 类的样本。

设 $r = \{\boldsymbol{r}_1, \boldsymbol{r}_2, \cdots, \boldsymbol{r}_n\}$, 表示每一个样本属于哪个类, 其中 $\boldsymbol{r}_j$ 是一个长度为 K 的向量, 它只有 1 个成员是 1, 其他都是 0。

设 $\theta = \{\boldsymbol{C}_1, \boldsymbol{C}_2, \cdots, \boldsymbol{C}_K\}$, 则基于式 (8-32) 的目标函数, 可以推出:

$$J(\theta) = \sum_{j=1}^{n} \sum_{k=1}^{K} \boldsymbol{r}_j^k \|\boldsymbol{x}_j - \boldsymbol{C}_k\|^2 \qquad (8-33)$$

$$\theta = \underset{\theta}{\arg\min} J(\theta)$$

显然, 对于任意的 θ, 要满足上面的公式, r 必然满足:

$$\boldsymbol{r}_j^k = \begin{cases} 1, & k = \underset{k}{\arg\min} \|\boldsymbol{x}_j - \boldsymbol{C}_k\|^2 \\ 0, & \text{其他} \end{cases} \qquad (8-34)$$

基于式 (8-33) 的目标函数, 当且仅当对类中心 $\boldsymbol{C}_k$ 导数为 0 时, 可以取得最小值:

$$\frac{\partial J\left(\theta\right)}{\partial \boldsymbol{C}_k} = 2\sum_{j=1}^{n} \boldsymbol{r}_j^k \left(\boldsymbol{x}_j - \boldsymbol{C}_k\right) = 0 \tag{8-35}$$

此时:

$$\boldsymbol{C}_k = \frac{\displaystyle\sum_{j=1}^{n} \boldsymbol{r}_j^k \boldsymbol{x}_j}{\displaystyle\sum_{j=1}^{n} \boldsymbol{r}_j^k} \tag{8-36}$$

可见, 当目标函数收敛时, 属于该类所有样本的平均值便是类中心。

K 均值聚类算法的结果主要受如下选择的影响: 所选聚类的数目、聚类中心的初始分布、模式样本的几何性质和读入次序。算法得到的聚类结果是局部最优的。在实际应用中, 需要试探不同的 K 值和选择不同聚类中心的起始值。对于可以形成若干个相距比较远的孤立区域分布, 使用 K 均值聚类一般能够得到比较好的结果。同时, K 均值算法简单, 聚类结果也可以令人满意, 因此应用比较普遍。

8.6.2　ISODATA 算法

迭代自组织数据分析算法 (iterative self-organizing data analysis technique algorithm, ISODATA) 是目前应用比较广泛的一种聚类算法, 其聚类中心是通过样本均值的迭代运算来决定的。相较于 K 均值聚类法, 该算法在每次迭代过程中, 样本重新调整类别之后计算类内及类间的有关参数, 并和设定的阈值进行比较, 判断是将两类合并为一类还是将一类分裂成两类, 通过不断地迭代达到在各参数满足要求的条件下, 各样本到其类中心的距离平方和最小。

设样本集 $X = \{\boldsymbol{x}_1, \cdots, \boldsymbol{x}_n\}$, ISODATA 算法的具体步骤如下。

(1) 设置算法的初始层参数:

c 为预期的聚类中心数目; r 为初始聚类中心的数目 (不一定等于 c); θ_n 表示每个聚类中最少的样本数目, 若少于此数就不能作为一个独立的类; $\boldsymbol{\theta}_s$ 是一个聚类中样本标准差的最大值, 用来控制分裂; θ_D 是两个聚类中心之间距离的最小值, 用来控制合并; L 是每次迭代中允许合并的最多对数; T 是最大的迭代次数。

(2) 选择初始聚类中心, 可从样本集 X 中选择 r 个样本作为初始聚类中心 $\boldsymbol{v}_i$, $i = 1, 2, \cdots, r$。

(3) 根据最小距离准则将样本集 X 中每一个样本划分到某一类中, 即如果 $d(\boldsymbol{x}_j, \boldsymbol{x}_l) = \min\limits_{i}[d(\boldsymbol{x}_j, \boldsymbol{v}_i)]$, $j = 1, 2, \cdots, n$, 则 $\boldsymbol{x}_j \in w_l$。

(4) 依据 θ_n 判断聚类是否合并。如果 $w_i (i = 1, 2, \cdots, n)$ 中的样本数目 $n_i < \theta_n$, 则取消聚类 w_i, $r = r - 1$, 转入步骤 (3)。

(5) 将各类的样本均值作为各类的聚类中心: $\boldsymbol{v}_i = \dfrac{1}{n_i} \sum\limits_{\boldsymbol{x}_j \in w_i} \boldsymbol{x}_j, i = 1, 2, \cdots, r$。

(6) 计算各类样本到其聚类中心的平均距离。

$$\overline{d}_i = \frac{1}{n_i} \sum_{\boldsymbol{x}_j \in w_i} d(\boldsymbol{x}_j, \boldsymbol{v}_i), \quad i = 1, 2, \cdots, r$$

(7) 计算各个样本到其类内中心的总体平均距离: $\overline{d} = \dfrac{1}{n} \sum\limits_{i=1}^{r} n_i \overline{d}_i$。

(8) 根据当前的迭代次数 T_p 和聚类中心数目 r 判断停止、分裂或合并。

① 如果当前的迭代此数 T_p 已达到最大迭代次数 T, 则置 $\theta_D = 0$, 转入步骤 (12); 否则转入下一步。

② 如果 $r \leqslant \dfrac{c}{2}$, 则转入步骤 (9), 将已有的聚类分裂; 否则转入下一步。

③ 如果 $r \geqslant 2c$, 则不进行分裂处理, 转入步骤 (12); 否则转入下一步。

④ 如果 $\dfrac{c}{2} \leqslant r \leqslant 2c$, 则当迭代次数 T_p 是奇数时, 转入步骤 (9) 进行分裂处理; 当迭代次数 T_p 是偶数时, 转入步骤 (12) 进行合并处理。

(9) 计算各个类的类内样本的标准差 $\boldsymbol{\sigma}_i = (\boldsymbol{\sigma}_{1i}, \boldsymbol{\sigma}_{2i}, \cdots, \boldsymbol{\sigma}_{di})^{\mathrm{T}}, i = 1, 2, \cdots, r$, 其中, $\boldsymbol{\sigma}_i$ 的第 k 个分量为 $\boldsymbol{\sigma}_{ki} = \sqrt{\dfrac{1}{n_i} \sum\limits_{\boldsymbol{x}_j \in w_i} (\boldsymbol{x}_{kj} - \boldsymbol{v}_{ki})^2}, k = 1, 2, \cdots, d; i = 1, 2, \cdots, r$, 其中, k 为分量编号, i 为类的编号, d 为样本的维数, $\boldsymbol{x}_{kj}$ 是样本 $\boldsymbol{x}_j$ 的第 k 个分量, $\boldsymbol{v}_{ki}$ 是第 i 个聚类中心 $\boldsymbol{v}_i$ 的第 k 个分量。

(10) 求出每个聚类的类内样本标准差 $\boldsymbol{\sigma}_i$ 的最大分量。

$$\boldsymbol{\sigma}_{i\max} = \max_k [\boldsymbol{\sigma}_{ki}], \quad i = 1, 2, \cdots r$$

(11) 在 $\{\boldsymbol{\sigma}_{i\max}, i = 1, 2, \cdots, r\}$ 中, 如果 $\boldsymbol{\sigma}_{i\max} > \boldsymbol{\theta}_s$, 同时又满足以下两个条件之一: ① $\overline{d}_i > \overline{d}$ 和 $n_i > 2(\theta_n + 1)$, ② $r \leqslant \dfrac{c}{2}$, 则将聚类 w_i 分裂成两个聚类, 取消原来的聚类中心 $\boldsymbol{v}_i$ 并令 $r = r + 1$, 新的聚类中心 $\boldsymbol{v}_i^+$ 和 $\boldsymbol{v}_i^-$ 的计算方法如下: 在 $\boldsymbol{v}_i$ 中对应于 $\boldsymbol{\sigma}_{i\max}$ 的分量加上 (减去)$K\boldsymbol{\sigma}_{i\max}$, 其他分量不变, 其中 $0 < K \leqslant 1$。分裂后, $T_p = T_p + 1$, 转入步骤 (3), 否则转入下一步。

(12) 计算各个聚类中心之间的距离。

$$D_{st} = d(\boldsymbol{v}_s, \boldsymbol{v}_t), \quad s = 1, 2, \cdots, r - 1, \ t = s + 1, \cdots, r$$

(13) 依据 θ_D 判断是否进行合并处理。比较 D_{st} 与 θ_D, 将小于 θ_D 的那些 D_{st} 按递增顺序排列, 并取前 L 个, 即 $D_{s_1 t_1} \leqslant D_{s_2 t_2} \leqslant \cdots \leqslant D_{s_L t_L}$。

(14) 从最小的 D_{st} 开始, 将相应的两个类合并。如果原来的两个聚类中心为 $\boldsymbol{v}_s$ 和 $\boldsymbol{v}_t$, 则合并后的新聚类中心为 $\boldsymbol{v}_l = \dfrac{n_s \boldsymbol{v}_s + n_t \boldsymbol{v}_t}{n_s + n_t} (l = 1, 2, \cdots, L)$, 并令 $r = r - L$。

(15) 如果迭代次数 T_p 已达到最大的迭代次数 T, 则算法结束; 否则, $T_p = T_p + 1$, 如果需要改变输入参数, 转入步骤 (1); 否则转入步骤 (3)。

8.6.3 核聚类

在 K 均值聚类算法中, 仅使用一个聚类中心作为一类的代表, 而一个点并不能很好地反映出该类的样本分布结构。此外, K 均值聚类算法当类的分布是球状或近似球状时, 才能有较好的效果, 但是对于各类椭圆式分布, 效果并不好。这时, 可以使用核聚类 (kernel clustering) 算法。

如果已知各类样本分布, 那么可以利用这些知识进行聚类。已知样本集合 $X = \{\boldsymbol{x}_1, \cdots, \boldsymbol{x}_n\}$, 类别数 c, 基于样本与核的相似性度量准则函数为:

$$J = \sum_{i=1}^{c} \sum_{\boldsymbol{x} \in D_i} d(\boldsymbol{x}, \boldsymbol{K}_i) \tag{8-37}$$

其中, $K = \{\boldsymbol{K}_1, \boldsymbol{K}_2, \cdots, \boldsymbol{K}_c\}$ 为核集, $D = \{D_1, D_2, \cdots, D_c\}$ 是 X 划分的 c 类子集, d 表示某种相似性测度。算法过程就是不断调整核集 K 和子集 D, 最终使准则函数 J 取得极小值的过程, 具体的算法步骤如下。

(1) 初始化, 将样本集 X 划分成 c 类, 并确定每类的初始核 $\boldsymbol{K}_j, j = 1, 2, \cdots, c$。

(2) 计算每个样本与所有核的相似性度量 $d(\boldsymbol{x}_i, \boldsymbol{K}_j)$, 并将样本划分到 $d(\boldsymbol{x}_i, \boldsymbol{K}_j)$ 最小的类别中。

(3) 重新修正核 $\boldsymbol{K}_j, j = 1, 2, \cdots, c$, 如果所有的核都保持不变, 则算法结束; 否则转到步骤 (2)。

实践证明, 只要选择合适的核函数, 核聚类算法都可以取得合理的聚类, 拟合不同样本的数据分布。实际上, K 均值聚类是当核函数取均值向量时的特殊情况下的核聚类。

为了进一步说明核聚类算法, 下面介绍两种核函数和相似性度量。

(1) 正态核函数 (normal kernel function)

已知某类的分布为正态分布时, 可以使用正态分布函数作为核函数:

$$\boldsymbol{K}_i(\boldsymbol{x}_k, \boldsymbol{V}_i) = \frac{1}{(2\pi)^{\frac{d}{2}} |\boldsymbol{C}|^{\frac{1}{2}}} \exp\left[-\frac{1}{2}(\boldsymbol{x}_k - \widehat{\boldsymbol{\mu}}_i)^{\mathrm{T}} \boldsymbol{C}^{-1} (\boldsymbol{x}_k - \widehat{\boldsymbol{\mu}}_i)\right] \tag{8-38}$$

其中, $\boldsymbol{V}_i = (\widehat{\boldsymbol{\mu}}_i, \boldsymbol{C}_i)$, $\widehat{\boldsymbol{\mu}}_i$ 是子集 D_i 的均值, C 是子集 D_i 的协方差矩阵, d 是样本 $\boldsymbol{x}_k$ 的维数。利用正态分布的贝叶斯最小错误概率判别规则时, 相似度为:

$$d(\boldsymbol{x}_k, \boldsymbol{K}_i) = \frac{1}{2}(\boldsymbol{x}_k - \widehat{\boldsymbol{\mu}}_i)^{\mathrm{T}} \boldsymbol{C}^{-1}(\boldsymbol{x}_k - \widehat{\boldsymbol{\mu}}_i) + \frac{1}{2}\ln|\boldsymbol{C}| \tag{8-39}$$

(2) 主轴核函数 (principal axis kernel function)

当已知各类样本分别在相应主轴附近分布时, 即各类样本分别有各自的主要特征, 可以定义核函数:

$$K_j(\boldsymbol{x}, \boldsymbol{V}_j) = \boldsymbol{U}_j^{\mathrm{T}} \boldsymbol{x} \tag{8-40}$$

其中, $\boldsymbol{U}_j = \{u_1, u_2, \cdots, u_{dj}\}$ 是样本协方差矩阵 $\boldsymbol{C}$ 的 d_j 个最大特征值所对应的本征向量集矩阵。此时, 任一样本 $\boldsymbol{x}$ 与一个轴 $\boldsymbol{U}_j$ 之间的相似程度可以用如下公式来衡量:

$$d_L^2(\boldsymbol{x}, \boldsymbol{K}_j) = \left[(\boldsymbol{x} - \widehat{\boldsymbol{\mu}}_j) - \boldsymbol{U}_j\boldsymbol{U}_j^{\mathrm{T}}(\boldsymbol{x} - \widehat{\boldsymbol{\mu}}_j)\right]^{\mathrm{T}} \left[(\boldsymbol{x} - \widehat{\boldsymbol{\mu}}_j) - \boldsymbol{U}_j\boldsymbol{U}_j^{\mathrm{T}}(\boldsymbol{x} - \widehat{\boldsymbol{\mu}}_j)\right] \tag{8-41}$$

8.7 基于密度峰值聚类算法

2014 年, Alex Rodriguez 和 Alessandro Laio 在 *Science* 上的文章 *Clustering by fast search and find of density peaks* 中提出了一种基于密度峰值的聚类算法, 思想简洁新颖, 所需参数少, 不需要进行迭代求解, 而且具有可扩展性。该文章的核心思想在于对聚类中心的刻画上, 从高局部密度区域寻找类中心。

该文章基于以下的假设: 对于一个数据集, 聚类中心被一些低局部密度的数据点包围, 而且这些低局部密度点到其他高局部密度点的距离都比较大。在上述假设中, 算法主要计算两个量: 局部密度 ρ_i 和与高密度点的距离 δ_i。

考虑待聚类的数据集 $S = \{\boldsymbol{x}_i, i = 1, 2, \cdots, N\}$ 为相应指标集, $d_{ij} = \mathrm{dist}(\boldsymbol{x}_i, \boldsymbol{x}_j)$ 表示数据点 $\boldsymbol{x}_i$ 和 $\boldsymbol{x}_j$ 之间的某种距离。对于 S 中的任何数据点 $\boldsymbol{x}_i$ 可以定义其局部密度 ρ_i 和与高密度点的距离 δ_i。

局部密度 ρ_i 的定义:

$$\rho_i = \sum_j \chi(d_{ij} - d_c) \tag{8-42}$$

其中, 参数 $d_c > 0$ 称为截断距离, 需由用户事先指定, 函数 χ 为:

$$\chi(x) = \begin{cases} 1, & x < 0 \\ 0, & x \geqslant 0 \end{cases} \tag{8-43}$$

由公式可知, ρ_i 表示与第 i 个数据点的距离小于截断距离 d_c 的数据点个数。

距离 δ_i, 设 $\{q_i, i = 1, 2, \cdots, N\}$ 表示 $\{\rho_i, i = 1, 2, \cdots, N\}$ 的一个降序排列, 那么可以定义:

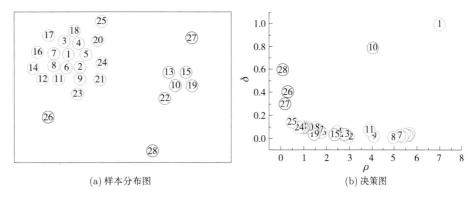

图 8.9　决策图示意

$$\delta_{q_i} = \begin{cases} \min\limits_{q_j,\, j<i}\{d_{q_i q_j}\}, & i \geqslant 2 \\ \max\limits_{j \geqslant 2}\{d_{q_i q_j}\}, & i = 1 \end{cases} \tag{8-44}$$

那么当 $\boldsymbol{x}_i$ 具有最大局部密度时, δ_i 表示 S 中与 $\boldsymbol{x}_i$ 距离最大的数据点与 $\boldsymbol{x}_i$ 的距离; 否则, δ_i 表示在所有局部密度大于 $\boldsymbol{x}_i$ 的数据点中, 与 $\boldsymbol{x}_i$ 距离最小的数据点与 $\boldsymbol{x}_i$ 的距离。

至此, 对于 S 中的每一数据点 $\boldsymbol{x}_i$ 可为其计算 ρ_i, δ_i, $i = 1, 2, \cdots, N$。考虑图 8.9 的例子, 其中包含 28 个二维数据点, 将二元对 $\{(\rho_i, \delta_i)\}_{i=1}^{28}$ 在平面上画出来 (以 ρ 为横轴, 以 δ 为纵轴)。

容易发现, 第 1 号和第 10 号数据点由于同时具有较大的 ρ 和 δ 值, 在数据集中比较突出, 同时也恰好是图 8.9(a) 中所示数据集的两个聚类中心。此外, 编号为 26、27、28 的三个数据点在图 8.9(a) 中 δ 值很大, 但 ρ 值很小, 是数据集中的"离群点 (outlier)"。

图 8.9(b) 对确定聚类中心具有决定作用, 因此也将这种由 (ρ_i, δ_i) 对应的图称为决策图。这种算法有个明显的特点, 就是不需要迭代就可以将数据划分为合适的类, 而且不需要事先指定 c 的值和中心点, 相比较 K 均值算法开始之前的经验成分会少一点。不过, 在上述确定聚类中心的过程中, 采用的是定性分析而不是定量分析, 并且包含了主观因素。

8.8　聚类结果的评价

前面介绍的聚类算法的共同特点是, 给数据集 X 一个聚类结构, 然后使用算法对集合 X 进行聚类, 产生的结果并不一定能准确表示 X 的结构。因此在应用聚类分析之前, 需要了解数据集 X 是否具有聚类结构。如果 X 可以进行聚类, 一般的聚类算法都需要知道一些特定超参数的值, 如果这些值不能被正确估计, 可能会导致不正确的聚类结构。

在聚类过程中, 对中间结果的评价可以帮助人们进一步认识数据集 X 的结构, 从而修改超参数或者选择不同的聚类算法。特别是样本的模式特征一般具有较高的维度, 并不能直观展示最后的聚类结果, 需要以一定的方式对结果进行评价。在实际应用中, 常见的评估指标有。

① 类间距离: 不同聚类之间的距离越大表示聚类的结果越好。

② 类的样本数量: 如果聚类结果中某一类样本过少, 这时需要查看这些样本是否是噪声样本。

③ 类内距离: 类内之间的方差越小, 表示同一类中的样本越相似。

④ 类内最远距离: 某一类中的样本到聚类中心距离的最大值过大, 说明这一类可能需要继续拆分。

除了在聚类结束之后, 利用上述指标对结果进行评价, 同样可以在聚类的过程中嵌入评估指标。下面给出一个例子。

在聚类算法的迭代过程中, 需要使聚类结果的某个参数最小。假设类 S_i 和 S_j 各自的类内离散度 D_{ii} 和 D_{jj}, 类 S_i 和类 S_j 相互之间的距离 D_{ij}, 那么类 S_i 和类 S_j 之间的相似度:

$$R_{ij} = \frac{D_{ii} + D_{jj}}{D_{ij}} \tag{8-45}$$

如果 $D_{jj} = D_{kk}$ 且 $D_{ij} < D_{ik}$, 则 $R_{ij}(D_{ii}, D_{jj}, D_{ij}) > R_{ik}(D_{ii}, D_{kk}, D_{ik})$, 表明当类内离散度相同时, 类的间距越大说明相似度越小; 若 $D_{jj} > D_{kk}$ 且 $D_{ij} = D_{ik}$, 则 $R_{ij}(D_{ii}, D_{jj}, D_{ij}) > R_{ik}(D_{ii}, D_{kk}, D_{ik})$, 表明类间间距相同时, 类内离散度越大说明相似度越大。开始迭代时, 类数的初始值应该取大一些, 在每次分配样本之后, 计算相似度 $R_{ij} = \frac{(D_{ii} + D_{jj})}{D_{ij}}$, 计算类 S_i 与其他类的最大相似度 $R_i = \max\{R_{ij}\}$, 所有类的最大相似度的平均值 $\overline{R} = \frac{\sum R_i}{N_C}$。记录每一次迭代的 $\overline{R}$ 值, 其中 $\overline{R}$ 最小的结果是最客观的。

8.9 聚类算法的应用

在很多的应用中, 聚类是主要的工具。在现实世界中, 存在着大量未标记的数据, 聚类分析便是在模式识别任务中经常用于处理一些数据的方法。总结下来, 聚类应用主要有四个基本方向。

(1) 减少数据: 许多时候, 在模式识别任务重, 需要处理的数据量 N 很大时, 直接处理既耗费时间又有可能结果不理想。此时可以使用聚类分析的方式, 将数据分成 $m(m \ll N)$ 类, 并且每一类都可以当作独立实体进行分析。例如, 在数据传输中, 可以为每一个类定义一个描述符, 这样就可以传输相应的描述符代替传输数据样本。

(2) 假说生成: 对于一个未知结构的数据集, 可以使用聚类分析, 推导出数据性质的一些假说。在这里, 聚类作为建议假说的媒介, 必须使用其他数据集验证这些假说。

(3) 假设检验: 在这种情况下, 使用聚类分析验证假说的有效性。例如, 考虑下面一个说法: "大公司投资海外"。验证这个假说是否正确的一种方法是对大公司和有代表性的公司进行聚类分析。在进行聚类分析后, 如果规模大并且投资海外的公司可以形成一类, 那么聚类分析支持这个假说。

(4) 基于分组的预测: 在这种情况下, 使用聚类算法对现有数据集进行分析, 用形成该类的样本特征表示该类。在后续给定一个未知的样本, 便可以决定它最可能属于哪一类。例如, 对一个被同种疾病感染的患者数据集进行聚类分析, 可以根据对指定药物的反应生成患者类。那么对于一个新患者, 可以根据他的药物反应来识别他最适合的类别。

第9章 模糊模式识别法

9

9.1 隶属度函数

隶属度函数 (fuzzy membership function) 是模糊集理论中的一个重要概念, 它是模糊集理论和方法应用的基础。本节将以隶属度函数为切入点, 介绍模糊集理论的一些基础知识。

9.1.1 背景介绍

经典的集合论通常以二值逻辑为基础, 即一个论域中的元素 x 要么属于集合 A, 其特征函数取值为 1; 要么不属于集合 A, 其特征函数取值为 0。但这只是对事物关系的 "简化", 人们对事物的认识往往并不只是二值逻辑的, 而是常用连续的逻辑表示, 即元素 x 可以以一定程度属于集合 A, 也可以同时以不同程度属于多个集合。

基于此种认识, 1965 年美国加利福尼亚大学伯克利分校控制论专家扎德 (Zadeh) 正式提出了模糊集 (fuzzy sets) 理论, 并建立了模糊数学学科。模糊数学自建立起就在多个领域产生了重要的应用, 并衍生出一些新的学科分支, 例如模糊控制理论、模糊神经网络和模糊模式识别等。模糊数学在模式识别领域的应用可以大致分为两种: 一是针对特定的模糊模式识别问题设计对应的模糊模式识别系统; 二是应用模糊数学对传统模式识别方法进行改进。但是要理解这些, 首先要了解模糊数学的一些基本概念和方法, 本节接下来的内容会对此进行介绍。

9.1.2 隶属度函数

经典集合论中一个元素 x 与一个集合 A 的关系只存在两种: $x \in A$ 或 $x \notin A$。这时可以通过特征函数来刻画, 每个集合 A 都有一个特征函数 $C_A(x)$, 其定义如下:

$$C_A(x) = \begin{cases} 1, & x \in A \\ 0, & x \notin A \end{cases} \tag{9-1}$$

如图 9.1(a) 所示。模糊数学将上面的二值逻辑 $\{0, 1\}$ 推广至连续值逻辑 $[0, 1]$, 因此也必须把特征函数作对应的推广, 即隶属度函数。通常用 $\mu_{\widetilde{A}}(x)$ 来表示。给定论域 $X = \{x\}$ 上的一个模糊子集 $\widetilde{A}$, 定义隶属度函数 $\mu_{\widetilde{A}}(x)$ 为一映射:

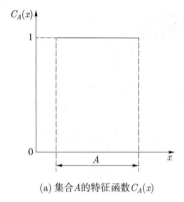

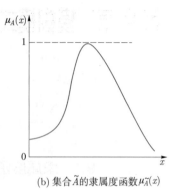

(a) 集合 A 的特征函数 $C_A(x)$

(b) 集合 $\widetilde{A}$ 的隶属度函数 $\mu_{\widetilde{A}}(x)$

图 9.1 特征函数与隶属度函数

$$\mu_{\widetilde{A}}(x) : X \to [0,1]$$

$$x \mapsto \mu_{\widetilde{A}}(x) \tag{9-2}$$

隶属度函数表示一个元素 x 属于集合 $\widetilde{A}$ 的程度, 取值范围为 $[0,1]$, 如图 9.1(b) 所示。$\mu_{\widetilde{A}}(x) = 0$ 时表示元素 x 完全不属于集合 $\widetilde{A}$, 相当于传统集合论中的 $x \notin \widetilde{A}$; $\mu_{\widetilde{A}}(x) = 1$ 时表示元素 x 完全属于集合 $\widetilde{A}$, 相当于传统集合论中的 $x \in \widetilde{A}$; $0 < \mu_{\widetilde{A}}(x) < 1$ 时表示元素 x 属于集合 $\widetilde{A}$ 的程度介于 "属于" 和 "不属于" 之间, 即是模糊的。

9.1.3 模糊子集

从上面的描述可以看出, 一个定义在空间 $X = \{x\}$ 上的隶属度函数就可以定义一个模糊集合 $\widetilde{A}$, 把这个集合 $\widetilde{A}$ 叫作定义在空间 $X = \{x\}$ 上的一个模糊子集。当 $\mu_{\widetilde{A}}(x)$ 的值域为 $\{0,1\}$ 时, 模糊集合 $\widetilde{A}$ 就会退化为传统的集合, 此时可以叫作确定集合或者脆集合。对于有限个元素 $x_1, x_2, \cdots, x_n$, 模糊集合 $\widetilde{A}$ 可以有以下三种表示方法。

(1) 序偶表示法 (ordered pair representation):

$$\widetilde{A} = \{(\mu_{\widetilde{A}}(x_i), x_i)\} \tag{9-3}$$

(2) 扎德表示法 (zadeh representation):

$$\widetilde{A} = \bigcup_i \mu_i / x_i \tag{9-4}$$

这里的 μ_i / x_i 并不是分数, 只有符号意义, 它表示点 x_i 对模糊集 $\widetilde{A}$ 的隶属度为 μ_i。

(3) 向量表示法 (vector representation):

$$\widetilde{A} = (\mu_{\widetilde{A}}(x_1), \mu_{\widetilde{A}}(x_2), \cdots, \mu_{\widetilde{A}}(x_n)) \tag{9-5}$$

而对于连续量 $\boldsymbol{x}$ 或不可数集合 X, 模糊子集 $\widetilde{A}$ 可以表示为:

$$\widetilde{A} = \int_{\boldsymbol{x} \in X} \mu_{\widetilde{A}}(\boldsymbol{x}) / \boldsymbol{x} \tag{9-6}$$

其中, $\int$ 不是与求积分, 而是各元素与隶属度函数对应关系的总括。

空间 X 中 $\widetilde{A}$ 的隶属度大于 0 的元素的集合叫作模糊集 $\widetilde{A}$ 的支持集 $S(\widetilde{A})$, 即 $S(\widetilde{A}) = \{x | x \in X, \mu_{\widetilde{A}}(x) > 0\}$。支持集中的元素称作模糊集 $\widetilde{A}$ 的支持点, 在不严格的情况下也可直接称作模糊集 $\widetilde{A}$ 的元素。

λ 水平截集 (λ level set): 给定模糊集 $\widetilde{A}$, 对任意 $\lambda \in [0,1]$, 称普通集 $A_\lambda = \{x | x \in X, \mu_{\widetilde{A}}(x) \geqslant \lambda\}$ 为 $\widetilde{A}$ 的水平截集。

水平截集把模糊集转化为普通集:

$$C_{A_\lambda}(x) = \begin{cases} 1, & \mu_{\widetilde{A}}(x) \geqslant \lambda \\ 0, & \mu_{\widetilde{A}}(x) < \lambda \end{cases} \tag{9-7}$$

若把条件改为 $\mu_{\widetilde{A}}(x) > \lambda$, 则成为强 λ 截集。

9.1.4 模糊集基本操作

由于模糊集中没有传统集合论中的点与集合之间的绝对属于关系, 所以其基本操作的定义只能以隶属度函数间的关系来确定。设 $\widetilde{A}$ 和 $\widetilde{B}$ 是论域 $X = \{x\}$ 中的两个模糊子集, 则可以定义:

(1) $\widetilde{A} = \varPhi \Leftrightarrow \forall x \in X, \mu_{\widetilde{A}}(x) = 0$;

(2) $\widetilde{A} = \widetilde{B} \Leftrightarrow \forall x \in X, \mu_{\widetilde{A}}(x) = \mu_{\widetilde{B}}(x)$;

(3) $\widetilde{A}' \Leftrightarrow \forall x \in X, \mu_{\widetilde{A}'}(x) = 1 - \mu_{\widetilde{A}}(x)$;

(4) $\widetilde{A} \subseteq \widetilde{B} \Leftrightarrow \forall x \in X, \mu_{\widetilde{A}}(x) \leqslant \mu_{\widetilde{B}}(x)$。

集合之间的基本运算包括交与并, 同样可以使用隶属度函数来定义:

(5) $\widetilde{C} = \widetilde{A} \cup \widetilde{B} \Leftrightarrow \forall x \in X, \mu_{\widetilde{C}}(x) = \max(\mu_{\widetilde{A}}(x), \mu_{\widetilde{B}}(x))$;

(6) $\widetilde{D} = \widetilde{A} \cap \widetilde{B} \Leftrightarrow \forall x \in U, \mu_{\widetilde{D}}(x) = \min(\mu_{\widetilde{A}}(x), \mu_{\widetilde{B}}(x))$。

以一维连续的隶属度函数为例, 上面提到的部分基本操作如图 9.2 所示。

在普通集合中成立的各种性质, 除个别外, 其他对模糊集合依然有效。运算的基本性质如下:

(1) 幂等律: $\widetilde{A} \cup \widetilde{A} = \widetilde{A}$, $\widetilde{A} \cap \widetilde{A} = \widetilde{A}$

(2) 交换律: $\widetilde{A} \cup \widetilde{B} = \widetilde{B} \cup \widetilde{A}$, $\widetilde{A} \cap \widetilde{B} = \widetilde{B} \cap \widetilde{A}$

(3) 结合律: $\left(\widetilde{A} \cup \widetilde{B}\right) \cup \widetilde{C} = \widetilde{A} \cup \left(\widetilde{B} \cup \widetilde{C}\right)$, $\left(\widetilde{A} \cap \widetilde{B}\right) \cap \widetilde{C} = \widetilde{A} \cap \left(\widetilde{B} \cap \widetilde{C}\right)$

(4) 分配律: $\widetilde{A} \cap \left(\widetilde{B} \cup \widetilde{C}\right) = \left(\widetilde{A} \cap \widetilde{B}\right) \cup \left(\widetilde{A} \cap \widetilde{C}\right)$, $\widetilde{A} \cup \left(\widetilde{B} \cap \widetilde{C}\right) = \left(\widetilde{A} \cup \widetilde{B}\right) \cap \left(\widetilde{A} \cup \widetilde{C}\right)$

(5) 对偶律: $\left(\widetilde{A} \cup \widetilde{B}\right)' = \widetilde{A}' \cap \widetilde{B}'$, $\left(\widetilde{A} \cap \widetilde{B}\right)' = \widetilde{A}' \cup \widetilde{B}'$

(6) 一般互补律不成立: $\widetilde{A} \cap \widetilde{A}' \neq \varPhi$

上述模糊集合的运算性质都可以直接通过它们的隶属度函数得到证明。

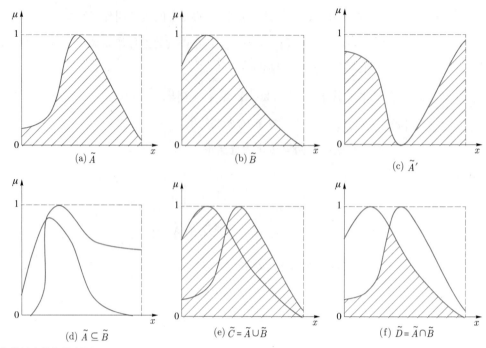

图 9.2 模糊集的基本操作示意图

9.2 模糊特征和模糊分类

9.2.1 模糊化的特征

模糊化的特征就是力图使用接近自然语言的方式来定义特征, 一般的做法是人为地或者使用某种规则把原来由连续量数值表示的"特征" x (一个或多个), 分成多个模糊变量, 每个模糊变量表达原特征的某一局部特性。例如人的体重这个特征, 原来是用 kg 值来衡量, 现在根据需要将其分为 "偏轻""中等" 和 "偏重"三个模糊特征, 每个模糊特征是一个表示类别隶属程度的新的连续变量, 如图 9.3 所示。这种做法常被称作 $1 - \text{of} - N$ 编码, 在模糊模式识别中经常用到。

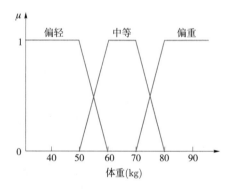

图 9.3 体重的 $1 - \text{of} - N$ 编码

9.2.2 分类结果的模糊化

传统的模式识别中分类就是将样本集合分成若干个子集, 而如果用模糊子集来代替确定子集, 那么就可以得到模糊的分类结果, 也可以说是将分类的结果进行了模糊化。

在模糊化的分类结果中, 输出的不再是 "样本属于类", 而是 "样本属于类的程度是多少"。这种分类结果的模糊化主要会带来以下三点好处: 一是保留了分类结果的不确定性, 保留了更多有用信息; 二是模糊化的分类结果更加有利于用户自己进一步的分析; 三是如果该分类是多级的, 即下一级的分类决策会依赖于本系统的分类结果和其他系统的分类结果, 则模糊化的分类结果由于具有更多的信息, 通常会更有利于后续级别的分类。

结果的模糊化并没有固定的方法, 通常是参考到类中心距离、到分界面距离、相似性度量等, 并结合有关知识, 依据所用分类器进行设计。

9.3 特征的模糊评估

在分类问题中, 特征的选择和提取是关键, 要选择能够更好地反映分类信息的特征。但是如何评价所得到的特征就是一个问题。而模糊数学的发展为这个问题的解决提供了一个新的思路, 即把模糊集的模糊程度作为特征衡量分类表现的评价指标, 也就是评价这些特征将类别分开的难易程度。

9.3.1 模糊距离

设 $\widetilde{A}$ 和 $\widetilde{B}$ 为空间上的两个模糊集, 那么如何定量描述两个模糊集合的接近程度呢? 研究人员提出了两种最常用的模糊距离 —— 汉明距离和欧氏距离, 分别表示为:

$$d(\widetilde{A}, \widetilde{B}) = \sum_{i=1}^{n} \left| \mu_{\widetilde{A}}(x_i) - \mu_{\widetilde{B}}(x_i) \right| \tag{9-8}$$

$$d(\widetilde{A}, \widetilde{B}) = \left[\sum_{i=1}^{n} (\mu_{\widetilde{A}}(x_i) - \mu_{\widetilde{B}}(x_i))^2 \right]^{1/2} \tag{9-9}$$

9.3.2 模糊集的模糊度

有了模糊距离的定义, 就可以进一步地定义模糊集的模糊程度: 若模糊集 $\widetilde{A}$ 有 n 个支持点, 用它与强 $1/2$ 截集 $\widetilde{A}_{1/2}$ 之间的距离来度量它的模糊程度:

$$\gamma(A) = \frac{2}{n^{1/k}} d(\widetilde{A}, \widetilde{A}_{1/2}) \tag{9-10}$$

也可以把模糊度看作一个映射:

$$\gamma : F(X) \to [0, 1]$$
$$\widetilde{A} \to \gamma(\widetilde{A}) \tag{9-11}$$

满足:

(1) $\gamma(\widetilde{A}) = 0 \Leftrightarrow \widetilde{A}$ 为确定集;

174

(2) $\gamma(\widetilde{A}) = 1 \Leftrightarrow \forall x \in X, \mu_{\widetilde{A}}(x) = 1/2$;

(3) 若 $\forall x \in X, \mu_{\widetilde{A}}(x) \leqslant \mu_{\widetilde{B}}(x) \leqslant 1/2$ 或 $\mu_{\widetilde{A}}(x) \geqslant \mu_{\widetilde{B}}(x) \geqslant 1/2$, 则 $\gamma(\widetilde{A}) \leqslant \gamma(\widetilde{B})$;

(4) $\gamma(\widetilde{A}') = \gamma(\widetilde{A})$。

式 (9–10) 中的 k 就是为了保证 $\gamma(\widetilde{A})$ 的值在 $[0,1]$ 区间, 若采用汉明距离, 则 $k = 1$, 公式表示为:

$$\gamma(\widetilde{A}) = \frac{2}{n} \sum_{i=1}^{n} \left| \mu_{\widetilde{A}}(x_i) - \mu_{\widetilde{A}_{1/2}}(x_i) \right| \tag{9-12}$$

若采用欧氏距离, 则 $k = 2$, 公式表示为:

$$\gamma(\widetilde{A}) = \frac{2}{\sqrt{n}} \left[\sum_{i=1}^{n} (\mu_{\widetilde{A}}(x_i) - \mu_{\widetilde{A}_{1/2}}(x_i))^2 \right]^{1/2} \tag{9-13}$$

9.3.3 模糊集的熵模糊度

首先定义模糊集 $\widetilde{A}$ 的熵为:

$$H(\widetilde{A}) = \frac{1}{n \ln 2} \sum_{i=1}^{n} S_n \left(\mu_{\widetilde{A}}(x_i) \right) \tag{9-14}$$

其中:

$$S_n \left(\mu_{\widetilde{A}}(x_i) \right) = -\mu_{\widetilde{A}}(x_i) \ln \mu_{\widetilde{A}}(x_i) - \left(1 - \mu_{\widetilde{A}}(x_i) \right) \ln \left(1 - \mu_{\widetilde{A}}(x_i) \right) \tag{9-15}$$

从上面的公式可以得到它具有如下性质:

(1) 若对 $\forall x_i, i = 1, 2, \cdots, n$, 有 $\mu_{\widetilde{A}}(x_i) = 0$ 或 $\mu_{\widetilde{A}}(x_i) = 1$, 即 $\widetilde{A}$ 为确定集, 则 $\gamma(\widetilde{A})$ 和 $H(\widetilde{A})$ 都取得其最小值 0, 此时模糊程度最小;

(2) 若对 $\forall x_i, i = 1, 2, \cdots, n$, 都有 $\mu_{\widetilde{A}}(x_i) = 1/2$, 则 $\gamma(\widetilde{A})$ 和 $H(\widetilde{A})$ 都取得其最大值 1, 此时模糊程度最大。

9.3.4 模糊集的 π 度

隶属度函数有多种形式, 最常用的两种是 S 形函数和 π 形函数。S 形函数是一种从 0 到 1 单调增长的函数, 通常可由 a, b, c 三个参数确定, Zadeh 定义的标准 S 形函数为:

$$\mu_S(x_i; a, b, c) = \begin{cases} 0, & x_i \leqslant a \\ 2\left[(x_i - a)/(c - a)\right]^2, & a < x_i \leqslant b \\ 1 - 2\left[(x_i - a)/(c - a)\right]^2, & b < x_i \leqslant c \\ 1, & x_i > c \end{cases} \tag{9-16}$$

其中, $b = (a + c)/2$, 且在 $x_i = b$ 时, 隶属度 $\mu_S(b) = 0.5$。

π 形函数是指 "中间高两边低" 的函数, 标准的 π 形函数定义为:

$$\mu_\pi(x_i; a, c, a') = \begin{cases} \mu_S(x_i; a, b, c), & x_i \leqslant c \\ 1 - \mu_S(x_i; c, b', a'), & x_i > c \end{cases}$$

$$(9-17)$$

其中, $c = (a + a')/2$ 为中心点, 当 $x_i = c$ 时, $\mu_\pi(x_i) = 1$; $b = (a + c)/2$, $b' = (c + a')/2$, 且当 $x_i = b$ 或 $x_i = b'$ 时, $\mu_\pi(x_i) = 0.5$。S 形函数和 π 形函数的图形如图 9.4 所示。

如果模糊集的隶属度函数为 π 形函数, 则它的模糊度称作 π 度, 表示为:

$$\pi(\widetilde{A}) = \frac{1}{n} \sum_{i=1}^{n} \mu_\pi(x_i) \qquad (9-18)$$

通过上面定义的模糊程度度量就可以建立特征的评价指标, 基本思想是, 根据各类已知样本对每一个特征定义某种合理的隶属度函数, 构造相应的模糊集, 用它们的模糊程度作为特征的评价。

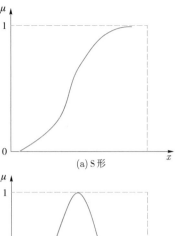

(a) S 形

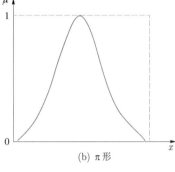

(b) π 形

图 9.4　S 形隶属度函数和 π 形隶属度函数

9.4　模糊 K 均值聚类

本书第 8 章介绍了 K 均值聚类, 即通过迭代的方法将 n 个样本分配到 c 个类别中, 使得各个样本与其所在类均值的误差平方和最小, 也就是最小化损失函数:

$$J_e = \sum_{i=1}^{c} \sum_{y \in \Gamma_i} \| y - m_i \|^2 \qquad (9-19)$$

其中, m_i 是第 i 类的均值, $y \in \Gamma_i$ 表示所有属于第 i 类的样本。K 均值聚类算法是一种典型的基于欧氏距离的硬聚类算法。本节将把其推广到模糊分类, 从而得到模糊 K 均值方法。

9.4.1　模糊 K 均值聚类算法

首先, 定义有关符号: $\{x_i, i = 1, 2, \cdots, n\}$ 是由 n 个样本组成的样本集合, c 是设定的类别数, $m_j, j = 1, 2, \cdots, c$ 为这 c 个类别的均值 (聚类中心), $\mu_j(x_i)$ 表示样本 x_i 对于类别 j 的隶属度。则模糊 K 均值聚类的损失函数为:

$$J_f = \sum_{j=1}^{c} \sum_{i=1}^{n} [\mu_j(\boldsymbol{x}_i)]^b \|\boldsymbol{x}_i - \boldsymbol{m}_j\|^2 \qquad (9\text{--}20)$$

其中, 参数 b 用于控制聚类结果的模糊程度, 且 $\mu_j(\boldsymbol{x}_i)$ 满足:

$$\sum_{j=1}^{c} \mu_j(\boldsymbol{x}_i) = 1, \quad i = 1, 2, \cdots, n \qquad (9\text{--}21)$$

即每个样本对于各类别的隶属度之和为 1。在满足式 (9–21) 的情况下, 为了使得式 (9–20) 最小, 令 J_f 对 $\boldsymbol{m}_i$ 和 $\mu_j(\boldsymbol{x}_i)$ 的偏导数为 0, 可以得到:

$$\boldsymbol{m}_j = \frac{\sum_{i=1}^{n} [\mu_j(\boldsymbol{x}_i)]^b \boldsymbol{x}_i}{\sum_{i=1}^{n} [\mu_j(\boldsymbol{x}_i)]^b}, \quad j = 1, 2, \cdots, c \qquad (9\text{--}22)$$

$$\mu_j(\boldsymbol{x}_i) = \frac{\left(\dfrac{1}{\|\boldsymbol{x}_i - \boldsymbol{m}_j\|^2}\right)^{\frac{1}{b-1}}}{\sum_{k=1}^{c} \left(\dfrac{1}{\|\boldsymbol{x}_i - \boldsymbol{m}_k\|^2}\right)^{\frac{1}{b-1}}}, \quad i = 1, 2, \cdots, n; j = 1, 2, \cdots, c \qquad (9\text{--}23)$$

使用迭代的方法来求解式 (9–22) 和式 (9–23), 就是模糊 K 均值算法。算法的具体步骤如下。

(1) 设定聚类数目 c 和参数 b。

(2) 随机初始化各个聚类中心 $\boldsymbol{m}_j$, 也可以参考第 8 章中的方法。

(3) 重复以下运算, 直至各个样本的隶属度值稳定:

① 用当前的聚类中心根据式 (9–23) 计算隶属度函数;

② 用当前的隶属度函数值根据式 (9–22) 更新各类的聚类中心。

当算法收敛时, 就得到了各类的聚类中心和各个样本对于各类的隶属度值, 从而完成了模糊聚类划分。还可以将模糊聚类结构进行去模糊化, 用一定的规则把模糊聚类划分转化为确定性分类。通常, 根据隶属度最大值原则转化。

9.4.2 改进算法

在模糊 K 均值算法中, 只考虑了样本集分布较好的情况, 而如果样本集中出现了远离各类聚类中心的离群点, 通过上面的方法可能会得到不好的结果。由于离群点距离各类的聚类中心都较远, 那么它对于各类的合理隶属度都应该较小, 但是由于式 (9–21) 的严格限制, 最终得到各类隶属度会趋向于 $1/c$, 这种离群点会进而影响整个样本集的聚类结果。为了克服这种缺陷, 人们对归一化条件 (9–21) 进行了放松, 使得所有样本对各类的隶属度总和为 n, 即:

$$\sum_{j=1}^{c} \sum_{i=1}^{n} \mu_j(\boldsymbol{x}_i) = n \tag{9-24}$$

在放松的归一化条件 (9-24) 下, 离群点和噪声对于聚类结果的影响降低。改进的模糊 K 均值算法与 9.4.1 小节的模糊 K 均值算法步骤基本一致, 唯一的区别是隶属度函数的计算方式不同:

$$u_j(\boldsymbol{x}_i) = \frac{n\left(\dfrac{1}{\|\boldsymbol{x}_i - \boldsymbol{m}_i\|^2}\right)^{\frac{1}{b-1}}}{\sum_{k=1}^{c} \sum_{l=1}^{n} \left(\dfrac{1}{\|\boldsymbol{x}_l - \boldsymbol{m}_k\|^2}\right)^{\frac{1}{b-1}}}, \quad i = 1, 2, \cdots, n; j = 1, 2, \cdots, c \tag{9-25}$$

显然, 用改进的模糊 K 均值算法得到的隶属度值可能会大于 1, 因此并不是通常意义上的隶属度函数。必要时可以把最终的隶属度函数进行归一化处理, 这时已不会影响聚类结果。如果结果要求去模糊化, 则可以直接用这里得到的隶属度函数进行。

改进的模糊 K 均值算法较 9.4.1 小节的模糊 K 均值方法有更好的鲁棒性, 不但可以在有离群点存在的情况下得到较好的聚类效果, 而且因为放松的隶属度条件, 使最终聚类结果对预先确定的聚类数目不十分敏感。但是, 与确定性 K 均值算法、模糊 K 均值算法一样, 无法保证找到全局最优解, 改进的模糊 K 均值算法仍然对聚类中心的初始值十分敏感。为了得到更好的结果, 可以用确定性 K 均值方法或普通模糊 K 均值方法的结果作为初始值。

9.5 模糊 k 近邻分类器

第 5 章介绍了 k 近邻算法, 但是算法存在一个显然的问题, 当样本相对比较稀疏时, 只使用前 k 个近邻样本的顺序而不考虑它们的距离差别是不合适的。而如果采用模糊分类的思想, 则可以通过引入隶属度函数来克服这一缺陷。其中一种方法是, 在得到待分类样本 $\boldsymbol{x}$ 的 k 个近邻的已知样本 $\{\boldsymbol{x}_i, i = 1, 2, \cdots, k\}$ 后, 用下式计算样本 $\boldsymbol{x}$ 对于各个类的隶属度值:

$$\mu_j(\boldsymbol{x}) = \frac{\sum_{i=1}^{k} \mu_j(\boldsymbol{x}_i) \left(1 / \|\boldsymbol{x} - \boldsymbol{x}_i\|^{2/(b-1)}\right)}{\sum_{i=1}^{k} \left(1 / \|\boldsymbol{x} - \boldsymbol{x}_i\|^{2/(b-1)}\right)}, \quad j = 1, 2, \cdots, c \tag{9-26}$$

其中, $\mu_j(\boldsymbol{x}_i)$ 为已知近邻样本 $\boldsymbol{x}_i$ 对第 j 类的隶属度值。如果已知样本采用的是确定性分类标号, 则这个隶属度值可为 1 或 0, 或者用某种模糊化方法赋予合适的隶属度值。可以看出, 上面定义的隶属度实际上就是根据各个近邻到待分类样本的距离不同而对它们的作用进行加权。参数 b 的作用与模糊 K 均值中类似, 用来决定对距离加权的程度。有结果表明, 在很多实验中, 采用模糊 k 近邻方法可以得到比普通 k 近邻方法更好的分类效果。

9.6 本章小结

模糊集理论是为了表达人的自然语言和推理中的不明确的方面而提出的, 因此其应用中往往不可避免地带有一定的主观因素, 例如隶属度函数的选取、模糊推理规则等。也正因为如此, 它能够比较好地把人们的先验知识和常识加到一个智能系统中, 虽然有人试图用传统概率论来描述模糊理论, 指出它本质上与传统概率论一致; 但是至少从工程应用角度, 模糊技术仍有它十分重要的优势。

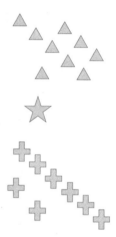

例如, 因为引入隶属度, 而非硬聚类, 模糊 K 均值聚类算法效果通常比 K 均值聚类算法好。图 9.5 给出一个示例, 样本主要包含两类 (三角和加号) 和一个离群点 (星号)。因为模糊 K 均值聚类算法引入了隶属度, 根据式 (9-23) 计算隶属度时, 星号属于三角或加号的隶属度接近 0.5, 在利用式 (9-22) 的方式统计类中心时, 隶属度权重 $[\mu(x)]^b$ 较小, 对三角或加号的真实中心估计影响较小。而 K 均值聚类算法一定会将星号划分到加号 (或三角) 类别。假定星号划分到加号, 星号将会对加号真实中心的计算有较大的影响, 因为计算加号的类中心时, 类似式 (9-22), 相当于星号的隶属度权重是 1。

图 9.5　模糊 K 均值聚类示意图

应当指出, 本章介绍的只是模糊理论在统计模式识别中应用的一些例子和思路, 并不是一个完善的体系。在面对一个具体问题时, 希望读者能够从这些方法中得到一定的启发, 灵活应用各种有关理论和技术设计出自己的方法。例如, 年龄估计问题中, 年龄是个渐变的过程, 单一年龄标识难以较好地刻画这个过程。Xin Geng 等人 [42] 将年龄用如图 9.6 所示的模糊方式表示, 结合多标签学习算法, 可以取得很好的年龄估计结果。

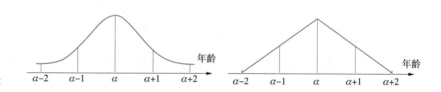

图 9.6　模糊年龄标签标示

第 10 章　句法模式识别

10.1　句法模式识别概述

句法模式识别又称作结构模式识别, 这种方法不同于之前介绍的统计模式识别方法, 从样本中提取一个固定维度的特征向量, 然后在特征空间中对样本进行划分分类。该方法针对的是一些较复杂的模式, 根据样本的结构特征, 将模式分解成一些简单的子模式, 子

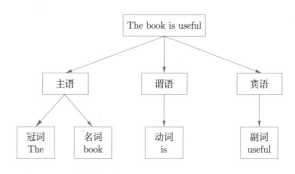

图 10.1　模式结构分解示意图

模式再分解成一些基元 (最基本的单元)。这样就可以用一组基元组合来表示出原样本的模式结构。这和语言学的语法很相似, 可以将一句话分解成名词、动词、形容词等。所以该模式识别方法通常称为句法模式识别。

图 10.1 给出句法模式结构分解的一个示例。

句法模式识别将样本分解成基元来表示原来比较复杂的模式, 然后通过对基元、子模式的识别, 最终识别复杂模式。有着相似结构特性的模式组成一类模式, 其中基元根据文法生成模式来表示样本。同统计模式识别一样, 用已知类别的样本进行训练, 产生样本的文法, 这个过程称为文法推断 (grammar inference)。

一个完整的句法模式识别的系统框架如图 10.2 所示, 包括了数据预处理、模式表达、文法推断和句法分析 (syntactic analysis) 这 4 个主要部分。通过对数据进行预处理, 将数据进行模式表达, 然后根据文法推断对句法进行分析, 最后得到分类识别的结果。

图 10.2　句法模式识别系统框架

10.2 形式语言的基本概念

句法模式识别的理论基础是形式语言, 形式语言理论起源于 20 世纪 50 年代, Noam Chomsky 等科学家研究自然语言的时候提出通过建立数学模型研究文法, 然后通过这个文法去研究自然语言。这样就可以利用计算机对自然语言进行处理。

10.2.1 基本定义

1. 字母表 (alphabet)

字母表是一个非空有限的集合, 其中包含的元素是与研究问题相关的符号。一般用 V 来表示。例如, $V_1 = \{a, b, c, \cdots, z\}$, $V_2 = \{1, 2, 3, \cdots, 9\}$。

2. 句子 (sentence)

上述字母表的符号组合形成的有限符号串。例如, 字母表 V_1 可以组成的句子有 a、ab、abc 等。其中, 句子的长度为组成句子的符号数目, 例如, $|abc| = 3$。

3. 语言 (language)

语言是上述字母表中的符号根据文法组成的所有句子集合。一般用 V^* 和 V^+ 来表示。其中 V^+ 表示为字母表 V 中符号组成的句子的全部集合, $V^+ = \{a, ab, abc, \cdots\}$。$V^*$ 则表示为字母表 V 中符号根据文法组成的所有句子与空句所组成的集合。$V^* = \{\varnothing, a, ab, abc, \cdots\}$。即 $V^* = V^+ \cup \{\varnothing\}$。

4. 文法 (grammar)

文法是字母表中符号组成句子所遵循的规则。符合一定文法规则的由字母表中符号组成的句子才能算作某一定语言的句子。一般由 G 来表示。它是一个四元组。

$$G = \{V_N, V_T, P, S\} \tag{10-1}$$

其中, V_N 是一个非终止符的集合, 一般用大写字母表示。V_T 是一个终止符的集合, 一般用小写字母表示。并且与上述字母表 V 之间有着以下性质。$V_N \cup V_T = V$, $V_N \cap V_T = \varnothing$。$P$ 是一种产生式的有限集合, 形式一般为 $\alpha \to \beta$, α 和 β 均为句子。表示着句子 α 可以由句子 β 替换。S 为起始符。用产生式形成句子的时候, 产生式的开始必须为 S。

由文法 $G = \{V_N, V_T, P, S\}$ 形成的语言 $L(G)$ 可以写作:

$$L(G) = \left\{ x \,\middle|\, x \in V_T^*, S \underset{G}{\overset{*}{\Rightarrow}} x \right\} \tag{10-2}$$

其中, x 为句子, V_T^* 为 V_T 中字符组成的句子的所有集合。$\underset{G}{\overset{*}{\Rightarrow}}$ 为 0 次或者多次利用文法 G 推导。

例 10.1 文法 $G = \{V_N, V_T, P, S\}$, 其中 $V_N = \{S, B\}$, $V_T = \{b\}$, $P = \{S \to b, S \to bB, B \to bS\}$。求语言 $L(G)$。

解　则产生的语言 $L(G)$:

$$S \Rightarrow bB \Rightarrow bbS \Rightarrow bbb, bbb \in L(G)$$

则 $L(G) = \left\{ b^{2n+1} \,|\, n \geqslant 0 \right\}$

10.2.2　文法分类

诺姆·乔姆斯基等科学家根据产生式的不同, 将文法分成四种类型。0 型、1 型、2 型和 3 型文法。

(1) 0 型文法

其产生式的形式为一般为 $P: \alpha \to \beta$。其中 $\alpha \in V^+$, $\beta \in V^*$。但该文法约束少, 太过宽泛。

(2) 1 型文法

1 型文法的产生式的形式一般为 $P: \alpha_1 A \alpha_2 \to \alpha_1 \beta \alpha_2$。所以 1 型文法也可以称作上下文相关文法。其中 $\alpha_1 \alpha_2 \in V^*$, $\beta \in V^+$, $A \in V_N^*$。

(3) 2 型文法

2 型文法的产生式的形式为 $P: A \to B$。所以 2 型文法可以称作上下文不相关文法。其中 $A \in V_N$, $B \in V^+$。

(4) 3 型文法

3 型文法的产生式的形式一般为 $P: A \to aB$, 其约束最为严格。其中 $A, B \in V_N$, $a \in V_T$。

这 4 种文法的约束越来越严格, 逐级上升。

10.3　模式的描述方法

10.3.1　基元的选择

统计模式识别中, 模式一般用一个固定维度的向量来描述。在句法模式识别中, 则一般用一个句子的形式来描述。而基元是组成句子的基础。所以如何选择合适的基元是一个关键的问题。

基元的选择应遵循以下两条原则:

(1) 基元应该是基本的模式元素, 能够通过一定的结构关系紧凑而方便地对模式加以描述;

(2) 基元应该是容易用非句法的方式进行提取。

10.3.2 链描述法

1. 链码法

链码法是用不同斜率的线段作为基元来表示图形模式。这里线段可以为直线段或者曲线段。用字符表示线段基元, 被描述的图形模式则可以表示成句子, 称作链码 (chain code)。

弗利曼链码是最为常用的一种链码, 由弗利曼 (Herbert Freeman) 所提出。将八个基本方向的有向线段作为基元, 分别用 0~7 八个数字符号进行表示。如图 10.3 所示, 图中右边曲线的链码应为 556700。

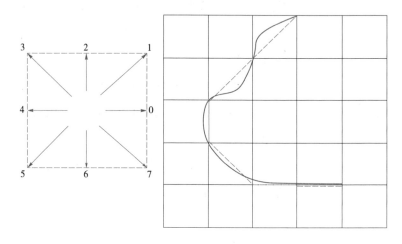

图 10.3 弗利曼链码示例

2. 图形描述语言

用弗利曼链码的方式描述起来非常简单, 但是面对复杂的图形, 该方法就不能对图形充分地描述。肖 (Shaw) 提出了图形描述语言 (picture description language, PDL), 该方法的基元除了有向线段, 还包括了一些基元链接关系的基元, 例如头尾相接、头与头相接等, 如图 10.4 所示。

(a) 基本基元　　　　　　　　(b) 连接关系基元

图 10.4 图形描述语言示例

10.3.3 树描述法

链描述法都是对一维图形进行描述, 对于二维、三维甚至更高维度的图形模式并不能充分描述。

1. 树的定义

树 T 是一个或一个以上节点的有限集。并且满足以下两个条件:

(1) 存在一个唯一的指定为根的节点;

(2) 其余节点分为 m 个不相交的集合 $T_1, T_2, \cdots, T_m$, 其中每一个集合本身都是一棵树, 称它为 T 的子树。

根据树的条件可以看出, 树的每一个节点都是树所包含的子树的根。一个节点所包含的子树的个数就是该节点的秩, 节点 a 的秩则可以表示为 $r(a)$。r 为 0 的则是叶节点。

2. 树文法

树文法用 G_t 表示, 定义成一个四元式:

$$G_t = \{V, r, P, S\} \tag{10-3}$$

其中, V 是字母表, 且 $V = V_N \cup V_T$, V_N 和 V_T 分别为非终止符和终止符。(V, r) 表示带秩的字母表, r 是字母表中以字母为根的树的秩, S 是起始树的有限集合, $S \subseteq T_V$, T_V 则表示着字母表中以字母为节点的树和子树的集合。P 是产生式的集合。$P: T_i \to T_j$, T_i 和 T_j 均为树。

则用该方法产生的语言 $L(G_t)$ 为:

$$L(G_t) = \left\{ T \mid T \in T_T^*, T_i \underset{G_t}{\overset{*}{\Rightarrow}} T, T_i \in S \right\} \tag{10-4}$$

其中, T_T^* 为所有节点都是终止符的树的集合; $T_i \underset{G_t}{\overset{*}{\Rightarrow}} T$ 为树 T 从起始树 S 开始, 用文法 G_t 产生式逐步导出。

例 10.2　设有树文法 $G_t = \{V, r, P, S\}$, 其中 $V = V_N \cup V_T$, $V_N = \{S, A\}$, $V_T = \{\$, a, b, c, d\}$, $r(\$) = 2$, $r(a) = 1$, $r(b) = \{2, 1\}$, $r(c) = \{1, 0\}$, $r(d) = 0$。

产生式为

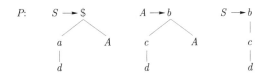

试判断图 10.5 所示的树是否是 $L(G_t)$ 的其中一个句子。

解　产生式 1 中右边的树可以用 T_1 表示, 产生式 2 中右边树可以用 T_2 表示, 产生式 3 中右边的树可以用 T_3 表示。

则可以推导出:

$$S \underset{T_1}{\overset{S}{\Rightarrow}} T_1 \underset{T_2}{\overset{A}{\Rightarrow}} T_2 \underset{T_3}{\overset{A}{\Rightarrow}} T_3 \Rightarrow T$$

其中, $T_i \underset{T_t}{\overset{A}{\Rightarrow}} T_j$ 表示 A 是 T_i 的一个节点。T 表示图 10.5 所示的树。因此图 10.5 所示的树符合语言 $L(G_t)$。

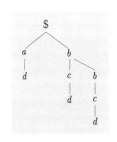

图 10.5　树表示

10.3.4　扩展树文法

同样, 扩展树文法定义一个四元式:

$$G'_t = \{V, r, P, S\} \tag{10-5}$$

其中, V, r, S 与上述树文法的定义相同。而产生式集合 P 的形式如下。

其中, x 是终止符, $X_1, X_2, \cdots, X_n$ 为非终止符, n 为节点的秩。这就是扩展树文法。

10.4　文法推断

以上介绍的都是模式基元和文法产生式均为已知的情况。而对于未知的基元和文法产生式问题, 需要对其进行求解。

文法推断主要是推断一个未知文法 G 的句法规则, 根据语言 $L(G)$ 中句子的有限集合 S_t 去推断文法, 预测集合以外的句子。其文法推断流程如图 10.6 所示。

10.4.1　余码文法的推断

1. 语言 $L(G)$ 的正负样本集

设 S^+ 是语言 $L(G)$ 的一个子集, 称 S^+ 是语言 $L(G)$ 的正样本集。设 S^- 不是语言 $L(G)$ 的子集, 则称 S^- 是语言 $L(G)$ 的负样本集。设 V_T^* 是终止符字母表中字符组成的所有句子集合。S^+ 和 S^- 的定义代表着文法 G 对 V_T^* 的分割。

如果 $S^+ = L(G)$, 则称 S^+ 是完备的。若 S^- 包括了不属于 $L(G)$ 的所有句子, 则称 S^- 是完备的。

2. 余码 (excess code) 的定义

设 V_T 为终止符字母表, a 是字母表中的字符, A 为字符构成的句子的集合。余码就是舍去 A 中串的前面部分字符 a 后剩下的一部分的集合, A 对于 a 的余码形式写作:

$$D_a A = \{X | aX \in A\} \tag{10-6}$$

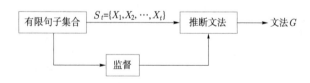

图 10.6　文法推断流程图

若 a 为空串 λ, 则 $D_a A = D_\lambda A = A$。

若 $V_T = \{0,1\}$, $A = \{011, 100, 1111, 01010\}$, 则 $D_0 A = \{11, 1010\}$。A 中的 100 和 1111 前面的字符都不是 0, 没有所对应的余码。同理 $D_1 A = \{00, 111\}$。

3. 余码文法推断

语言 $L(G)$ 的正样本集为 $S^+ = \{x_1, x_2, \cdots, x_n\}$, 其余码文法 $G_C = \{V_N, V_T, P, S\}$ 定义如下。

(1) 得到与正样本集 S^+ 中互不相同的终止符组成的终止符集合 V_T。

(2) 得到正样本集 S^+ 的全部余码以及起始符。起始符 $S = U_1 = D_\lambda S^+$, 则非终止符集 $V_N = U = \{S, U_1, U_2, \cdots, U_P\}$, 其中 U_i 均为 S^+ 的余码。

(3) 建立产生式集合。

若 $D_a U_i = U_j (i, j = 1, 2, \cdots, p)$, 则产生式为 $U_i \to a U_j$。

若 $D_a U_i = \lambda (i = 1, 2, \cdots, p)$, 则产生式 $U_i \to a$。

例 10.3　语言 $L(G)$ 的正样本集为 $S^+ = \{101, 111\}$, 推断余码文法 G_C。

解　(1) 得到终止符集合 $V_T = \{0, 1\}$。

(2) 得到正样本集 S^+ 的全部余码以及起始符, $S = U_1 = D_\lambda S^+ = \{101, 111\}$, $D_1 S^+ = \{01, 11\}$, $D_{10} S^+ = \{1\}$, $D_{11} S^+ = \{1\}$, $D_{101} S^+ = \{\lambda\}$, $D_{111} S^+ = \{\lambda\}$。去除相同以及空集, 则非终止符集 $V_N = U = \{S, U_1, U_2\}$。其中 $U_1 = D_1 S^+$, $U_2 = D_{10} S^+$。

(3) 建立产生式: 因为 $D_1 S = U_1$, 则 $S \to 1U_1$。因为 $D_1 U_1 = U_2$, 则 $U_1 \to 1U_2$。因为 $D_1 U_2 = \lambda$, 则 $U_2 \to 1$。因为 $D_0 U_1 = U_2$, 则 $U_1 \to 0U_2$。

(4) 综上, 余码文法为 $G_C = \{V_N, V_T, P, S\}$, 其中 $V_N = U = \{S, U_1, U_2\}$, $V_T = \{0, 1\}$, $P : S \to 1U_1$, $U_1 \to 1U_2$, $U_2 \to 1$, $U_1 \to 0U_2$。

10.4.2　扩展树文法推断

一棵树可以看作一个有很多分支的链, 因此可以用上一部介绍的余码文法推断方法去推断树文法。

(1) 对于样本数集 $T_i (i = 1, 2, \cdots, m)$, 求取每一棵树相应的产生式。

(2) 根据产生式右边检查所有终止符的等价性。

(3) 合并等价非终止符, 删除被合并的非终止符的所有后代产生式。

(4) 建立起始产生式。

例 10.4　有样本树 T_1, T_2。推断扩展树文法 G_t。

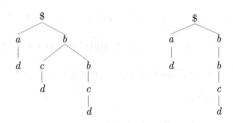

解　(1) 得到数 T_1, T_2 的产生式。

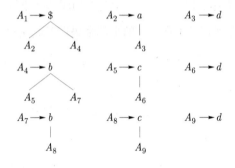

(2) 合并相同树集。

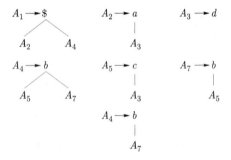

(3) 建立起始产生式, 将 A_1 用 S 代替得到,

(4) 扩展树文法 $G_t = \{V, r, P, S\}$, 则 $V = V_N \cup V_T$, $V_N = \{S, A_2, A_3, A_4, A_5, A_7\}$, $V_T = \{\$, a, b, c, d\}$。

$$r : r(\$) = 2, r(a) = 1, r(b) = \{2, 1\}, r(c) = 1, r(d) = 0$$

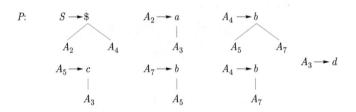

10.5　句法分析

对文法进行求解后, 接下来需要将求解得到的文法对未知的句法模式进行识别或者分类。假设有 M 类模式, 每一类模式都是一种语言。通过每一类训练样本 S^+ 推断出每一类文法 G。然后对待识别的句子进行句法分析, 若该句子属于某一文法 G 构成的语言 $L(G)$, 则句子属于该类。流程如图 10.7 所示。

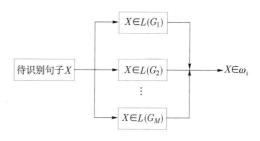

图 10.7　句法分析流程图

10.5.1　参考匹配法

假设有 M 类模式, 每一类先取出一组句子为参考链 (reference chain)。参考链一般是训练正样本集 S^+ 中的句子。将待识别的句子 x 与每一类的参考链进行比较, 并且规定一个阈值, 比较后选取匹配最好的参考链, 将其分到参考链所属的类别。

该方法的优点是程序简单, 而缺点在于没有充分利用链的结构信息, 即句子中各符号间的句法信息, 导致分析的工作量大, 耗时长, 并且得不到充分的描述。

10.5.2　填充树图法

填充树图 (populating tree diagram) 方法应用于上下文无关的文法分析。在给定某一识别句子 x 及其相应文法 G_i, 建立一个以 x 为底, 以起始符 S 为顶的三角形, 如图 10.8 所示。用文法 G_i 去填充这个三角形, 使之成为一个分析树。若填充成功, 表示 x 可以由文法 G_i 推导出, $x \in L(G_i)$, x 属于该类别; 否则不属于该类别。

图 10.8　待填充三角形

例 10.5　已知文法 $G = \{V_N, V_T, P, S\}$, 其中 $V_N = \{S, A, B\}$, $V_T = \{a, b, c\}$,

$$P : S \to cA, A \to aA, A \to b$$

$$S \to bB, B \to bA$$

待识别的句子为 $x = caaab$。用填充树图法分析 x 是否属于语言 $L(G)$。

解　先构建如图 10.8 所示的待填充三角形, 然后用文法 G 的产生式填充三角形, 填充结果如图 10.9 所示。

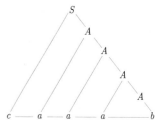

图 10.9　文法 G 填充的三角形

因为用文法 G 填充三角形成功, 所以可以说明句子 x 可以用文法 G 推导出, $x \in L(G)$。

10.5.3 CYK 分析法

CYK 分析法是由库克 (John Cocke)、杨格 (Daniel Younger) 和卡塞米 (Tadao Kasami) 所提出的一种列表的方法, 也能应用于上下文无关的文法分析。该方法要求产生式应该满足 Chomsky 范式。

1. Chomsky 范式

Chomsky 范式要求文法的产生式只有以下两种形式:

$$A \to BC \text{ 或 } A \to a \qquad (10-7)$$

其中, A, B, C 均为非终止符, a 为终止符。例如, 一上下文无关文法的产生式为:

$$S \to aAB, A \to bB, B \to c$$

则该文法产生式的 Chomsky 范式为

$$S \to DE, D \to a, E \to AB, A \to FB, F \to b, B \to c$$

2. CYK 分析法

CYK 分析法的输入是一个满足 Chomsky 范式的上下文无关的文法 G 和一个输入链 x, 输出是一个关于 x 的分析表。

设待识别的链为 $x = a_1 a_2 \cdots a_n$, Chomsky 范式文法为 G, 构造一个三角形分析表, 分析表为 n 行 n 列。表的第一行为三角形的底, 有 n 个格子。具体示例如图 10.10 所示。

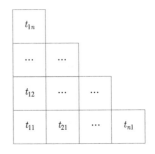

建立分析表后, 对其内元素 t_{ij} 进行求解。遵循的原则是, 若链 x 的某一个子链从 a_i 开始延伸到 j 个符号, 如果能用文法 G 中的非终止符 A 推导出, 即 $A \xRightarrow[G]{*} a_i a_{i+1} \cdots a_{i+j-1}$, 则 $t_{ij} = A$。

图 10.10 CYK 分析表

按照从左到右, 从低到高的顺序进行填写。最后, 当且仅当表完成时 S 在 t_{1n} 处, 则 $x \in L(G)$。具体步骤如下。

(1) 令 $j = 1$, 按从 $i = 1$ 到 $i = n$ 的顺序求 t_{i1}, 将链 x 分解成长度为 1 的子链, 对于子链 a_i, 若产生式集合中有 $A \to a_i$, 则把 A 填入。

(2) 令 $j = 2$。按从 $i = 1$ 到 $i = n - 1$ 的顺序求 t_{i2}, 将链 x 分解成长度为 2 的子链。对于子链 $a_i a_{i+1}$, 若产生式集合中有 $A \to BC$, 且有 $B \to a_i$ 和 $C \to a_{i+1}$, 则把 A 填入。或者将子链 $a_i a_{i+1}$ 分解成长度为 1 的子链 a_i 和 a_{i+1}, 根据第一行的填写结

果求 t_{i2}, 若产生式集合中有 $A \to BC$, 且 B 在 t_{i1} 中和 C 在 $t_{i+1,1}$ 中, 则把 A 填入。

(3) 对于 $j > 2$, 按从 $i = 1$ 到 $i = n - j + 1$ 的次序求 t_{ij}, 假定已经求出了 $t_{i,j-1}$, 对于 $1 \leqslant k < j$ 中的任一个 k, 当 P 中存在产生式 $A \to BC$, 并且 B 在 $t_{i,k}$ 中和 C 在 $t_{i+k,j-k}$ 中, 则把 A 填入。使得 $B = a_i \cdots a_{i+k-1}$, $C = a_{i+k} \cdots a_{i+j-1}$。

(4) 重复步操 (3) 直至完成或者某一行全部为空项。当且仅当 S 在 t_{1n} 处, 则 $x \in L(G)$。

例 10.6　设 Chomsky 范式文法 $G = \{V_N, V_T, P, S\}$, $V_N = \{S, A, B, C\}$, $V_T = \{a, b\}$, P 的产生式为:

$$S \to AB, S \to AC, C \to SB, A \to a, B \to b$$

待识别的链为 $x = aabb$, 用 CYK 分析法分析 x 是否属于语言 $L(G)$。

解　构造三角形分析表如图 10.11(a) 所示。按照下列步骤填写表中元素 t_{ij}。

第一步, 令 $j = 1$, 求 t_{i1}, $1 \leqslant i \leqslant 4$。

$$\text{对于 } a_1 = a, t_{11} = A$$
$$\text{对于 } a_2 = a, t_{21} = A$$
$$\text{对于 } a_3 = b, t_{31} = B$$
$$\text{对于 } a_4 = b, t_{41} = B$$

第二步, 令 $j = 2$, 求 t_{i2}, $1 \leqslant i \leqslant 3$。

将链 x 分解成长度为 2 的子链, 分别为 aa, ab, bb。对于 $a_1 a_2 = aa$, 因为没有非终止符使得 $X \to YZ$, $Y \to a$, $Z \to a$, 所以 $t_{12} = \varnothing$。对于 $a_2 a_3 = ab$, 有产生式 $S \to AB$, $A \to a$, $B \to b$, 所以 $t_{22} = S$。对于 $a_3 a_4 = bb$, $t_{32} = \varnothing$。因为该行并不是全部为空项, 所以继续第三步。

第三步, 令 $j = 3$, 求 t_{i3}, $1 \leqslant i \leqslant 2$。

将链 x 分解成长度为 3 的子链, 分别为 aab, abb, 对于 $a_1 a_2 a_3 = aab$, $t_{13} = \varnothing$。对于 $a_2 a_3 a_4 = abb$, 有产生式 $C \to SB$, $S \overset{*}{\Rightarrow} ab$, $B \to b$。

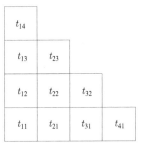 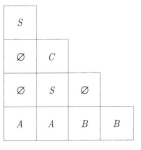

图 10.11　CYK 分析表　　　　　　　　　　　　(a) CYK分析表形式　　　　　　　　(b) 填表结果

第四步, 令 $j = 4$, 求 t_{14}。

对于 $a_1 a_2 a_3 a_4 = aabb$, 有产生式 $S \to AC, A \to a, C \overset{*}{\Rightarrow} abb$。

最后, 填表结束, 如图 10.11(b) 所示。因为 S 在 t_{14} 中, 所以 $x \in L(G)$。

10.5.4 厄利分析法

厄利 (Jay Earley) 分析法也是应用于上下文无关的分析方法。这种方法比之前介绍的两种方法有如下优势。

(1) 无须将文法化为 Chomsky 范式。

(2) 当识别串 x 长度增加时, 计算时间增长较慢。

假设文法 $G = \{V_N, V_T, P, S\}$, 输入链 $x = a_1 a_2 \cdots a_n$, 建立一系列相应的分析表 $I_0, I_1 \cdots I_n$。首先建立 I_0, 然后 I_0 建立 I_1, 再由 I_0, I_1 建立 I_2, 一直建立到 I_n。如果 I_n 中有形如 $[S \to \alpha \cdot, 0]$ 的表达式, 则 $x \in L(G)$; 反之, $x \notin L(G)$。

建立分析表的步骤如下。

(1) 建立 I_0。

① 若产生式 $S \to \alpha$ 在 P 中, 则把 $[S \to \cdot \alpha, 0]$ 加到 I_0 中。

② 若 $[B \to \gamma \cdot, 0]$ 在 I_0 中, 对所有 $[A \to \alpha \cdot B\beta, 0]$, 把所有 $[A \to \alpha B \cdot \beta, 0]$ 加到 I_0 中。

③ 假设 $[A \to \alpha B \cdot \beta, 0]$ 在 I_0 中, 对 P 中所有形如 $B \to \gamma$ 的产生式, 把项目 $[B \to \cdot \gamma, 0]$ 加到 I_0。

反复执行上述步骤 ②, ③。直到没有新项目加到 I_0 中。

(2) 根据建立的 $I_0, I_1, \cdots, I_{j-1}$ 构成项目表 $I_j (j = 2, \cdots, n)$。

① 对于每一个在 I_{j-1} 中的 $[B \to \alpha \cdot a_j \beta, i]$, 把项目 $[B \to \alpha a_j \cdot \beta, i]$ 加到 I_j。

② 假设 $[A \to \alpha \cdot, i]$ 在 I_j 中, 在 I_i 中找形如 $[B \to \alpha \cdot A\beta, k]$ 的项目, 对找到的每一个项, 把项目 $[B \to \alpha A \cdot \beta, k]$ 加到 I_j 中。

③ 假设 $[A \to \alpha \cdot B\beta, i]$ 在 I_j 中, 对于 P 中所有 $B \to \gamma$ 的产生式, 把 $[B \to \cdot \gamma, j]$ 加到 I_j 中。

反复执行上述步骤 ②, ③。直到没有新项目加到 I_j 中。

(3) 当且仅当 I_n 中有某个形式为 $[S \to \alpha \cdot, 0]$ 的项目时, $x \in L(G)$。

例 10.7   假设有上下文无关文法 $G = \{V_N, V_T, P, S\}$, 其中 $V_N = \{S, T, F\}$, $V_T = \{a, +, *, (,)\}$, P 的产生式为:

$$S \to S + T, S \to T, T \to T * F, T \to F, F \to (S), F \to a$$

链 $x = a * a$, 用厄利分析法分析 x 是否属于 $L(G)$。

解 用厄利法建立分析表 I_0, I_1, I_2, I_3 如下:

I_0	I_1	I_2	I_3
$[S \to \cdot S + T, 0]$	$[F \to a \cdot, 0]$	$[T \to T * \cdot F, 0]$	$[F \to a \cdot, 2]$
$[S \to \cdot T, 0]$	$[T \to F \cdot, 0]$	$[F \to \cdot (S), 0]$	$[T \to T * F \cdot, 0]$
$[T \to \cdot T * F, 0]$	$[S \to T \cdot, 0]$	$[F \to \cdot a, 2]$	$[S \to T \cdot, 0]$
$[T \to \cdot F, 0]$	$[T \to T \cdot *F, 0]$		$[T \to T \cdot *F, 0]$
$[F \to \cdot (S), 0]$	$[S \to S \cdot +T, 0]$		$[T \to T \cdot +F, 0]$
$[F \to \cdot a, 0]$			

因为 $[S \to T \cdot, 0]$ 在 I_3 中, 所以 $x \in L(G)$。

10.6 句法结构的自动机识别

10.4 和 10.5 两节介绍了文法推断和句法分析的方法。当给出某一文法以后, 需要根据它设计一种相应的自动机硬件模型。自动机是一种句法模式识别器, 当输入模式链时, 利用自动机识别输入链是否符合与该自动机相对应的文法。本质上是对输入字符串从左向右地检查, 判断机器是否接受。不同的自动机可以识别不同文法形成的语言。0型文法对应的自动机为图灵机, 1 型 (上下文有关) 文法对应的是线性约束自动机, 2 型 (上下文无关) 文法对应的是下推自动机, 3 型文法对应的自动机是有限态自动机。

10.6.1 有限态自动机和正则文法

1. 有限态自动机

有限态自动机 (finite state automata) 是一个五元组, $A = \{\sum, Q, \delta, q_0, F\}$。其中 $\sum$ 为输入字母表, Q 为状态的有限集合, δ 为内部状态转换的一种映射, q_0 为初始状态, $q_0 \in Q$, F 为终止状态集合, $F \subset Q$。

若自动机从一个状态只能转换到另一个指定的状态, 这种自动机称为确定的有限状态自动机。若自动机从一个状态可以转换到一个指定状态集中的任意一个状态, 这种自动机成为非确定的有限状态自动机。

2. 有限态自动机识别输入字符串的方式

有限态自动机接受的链 x 的集合称为有限态自动机接受的语言, 用 $L(A)$ 表示:

$$L(A) = \{x \,|\, \delta(q_0, x) \text{ 在 } F \text{ 中}\} \tag{10-8}$$

有限状态自动机的结构如图 10.12 所示, 主要由输入带、只读头、状态控制器三个部分组成。输入链 x 从左到右依次记录在输入带上, 只读头从输入带的最左边一个单元依次读取。状态控制器记录自动机的全部状态, 如果状态转换规则存在相应的转换关系, 从当前状态转换成另一个状态, 则自动机接受了这个输入字符。如果自动机从

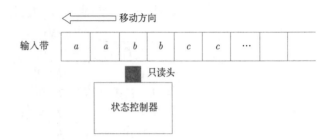

图 10.12 有限自动机结构

初始状态开始能够连续接受输入链的每一个字符, 并且停在终止状态上, 则输入链属于自动机接受的语言。

例 10.8 设有限状态自动机 $A = \{\sum, Q, \delta, q_0, F\}$。其中 $\sum = \{a, b\}$, $Q = \{q_0, q_1, q_2\}$, $F = \{q_2\}$。状态转换 δ 为:

$$\delta(q_0, a) = q_2, \delta(q_1, a) = q_2, \delta(q_2, a) = q_2$$

$$\delta(q_0, b) = q_1, \delta(q_1, b) = q_0, \delta(q_2, b) = q_1$$

试判断 $x = bbaa$ 是否属于 $L(A)$。

解 将链 x 输入自动机 A, 自动机的状态转换过程如下

$$q_0 \xrightarrow{b} q_1 \xrightarrow{b} q_0 \xrightarrow{a} q_2 \xrightarrow{a} q_2$$

自动机依次接受了 x 的每一个字符, 并且状态最后转换到终止状态。所以 $x \in L(A)$。

3. 有限状态自动机与正则文法 (canonical grammar) 的对应状态

(1) 按照正则文法构造有限状态自动机

假设有正则文法 $G = \{V_N, V_T, P, S\}$, 则必然存在一个有限状态自动机 A 与之相对应。假设自动机接受的语言为 $A = \{\sum, Q, \delta, q_0, F\}$, 则 $L(A) = L(G)$。A 与 G 存在以下对应关系。

① $\sum = V_T$。

② Q 中的每一个状态对应 V_N 中一个非终止符, 另附加一个终止状态集合 F, $Q = V_N \cup F$。

③ $q_0 = S$。

④ δ 与产生式 P 对应。

所以识别未知链, 可以先建立与正则文法 G 相对应的有限状态自动机 A, 然后用自动机识别, 如果 $x \in L(A)$, 则 $x \in L(G)$。

(2) 按照有限状态自动机确定正则文法

假设有一有限状态自动机 $A = \{\sum, Q, \delta, q_0, F\}$, 则必然存在一个正则文法 G 与

之相对应。假设正则文法 $G = \{V_N, V_T, P, S\}$，则 $L(G) = L(A)$。G 与 A 存在以下对应关系。

① $V_N = Q$。

② $V_T = \sum$。

③ $S = q_0$。

④ 产生式 P 与 δ 对应。

10.6.2　下推自动机与上下文无关文法

1. 下推自动机 (pushdown automata)

有限状态自动机只能接受正则文法产生的语言，对于上下文无关文法产生的语言是不适用的。考虑到如此，在有限状态自动机上加入下推存储器构成下推自动机，其结构如图 10.13 所示。

下推存储器类似于一个堆栈，把最近存储的符号放在栈顶，遵循这 "后进先出" 的原则，最先检索最上面，即最近的符号。

下推自动机是一个七元组 $A_p = \{\sum, Q, \Gamma, \delta, q_0, Z_0, F\}$，其中 $\sum, Q, q_0, F$ 与有限状态自动机的定义相同，Γ 是下推符号的有限集合，Z_0 是最初处于堆栈顶部的非终止符，$Z_0 \in \Gamma$。δ 为内部状态转换和栈顶内容改变的规则。

$$\delta(q, a, Z) = \{(q_1, \gamma_1), (q_2, \gamma_2), \cdots, (q_m, \gamma_m)\} \tag{10-9}$$

其中，$a \in \sum, Z \in \Gamma, q, q_1, q_2, \cdots, q_m \in Q, \gamma_1, \gamma_2 \cdots \gamma_m$ 是由 Γ 中元素组成的符号串。

2. 下推自动机接受语言的方式

下推自动机接受语言的方式有终止态方式和空堆栈方式。

(1) 终止状态方式

假设下推自动机接收的语言为 $L(A_p)$，则

$$L(A_p) = \left\{ x \,|\, x : (q_0, Z_0) | \xrightarrow[A_p]{*} (q, \gamma), q \in F, \gamma \in \Gamma^* \right\} \tag{10-10}$$

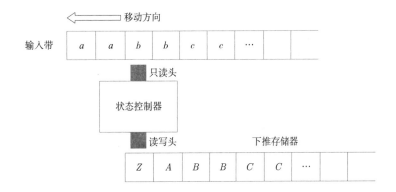

图 10.13　下推自动机结构

下推自动机能够有一个终止状态或者接收状态集 F。

(2) 空堆栈方式

假设下推自动机接受的语言为 $L(A_p)$，则

$$L(A_p) = \left\{ x \,|\, x : (q_0, Z_0) \,|\, \xrightarrow[A_p]{*} (q, \lambda), q \in Q \right\} \qquad (10-11)$$

用空栈堆表示识别了一个符号串的下推自动机，自动机可以停在堆栈 Γ^* 的空串 λ 上。

3. 下推自动机与上下文无关文法的对应关系

一个上下文无关文法对应一个下推自动机。下推自动机可以根据上下文无关的 Chomsky 范式或者格雷巴赫范式构成。

(1) 格雷巴赫范式 (Greibach norm) 产生式

格雷巴赫范式产生式的形式如下：

$$A \to a\alpha \qquad (10-12)$$

其中，A 为单个非终止符，a 为终止符，α 为非终止符串或者空串，等价为：

$$A \to a\beta \text{ 或 } A \to a \qquad (10-13)$$

其中，A 为单个非终止符，a 为终止符，β 为非终止符串。

(2) 由上下文无关文法构成下推自动机

假设有上下文无关文法的格雷巴赫范式 $G = \{V_N, V_T, P, S\}$，则必然存在下推自动机 $A_p = \{\sum, Q, \Gamma, \delta, q_0, Z_0, F\}$，其中，$\sum = V_T, Q = \{q_0\}, \Gamma = V_N, Z_0 = S, F = \varnothing$。其产生式 P 与 δ 相对应。

假设上下文无关文法 G 产生的语言 $L(G)$，文法 G 对应的下推自动机 A_p 接受语言 $L_\lambda(A_p)$，根据上下文无关文法 G 和下推自动机 A_p 的对应关系，$L_\lambda(A_p) = L(G)$。如果链 $x \in L_\lambda(A_p)$，则必然有 $x \in L(G)$。

10.7 串匹配

串匹配是另一种实现自动识别的重要技术。当输入需要匹配的句法模式以后，利用串匹配在文本中寻找该模式。串匹配问题包括检测、定位、计数和列举四个方面，其中定位最为重要，当成功确定了目标模式的出现位置后，即可方便地解决其他三个方面的问题。例如，只要对定位进行标记和计数，就可以得到目标模式的出现次数和位置列表。串匹配算法主要可分为暴力匹配、模式记忆和 BM 法三种。

10.7.1　暴力匹配法

暴力匹配法的主要思想是自左而右, 以字符为单位, 依次移动模式串, 直到某个位置发生匹配。如图 10.14 所示, 从文本的首位置开始, 比较模式串是否相匹配, 如果不匹配, 则将首位置后移一格, 继续比较模式串是否相匹配, 直到找到完全匹配的位置为止。这种方法最好的情况是每次比对时, 不匹配的两个字符串的第一个字符都不匹配, 这样每次匹配只需要比对一次字符, 然后移动一格,

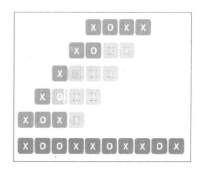

图 10.14　暴力匹配法

此时的复杂度等于 $O(n)$, n 为文本的长度。最坏的情况是每次比对时, 都要比对到最后一个字符的时候才发现不匹配, 每次比对 m 个字符, m 为模式串长度, 时间复杂度为 $O(n \cdot m)$。

10.7.2　模式记忆法

暴力匹配法的思想较为直观, 但往往存在着冗余计算的问题。例如, 在最坏情况下, 如果最后一个字符匹配失败, 则整个模式串和文本的指针都要发生回退。为了解决这一问题, D. E. Knuth, J. H. Morris 和 V. R. Pratt 等人共同提出了一种模式记忆法, 简称 KMP 算法。

KMP 算法作为一种改进的字符串匹配算法, 其核心思想是利用匹配失败后的信息, 尽量减少模式串与主串的匹配次数以达到快速匹配的目的。

假设输入的模式串 $x ='$ ABCDABD$'$, 文本 $b ='$ BBCABCDABFABCDABDE$'$。首先, 建立字符串的 "前缀集" 和 "后缀集" 两个概念。所谓前缀集, 指的是字符串中除了最后一个字符以外, 连续前若干字符的全部组合; 而后

搜索词	A	B	C	D	A	B	D
部分匹配值	0	0	0	0	1	2	0

图 10.15　部分匹配表

缀集指除了第一个字符以外, 连续后若干字符的全部组合。例如模式串 $'$ABCDABD$'$ 的前缀集为 $\{A, AB, \cdots, ABCDAB\}$, 后缀集为 $\{BCDABD, \cdots, BD, D\}$。然后, 根据模式串的前缀集和后缀集建立其部分匹配表, 如图 10.15 所示, 其中字符的部分匹配值为该字符前面部分的字符串 (包含该字符本身) 所对应的前缀集和后缀集的最长共有元素的长度。例如第二个 $'B'$ 字符前面的字符串为 $'$ABCDAB$'$, 其前缀集为 $\{A, AB, ABC, ABC, ABCD, ABCDA\}$, 后缀集为 $\{BCDAB, CDAB, DAB, AB, B\}$, 其共有的最长元素为 AB, 其长度为 2, 则该字符对应的部分匹配值为 2。

建立了模式串的部分匹配表后, 即可开始对模式串和文本进行匹配。匹配的具体步骤如下。

第一步, 匹配首字符。

(1) 首先将模式串 'ABCDABD' 中的第一个首字符 'A' 与文本串 'BBCABCDABFAB CDABDE' 的第一个字符进行匹配, 因为 'A' 与 'B' 匹配失败, 所以指针后移一格。

(2) 文本 'BBCABCDABFABCDABDE' 的第二个字符 'B' 与 'A' 仍匹配失败, 指针继续后移一格。

(3) 反复以上步骤, 直到找到文本中与模式串首字符匹配的字符为止。

第二步, 寻找不匹配字符。

(4) 找到匹配的首字符后, 继续对模式串的后续字符依次与文本字符进行匹配, 直到找到匹配失败的字符为止。

第三步, 按照模式串的部分匹配表, 将指针进行后移。

(5) 当找到文本中与模式串匹配失败的字符时, 将指针后移 (已匹配字符数 − 部分匹配值) 个单位。例如文本 'BBCABCDABFABCDABDE' 中匹配失败的字符出现在 'ABCDABF' 位置, 其中字符 'F' 匹配失败, 而前面的 'ABCDAB' 匹配成功, 此时最后一个匹配成功的字符 'B' 的部分匹配值为 2, 已匹配字符数为 6, 则后移 (6 − 2) 个单位, 即将指针后移 4 格。

(6) 反复以上步骤, 直到找到文本中与模式串完全匹配的位置为止。

10.7.3 BM 算法

10.7.2 小节介绍了模式记忆法, 实际上, 还存在效率更高的串匹配算法, 例如大多数文本查找软件都采用的 BM (Boyer-Moore) 法。该算法不仅效率高, 而且构思巧妙, 容易理解。假设输入的模式串为 $x =$ 'EXAMPLE', 文本为 $b =$ 'HERE IS A SIMPLE EXAMPLE'。BM 法匹配的具体步骤如下。

第一步, 匹配末字符。

(1) 与模式记忆法不同, BM 法首先将模式串与文本头部对齐, 然后从末尾开始对其进行匹配。例如模式串 'EXAMPLE' 中的末字符 'E' 与文本 ' HERE IS A SIMPLE EXAMPLE' 头部对齐后的对应末字符为 'S', 因为 'S' 与 'E' 匹配失败, 把该字符 'S' 称为 “坏字符”。

当出现坏字符时, 可能有两种情况, 即该字符包含于模式串与不包含于模式串。例如 (1) 中的 'S' 不包含于模式串 'EXAMPLE', 而对比到文本中的 'A SIMP' 位置时, 坏字符 'P' 包含于模式串。此外, 当对比到文本中的 'SIMPLE' 位置时, 坏字符 'E' 以

及前面的部分 $'\text{MPLE}'$ 均包含于模式串, 这种情况下把该匹配部分 $'\text{MPLE}'$ 称为 "好后缀"。

第二步, 将指针进行后移, 对后续字符串进行匹配, 在找到坏字符后, 分别按照 "坏字符" 和 "好后缀" 的情况计算后移位数。

(2) 当坏字符包含于模式串, 位移位数 = 坏字符位置 − 在模式串中上一次出现位置, 例如, 坏字符 $'\text{P}'$ 包含于模式串, 其位置是 4 (从 0 计数), 而其在模式串中上一次出现位置为 6, 所以后移位数为 (6 − 4)。

(3) 当坏字符 $'\text{S}'$ 不包含于模式串, 位移位数 = 坏字符位置 +1, 例如, 坏字符 $'\text{S}'$ 不包含于模式串, 其位置是 6, 所以后移位数为 (6+1)。

(4) 当存在好后缀时, 位移位数 = 好后缀位置 − 在模式串中上一次出现位置, 例如, 好后缀 $'\text{MPLE}'$ 的位置是 6 (以末字符 $'\text{E}'$ 为准), 其在模式串中上一次出现位置为 0, 所以后移位数为 (6 − 0)。

(5) 根据坏字符和好后缀计算得到的位移位数, 取其最大值作为实际的后移位数, 并将指针进行后移。

(6) 反复以上步骤, 直到找到文本中与模式串完全匹配的位置为止。

10.8　图匹配

图匹配是一种特殊的匹配算法, 主要指二分图匹配。假设 $G = (V, E)$ 是一个无向图, 如果其顶点 V 可以分割为两个互不相交的子集 (A, B), 且每条边所关联的顶点 (E_i, E_j) 分别属于这两个不同的子集, 则称图 G 为一个二分图。对于一个给定的二分图 G, 如果存在一个子图 M, 其边集中的任意两条边都不依附于同一个顶点, 则称 M 是图 G 的一个匹配。图匹配算法主要包括最大流法和匈牙利法。

10.8.1　最大流法

最大流法是一种组合最优化问题, 最早用于解决运输流中的最优配置问题。给定一个二分图 $G = (V, E)$, 对其每条边 (V_i, V_j) 定义一个容量 C_{ij} 和一个流量 f_{ij}, 图 G 中只有流出的节点 V_s 称为源点, 只有流入的节点 V_t 称为汇点, 将包含以上定义的图 G 称为容量网络, 或者网络流。容量网络具有以下三个性质。

(1) 容量限制, 即 $f_{ij} \leqslant C_{ij}$。

(2) 反对称性, 即 $f_{ij} = -f_{ij}$。

(3) 流量平衡, 即除去源点和汇点外, 每个节点的流入流量和等于其流出流量和。

当容量网络满足以上性质时, 最大流算法的目的就是寻找源点 V_s 到汇点 V_t 的最大流量。为了便于算法的实现, 需要定义一个残量网络 G_r, 其中每条边的容量 $r_{ij} = C_{ij} - f_{ij}$。可以看出, 残量网络表示的是容量网络中可以增加的流量潜力, 而该网络中从源点 V_s 到汇点 V_t 的路径即称为增广路径。最大流算法的寻优过程可以概括如下。

(1) 给定容量网络 G, 计算得到其残量网络 G_r。

(2) 寻找 G_r 中最短的增广路径, 并修改容量网络 G 中对应边的流量值。

(3) 反复以上步骤, 直到不存在增广路径, 此时的网络为最大流网络。

10.8.2 匈牙利算法

匈牙利算法是二分图匹配的主流算法, 其核心思想是寻找合适的增广路径, 来得到二分图的最大匹配。假设 $G = (V, E)$ 是一个二分图, 子图 M 是图 G 的一个匹配, 则当该子图边数最大时, 称为图 G 的最大匹配。若 P 是图 G 中一条连通两个未匹配顶点的路径, 并且属于 M 的边和不属于 M 的边在 P 上交替出现, 则称 P 为相对于 M 的一条增广路径。由上述定义可以得到以下三个结论。

(1) P 的路径个数必定为奇数, 第一条边和最后一条边都不属于 M。

(2) 将 M 和 P 进行取反操作可以得到一个更大的匹配 M'。

(3) M 为 G 的最大匹配当且仅当不存在 M 的增广路径。

匈牙利算法寻找最大匹配的过程, 实际上就是不断寻找原有匹配 M 的增广路径的过程。如图 10.16 所示, 当给定一个二分图 (图 10.16(a)) 时, 在寻找最大匹配时, 比较匹配子图 10.16(c) 与上一步的匹配子图 10.16(b) 可以发现, 图 10.16(b) 中的匹配子图 M 共有 $(x_1, y_1), (x_2, y_2)$ 两条边, 而图 10.16(c) 中得到的匹配路径 $P = (x_3, y_1, x_1, y_2, x_2, y_5)$ 其实是 M 的一条增广路径。而根据上面的结论 (2), 将 M 中的节

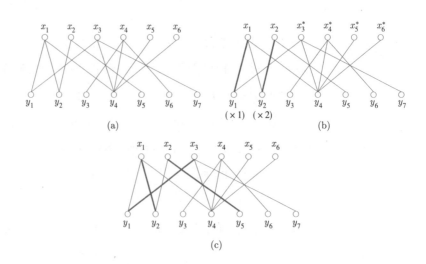

图 10.16　匈牙利算法

点进行重新组合即可得到一个更大的匹配子图 M', 其中包含有 $(x_3, y_1)\,(x_1, y_2)\,(x_2, y_5)$ 这三条边。由此类推, M' 不再存在增广路径时, 就得到了原二分图的最大匹配子图。综上所述, 匈牙利算法的具体步骤如下。

(1) 初始化二分图 G 及其匹配子图 M。

(2) 寻找 M 的一条增广路径 P, 并通过取反操作得到更大的匹配子图 M'。

(3) 当 M' 不存在增广路径时, 将其作为最大匹配子图输出。

(4) 当 M' 存在增广路径时, 重复步骤 (2), 直到不存在增广路径为止。

10.9　隐马尔可夫模型

前面介绍了各种匹配算法, 本节再介绍一种常用的有向图模型。隐马尔可夫模型 (hidden Markov model) 是关于时序的概率模型, 表达的是由一个隐藏的马尔可夫链随机生成不可观测的状态随机序列, 再由各个状态生成一个观测并由此产生观测随机序列的过程。假设一个事件的所有可能状态为 $Q = \{q_1, q_2, \cdots, q_N\}$, 即隐藏的马尔可夫链随机生成的状态序列, 称为状态序列; 而每个状态生成一个观测, 由此产生的所有可能观测为 $V = \{v_1, v_2, \cdots, v_M\}$, 称为观测序列。其中 N 和 M 分别为可能的状态数和观测数。根据状态序列和观测序列, 可以计算得到三个矩阵, 即状态转移概率矩阵 $\boldsymbol{A}$, 观测概率矩阵 $\boldsymbol{B}$, 以及初始状态概率向量 $\boldsymbol{C}$。其中状态转移概率矩阵 $\boldsymbol{A}$ 为:

$$\boldsymbol{A} = (a_{ij})_{N \times N} \tag{10-14}$$

其中, a_{ij} 表示时刻 t 下的状态 q_i 在时刻 $t+1$ 转移到状态 q_j 的概率,

$$a_{ij} = P\left(i_{t+1} = q_j | i_t = q_i\right), \quad i = 1, 2, \cdots, N, j = 1, 2, \cdots, N \tag{10-15}$$

观测概率矩阵为:

$$\boldsymbol{B} = (b_j(k))_{N \times M} \tag{10-16}$$

其中, $b_j(k)$ 表示时刻 t 下的状态 q_j 生成观测 v_k 的概率,

$$b_j(k) = P\left(O_t = v_k | i_t = q_j\right)$$

$$k = 1, 2, \cdots, M, j = 1, 2, \cdots, N \tag{10-17}$$

初始状态概率向量为:

$$\boldsymbol{C} = (C_i), C_i = P\left(i_1 = q_i\right), \quad i = 1, 2, \cdots, N \tag{10-18}$$

其中, C_i 表示时刻 $t = 1$ 时处于状态 q_i 的概率。

状态转移概率矩阵 $\boldsymbol{A}$ 与初始状态概率向量 $\boldsymbol{C}$ 确定了隐藏的马尔可夫链, 生成不可观测的状态序列, 观测概率矩阵 $\boldsymbol{B}$ 确定了如何从状态生成观测, 与状态序列综合确

定了如何产生观测序列, 因而隐马尔可夫模型可以表示为:

$$\lambda = \{A, B, C\} \tag{10-19}$$

由以上定义可以看出, 隐马尔可夫模型中存在以下两个假设。

(1) 齐次马尔可夫性假设, 即假设隐藏的马尔可夫链在任意时刻 t 的状态只依赖于前一时刻的状态, 与其他时刻的状态及观测无关, 也与时刻 t 无关。

(2) 观测独立性假设, 即假设任意时刻的观测只依赖于该时刻的马尔可夫链的状态, 与其他观测及状态无关。

隐马尔可夫模型用于模式识别时最常用的是前向算法。这里先给出前向概率的定义。当给定隐马尔可夫模型 λ, 其在时刻 t 的部分观测序列为 v_1, $v_2, \cdots, v_t$, 则此时其状态为 q_i 的概率为前向概率:

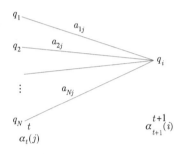

$$\alpha_t(i) = P(v_1, v_2, \cdots, v_t, i_t = q_i | \lambda) \tag{10-20}$$

前向算法就是根据前向概率公式进行递推, 最终得到观测序列概率 $P(V|\lambda)$ 的过程。如图 10.17 所示, 该过程的具体步骤如下。

图 10.17　前向概率

(1) 初始化时刻 $t = 1$ 的隐马尔可夫模型:

$$\alpha_1(i) = C_i b_i(v_i), \quad i = 1, 2, \cdots, N \tag{10-21}$$

(2) 根据前向概率公式进行递推:

$$\alpha_{i+1}(i) = \left[\sum_{j=1}^{N} \alpha_i(j) \alpha_N \right] b_i(v_{i+1}), \quad i = 1, 2, \cdots, N \tag{10-22}$$

(3) 对所有前向概率进行求和, 得到最终的观测序列概率:

$$P(V|\lambda) = \sum_{i=1}^{N} \alpha_t(i) \tag{10-23}$$

有关隐马尔科夫模型的算法还有很多, 10.10 节将以条件随机场为例进行介绍。有关其他的相关算法, 读者可以查阅相关的书籍进行了解, 这里就不一一进行介绍。

10.10　条件随机场

条件随机场 (conditional random fields) 是给定一组输入随机变量条件下另一组输出随机变量的条件概率分布模型, 其特点是假设输出随机变量构成马尔可夫随机场。条件随机场常用于序列标注问题, 例如命名实体识别等。

10.10.1　马尔可夫随机场

马尔可夫随机场也称为概率无向图模型, 是一个由无向图表示的联合概率分布。假设有联合概率分布 $P(Y)$, 其中 Y 为随机变量。通过无向图 $G = (V, E)$ 来表示该概率分布, 即图中的节点 V 表示随机变量, 边 E 表示随机变量之间的概率依赖关系。在图 G 中, 如果联合概率分布 $P(Y)$ 满足成对、局部或全局马尔可夫性, 则称此联合概率分布为马尔可夫随机场。成对、局部或全局马尔可夫性的定义如下。

(1) 成对马尔可夫性: 设 u 和 v 是无向图 G 中任意两个没有边连接的节点, 其对应的随机变量为 Y_u 和 Y_v, 图中的其他节点为 O, 其随机变量为 Y_O, 当给定随机变量 Y_O 时, 若 Y_u 和 Y_v 条件独立, 称其具有成对马尔可夫性, 即:

$$P(Y_u, Y_v | Y_O) = P(Y_u | Y_O) P(Y_v | Y_O) \tag{10-24}$$

(2) 局部马尔可夫性: 设 v 是无向图 G 中任意一个节点, W 是与 v 有边相连的所有节点, O 是除去 v 和 W 的其他节点, 相应的随机变量分别表示为 Y_v, Y_W 和 Y_O, 当给定随机变量 Y_W 时, 若 Y_v 和 Y_O 条件独立, 称其具有局部马尔可夫性, 即:

$$P(Y_v, Y_O | Y_W) = P(Y_v | Y_W) P(Y_O | Y_W) \tag{10-25}$$

(3) 全局马尔可夫性: 设 A 和 B 是无向图 G 中被节点 C 分开的节点, 其对应的随机变量分别为 Y_A, Y_B 和 Y_C, 当给定随机变量 Y_C 时, 若 Y_A 和 Y_B 条件独立, 称其具有全局马尔可夫性, 即:

$$P(Y_A, Y_B | Y_C) = P(Y_A | Y_C) P(Y_B | Y_C) \tag{10-26}$$

10.10.2　条件随机场

假设 X 和 Y 是随机变量, $P(Y|X)$ 是给定 X 时 Y 的条件概率分布, 若 Y 的联合概率分布是一个可以由图 $G = (V, E)$ 表示的马尔可夫随机场, 则称条件概率分布 $P(Y|X)$ 为条件随机场, 即:

$$P(Y_v | X, Y_O) = P(Y_v | X, Y_W) \tag{10-27}$$

其中, v 是无向图 G 中任意一个节点, W 是与 v 有边相连的所有节点, O 是除去 v 的其他节点, 相应的随机变量分别表示为 Y_v, Y_W 和 Y_O。

一般情况下, 假设 X 和 Y 具有相同的图结构, 且具有线性的连接关系, 即:

$$G = (V = \{1, 2, \cdots, n\}, E = \{(i, i+1)\}), i = 1, 2, \cdots, n-1 \tag{10-28}$$

此时的条件随机场称为线性条件随机场, 本节中主要讨论线性条件随机场问题。根据 Hammersley-Clifford 定理, 可以将线性链条件随机场表示的联合概率分布表示为相邻节点的函数, 即:

$$P(y|x) = \frac{1}{Z(x)} \exp\left(\sum_{i,k} \lambda_k t_k\left(y_{i-1}, y_i, x, i\right) + \sum_{i,l} u_l s_l\left(y_i, x, i\right)\right) \tag{10-29}$$

其中, t_k 为转移特征, s_l 为状态特征, λ_k 和 u_l 为相应的权值, $Z(x)$ 为归一化因子:

$$Z(x) = \sum_y \exp\left(\sum_{i,k} \lambda_k t_k\left(y_{i-1}, y_i, x, i\right) + \sum_{i,l} u_l s_l\left(y_i, x, i\right)\right) \tag{10-30}$$

假设转移特征的数量为 K_1, 状态特征的数量为 K_2, 则可将 t_k 和 s_l 统一表示为:

$$f_k\left(y_{i-1}, y_i, x, i\right) = \begin{cases} t_k\left(y_{i-1}, y_i, x, i\right), & k = 1, 2, \cdots, K_1 \\ s_l\left(y_i, x, i\right), k = K_1 + l, l = 1, 2, \cdots, K_2 \end{cases} \tag{10-31}$$

对两种特征在各个位置求和即得:

$$f_k(y, x) = \sum_{i=1}^n f_k\left(y_{i-1}, y_i, x, i\right), k = 1, 2, \cdots, K_1 + K_2 \tag{10-32}$$

如果用 w_k 表示 $f_k(y, x)$ 的权值, 则条件随机场可以表示为:

$$P(y|x) = \frac{1}{Z(x)} \exp \sum_{k=1}^{K_1+K_2} w_k f_k(y, x) \tag{10-33}$$

$$Z(x) = \sum_y \exp \sum_{k=1}^{K_1+K_2} w_k f_k(y, x) \tag{10-34}$$

进一步地, 如果用 w 和 $F(y, x)$ 分别表示权值 w_k 和 $f_k(y, x)$ 的集合, 则条件随机场可以表示为:

$$P_w(y|x) = \frac{\exp(w \cdot F(y, x))}{Z_w(x)} \tag{10-35}$$

$$Z_w(x) = \sum_y \exp(w \cdot F(y, x)) \tag{10-36}$$

10.10.3　条件随机场的学习算法

对于条件随机场, 其学习算法主要是对模型中的权重向量 w 进行估计, 根据式 (10-35) 可以定义学习的优化目标函数为:

$$\min_{\boldsymbol{w} \in R^*} f(\boldsymbol{w}) = \sum_{\boldsymbol{x}} \widetilde{P}(\boldsymbol{x}) \log \sum_{\boldsymbol{y}} \exp\left(\sum_{i=1}^n \boldsymbol{w}_i f_i(\boldsymbol{x}, \boldsymbol{y})\right)$$
$$- \sum_{\boldsymbol{x}, \boldsymbol{y}} \widetilde{P}(\boldsymbol{x}, \boldsymbol{y}) \sum_{i=1}^n \boldsymbol{w}_i f_i(\boldsymbol{x}, \boldsymbol{y}) \tag{10-37}$$

其梯度函数为:

$$g(\boldsymbol{w}) = \sum_{\boldsymbol{x}, \boldsymbol{y}} \widetilde{P}(\boldsymbol{x}, \boldsymbol{y}) P_{\boldsymbol{w}}(\boldsymbol{y}|\boldsymbol{x}) f(\boldsymbol{x}, \boldsymbol{y}) - E_p(f) \tag{10-38}$$

条件随机场学习算法的具体步骤如下。

(1) 输入随机变量的概率分布 $\widetilde{P}(\boldsymbol{x}, \boldsymbol{y})$, 计算相应的特征函数 f。

(2) 初始化权重向量 $\boldsymbol{w}$ 为 $\boldsymbol{w}^0$, 取 $\boldsymbol{B}_0$ 为正定对称矩阵, 设 $k = 0$。

(3) 计算梯度 $\boldsymbol{g}_k = g(\boldsymbol{w}^k)$, 若 $\boldsymbol{g}_k = 0$, 终止计算, 否则进行下一步。

(4) 根据 $\boldsymbol{B}_k p_k = -\boldsymbol{g}_k$, 计算概率 p_k。

(5) 求最优权值 $\boldsymbol{\lambda}_k$ 使得 $f\left(\boldsymbol{w}^k + \boldsymbol{\lambda}_k p_k\right) = \min\limits_{\boldsymbol{\lambda} \geqslant 0} f(\boldsymbol{w}^k + \boldsymbol{\lambda}_k p_k)$。

(6) 使 $\boldsymbol{w}^{k+1} = \boldsymbol{w}^k + \boldsymbol{\lambda}_k p_k$。

(7) 计算 $\boldsymbol{g}_{k+1} = g(\boldsymbol{w}^{k+1})$, 若 $\boldsymbol{g}_{k+1} = 0$, 终止计算, 否则计算 $\boldsymbol{B}_{k+1} = \boldsymbol{B}_k + \dfrac{\boldsymbol{y}_k \boldsymbol{y}_k^{\mathrm{T}}}{\boldsymbol{y}_k^{\mathrm{T}} \boldsymbol{\delta}_k} - \dfrac{\boldsymbol{B}_k \boldsymbol{\delta}_k \boldsymbol{\delta}_k^{\mathrm{T}} \boldsymbol{B}_k}{\boldsymbol{\delta}_k^{\mathrm{T}} \boldsymbol{B}_k \boldsymbol{\delta}_k}$, 其中 $\boldsymbol{y}_k = \boldsymbol{g}_{k+1} - \boldsymbol{g}_k$, $\boldsymbol{\delta}_k = \boldsymbol{w}^{k+1} - \boldsymbol{w}^k$。

(8) 使 $k = k + 1$, 转步骤 (5)。

10.11　句法模式识别的应用

句法模式识别兴起于 20 世纪 70 年代, 由美籍华裔科学家傅京孙首先提出系统性的方法。曾在文字识别、自然语言处理等领域广泛应用, 一度占据模式识别方法的主导地位。但由于方法自身的限制, 逐渐被统计模式识别、神经网络等方法取代。

1. 汉字识别

句法模式识别是早期汉字识别研究的主要方法, 其思想是先把汉字图像划分为很多个基元组合, 再用结构方法描述这些基元组合所代表的结构和关系。通常抽取笔段或基本笔画作为基元, 由这些基元及其组合关系可以精确地对汉字加以描述, 最后利用形式语言及自动机理论进行文法推断, 即识别。

句法模式识别方法对字体变化的适应性强, 区分相似字能力强, 缺点是抗干扰能力差, 从汉字图像中精确地抽取基元、轮廓、特征点比较困难, 匹配过程复杂。若采用汉字轮廓结构信息作为特征, 则需要进行松弛迭代匹配, 耗时太长, 而对于笔画较为模糊的汉字图像, 抽取轮廓会遇到极大的麻烦。若采用抽取汉字图像中关键特征点来描述汉字, 则特征点的抽取易受噪声点、笔画的粘连与断裂等影响。因此, 单纯采用句法模式识别方法的印刷体汉字识别系统的识别率较低。

2. 自然语言处理

根据一套规则, 将自然语言理解为符号结构, 可以从结构中符号的意义上推出结构的意义。由人事先设计好规则集, 强调基于规则的方法。基于语言的用词虽具有很大的灵活性, 而语言的语法结构具有相对的稳定性, 所以尽管词的分布会随着领域的变化而变化, 词类在句子中的分布具有比较普遍的意义。词类的这种相对稳定分布特性是规则库建立的有效资源。常采用短语结构语法、转换语法、链语法、扩充转移网络等算法。

然而基于结构的自然语言处理存在大量的缺点, 如缺乏客观的优先权尺度, 难于处理不确定性; 难于处理复杂的、不规则的知识; 知识库的一致性难以维护; 系统不易达到对真实文本的高度覆盖; 没有系统的自动方法来大规模的获取规则等。

第 11 章 人工神经网络

11.1 神经网络介绍

在前面的章节中, 介绍了许多线性分类方法, 这些分类器主要由可变权值连接的输入单元和输出单元组成, 然而对于大多数最优化问题, 只靠线性分类器难以实现。因此, 如何通过选择合适的非线性函数, 从而得到问题的最优解, 便成了研究的关键。一种直观的想法是选择一个基函数集, 来拟合出相应的非线性函数, 但这种方法的缺点是参数太多, 不利于实现。从另一个角度来看, 可以借助分类问题的相关先验信息, 为非线性函数的选择提供指导, 这正是人工神经网络的基本思想。

人工神经网络 (artificial neural network, ANN), 是从信息处理的角度对人脑神经元进行抽象, 并建立简化模型, 按照一定连接方式组成的网络。在工程界或学术界也常直接简称为神经网络或类神经网络。人脑的直观性思维是将分布式存储的信息综合起来, 忽然间产生想法或解决问题的办法。树突在突触接收信号后, 将它传递给细胞体, 信号在那里积累, 激起神经元兴奋或抑制, 从而决定神经元的状态。神经元之间通过突触连接, 构成了复杂的神经网络系统。人工神经网络作为一种运算模型, 通过模拟人思维方式, 具有分布式存储和并行协同处理特点。它主要由大量节点之间相互连接构成, 每个节点代表一种特定的输出函数, 称为激励函数 (activation function)。每两个节点之间的连接代表一个加权值, 称为权值。网络的输出则随着节点之间连接方式, 权值和激励函数的变化而变化。随着研究工作的不断深入, 神经网络已经在模式识别、自动控制、预测估计等领域解决了许多实际问题, 取得了令人瞩目的进展。

纵观神经网络的发展历史, 其发展过程大致经历了启蒙时期、低潮时期和复兴时期等几个阶段。20 世纪 40 年代, 是神经网络理论研究的启蒙时期。1943 年, 心理学家 Warren McCulloch 和数学家 Walter Pitts 合作, 提出了第一个人工神经元模型, 并在此基础上抽象出神经元的数理模型, 开创了人工神经网络的研究, 以著名的阈值加权和模型 (MP 模型) 的建立为标志, 神经网络拉开了研究的序幕。为了模拟神经元之间起连接作用的突触的可塑性, 心理学家 Donald O. Hebb 于 1949 年提出了神经元之间突触的联系强度是可变的假说, 即 Hebb 法则 (Hebb rule)。这种可变性是学习和记忆的基础, Hebb 法则为构造可学习的神经网络模型奠定了基础。1952 年英国生物学家 Alan Hodgkin 和 Andrew Huxley 提出了著名的长枪乌贼巨大轴索非线性动力学微分方程, 这一方程可用来描述神经膜中发生的非线性现象。1954 年, 生物学家 John Eccles 提出了真实突触的分流模型, 为人工神经网络提供了原型和生物学依据。1958 年 Frank Rosenblatt 在 MP 模型的基础上增加了学习机制, 并首次把神经网络用于工程实现, 大大激发了众多学者对神经网络的兴趣。1960 年, Bernard Widrow 和 Tedd Hoff 提出了 ADALINE 网络模型, 并将其用于自适应系统。上述成果表明神经网络研究已取得了广泛的成功。

正当科学家们以极大的热情进行神经网络的研究时, 人工智能的创始人之一 Marvin Minsky 和 Seymour Papert 对以感知器为主的网络系统进行了深入研究, 并于 1969 年发表了 *Perceptrons* 一书, 提出简单的线性感知器无法解决线性不可分的分类问题。这一论断给人工神经网络的研究带来巨大的影响, 导致了神经网络发展史上长达 10 年的低潮时期。Marvin Minsky 的评论反映了当时神经网络研究的局限性, 不过, 仍有少数具有远见卓识的科学家继续这一领域的研究。1976 年, 美国学者 Grossberg 提出了著名的自适应共振理论 (adaptive resonance theory, ART), 并随之研究了 ART 网络, 使得其结构更加接近于人脑的工作过程。1972 年, 芬兰学者 Teuvo Kohonen 提出了自组织神经网络 SOM (self-organizing feature map), 后来的神经网络主要是根据 Teuvo Kohonen 的研究来实现的。在整个低潮时期, 上述成果虽然没有得到应有的重视, 但却为以后神经网络研究的再次兴起奠定了基础。

1982 年, John J. Hopfield 提出了著名的 Hopfield 模型, 对人工神经网络的信息存储和提取功能进行了非线性数学概括, 并提出了相应的动力和学习方程, 使人工神经网络的构造和学习有了理论基础。在 Hopfield 模型的影响下, 大量学者再次积极投身于神经网络的研究中, 并由此迎来了神经网络研究的复兴时期。同年, David Marr 对视觉信息处理过程进行了全面深入的描述, 并与神经网络实现机制联系起来。1983 年, Scott Kirkpatrick 等人将模拟退火算法用于 NP 完全优化问题的求解。1984 年, Geoffrey E. Hinton 与 Terry Sejnowski 提出了大规模并行网络学习机, 即 Boltzmann 机。1986 年, David E. Rumelhart 和 James L. McClelland 等建立了并行分布式处理理论, 同时对非线性转移函数的多层前馈网络的误差反向传播方法即 BP (back propagation) 算法进行了详细的分析。1989 年, Yann LeCun 等人提出了卷积神经网络 (convolutional neural network, CNN) 模型, 并应用在手写邮政编码识别。20 世纪 90 年代以后, 神经网络的研究进入了一个新的高度, 一方面已有理论不断得到深化和推广, 另一方面新的理论和方法不断被提出。经过多年的发展, 目前已有上百种神经网络模型被提出。

本章剩余部分按照如下方式组织: 11.2 节介绍前馈操作和分类; 11.3 节介绍后向

传播算法; 11.4 节引出错误平面的定义; 11.5 节到 11.7 节讨论后向传播的理论和实用技巧; 11.8 节到 11.10 节对一些特殊网络进行了介绍; 最后, 11.11 节介绍神经网络的几个典型应用。

11.2　前馈操作和分类

11.2.1　三层神经网络

三层神经网络是一种最简单的人工神经网络, 如图 11.1 所示。网络由一个输入层 (input layer)、一个隐藏层 (hidden layer) 和一个输出层 (output layer) 组成, 层与层之间由可变权值 $\boldsymbol{w}$ 连接, 在图中用箭头表示。输入层的各单元 $x_1, x_2, \cdots,$ x_n 表示训练样本集, 输出层的各单元 $z_1,$ $z_2, \cdots, z_k$ 表示训练或分类结果, 单元节点

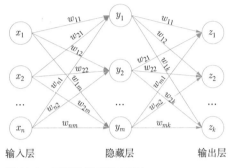

图 11.1　三层神经网络示意图

的功能类似于生物神经元, 因此也被称为 "神经元" (neuron)。

为了描述神经网络, 先从神经元讲起, 如图 11.2 所示。该神经元是以 $x_1, x_2, \cdots,$ x_n 为输入值的运算单元, 其细胞体分为两个部分, 前一部分计算总输入值 (即输入信号的加权和), 后一部分计算总输入值通过激活函数 f 的处理, 产生输出 $\boldsymbol{y}$ 并从轴突传送给其他神经元。

具体说来, 对于每个隐藏层单元, 首先对输入值进行加权求和:

$$net_j = \sum_{i=1}^{n} x_i w_{ji} + w_{j0} = \sum_{i=0}^{n} x_i w_{ji} = \boldsymbol{w}_j^{\mathrm{T}} \boldsymbol{x} \qquad (11-1)$$

其中, 下标 i 为输入层单元编号, j 为隐藏层单元编号, W 为相应的权值。接下来, 把总输入值 (加权和) 作为激活函数 f 的输入, 即:

$$y_j = f(net_j) \qquad (11-2)$$

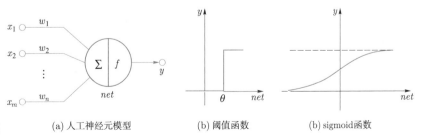

图 11.2　人工神经元示意图　　　　(a) 人工神经元模型　　　　(b) 阈值函数　　　　(b) sigmoid函数

可以看出, 一个 "神经元" 的输入–输出映射关系其实就是一个逻辑回归的过程。激活函数 f 通常是一个非线性阈值函数, 例如图 11.2(c) 中的 sigmoid 函数或者符号函数:

$$f(net) = \mathrm{Sgn}(net) = \begin{cases} 1, & net \geqslant 0 \\ -1, & net < 0 \end{cases} \tag{11-3}$$

与隐藏层同理, 输出层单元首先基于隐藏层单元的输出值计算其加权和:

$$net_k = \sum_{j=1}^{m} y_j w_{kj} + w_{k0} = \sum_{j=0}^{m} y_j w_{kj} = \boldsymbol{w}_k^{\mathrm{T}} \boldsymbol{y} \tag{11-4}$$

其中, 下标 k 为输出层单元数目, m 为隐藏层单元数目。接下来, 把总输入值 (加权和) 作为激活函数 f 的输入, 即:

$$z_k = f(net_k) \tag{11-5}$$

对于有 k 个输出层单元的神经网络, 可以看成一个由输入层的训练样本 x 得到 k 个分类函数 z 的过程。以最简单的二分类问题为例, 如图 11.3 所示。

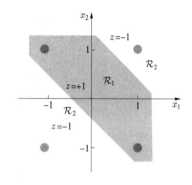

该问题有两个输入层单元 x_1 和 x_2, 假设有两个隐藏层单元 y_1 和 y_2, 通过 y_1 可得到一个分类边界:

$$x_1 + x_2 + 0.5 = 0 \begin{cases} \geqslant 0 \Rightarrow y_1 = +1 \\ < 0 \Rightarrow y_1 = -1 \end{cases} \tag{11-6}$$

通过 y_2 可得到另一个分类边界:

图 11.3　二分类问题

$$x_1 + x_2 - 1.5 = 0 \begin{cases} \geqslant 0 \Rightarrow y_2 = +1 \\ < 0 \Rightarrow y_2 = -1 \end{cases} \tag{11-7}$$

假设输出单元为:

$$z_k = 0.7y_1 - 0.4y_2 - 1 \tag{11-8}$$

则 z 的正负取决于 y_1 和 y_2 的正负, 进而推导出 z 值最终取决于输入单元 x_1 和 x_2 的异或问题, 从而很好地解决了传统线性分类器无法解决的异或问题。

11.2.2　通用前馈操作

从上述异或问题中可以看出, 带有隐藏层的神经网络比传统模型具有更强的非线性表达能力。自然地, 可以通过增加隐藏层单元的个数, 来进一步增强神经网络的表达能力, 从而解决更加复杂的问题。对于一个 k 类的分类问题, 相应的三层神经网络的输入–输出映射关系为:

$$g_k(x) = z_k = f\left(\sum_{j=1}^{m} w_{kj} f\left(\sum_{i=1}^{n} w_{ji} x_i + w_{j0}\right) + w_{k0}\right) \tag{11-9}$$

通过选择适当的隐藏层单元数目, 即可以解决多分类问题。此外, 选择 sigmoid 函数以外的其他非线性激活函数, 也可以进一步扩展神经网络的应用范围。

11.2.3　多层神经网络的表达能力

根据 Kolmogorov 定理 (Kolmogorov theorem), 只要选择合适的非线性函数, 任何连续函数都可以由多层神经网络进行描述, 如式 (11-10) 所示。

$$g(x) = \sum_{j=1}^{2n+1} \phi_j\left(\sum_{i=1}^{n} \psi_{ij}(x_i)\right) \tag{11-10}$$

对于输入值 x 来说, 只要选择合适的 ϕ 和 ψ, 就可以得到相应的输出函数 g。然而, 该结论存在着一定的局限性。首先, 非线性函数 ϕ 和 ψ 并不是简单的权值求和。实际上, 它们可能非常复杂且不具有平滑性, 而平滑性对于梯度下降学习非常重要。另一方面, 最重要的是如何选择合适的非线性函数仍是一个问题。

11.3　后向传播算法

从 11.2 节可知, 任何输入到输出的映射函数关系都可以通过三层神经网络来描述。然而, 仍然存在着非线性函数如何选择、隐层单元个数和权值大小无法确定等问题。1986 年, Geoffrey E. Hinton 等人提出了后向传播算法 (也称反向传播算法), 来解决有监督网络在训练时的参数 (权值) 更新问题。后向传播算法的提出, 通过计算每个隐层单元的传播误差, 使得为神经网络的权值建立一套有效的学习规则成为可能。

11.3.1　神经网络学习

后向传播算法 (back propagation algorithm, BP 算法) 的主要思想是建立一个网络输出值和期望值之间的误差函数, 并通过学习逐渐优化连接权值来使得该误差函数值达到最小。BP 算法的学习过程可以分为正向传播和反向传播两部分。首先, 输入信号通过输入层和隐藏层, 逐层传递并传向输出层。如果输出层没有得到期望的输出值, 则计算输出值与期望值之间的误差, 转入反向传播, 逐层求出目标函数对于各神经元权值的偏导数, 构成目标函数对权值向量的梯度, 从而作为修改权值的依据, 通过权值的修改完成网络的学习。当误差达到期望值时, 学习过程结束。

具体来说, 假设网络输出值 z 和期望值 t 之间的误差函数为:

$$J(\boldsymbol{w}) = \frac{1}{2}\sum_{k=1}^{c}(\boldsymbol{t}_k - \boldsymbol{z}_k)^2 = \frac{1}{2}(\boldsymbol{t} - \boldsymbol{z})^2 \qquad (11-11)$$

BP 算法的学习方法是基于梯度下降原则。首先，各单元之间的连接权值 $\boldsymbol{w}$ 被随机初始化，然后向误差函数 J 减小的方向进行变化，即：

$$\Delta \boldsymbol{w} = -\boldsymbol{\eta}\frac{\partial J}{\partial \boldsymbol{w}}, \Delta \boldsymbol{w}_{mn} = -\boldsymbol{\eta}\frac{\partial J}{\partial \boldsymbol{w}_{mn}}, \boldsymbol{w}(m+1) = \boldsymbol{w}(m) + \Delta \boldsymbol{w}_m \qquad (11-12)$$

其中，$\boldsymbol{\eta}$ 为学习率，表示权值变化的速度。

首先，考虑隐层到输出层的权值传递，计算权值的偏导数：

$$\frac{\partial J}{\partial \boldsymbol{w}_{kj}} = \frac{\partial J}{\partial \boldsymbol{net}_k} \cdot \frac{\partial \boldsymbol{net}_k}{\partial \boldsymbol{w}_{kj}} = -\boldsymbol{\delta}_k \frac{\partial \boldsymbol{net}_k}{\partial \boldsymbol{w}_{kj}} \qquad (11-13)$$

$$\boldsymbol{\delta}_k = -\frac{\partial J}{\partial \boldsymbol{net}_k} = -\frac{\partial J}{\partial \boldsymbol{z}_k} \cdot \frac{\partial \boldsymbol{z}_k}{\partial \boldsymbol{net}_k} = (\boldsymbol{t}_k - \boldsymbol{z}_k)f'(\boldsymbol{net}_k) \qquad (11-14)$$

综合上述公式，得到隐层到输出层权值的更新公式为：

$$\Delta \boldsymbol{w}_{kj} = \boldsymbol{\eta}\boldsymbol{\delta}_k \boldsymbol{y}_j = \boldsymbol{\eta}(\boldsymbol{t}_k - \boldsymbol{z}_k)f'(\boldsymbol{net}_k)\boldsymbol{y}_j \qquad (11-15)$$

其次，考虑输入层到隐层的权值传递，计算权值的偏导数：

$$\frac{\partial J}{\partial \boldsymbol{w}_{ji}} = \frac{\partial J}{\partial \boldsymbol{y}_j} \cdot \frac{\partial \boldsymbol{y}_j}{\partial \boldsymbol{net}_j} \cdot \frac{\partial \boldsymbol{net}_j}{\partial \boldsymbol{w}_{ji}} \qquad (11-16)$$

$$\frac{\partial J}{\partial \boldsymbol{y}_j} = \frac{\partial}{\partial \boldsymbol{y}_j}\left[\frac{1}{2}\sum_{k-1}^{c}(\boldsymbol{t}_k - \boldsymbol{z}_k)^2\right] = -\sum_{k=1}^{c}(\boldsymbol{t}_k - \boldsymbol{z}_k)\frac{\partial \boldsymbol{z}_k}{\partial \boldsymbol{y}_j}$$

$$= -\sum_{k=1}^{c}(\boldsymbol{t}_k - \boldsymbol{z}_k)\frac{\partial \boldsymbol{z}_k}{\partial \boldsymbol{net}_k} \cdot \frac{\partial \boldsymbol{net}_k}{\partial \boldsymbol{y}_j}$$

$$= \sum_{k=1}^{c}(\boldsymbol{t}_k - \boldsymbol{z}_k)f'(\boldsymbol{net}_k)\boldsymbol{w}_{kj} \qquad (11-17)$$

综合上述公式，得到输入层到隐层权值的更新公式为：

$$\Delta \boldsymbol{w}_{ji} = \boldsymbol{\eta}\boldsymbol{\delta}_j \boldsymbol{x}_i = \boldsymbol{\eta}\left[\sum_{k=1}^{c}\boldsymbol{w}_{kj}\boldsymbol{\delta}_k\right]f'(\boldsymbol{net}_j)\boldsymbol{x}_i \qquad (11-18)$$

$$\boldsymbol{\delta}_j = f'(\boldsymbol{net}_j)\sum_{k=1}^{c}\boldsymbol{w}_{kj}\boldsymbol{\delta}_k \qquad (11-19)$$

其实，BP 算法的权值更新过程就是根据链式法则，逐层计算各单元的偏导数，从而将误差逐层反向传向输入层，并改变各单元间连接权值的过程。

11.3.2　训练方法

本小节介绍三种主流的 BP 训练方法：随机训练 (stochastic training)、批训练 (batch training) 和在线训练 (online training)。

在随机训练中, 首先从训练数据中随机抽选模式, 然后网络的权值根据各个模式分别进行优化。具体的训练过程如算法 11.1 所示。

算法 11.1　随机训练

1　<u>begin</u> <u>initialize</u> network topology (# hidden units), $\boldsymbol{w}$, criterion $\theta, \boldsymbol{\eta}, m \leftarrow 0$

2　　<u>do</u> $m \leftarrow m + 1$

3　　　$\boldsymbol{x}^m \leftarrow$ randomly chosen pattern

4　　　$\boldsymbol{w}_{ij} \leftarrow \boldsymbol{w}_{ij} + \boldsymbol{\eta}\boldsymbol{\delta}_j\boldsymbol{x}_i; \ \boldsymbol{w}_{jk} \leftarrow \boldsymbol{w}_{jk} + \boldsymbol{\eta}\boldsymbol{\delta}_k\boldsymbol{y}_j$

5　　<u>until</u> $\nabla J(\boldsymbol{w}) < \theta$

6　<u>return</u> $\boldsymbol{w}$

7　<u>end</u>

可以看出, 随机训练的终止条件是误差函数 $J(\boldsymbol{w})$ 小于预期值。在随机训练中, 对于一种模式的最优权值不一定适用于另一种模式, 只有当训练模式量较大时, 总体误差才会减小。

在批训练中, 首先将所有的训练模式所对应的权值相加, 然后再开始更新网络的权值。具体的训练过程如算法 11.2 所示。

算法 11.2　批训练

1　<u>begin</u> <u>initialize</u> network topology (# hidden units), $\boldsymbol{w}$, criterion $\theta, \boldsymbol{\eta}, r \leftarrow 0$

2　　<u>do</u> $r \leftarrow r + 1$ (increment epoch)

3　　　$m \leftarrow 0; \ \Delta\boldsymbol{w}_{ij} \leftarrow 0; \ \Delta\boldsymbol{w}_{jk} \leftarrow 0$

4　　　<u>do</u> $m \leftarrow m + 1$

5　　　　$\boldsymbol{x}^m \leftarrow$ select pattern

6　　　　$\Delta\boldsymbol{w}_{ij} \leftarrow \Delta\boldsymbol{w}_{ij} + \boldsymbol{\eta}\boldsymbol{\delta}_j\boldsymbol{x}_i; \ \Delta\boldsymbol{w}_{jk} \leftarrow \Delta\boldsymbol{w}_{jk} + \boldsymbol{\eta}\boldsymbol{\delta}_k\boldsymbol{y}_j$

7　　　<u>until</u> $m = n$

8　　　$\boldsymbol{w}_{ij} \leftarrow \boldsymbol{w}_{ij} + \Delta\boldsymbol{w}_{ij}; \ \boldsymbol{w}_{jk} \leftarrow \boldsymbol{w}_{jk} + \Delta\boldsymbol{w}_{jk}$

9　　<u>until</u> $\nabla J(\boldsymbol{w}) < \theta$

10　<u>return</u> $\boldsymbol{w}$

11　<u>end</u>

在线训练是通过实时获得输入数据并进行训练, 每种/每批模式只训练一次, 不需要对训练数据进行存储, 可以采用模式训练或批训练的方式更新网络的权值。

11.3.3　学习曲线

不论哪种训练方式, 都是以降低学习过程中的误差函数值作为目标。通常用学习曲线 (learning curve) 来描述这一过程, 如图 11.4 所示, 横坐标为迭代次数, 纵坐标为误差函数值。

从图 11.4 中可以看出, 训练刚开始时误差函数值较大, 随着训练迭代次数的增多, 误差函数值可以逐渐降低。一般情况下, 当迭代次数足够多时, 训练误差可以很小, 甚至为 0。但训练样本和实际应用时样本分布可能不一致, 为了防止训练过拟合, 往往设置一个验证集来确定训练停止的最优时机。通

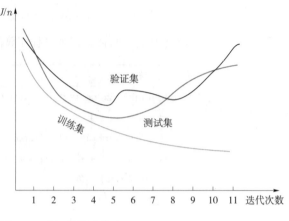

图 11.4　学习曲线示意图

常取验证集误差值最小时对应的迭代次数作为训练时的最优迭代次数。一般情况下, 测试集和验证集的平均误差函数值高于训练集误差函数值。测试集和验证集样本分布也可能有差异, 所以验证集平均误差最小时, 测试集上不一定最优。通常情况下, 训练集、验证集和测试集不重叠, 这样的设置, 既可以避免过拟合, 又能较好地反应网络的真实性能。

11.4　错误平面

由于 BP 算法采用的权值优化算法是基于梯度下降的, 因而容易陷入局部最优解的 "陷阱", 并且这个陷阱越来越偏离真正的全局最优解。此外, 如图 11.5 所示, 当目标函数落在鞍点上时, 其附近会有一大片平坦的区域, 称为错误平面 (error surface), 使得梯度几乎为 0, 导致无法继续下降。

事实上, 在神经网络的高维度空间中, 如果梯度为 0, 那么在每个方向上, 可能是凸函数, 也可能是凹函数。对于局部最优解来说, 需要各方向的弯曲方向一样, 而这种情况在高维度空间中发生概率较小。因此, 对于多层神经网络来说, 鞍点 (即局部极小值) 的问题更为普遍。为了避免局部极小值问题, 通常采用梯度迭代优化的方法, 即每次使梯度改变一些, 逐步走出梯度平坦区域。在这种情况下, 一些更为先进的优化算法, 如 Adam (adaptive moment estimation) 算法, 能够加快收敛速度, 从而更快地走出平坦区域。此外, 在一些要求不是非常严格的场合, 与全局最优解相差不多的局部最优解也是可以接受的。

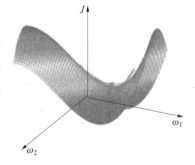

图 11.5　错误平面示意图

11.5　特征映射

在神经网络中, 隐层到输出层的传递通常是一个线性分类的过程, 因此神经网络的表达能力主要体现在输入层到隐层的非线性变换上。随着学习过程中权值的不断优化, 隐层单元逐步将输入值映射到了一个高维的特征空间中, 称为特征映射 (feature mapping)。如图 11.6 所示, 输入层为二维空间中的七个样本点, 当采用 2–2–1 结构的三层神经网络时, 得到的分类边界如图中浅色虚线所示, 这时将有一个错分点, 因为 2–2–1 结构的隐层单元数目与输入单元数目相同时, 没有把低维数据映射到高维空间中。当采用 2–3–1 的三层网络结构时, 通过隐层单元把输入层的二维数据映射到了三维空间中, 可以看出此时的样本点, 在高维特征空间中变得线性可分了。

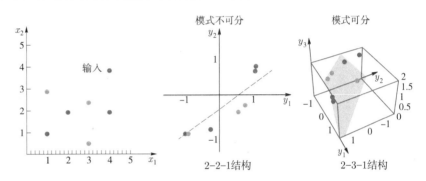

图 11.6　特征映射示意图

11.6　Bayes 理论和概率

本节主要讨论神经网络与 Bayes 理论及概率之间的关系。

以三层神经网络为例, 假设网络得到的输入–输出映射关系为 $g(\boldsymbol{x}, \boldsymbol{w})$, 相应的连接权值为 $\boldsymbol{w}$, 则根据 Bayes 理论, 即:

$$P(\boldsymbol{w}_k|\boldsymbol{x}) = \frac{P(\boldsymbol{x}|\boldsymbol{w}_k)P(\boldsymbol{w}_k)}{\sum\limits_{i=1}^{c} P(\boldsymbol{x}|\boldsymbol{w}_i)P(\boldsymbol{w}_i)} = \frac{P(\boldsymbol{x}, \boldsymbol{w}_k)}{P(\boldsymbol{x})} \qquad (11-20)$$

当训练一个输出层单元个数为 c 的网络时, 设期望值为:

$$t_k = \begin{cases} 1, & \boldsymbol{x} \in \boldsymbol{w}_k \\ 0, & \text{其他} \end{cases} \qquad (11-21)$$

网络的目标函数值为:

$$J(\boldsymbol{w}) = \sum_{\boldsymbol{x}} [g_k(\boldsymbol{x}, \boldsymbol{w}) - \boldsymbol{t}_k]^2$$

$$
= \sum_{\boldsymbol{x} \in \boldsymbol{w}_k} [g_k(\boldsymbol{x}, \boldsymbol{w}) - 1]^2 + \sum_{\boldsymbol{x} \notin \boldsymbol{w}_k} [g_k(\boldsymbol{x}, \boldsymbol{w}) - 0]^2
$$

$$
= n \left\{ \frac{n_k}{n} \frac{1}{n_k} \sum_{\boldsymbol{x} \in \boldsymbol{w}_k} [g_k(\boldsymbol{x}, \boldsymbol{w}) - 1]^2 + \frac{n - n_k}{n} \frac{1}{n - n_k} \sum_{\boldsymbol{x} \notin \boldsymbol{w}_k} [g_k(\boldsymbol{x}, \boldsymbol{w}) - 0]^2 \right\}
\tag{11-22}
$$

其中, n 为训练样本的数目, 对目标函数取极限可得:

$$
\lim_{n \to \infty} \frac{1}{n} J(\boldsymbol{w}) = \overline{J}(\boldsymbol{w})
$$

$$
= P(\boldsymbol{w}_k) \int [g_k(\boldsymbol{x}, \boldsymbol{w}) - 1]^2 p(\boldsymbol{x}|\boldsymbol{w}_k) \mathrm{d}\boldsymbol{x}
$$

$$
+ P(\boldsymbol{w}_{i \notin k}) \int [g_k(\boldsymbol{x}, \boldsymbol{w}) - 0]^2 p(\boldsymbol{x}|\boldsymbol{w}_{i \notin k}) \mathrm{d}\boldsymbol{x}
$$

$$
= \int g_k^2(\boldsymbol{x}, \boldsymbol{w}) p(\boldsymbol{x}) \mathrm{d}\boldsymbol{x} - 2 \int g_k(\boldsymbol{x}, \boldsymbol{w}) p(\boldsymbol{x}, \boldsymbol{w}_k) \mathrm{d}\boldsymbol{x} + \int p(\boldsymbol{x}, \boldsymbol{w}_k) \mathrm{d}\boldsymbol{x}
$$

$$
= \int [g_k(\boldsymbol{x}, \boldsymbol{w}) - P(\boldsymbol{w}_k|\boldsymbol{x})]^2 p(\boldsymbol{x}) \mathrm{d}\boldsymbol{x} + \int P(\boldsymbol{w}_k|\boldsymbol{x}) P(\boldsymbol{w}_{i \notin k}|\boldsymbol{x}) p(\boldsymbol{x}) \mathrm{d}\boldsymbol{x}
\tag{11-23}
$$

上式的第二项是只和 $\boldsymbol{w}$ 有关的独立项, 因此, 目标函数的优化问题即为下式的最小化问题:

$$
\int [g_k(\boldsymbol{x}, \boldsymbol{w}) - P(\boldsymbol{w}_k|\boldsymbol{x})]^2 p(\boldsymbol{x}) \mathrm{d}\boldsymbol{x}
\tag{11-24}
$$

当目标函数达到收敛时, 输出层的值实际上就是输入值的一个后验函数:

$$
g_k(\boldsymbol{x}, \boldsymbol{w}) \simeq P(\boldsymbol{w}_k|\boldsymbol{x})
\tag{11-25}
$$

值得注意的是, 上述结论只有在无限训练数据并且有足够多的隐层单元时才能够成立。这也为神经网络方法提供了理论的上限。

当神经网络具有无限训练数据并且有足够多的隐层单元时, 其输出值在概率上近似于期望值。然而, 如果以上条件无法满足, 该结论就无法成立。例如, 如果网络输出值的总和明显偏离 1, 就说明此时网络并未准确反映后验概率, 应该尝试改变网络结构, 如隐层数目或者其他参数设置。另外一种较为常用的方法是用指数函数代替 sigmoid 函数, 并且将输出值归一化到 0-1 空间, 这就是常用的 softmax 方法。

$$
J(\boldsymbol{w}) = \sum_{\boldsymbol{x}} [s_k(\boldsymbol{x}, \boldsymbol{w}) - \boldsymbol{t}_k]^2
$$

$$
s_k(\boldsymbol{x}, \boldsymbol{w}) = \log \frac{\mathrm{e}^{g_k(\boldsymbol{w}, \boldsymbol{x})}}{\sum_l \mathrm{e}^{g_l(\boldsymbol{w}, \boldsymbol{x})}}
\tag{11-26}
$$

其中, l 遍历所有的类别。

11.7　后向传播的实用技巧

当建立一个神经网络时, 必须要面临两个问题: 网络结构选择和参数选择。本节主要介绍一些常见的实用技巧。

11.7.1　激活函数

激活函数的选择必须满足几个条件。首先, 激活函数要具有非线性, 否则神经网络的映射能力无法体现; 其次, 激活函数要有饱和性, 即有最大值和最小值, 以便于确定权值的边界; 再次, 激活函数应该是光滑连续的, 以便于偏导数的计算; 最后, 激活函数在输入较小时应趋于线性, 以便误差足够小时, 可以近似于线性模型。目前, sigmoid 函数是常用的激活函数。

11.7.2　sigmoid **参数**

对于 sigmoid 函数参数的选择, 最好选择原点作为其中心点, 此外, 实验证明, 奇函数形式的 sigmoid 函数有助于加快学习速度。目前广泛使用的 sigmoid 函数为:

$$f(net) = a \left[\frac{1 - \mathrm{e}^{b*net}}{1 + \mathrm{e}^{b*net}} \right] = \frac{2a}{1 + \mathrm{e}^{-b*net}} - a \qquad (11-27)$$

其中, $a = 1.716, b = 2/3$ 是一组常见的参数。

11.7.3　输入数据的尺度变换

在开始训练之前, 往往需要对输入数据进行尺度变换 (scale transform) 操作。通常的做法是对训练数据进行归一化, 使其均值为 0, 方差接近于 1。同理, 对于测试数据, 在输入网络之前也应该做同样操作。值得注意的是, 数据的归一化操作只适用于模式训练和批训练方式, 不适用于在线训练方式。

11.7.4　目标值

对于输出层的期望目标值, 通常设为 1 和 −1, 即用 1 来表示正样本, −1 来表示负样本。例如, 对于一个包含 4 个类别的分类问题, 如果样本 3 是正样本, 则期望目标向量应为 $(-1, -1, +1, -1)$。

11.7.5　带噪声的训练

当训练集较小时, 可以通过人为生成数据来增加训练集的样本数。在缺少负样本的情况下, 一种自然的做法是向原始样本中增加噪声来产生样本。具体来说, 对于一个归一化后的样本, 增加噪声后的样本方差应该小于 1, 同时样本标签不变。这种带噪声的训练方法可以适用于任何分类方法, 虽然一般并不能提高局部分类器的准确率, 例如最近邻法。

11.7.6 制造数据

如果在有原始样本先验知识的情况下, 还可以人为 "制造" 训练数据来丰富训练样本和扩大训练规模。例如, 对于一个视觉识别问题, 输入图像可能产生一定角度的旋转。此时可以人为对图像进行多种角度的旋转变换, 来增加样本集的数目。或者, 可以对图像进行放缩等操作, 来丰富训练样本的多样性。当旋转角度或者变换尺度具有期望范围时, 应该根据情况适当地制造数据。

11.7.7 隐层单元数目

隐层单元的数目对神经网络至关重要, 直接影响网络的表达能力和分类边界的复杂度。如果输入样本分类较容易, 则隐层单元数目应该较少; 相反, 如果样本分类较为复杂, 就需要较多的隐层单元数目。目前, 对于选择隐层单元数目的方式, 还没有统一的标准。但是, 一般来说, 隐层单元数目应该不超过总训练样本数 n, 一种常用的做法是选择隐层单元数目为训练样本数目的十分之一。另一种常见的做法是根据训练数据来调整网络复杂度, 例如先选择较多的隐层单元, 然后逐渐减少相应的连接权值。

11.7.8 初始化权值

初始化权值的目标是实现快速、正常的学习, 例如所有权值同时达到收敛。当学习不正常时, 部分权值可能提前收敛, 导致误差分布明显偏离 Bayes 分布, 最终误差值远高于预期值。在选择初始化权值时, 通常使其服从同一分布。如果权值选择过小, 激活函数会近似于线性模型, 而如果权值选择过大, 隐层单元可能过早达到饱和。对于一个输入层样本数目为 d 的网络, 假设期望输出值为 $-1 \sim +1$, 则通常选择初始化权值为:

$$-1/\sqrt{d} < w_{ji} < +1/\sqrt{d} \text{ (输入层到隐层)} \tag{11-28}$$

$$-1/\sqrt{n_H} < w_{kj} < +1/\sqrt{n_H} \text{ (隐层到输出层)} \tag{11-29}$$

11.7.9 学习率

学习率 (learning rate) 是另一个神经网络的重要参数。实际上, 由于网络一般很难达到误差最小值, 学习率对网络精度影响较大。如果学习率过小, 网络虽然可以收敛, 但是训练速度过慢, 如果学习率过大, 网络将难以达到收敛。目前的做法一般是在实际应用过程中根据情况来进行调整。

11.7.10　动量

在之前介绍的错误平面中, 可以看到权值在优化过程中有时会落入平坦区域, 此时梯度几乎为零而导致难以继续优化。动量 (momentum) 的概念是引入于物理学理论, 即运动物体只有受到外力作用才停止运动。在神经网络中引入动量约束有利于加快走出平坦误差平面的速度, 如下式所示:

$$\boldsymbol{w}(m+1) = \boldsymbol{w}(m) + \Delta\boldsymbol{w}(m) + \alpha\Delta\boldsymbol{w}(m-1) \tag{11-30}$$

其中, α 值为小于 1 的正数。虽然动量的引入无法改变最终的输出值, 但却可以加快网络的学习速度。此外, 动量约束也有利于避免局部最优解的出现。基本流程如算法 11.3 所示。

算法 11.3　　加入动量的随机训练

1　**begin initialize** topology (#hidden units), $\boldsymbol{w}$, criterion, $\alpha(< 1), \theta, \boldsymbol{\eta}, m \leftarrow 0, b_{ji} \leftarrow 0, b_{kj} \leftarrow 0$
2　　$\underline{\mathrm{do}}\ m \leftarrow m + 1$
3　　　$\boldsymbol{x}^m \leftarrow$ randomly chosen pattern
4　　　$b_{ji} \leftarrow \boldsymbol{\eta}\boldsymbol{\delta}_j\boldsymbol{x}_i + \alpha b_{ji};\ b_{kj} \leftarrow \boldsymbol{\eta}\boldsymbol{\delta}_k\boldsymbol{y}_j + \alpha b_{kj}$
5　　　$\boldsymbol{w}_{ji} \leftarrow \boldsymbol{w}_{ji} + b_{ji};\ \boldsymbol{w}_{kj} \leftarrow \boldsymbol{w}_{kj} + b_{kj}$
6　　$\underline{\mathrm{until}}\ \boldsymbol{\nabla} J(\boldsymbol{w}) < \theta$

11.7.11　权值衰减

另一种避免过拟合的方法是权值衰减 (weight decay), 即, 使权值尽可能地小。目前没有理论证明权值衰减的合理性, 但是工程经验表明, 权值衰减确实有助于提高网络的训练效果。具体做法是, 先用过量的权值对网络进行初始化, 然后再随着学习过程逐步减小权值。如式 (11-31) 所示。

$$\boldsymbol{w}^{new} = \boldsymbol{w}^{old}(1-\in), \quad 0 < \in < 1 \tag{11-31}$$

通过这种方式, 对结果贡献较小的权值逐渐减小直到消失, 而贡献较大的权值保留下来, 从而提高网络的最终精度。

11.7.12　带暗示的学习

在有些情况下, 具有足够的训练数据, 并希望针对某一类样本提高其分类精度, 这时就要用到带暗示的学习 (learning with hint), 如图 11.7 所示。

如图 11.7 所示, 在网络的输出层中增加了和特定样本相关的单元, 训练时所有单元一起参与, 当权值达到收敛时, 去掉增加的暗示单元, 并进行分类操作。

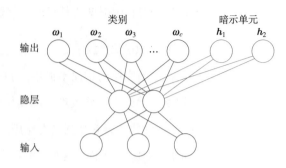

图 11.7 带暗示的学习

11.7.13 训练策略

前面的章节介绍过三种训练方式,即随机训练、批训练和在线训练。这三种训练策略各有优势,其中在线训练只有在训练数据过大或数据存储不可能实现时才会采用,在没有 GPU 等并行计算资源时,批训练通常比随机训练要慢,所以早期的神经网络,随机训练的应用更为广泛。

11.7.14 训练停止

多层神经网络中有大量的可变参数,过量训练可能导致测试误差增大,即常说的过拟合问题。通常采用在训练集之外设置验证集的方式,来确定合适的训练次数。目前最常用的是交叉验证法。

11.7.15 隐层数目

虽然三层神经网络可以表示任何连续函数,但是某些特定问题,例如存在位移、旋转或其他形变因素时,可能需要更多的隐层才能进行表示。然而,随着隐层的增多,陷入局部最优解的概率也会增大。因此,除了某些特殊问题,最简单的解决办法是选择单隐层的网络结构。

11.7.16 评价函数

目前最常用的误差评价函数 (evaluation function) 是均方误差函数,由于其具有计算简单,非负性和有利于简化分析等优点而被广泛应用。具体计算公式如下所示:

$$J_{Minl}(\boldsymbol{w}) = \sum_{m=1}^{n} \sum_{k=1}^{c} |z_{mk}(\boldsymbol{x}) - t_{mk}(\boldsymbol{x})|^R \qquad (11-32)$$

以上介绍了一些神经网络的实用技巧,从下下节开始,将会介绍一些常见的特殊网络。

11.8　RBF 网络

径向基函数 (radial basic function, RBF) 神经网络, 是由 John Moody 和 Christian J. Darken 于 20 世纪 80 年代提出的一种神经网络, 在一定意义上利用了多维空间中传统的严格插值法的思想。RBF 神经网络的隐层单元提供一个 "函数集", 相当于输入向量在隐层空间对应的一个任意 "基", 这个 "函数集" 中的函数即为径向基函数。

基本的径向基函数 RBF 网络是有一个隐层的三层神经网络, 如图 11.8 所示。隐层单元的输出为径向基函数, 输入层到隐层单元的权值全部为 1, 输出层为隐层各单元输出的加权和。其中, 隐层到输出层单元间的连接权值通过学习得到。

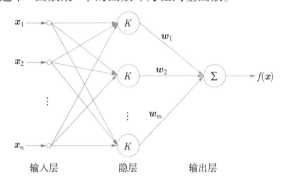

图 11.8　RBF 网络

可以从以下两个方面理解 RBF 网络的作用。

(1) 把网络看成对未知函数 $f(\boldsymbol{x})$ 的逼近器, 一般任何函数都可以表示成一组基函数的加权和, 这相当于用隐层单元的输出函数构成一组基函数来逼近 $f(\boldsymbol{x})$。

(2) 在 RBF 网络中, 从输入层到隐层的基函数输出是一种非线性映射, 而输出则是线性的。这样, RBF 网络可以看成是首先将原始的非线性可分的特征空间变换到另一个空间, 通过合理选择这一变换使新空间中原问题线性可分, 然后用一个线性单元来解决问题。

在典型的 RBF 网络中有 3 组可调参数: 隐层基函数中心、方差、以及输出单元的权值。这些参数的选择有以下三种常见方法。

(1) 根据经验选择函数中心, 例如只要训练样本的分布能代表所给问题, 可根据经验选定均匀分布的 M 个中心, 其间距为 d, 可选高斯函数的方差为 $\sigma = d/\sqrt{2M}$;

(2) 用聚类方法选择基函数, 可以将各聚类中心作为核函数中心, 而以各类样本方差的函数作为各基函数的宽度参数。

用 (1) 或 (2) 的方法选定了隐层基函数的参数后, 因为输出单元为线性单元, 其权值可以通过最小二乘法直接计算出来。

(3) 将三组可调参数都通过训练样本用误差纠正算法求得, 做法与 BP 方法类似, 分别计算误差 $\boldsymbol{\delta}(k)$ 对各组参数的偏导数, 然后用 $\boldsymbol{\theta}(k+1) = \boldsymbol{\theta}(k) - \boldsymbol{\eta}\dfrac{\partial \boldsymbol{\delta}(k)}{\partial \boldsymbol{\theta}}$ 迭代来求取参数 $\boldsymbol{\theta}$。

220

11.9 递归网络

递归神经网络 (recursive neural network, RNN) 是一种具有树状阶层结构且网络节点按其连接顺序对输入信息进行递归的网络, 如图 11.9 所示。

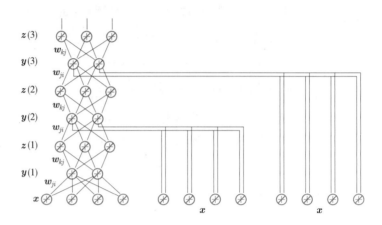

图 11.9　递归神经网络

在 RNN 网络中, 输出层的节点单元值通过反馈连接到输入层单元。当输入样本 x 进入网络时, 首先通过前馈计算得到输出值, 然后再将输出值通过反馈作为辅助输入与原输入 x 一起重新进行训练, 从而改变网络的连接权值。最后, 当网络权值达到收敛时, 把得到的输出值用于分类。

递归神经网络可以使用监督学习和无监督学习方式进行训练。在监督学习时, RNN 网络使用反向传播算法更新权值。无监督学习的 RNN 网络常被用于结构信息的特征学习, 例如递归自编码器 (recursive auto encoder, RAE)。

11.10 级联网络

一般的神经网络是固定好拓扑结构, 然后训练权值和阈值。而级联神经网络 (cascaded neural network) 是从一个最简单的小网络开始, 在训练过程中不断增加隐层单元, 最终形成一个多层的结构。

如图 11.10 所示, 首先, 对一个三层神经网络进行训练, 直到误差函数达

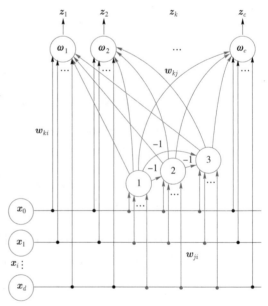

图 11.10　级联神经网络

到最小。此时, 如果训练误差已经满足要求, 则停止训练。如果误差值不够小, 则固定已有权值, 并增加一个隐层神经元, 将其连接到所有输入和输出单元上, 然后对新产生的权值进行训练直到收敛。当新权值训练好之后, 将增加的隐层神经元连接到网络中, 开始网络中所有权值的训练。如果最终误差值达到要求则停止训练, 否则, 再增加一个隐层单元, 重复上述过程。基本流程如算法 11.4 所示。通过这种方式, 级联神经网络将随着训练的进行, 逐渐成为一个尺寸取决于实际问题的多层网络。相比固定网络结构, 级联神经网络减少了每次迭代需要更新的权值数量, 因而具有更快的速度优势。

算法 11.4 级联

1　begin initialize w, criterion $\theta, \eta, k \leftarrow 0$
2　　do $m \leftarrow m + 1$
3　　　$w_{ki} \leftarrow w_{ki} - \eta \nabla J(w)$
4　　until $\nabla J(w) \simeq \theta$
5　　if $J(w > \theta)$ then add hidden unit else exit
6　　　do $m \leftarrow m + 1$
7　　　　$w_{ji} \leftarrow w_{ji} - \eta \nabla J(w); w_{kj} \leftarrow w_{kj} - \eta \nabla J(w)$
8　　　until $\nabla J(w) \simeq \theta$
9　　return w
10　end

11.11 神经网络的应用

自人工神经网络产生以来, 就在许多领域中有着各种各样的应用。目前随着相关研究的不断深入, 神经网络的应用领域正在不断扩大, 不仅可以广泛应用于工程、科学和数学领域, 也可广泛应用于水文、环境等领域。下面列举几个代表性的应用案例。

11.11.1 环境科学与工程

神经网络在环境科学与工程中的应用主要包括环境质量评价和环境系统因素预测两大领域。环境质量评价和预测在本质上属于模式识别问题, 这正是神经网络的特长所在。对于某区域的环境质量评价一般涉及较多的评价因素, 而且各因素与环境的整体质量关系复杂, 因而, 如何对环境系统内部关键因素与系统状态关系进行模拟, 预报各自的演化趋势一直是学者们关注的重点。近年来, 在这方面有较多的相关报道。例如, 如图 11.11 和图 11.12 所示, 使用臭氧浓度、入口 UV_{254} 等指标作为输入变量, 建立前馈网络模型, 对环境系统因素的变化进行预测, 如 UV_{254} 去除率, 其结果与环境质量实测值接近。

实验号	臭氧浓度(mg/L)	入口UV_{254}	UV_{254}去除率(%)
1	1.16	0.116	50.2
2	1.35	0.104	59.5
3	1.72	0.078	58.8
4	1.86	0.107	66.2
5	1.97	0.136	65.5
6	2.15	0.082	64.5
7	2.23	0.125	73.6
8	2.48	0.076	76.4
9	2.79	0.122	78.5
10	2.85	0.092	79.2
11	3.07	0.081	81.4
12	3.45	0.068	90.3
13	3.59	0.077	93.1
14	3.80	0.108	98.2
15	3.93	0.128	97.3
16	4.14	0.063	98.1
17	4.46	0.135	97.3
18	4.55	0.070	98.8
19	4.84	0.126	96.9
20	5.03	0.087	98.6

(a) 训练样本

实验号	臭氧浓度(mg/L)	入口UV_{254}	UV_{254}去除率(%)
1	1.42	0.086	58.1
2	2.51	0.071	78.8
3	3.21	0.107	89.6
4	4.29	0.096	96.5
5	5.24	0.65	97.8

图 11.11　环境系统因素的变化预测　　　　　　　　　(b) 测试样本

实验号	UV_{254}去除率(%)		相对误差(%)
	实测值	网络预测值	
1	58.1	57.3	−1.47
2	78.8	77.7	−1.47
3	89.6	90.5	0.96
4	96.5	97.9	1.45
5	97.8	97.9	0.14

图 11.12　模型预测结果与实测值

11.11.2　地下水文预测

关于地下水环境评价和预测,有许多相应的评价指标,但在实际的操作过程中往往出现这样的情况,即按某些指标应划分到这个类别,而按另一些指标则被划分到另一个类别,从而给确定该水域的质量类别带来困难。由于地下水质量评价和预测同属于模式识别问题,通过应用神经网络理论与方法建立地下水文预测模型,可以克服传统方法的不足之处。如图 11.13、图 11.14 和图 11.15 所示,实践证实,前馈网络方法能准确反映水体情况,具有较好的预测能力。图 11.14 和图 11.15 可以表明,当模型的层数深或隐单元数目多时,训练误差可以很小,但测试误差并不一定最小。通常采用交叉验证的方式,才能保证取得比较好的效果。

条件	地下水埋深	引水量	排水量	蒸发量	降雨量	平均气温	上年地下水
地下水埋深	1.000						
引水量	−0.432	1.000					
排水量	−0.605	0.507	1.000				
蒸发量	0.324	−0.199	−0.082	1.000			
降雨量	−0.647	−0.546	0.203	0.161	1.000		
平均气温	0.219	−0.096	−0.317	0.305	0.044	1.000	
上年地下水	0.555	0.060	−0.136	0.381	−0.360	−0.086	1.000

图 11.13　年平均地下水深埋相关因子 R 分析

隐层单元数 (3层)	1	2	4	5	6	8	9	10	12	14
训练次数 N	8 000	8 000	8 000	8 000	8 000	8 000	8 000	8 000	8 000	8 000
最大拟合误差(%)	5.47	5.27	4.93	3.05	3.45	3.47	2.55	3.35	2.43	1.64
学习速率1r	0.01	0.01	0.01	0.01	0.01	0.01	0.01	0.01	0.01	0.01
检验误差(%)	1.70	1.13	1.13	0.51	0.56	2.27	1.70	3.41	2.27	6.25
隐层单元数 (4层)	1	2	4	5	6	8	9	10	12	14
训练次数 N	8 000	8 000	8 000	8 000	8 000	8 000	8 000	8 000	8 000	8 000
最大拟合误差(%)	3.42	2.98	4.10	3.10	3.19	2.95	2.57	2.52	2.13	2.04
学习速率1r	0.01	0.01	0.01	0.01	0.01	0.01	0.01	0.01	0.01	0.01
检验误差(%)	2.27	1.70	1.71	1.70	2.27	0.05	2.84	1.70	2.27	8.52

图 11.14　不同网络结构的地下水埋深训练和测试结果对比 (四输入因子)

隐层单元数 (3层)	1	2	4	5	6	8	9	10	12	14
训练次数 N	8 000	8 000	8 000	8 000	8 000	8 000	8 000	8 000	8 000	8 000
最大拟合误差(%)	3.62	2.72	2.82	2.46	1.19	1.71	1.03	0.59	0.56	0.66
学习速率1r	0.01	0.01	0.01	0.01	0.01	0.01	0.01	0.01	0.01	0.01
检验误差(%)	3.41	4.54	3.97	2.84	0.57	1.13	1.70	3.41	5.11	5.68
隐层单元数 (4层)	1	2	4	5	6	8	9	10	12	14
训练次数 N	8 000	8 000	8 000	8 000	8 000	8 000	8 000	8 000	8 000	8 000
最大拟合误差(%)	3.74	3.66	2.01	2.21	1.54	1.02	0.74	0.57	1.54	0.13
学习速率1r	0.01	0.01	0.01	0.01	0.01	0.01	0.01	0.01	0.01	0.01
检验误差(%)	2.84	3.41	2.27	0.57	1.70	2.84	4.54	2.84	3.97	5.68

图 11.15　不同网络结构的地下水埋深训练和测试结果对比 (六输入因子)

第 12 章 深度学习

12.1 引言

深度学习是一种拥有多层表征结构的表征学习方法 (representation learning method)。针对不同的问题, 学习这些表征的方式可以是有监督的、无监督的或半监督的。深度学习模型是由互相级联的简单非线性模型组成的层级模型。这些简单模型接受之前层输出的表征, 来学习更为抽象和复杂的表征。特别的, 深度学习模型首层通常接受原始数据, 最后一层输出最终结果。以一个简单的深度学习模型进行人脸识别为例。该模型的第一层会接受一个 $3 \times m \times n$ 的像素矩阵。该矩阵表示一张分辨率为 $m \times n$ 的 3 通道彩色图像。然后, 该层会提取出不同的边界信息和各种单色特征。模型的第二层会把第一层得到的信息进行整合和编码, 从而得到更多的特征。在第二层基础上, 第三层可能会识别是否存在眼睛、鼻子和嘴等器官。最后一层便会根据第三层的信息判断最初的彩色图像是否为人脸图像。

在深度学习中, "深度" 指的是层级模型的层数。通常, 把从输入到输出经过的转变链的长度定义为一个模型的 "深度", 并称该转变链为 CAP (credit assignment path)。在上述人脸识别例子中, 每个输出特征或者输出结果为转变链上的一个节点, 因此, 其模型的 "深度" 为 4。一般的, 认为当一个层级模型的 "深度" 大于等于 3 时, 该模型为一个深度学习模型。第 11 章介绍了人工神经网络, 由以上定义可知, 一个隐藏层大于等于 2 的人工神经网络便是一个深度学习模型, 或者深度神经网络。其实, 绝大多数当代深度学习模型的基本结构都是人工神经网络。在后文中, 如果没有特殊说明, 所提到的深度学习模型均指深度神经网络。

深度学习的概念最早由 Rina Dechter 教授于 1986 年提出。但由于其结构存在时序上弱相关、梯度消失、缺乏训练数据和算力等问题, 相关方法一直没有得到很好的应用。直到 1997 年, Sepp Hochreiter 和 Jürgen Schmidhuber 两人提出了长短期记忆 (long short-term memory, LSTM) 单元 [74], 解决了深度学习的时序问题。在 2007 年, Hinton 提出了一种使用反向传播来训练前馈神经网络的方法 [75]。2009 年, 英伟达 (Nvidia) 公司提出了使用 GPU 训练深度神经网络的概念。事实证明, GPU 非常适合处理在深度学习中涉及的矩阵和向量运算, 能大大缩短深度神经网络的训练周期。至此, 深度学习在技术和算法上都有了足够的积累。2011 年到 2012 年, 深度学习异军突起, 席卷了各种算法比赛。其中最著名的是 2012 年的 ImageNet 图像分类大赛。Alex Krizhevsky 使用一个简单的 8 层神经网络, 在性能远超其他浅层机器学习方法的情况下赢得了比赛。有不少学者认为, 2012 年的 ImageNet 图像分类大赛标志着深度学习的崛起。这场崛起也成功地改变了人工智能领域。如今, 深度学习在当代的语音识别、自然语言处理、图像的检测和识别等各种人工智能应用中占有了举足轻重的地位。深度学习已经成为当前人工智能的从业者和研究者的基础。

深度学习的崛起与相关算法的完善和算力的提升密不可分, 但也与深度学习自身的优秀性质息息相关。在 1989 年, George Cybenko 和 Kurt Hornik 等人先后证明了万能近似定理 (universal approximation theorem)。该定理表明, 一个神经网络如果拥有线性输出层和至少一层具有任何一种 “挤压” 性质的激活函数 (如 sigmoid) 的隐藏层, 并且这些隐藏层包含足够数量的隐藏单元, 那么, 该神经网络便可以以任意精度来近似任何一个定义在有限维空间的有界闭集上的连续函数。因此, 理论上可以通过含有一个隐藏层的神经网络来学习出几乎所有的函数。然而, 往往需要指数级的隐藏单元来学习定义复杂的函数。因此, 仅仅使用单层网络是不切实际的。不过, 人们发现当网络层数大于某个阈值时, 神经网络可以使用较少的值近似一些函数。换言之, 深度学习拥有减少隐藏单元、简化网络结构的功能。这其实不难理解, 类比逻辑门电路, 2 层的完备逻辑门电路是可以表示任何布尔函数的。而对于某些布尔函数, 使用多层逻辑门电路往往比 2 层的逻辑门电路简单, 如图 12.1 所示。深度学习的另一优点便是可以

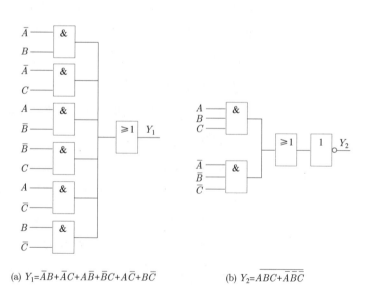

(a) $Y_1 = \bar{A}B + \bar{A}C + A\bar{B} + \bar{B}C + A\bar{C} + B\bar{C}$　　　　(b) $Y_2 = \overline{ABC + \bar{A}\,\bar{B}\,\bar{C}}$

图 12.1　两个等价逻辑 Y_1 和 Y_2 的逻辑电路图

提高模型的泛化能力。在过去 10 多年的研究中, 研究者们普遍发现加深网络层数可以提高模型在测试集上的性能。然而, 盲目地增加网络层数会引起梯度弥散、网络退化等问题, 使得网络难以训练。因此, 需要一些特别的方法来增加网络层数, 例如使用残差学习的方式可以有效地构建出上百层甚至上千层的网络。

总之, 相较于浅层学习模型, 深度学习有十足的优势, 为各个领域带来了实际的进展。本章将在 11 章所涉及的人工神经网络的基础上, 介绍深度学习的基本知识。本章剩余章节按照如下方式组织: 12.2 节介绍深度堆栈自编码网络; 12.3 节介绍常用于图像处理的卷积神经网络; 12.4 节介绍深度生成网络, 一种广泛用于数据生成的无监督的学习方法; 12.5 节介绍深度学习的常用开发平台, 主要关注各个开发平台的架构和优劣势, 不涉及具体编程; 12.6 节介绍深度学习和非深度学习结合的若干实例。

12.2　深度堆栈自编码网络

自编码器是一种输入和输出相等的人工神经网络。它由两部分构成, 一个编码器 f 和一个解码器 g。通常, 编码器为一个单层的神经网络, 产生输出 h。对输入 x, 使用 $h = f(x)$ 表示这个编码过程。类似的, 解码器也是一个单层的神经网络, 它接受编码器的输出 h 作为输入, 并输出 r。使用 $r = g(x)$ 表示这个解码过程。为了达到输入和输出相等的效果, 即 $g(f(x)) = x$, 在训练自编码器时最小化 r 和 x 的某种误差。这里使用 L 来表示这个误差, 这样自编码器的目标函数便可以表示为 $\min L(x, g(f(x)))$。

当然, 单纯地使用这个自编码器毫无意义, 往往需要通过其他约束来从自编码器中获得有用的信息。当限制 h 的维度小于 x 的维度时, 便得到了 一个**欠完备** (under-complete) 的自编码器。这种自编码器能压缩输入, 得到 x 的一种新表示。特别的, 当解码器 g 是线性的且 L 为 L_2 范数时, 欠完备的自编码器可以学出与 PCA 相同的子空间。而当编码器 f 和解码器 g 都是非线性函数时, 欠完备的自编码器便可以学习出 PCA 的非线性推广。

除了约束 h 的维度外, 还可以在目标函数中添加不同的正则项来获得不同的正则编码器。例如, 在目标函数中引入稀疏正则项 $|h|_1$, 则自编码器生成的 h 是稀疏的, 即 h 中为 0 的值的个数尽可能多。这时, 便得到一个**稀疏自编码器** (sparse autoencoder, SAE)。如果引入正则项 $\|\nabla_x h\|^2$, 便得到了一个**收缩自编码器** (contractive autoencoder, CAE)。这种自编码器要求 $f(x)$ 的梯度要小, 所以当 x 变化不大时, h 也不会有较大变化。

自编码器有各式各样的变形和推广, 当把多个编码器依次叠加在一起时, 便得到了深度堆栈自编码器。这种自编码器的每一层接受上层输入, 然后提取更高层次的输出。通常, 在最后的编码器末尾接入 sigmoid 或者 softmax 等层, 来进行分类任务。图 12.2 给出了一个 3 层结构的深度堆栈自编码器解决 2 分类问题的示意图。

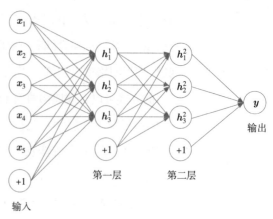

图 12.2 一个解决 2 分类问题的 3 层深度堆栈自编码器

值得注意的是, 深度堆栈自编码器在定义上是没有解码器的, 但仍然需要在训练过程中使用到解码过程。由于深度堆栈自编码器的多层级联特性, 直接训练往往不能得到很好的效果。通常, 采用 "预训练 + 微调" 的方式来训练。预训练主要用到了一个逐层贪心训练的思想, 把每一层当作一个自编码器然后单独训练。

以图 12.2 所示模型的训练为例, 首先, 在第一层后接入一个额外的解码器, 然后按前述训练普通自编码器的方法训练第一层。这里第一层的输入为深度堆栈自编码器的原始输入, 其对应的解码器输出原始输入。图 12.3 给出了这一过程。

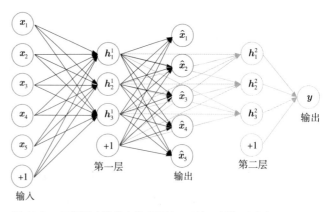

图 12.3 三层深度堆栈自编码器第一层的预训练, 浅色部分为本次训练不考虑的网络模块

在完成第一层编码器的训练后, 固定它的参数并移除额外的解码器。然后, 在第二层编码器后加入一个新的解码器来训练第二层编码器的参数。这里, 第二层编码器接受第一层编码器的输出作为输入, 新引入的解码器通过学习, 输出第一层编码器的输出。图 12.4

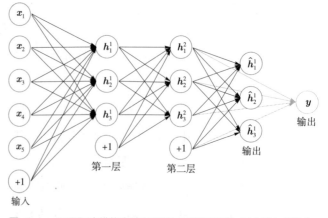

图 12.4 三层深度堆栈自编码器第二层的预训练, 图中浅色部分为本次训练不考虑的网络模块

给出了这一过程。

在训练完第二层编码器后, 移除引入的解码器, 并在第二层编码器的后面接入 sigmoid 层来进行 2 分类任务。此时, 对整个深度堆栈自编码器进行微调 (fine-tune) 便可以得到需要的模型参数, 即使用之前步骤得到的参数作为初值对整个模型进行训练。

此外, 对于拥有更多层次的深度堆栈自编码器, 仍然使用引入解码器的方法逐层进行训练; 对于多分类任务, 可以使用 softmax 层来替换 sigmoid 层。

12.3 深度卷积网络

12.3.1 卷积与神经网络

在之前讨论的神经网络中, 节点之间的关系是一种全连接关系, 即一层中的每个节点都关联了上一层的所有节点, 这使得需要大量的参数来构建这些关联关系。例如, 一个神经网络的输入为 $3 \times 224 \times 224$ 的 RGB 图像, 包含 2 个隐藏层, 每个隐藏层有 2048 个节点, 最后, 该网络输出 10 类分类结果。这样一个神经网络需要约 3 亿个参数 ($3 \times 224 \times 224 \times 2048 + 2048 \times 2048 + 2048 \times 10$) 和约 6 亿次计算。此外, 对于图像等具有明显结构特征的数据, 全连接网络无法很好地构建这些结构关系, 从而难以取得理想的效果。

为了解决这些问题, 卷积引入到了神经网络中。通常, 人们把带卷积层的神经网络称为卷积神经网络。如果, 一个神经网络只包含卷积层, 便称其为全卷积网络 (fully convolutional network)。

为了更好地解释神经网络中的卷积, 先从一维的卷积开始介绍。一维卷积定义为:

$$s(t) = \int_{-\infty}^{\infty} f(\tau)g(t - \tau)d\tau \tag{12-1}$$

其中, f 和 g 是定义在实数集 $\mathbb{R}$ 上的连续函数。通常, 使用符号 $(f * g)$ 来表示函数 f 和 g 的卷积。由于要处理的数据通常是离散数据, 因此, 定义离散情况下的卷积为:

$$(x * w)(t) = \sum_{n=-\infty}^{\infty} x(t - n)w(n) \tag{12-2}$$

其中, n 和 t 都是整数。在卷积神经网络中, 通常称函数 x 为输入, 函数 w 为核函数或者卷积核, 得到的函数 $(x * w)$ 为特征图 (feature map)。对于图像数据 $\boldsymbol{I}$, 需要二维的卷积核 $\boldsymbol{K}$ 来进行二维的离散卷积, 其定义为,

$$(\boldsymbol{I} * \boldsymbol{K})(i, j) = \sum_m \sum_n \boldsymbol{I}(i - m, j - n) \cdot K(m, n) \tag{12-3}$$

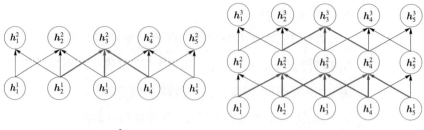

图 12.5   元素的接受域   (a) 模型为两层时, h_3^2的接受域为3   (b) 模型层数增多, h_3^3的接受域为5

值得注意的是, 虽然 I 和 K 是定义在 $\mathbb{R}^2$ 上的函数, 但他们的有效取值范围有限, 即仅在有限区域内取非 0 值。例如, I 仅在图像有效区域取非 0 值, K 仅在一个小区域 (通常为 $[-1, 1] \times [-1, 1]$ 或 $[-2, 2] \times [-2, 2]$) 取非 0 值。因此, 可以用有限元素求和来替代无限元素求和。

相比于全连接, 卷积确实考虑了数据的空间结构和解, 降低了模型复杂度, 但似乎一个卷积层中的某元素只受前一层部分元素的影响, 例如图 12.5(a) 所示。这个影响的范围称为接受域 (receptive field)。显然, 全连接中, 每一个元素的接受域为整个前层, 而卷积层的接受域仅为前层的一个小区域。不过当我们把卷积层进行叠加时, 顶层的元素也会受到更前面层的更大区域的影响, 如图 12.5(b) 所示。不难想象, 卷积层足够多时, 卷积层中的元素也可以受到整个输入数据的影响。同样, 这种跨层的影响范围也称为接受域。因此, 对于输入数据上的接受域而言, 卷积神经网络可以和全连接达到相同的效果。

12.3.2   卷积神经网络中的卷积

在卷积运算中, 卷积核是经过翻转再与输入相乘的。这种翻转保证了卷积的诸多优良性质, 如可交换性, 但在卷积神经网络中, 这种翻转是多余的。所以在实现卷积神经网络中的卷积时, 并不对卷积核进行翻转, 而是用输入和卷积核的相关积代替。这里的相关积定义如下,

$$(\boldsymbol{I} * \boldsymbol{K})(i, j) = \sum_m \sum_n \boldsymbol{I}(i + m, j + n) \cdot \boldsymbol{K}(m, n) \tag{12-4}$$

图 12.6 给出了一个相关积的例子。注意, 通常在卷积神经网络中谈论卷积都指这里定义的相关积。

此外, 在实际使用中, 卷积神经网络中的卷积仍有一些不同。首先, 卷积神经网络的输入可能是多通道的高维矩阵 (三维矩阵或者更高维矩阵), 称这些高维矩阵为张量 (tensor)。这意味着每个确定的位置, 如 $\boldsymbol{I}(m, n)$ 和 $\boldsymbol{K}(i - m, j - n)$, 不一定为一个实数, 还可能是一个向量。这种情况下, 需要求两个向量的内积。类似的, 还可能使用多个卷积核求出不同的特征图, 然后把这些特征图按通道整合成一个张量作为下一层的输入。

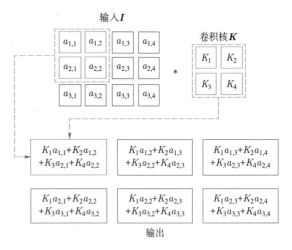

图 12.6 相关积的运算 (输入为 3×4 的矩阵 $\boldsymbol{I}$, 卷积核为 2×2 的矩阵 $\boldsymbol{K}$, 输出为一个 2×3 的矩阵)

假定第 i 行, j 列, l 通道的输入为 $\boldsymbol{V}_{i,j,l}$, 第 m 行, n 列, l 通道的卷积核为 $\boldsymbol{K}_{m,n,l}$, 第 i 行, j 列, k 通道的输出为 $\boldsymbol{Z}_{i,j,k}$。则可以把卷积结果表示为:

$$\boldsymbol{Z}_{i,j,k} = \sum_{m,n,l} \boldsymbol{V}_{i+m,j+m,l} \cdot \boldsymbol{K}_{m,n,l} \tag{12-5}$$

有时, 不需要对每个位置的输入都进行卷积, 可以通过设置卷积的步幅 s (stride) 来跳过一些位置。这时, 卷积结果可以表示为:

$$\boldsymbol{Z}_{i,j,k} = \sum_{m,n,l} \boldsymbol{V}_{(i-1)\times s+m+1,(j-1)\times s+m+1,l} \cdot \boldsymbol{K}_{m,n,l} \tag{12-6}$$

这样得到的输出 Z 的维度大概是 V 的 $1/s$, 因此, 通常把这种带步幅的卷积当作神经网络中的下采样 (downsampling)。

在神经网络的卷积中, 往往还会对边界进行零填充处理 (padding), 即增加边界的宽度并使用 0 填充增加的部分, 通常, 对某一维度两边对称地填充。这种零填充可以让人们有效地控制卷积输出的维度。一般的, 卷积的输入维度和输出维度的关系为:

$$H_{\text{out}} = \left\lfloor \frac{H_{\text{in}} + 2H_p - H_k}{H_s} \right\rfloor + 1 \tag{12-7}$$

这里, H_{out} 代表输出维度 (输出的宽或高, 下同), H_{in} 代表输入维度, H_p 代表该维度单个边界上填零的个数, H_k 代表卷积核大小, H_s 代表步幅。

12.3.3 池化

一个典型的卷积神经网络通常由卷积层、全连接层、非线性激活层和池化层构成。卷积层由一组卷积构成。全连接层 (fully connected layer) 和一个编码器类似, 后一层的每个神经元元素都与前一层的所有输出连接。非线性激活层通常紧接在卷积层和全连接层之后, 为网络提供拟合非线性函数的能力。池化层 (pooling layer) 使用输出特

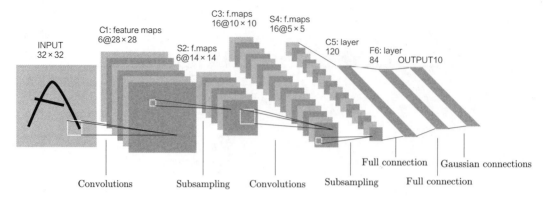

图 12.7 LeNet, 最早的分类卷积神经网络

征图某一区域的总体统计特征来代替网络在该位置的输出, 通常接在一组卷积层和非线性激活层之后。图 12.7 给出了 LeNet 网络示意图。它是最早用于手写字符分类的卷积神经网络, 其中的 Subsampling 表示池化层。

在池化层中, 池化操作通常是对每一个通道单独进行的, 常用的池化操作有均值池化 (average pooling) 和最大值池化 (max pooling)。均值池化可以把特征图转变为一个特征向量, 它不使用任何参数便可以达到与全连接类似的效果。最大值池化找到一个位置邻域的最大值作为该位置的输出。这种池化能赋予网络一种不变性。当输入发生微小变化时, 网络前一层的激活值可能会有改变, 但最大值池化之后的值却可能没有改变。因此网络拥有了处理微小偏移和畸变的能力。这种不变性是十分重要的, 例如在给一张图片进行分类时, 仅仅关注图片中是否出现了某个物体而不在意这个物体的具体位置。与卷积类似, 池化操作也可以设置步幅 s 来进行下采样。图 12.8(a) 给出了均值池化的示意图, 图 12.8(b) 和 (c) 给出了最大值池化以及其不变性的示意图。

12.3.4　常见的卷积神经网络结构

1. AlexNet

Krizhevsky 等人在 2012 年提出了 AlexNet [76], 该网络模型以显著的优势赢得了 ImageNet 2012 图像分类大赛。AlexNet 的网络结构如图 12.9 所示, 由 8 层可训练的

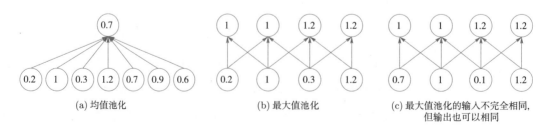

图 12.8　均值池化与最大值池化

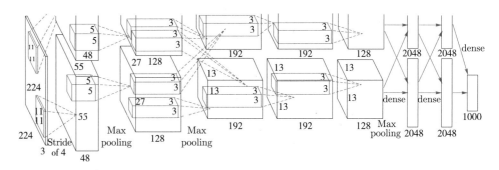

图 12.9　AlexNet 网络结构示意图 (上下两组特征图分别运行在不同 GPU 上, 从而实现多 GPU 的使用)

层组成 (即不包括池化层): 5 个卷积层和 3 个全连接层。相较于以前的神经网络模型, AlexNet 也做出了以下几点改进。

(1) 提出使用修正的非线性单元 ReLU。

(2) 提出使用 Dropout 技术进行参数正则化处理, 有选择地忽视单个神经元, 从而避免过拟合。

(3) 采用交叉最大池化层, 避免平均池化层的平均化效果。

(4) 采用多个 GPU 联合训练。

2. VGGNet

Simonyan 和 Zisserman 在 2014 年提出了 VGGNet [77]。相比于 AlexNet, 它的网络结构更深, 通常由 16~19 层构成。表 12.1 给出了 VGGNet 的多个版本。除了更深的网络结构外, VGGNet 还利用了多个 3×3 的卷积层来代替大卷积核的层。事实证明, 这种代替方法不仅提高了效率, 也提高了模型性能。

3. GoogLeNet

同样在 2014 年, 谷歌公司提出了 GoogLeNet [78], 并以 6.67% 的 Top5 错误率拿下了 ImageNet 2014 图像分类比赛的第一名。GoogLeNet 主要基于一种叫作 Inception 的基本网络结构。该结构的主要思想为整合不同的卷积和池化方式来搭建一个高性能的网络。Inception 有多个版本, 图 12.10 给出了早期版本 Inception V1。

4. ResNet

随着深度神经网络的流行, 研究者们开始探索更深的网络结构。经过大量实验, 他们发现, 在网络层数不多的时候, 增加网络层数是可以提高模型精度的。然而当网络层级增加到一定数量后, 训练精度和测试精度却会迅速下降。一种可能的解释是逐渐增加层数导致网络变得难以训练。

为了在加深网络层数的同时提升模型精度, He 等人尝试使用恒等映射层来加深网

表 12.1　各个版本 VGG 网络结构表

11 层	11 层	13 层	16 层	16 层	19 层
输入 (224 × 224 RGB 图像)					
conv3-64	conv3-64	conv3-64	conv3-64	conv3-64	conv3-64
	LRN	**conv3-64**	conv3-64	conv3-64	conv3-64
最大值池化					
conv3-128	conv3-128	conv3-128	conv3-128	conv3-128	conv3-128
		conv3-128	conv3-128	conv3-128	conv3-128
最大值池化					
conv3-256	conv3-256	conv3-256	conv3-256	conv3-256	conv3-256
conv3-256	conv3-256	conv3-256	conv3-256	conv3-256	conv3-256
			conv1-256	**conv3-256**	conv3-256
					conv3-256
最大值池化					
conv3-512	conv3-512	conv3-512	conv3-512	conv3-512	conv3-512
conv3-512	conv3-512	conv3-512	conv3-512	conv3-512	conv3-512
			conv1-512	**conv3-512**	conv3-512
					conv3-512
最大值池化					
conv3-512	conv3-512	conv3-512	conv3-512	conv3-512	conv3-512
conv3-512	conv3-512	conv3-512	conv3-512	conv3-512	conv3-512
			conv1-512	**conv3-512**	conv3-512
					conv3-512
最大值池化					
FC-4096, FC-4096, FC-1000					
softmax					

注: conv$M$-N 表示卷积核大小为 M, 输出通道数为 N 的卷积层; FC-X 表示输出维度为 X 的全连接层; LRN 指局部响应归一化层, 是 AlexNet 中提出的一种归一化方法。

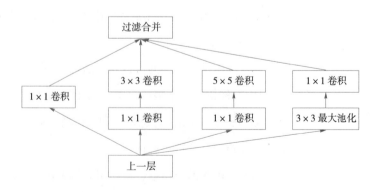

图 12.10　Inception V1 结构示意图

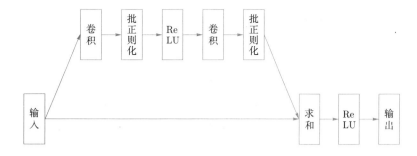

图 12.11 残差结构示意图

络深度。他们认为直接将前一层的输入传入更后面的层, 至少不会降低准确率。因此, 他们通过把某网络模块的输入直接与该网络模块的输出求和的方法, 让这个网络模块学习输入和输出之间的残差, 从而构建了深度残差网络 ResNet[79]。这种网络能够被有效地训练, 从而大幅度提高性能。在 2015 年的 ImageNet 图像分类比赛上, He 等人使用 ResNet 获得了冠军。图 12.11 给出了残差结构的示意图。通常, 称这种将前面输入与后面输出直接求和或者连接的方式为 "捷径连接 (shortcut connections)"。

5. DenseNet

Huang 等人继续探索了网络中的 "捷径连接"。他们采用合并 (concatenation) 的方式, 把一个模块的输入连接到后面每个模块的输出中, 从而构成一个密集连接的模块 (dense block)。然后, 再利用这些密集连接的模块搭建了 DenseNet[80]。图 12.12 给出了 DenseNet 中一个密集连接的模块的结构图。

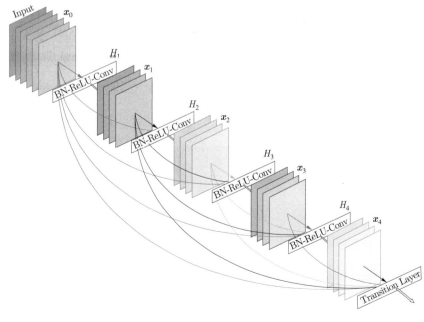

图 12.12 密集连接模块结构示意图

12.4 深度生成网络

12.4.1 生成对抗网络

深度生成网络一般指生成对抗网络 (generative adversarial network, GAN) [81]，最早由 Lan Goodfellow 提出，是一种无监督学习模型。它由两个部分构成，生成器 (generator) 和判别器 (discriminator)。生成器接收一个随机噪声，并产生伪样本；判别器接受伪样本和来自训练数据的真样本，并尝试判断样本的真伪。生成器与判别器可以是神经网络。在训练过程中，交替训练生成器和判别器，使它们相互博弈。最终，希望生成器能生成出无法被区分的样本。图 12.13 给出了生成对抗网络的示意图。记生成器为 $G(z; \theta_g)$，其中，z 为输入的随机噪声，θ_g 为生成器的网络参数；记判别器为 $D(x; \theta_d)$，其中，x 为需要判别的输入，θ_d 为判别器的网络参数。为了达到上述目的，让 $G(z; \theta_g)$ 最小化一个价值函数 $V(G, D)$，且让 $D(x; \theta_d)$ 最大化 $V(G, D)$。因此，训练目标可以表示为：

$$\theta_g^* = \arg\min_G \max_D \{V(G, D)\} \tag{12-8}$$

由于判别器 $D(x; \theta_d)$ 实际处理了一个二分类问题，一般使用交叉熵作为其价值函数 $V(G, D)$，即

$$V(G, D) = E_{x \sim p_{\text{data}}}[\log D(x)] + E_{z \sim p_z}[\log(1 - D(G(z)))] \tag{12-9}$$

对 $G(z; \theta_g)$ 和 $D(x; \theta_d)$ 交替进行训练，具体训练流程见算法 12.1。

GAN 虽然在理论上有良好的定义，但在实际使用中却存在很多问题。首先，GAN 是十分难以训练的，很难平衡生成器和判别器的性能。其次，GAN 容易出现模型崩塌 (model collapse) 的情况，即无论生成器的输入是什么，生成的样本相同或十分相近。另外，如果将 GAN 用于图像生成，生成的图像的多样性无法保证，并且存在噪声或奇怪

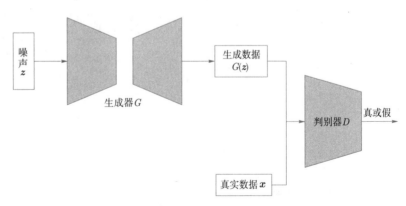

图 12.13　生成对抗网络示意图

算法 12.1　生成对抗网络的训练过程

假设训练迭代次数为 T, 则生成对抗网络的训练过程如下:

$t = 0$

如果 $t < T$, 则

● 训练判别器 D

在噪声分布 p_z 上选取 m 个噪声样本 $\{z^1, z^2, \cdots, z^m\}$;

在数据分布 p_{data} 上选取 m 个样本 $\{x^1, x^2, \cdots, x^m\}$;

使用梯度下降法更新判别器 D 的参数, 其梯度如下,

$$\nabla_{\theta_d} \frac{1}{m} \sum_{i=1}^{m} \left[\log D\left(x^i\right) + \log\left(1 - D\left(G\left(z^i\right)\right)\right) \right]$$

● 训练生成器 G

再次从在噪声分布 p_z 上选取 m 个噪声样本 $\{z^1, z^2, \cdots, z^m\}$;

使用梯度下降法跟新生成器 G 的参数, 其梯度如下,

$$\nabla_{\theta_g} \frac{1}{m} \sum_{i=1}^{m} \left[\log\left(1 - D\left(G\left(z^i\right)\right)\right) \right]$$

$t - t + 1$

的内容。为了解决这些问题, 研究者们对 GAN 进行了诸多改进。例如, DCGAN 把一些卷积神经网络常用的模块整合到了 GAN 中, 提升了生成图像的效果; Wasserstein GAN 引入 Wasserstein distance 作为价值函数来改进 GAN 的收敛性; cGANs (conditional GANs) 在生成器和判别器中引入条件, 来控制图像的生成。cGANs 是一个重要的改进, 其价值函数定义为

$$V(G, D) = E_{x \sim p_{\text{data}}}[\log D(x|y)] + E_{z \sim p_z}[\log(1 - D(G(x|y)))] \tag{12-10}$$

其中, y 表示输入的条件, 它通常可以为一组与 x 一起输入网络的数据。

12.4.2　GAN 的应用

Pix2pix [82] 提出了一个从一种图像转换到另一种图像的通用模型。该模型基于 cGANs, 它需要待变换图像 x 和对应的目标图像 y, 并把 x 作为条件。生成器 G 只接受 x。判别器 D 接受 x 和 $G(x)$ 的组合或者 x 和 y 的组合。训练生成器 G 的损失函数为

$$\min_G E_{x \sim p_{\text{data}}} \left[\log\left(1 - D\left(x, G(x)\right)\right) \right] + \lambda E_{x, y \sim p_{\text{data}}} \left[\|y - G(x)\|_1 \right] \tag{12-11}$$

这里, $\lambda E_{x,y}[\|y - G(x)\|_1]$ 为一个正则项, 保证了生成器 G 生成的 $G(x)$ 能接近目标图像 y。训练判别器 D 的损失函数为

$$\max_D E_{x, y \sim p_{\text{data}}} \left[\log D(x, y) \right] + E_{x \sim p_{\text{data}}} \left[\log(1 - D(x, G(x))) \right] \tag{12-12}$$

图 12.14 给出了 Pix2pix 模型的框架。

SRGAN [83] 提出了一种基于 GAN 的图像超分辨率恢复的方法。图像超分辨率恢

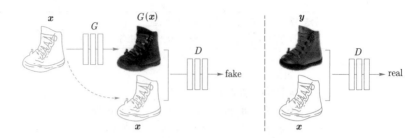

图 12.14 Pix2pix 模型的框架图

复指的是从低分辨图像恢复到高分辨率图像。在 SRGAN 的模型中, 生成器 G 接受低分辨率图像 $\boldsymbol{I}^{\mathrm{LR}}$ 并转换为高分辨率图像 $\boldsymbol{I}^{\mathrm{HR}}$, 而判别器接受 $\boldsymbol{I}^{\mathrm{LR}}$ 或者 $\boldsymbol{I}^{\mathrm{HR}}$ 并判断他们是否为高清图像。训练时, 生成器 G 的损失函数为

$$\min_G E_{\boldsymbol{I}^{\mathrm{LR}} \sim p_{\mathrm{data}}} \left[\log \left(1 - D \left(G \left(\boldsymbol{I}^{\mathrm{LR}} \right) \right) \right) \right] + \lambda_1 E_{\boldsymbol{I}^{\mathrm{LR}}, \boldsymbol{I}^{\mathrm{HR}} \sim p_{\mathrm{data}}} \left[\left\| \boldsymbol{I}^{\mathrm{HR}} - G \left(\boldsymbol{I}^{\mathrm{LR}} \right) \right\|_2^2 \right]$$
$$+ \lambda_1 E_{\boldsymbol{I}^{\mathrm{LR}}, \boldsymbol{I}^{\mathrm{HR}} \sim p_{\mathrm{data}}} \left[\left\| \phi_{i,j} \left(\boldsymbol{I}^{\mathrm{HR}} \right) - \phi_{i,j} \left(G \left(\boldsymbol{I}^{\mathrm{LR}} \right) \right) \right\|_2^2 \right] \tag{12-13}$$

这里, λ_1 后的正则项使产生的 $G(\boldsymbol{I}^{\mathrm{LR}})$ 与 $\boldsymbol{I}^{\mathrm{HR}}$ 更接近。λ_2 后的正则项称为内容损失 (content loss), 它保证了 $\boldsymbol{I}^{\mathrm{HR}}$ 和 $\boldsymbol{I}^{\mathrm{LR}}$ 在已训练好的 VGG 网络中输出特征图的差距较小。这里的 $\phi_{i,j}(\cdot)$ 指 VGG 网络第 i 个池化层后第 j 个卷积层获得的参数。由于高层的网络能学习到语义层面的表示, 因此保证内容损失较小便保证了生成的高分辨率图像与原本的低分辨率图像在语义层面上是接近的。训练 SRGAN 判别器 D 的损失函数为

$$\max_D E_{\boldsymbol{I}^{\mathrm{HR}} \sim p_{\mathrm{data}}} \left[\log D \left(\boldsymbol{I}^{\mathrm{HR}} \right) \right] + E_{\boldsymbol{I}^{\mathrm{LR}} \sim p_{\mathrm{data}}} \left[\log \left(1 - D \left(G \left(\boldsymbol{I}^{\mathrm{LR}} \right) \right) \right) \right] \tag{12-14}$$

图 12.15 给出了 SRGAN 模型的框架。

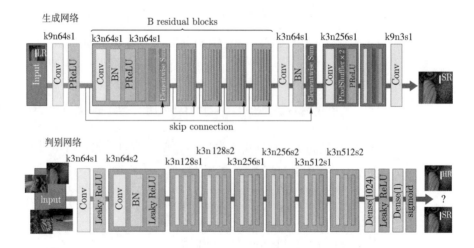

图 12.15 SRGAN 模型框架示意图

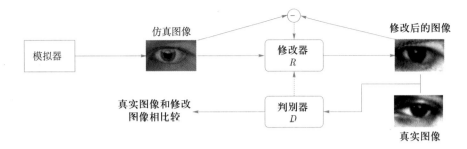

图 12.16　SimGAN 模型框示意图

SimGAN [84] 给出了一种提升仿真图像真实性的 GAN 模型。该模型希望能在提高仿真图像 x 真实性的同时保持自身的标注信息不变, 它主要包含一个修改器 R 和一个判别器 D。修改器 R 与 GAN 中的生成器类似, 主要用于修改仿真图像来提升其真实性, 它的损失函数为

$$\min_G E_{\boldsymbol{x} \sim p_{\mathrm{syn}}}[\log(1 - D(R(\boldsymbol{x})))] + \lambda E_{\boldsymbol{x} \sim p_{\mathrm{syn}}}[\|x - R(\boldsymbol{x})\|_1] \tag{12-15}$$

这里, 正则项 $\lambda E_{\boldsymbol{x} \sim p_{\mathrm{syn}}}[\|x - R(\boldsymbol{x})\|_1]$ 保证了修改后的图像和输入的仿真图像差距不大, 从而保留了图像的标注信息。SimGAN 的判别器定义为

$$\max_D E_{\boldsymbol{y} \sim p_{\mathrm{real}}}[\log D(\boldsymbol{y})] + E_{\boldsymbol{x} \sim p_{\mathrm{syn}}}[\log(1 - D(R(\boldsymbol{x})))] \tag{12-16}$$

这里的 $\boldsymbol{y}$ 代表与 $\boldsymbol{x}$ 有相似内容的真实图像。图 12.16 给出了 SimGAN 模型的框架。

12.5　深度学习平台

随着深度神经网络的崛起, 各种深度学习平台也随之出现。它们提供了通用的神经网络编程接口, 例如卷积层、池化层、全连接层、数据的读取、模型的训练和部署等。这使得研究者和工程师可以方便快捷地搭建深度神经网络。这些平台数量繁多、更新迅速, 难以对它们进行全面的讲解。因此, 这一节选取 4 个最为常用的深度学习平台进行简单介绍。本书不提供具体的编程指导, 如果读者希望了解某个具体平台的使用方法, 推荐从该平台的官方网站和开源社区获取相关资料。

12.5.1　Caffe 平台

Caffe 是一个较为早期的深度学习框架, 主要由贾扬青博士开发。它主要由 4 个模块构成, Blob、Layer、Net 和 Solver。在 Caffe 中, Blob 提供了标准数据结构和内存接口, Layer 是网络模型和计算的基本单元, Net 是一系列 Layer 构成的网络模型, Solver 是解耦网络建模和网络训练的模块。下面对这四个模块分别进行介绍。

Blob 是 Caffe 中用于数据存储和操作的对象。它可以用于存储网络中各种类型的数据, 例如批量图像数据、模型参数和参数的导数等。对于不同的数据, Blob 的维度是不同的。例如对于批量图像数据, Blob 的维度通常为 $N \times C \times H \times W$。这里, N 代表本批次中图像的数量, C 代表图像的通道数, H 代表图像的高度, W 代表图像的宽度。对于一个输入 1 024 维, 输出 1 000 维的全连接层, 其参数的 Blob 的维度便是 $1\,024 \times 1\,000$。此外, Blob 也提供了数据在 CPU 和 GPU 上的同步。这使得人们只需要把数据存入 Blob 中, 便可以方便地混合使用 CPU 和 GPU 进行运算。

Layer 是 Caffe 中对神经网络中层的抽象, 它接受若干个底部 Blob 作为输入, 并产生一个顶部 Blob 作为输出。任何神经网络中的操作都可以抽象为一个 Layer, 例如卷积、池化、非线性激活 (ReLU、sigmoid 等)、数据归一化、数据加载和各种损失函数等。对于一个 Layer, 需要定义三种运算, 即 Setup、Forward 和 Backward。Setup 初始化该层和相关连接关系, Forward 定义前向传播中输出的计算过程, Backward 定义后向传播中梯度导数的计算过程。Caffe 社区实现了各种各样的 Layer, 从而提供了常用的神经网络操作。开发者也可以自定义 Layer 来实现定制的操作。

Net 是神经网络模型的抽象, 它由一系列的 Layer 构成。这些 Layer 通过 Blob 交换数据, 从而形成一个有向无环计算图。一个典型的 Net 开始于数据加载 Layer, 终止于损失函数 Layer。数据加载 Layer 用于从磁盘加载数据, 损失函数 Layer 用于计算某具体任务的目标函数。在实际使用时, 一般使用配置文件的方法来定义 Net。

Solver 抽象了模型的训练过程, 它解耦了网络的定义和训练。当一个 Net 定义完成后, 可以使用 Solver 来指定训练这个 Net 的训练策略, 例如更新参数的方式 (SGD、Adam 等)、训练集、测试集和迭代次数等。

12.5.2 TensorFlow 平台

TensorFlow 是 Google 公司推出的机器学习平台, 它提供了方便的工具和接口, 对 GPU 和分布式运算有良好的支持, 使用户可以轻松地搭建和部署机器学习模型。TensorFlow 把一个机器学习模型表示成数据流图。在数据流图, 节点表示了计算单元, 边表示了计算使用或产生的数据。TensorFlow 的核心也可以看作由计算图的构建和计算图的运行两部分构成。

在计算图的构建中, TensorFlow 定义了操作和张量, 分别对应数据流图中的计算单元和数据。张量可以有不同的维度, 从而表示不同类别的数据, 例如 0 维表示标量, 1 维表示向量, 2 维表示矩阵等。张量也可以存储各类数据, 例如输入数据、模型参数等。操作接受任意个张量 (0 个、1 个或多个) 作为输入, 产生 0 个或 1 个张量作为输出, 它可以是各样的行为, 例如基本运算、数据读取、网络初始化等。通过张量把各种操作连接起来便可以构成一个计算图或多个计算图。值得注意的是, 这里仅仅定义好了计算图, 并不能获取具体的计算结果。为了获得计算结果, 还需要运行计算图。在计算图的运行上, TensorFlow 定义了会话。它提供了操作所需的运行环境, 例如数据的实际维度、实际数值等。用户使用会话, 便可以实际运行计算图获取所需的结果。

对于神经网络模型, TensorFlow 提供了很多支持。首先, TensorFlow 提供了层模块。这些模块将变量和作用于他们的操作封装起来, 从而实现卷积、全连接等神经网络结构, 方便用户定义神经网络模型。其次, TensorFlow 提供了便捷的训练方式。TensorFlow 把训练也抽象为了一种操作, 用户可以使用它定义好的损失函数, 方便在会话中执行训练过程。此外, TensorFlow 还提供了许多高阶 API, 进一步隐藏了网络定义细节, 方便了使用。例如, tensorflow.keras 就是 TensorFlow 对 Keras API 规范的实现。

12.5.3　Keras 平台

不同于其他神经网络开发平台, Keras 是一个用 Python 编写的高级神经网络 API, 它能够以 TensorFlow、CNTK 或者 Theano 作为后端运行。Keras 注重支持快速的实验, 允许使用者使用定义好的模块快速搭建和训练神经网络模型。为此, Keras 提供一致且简单的 API, 将常见用例所需的用户操作数量降至最低, 并且在用户错误时提供清晰和可操作的反馈。此外, Keras 与底层深度学习语言 (特别是 TensorFlow) 集成在一起, 所以它可以让你实现任何你可以用基础语言编写的东西。特别地, tf.keras 作为 Keras API 可以与 TensorFlow 工作流无缝集成。因此, Keras 在有易用性的同时, 也兼具灵活性。除了灵活易用外, Keras 拥有强大的多 GPU、多平台和分布式训练支持。Keras 内置支持对多 GPU 数据并行计算。Keras 模型可以轻松地部署于多种平台, 例如 iOS、Android 和各种浏览器等。同时, 主流的分布式平台也支持 Keras 模型的训练和部署。

12.5.4　PyTorch 平台

PyTorch 是 Facebook 公司推出的深度学习平台, 它旨在替代 Python 的科学计算库 Numpy 来使用 GPU, 提供最大灵活性和最高的效率。PyTorch 把各种科学计算抽象成 Tensor 和 Operation 的组合。Tensor 通常指一定维度的矩阵, 这里可以把标量也看作一种 0 维的矩阵。Operation 指运算, 如矩阵的加减乘运算等。为了实现上述抽象, PyTorch 提供了一个可自动求导的核心工具包 autograd。该工具包提供了 Tensor 类和 Function 类, 分别对应了上述的 Tensor 和 Operation。Tensor 类是 PyTorch 的核心类之一, 它提供存储数据、参数和梯度等信息的容器。Function 类派生出了若干子类来实现不同的运算。在计算某个 Tensor 类实例时, 该实例会记录自己通过什么 Function 类得到。这使得 Tensor 类和 Function 类可以相互连接, 形成一个运行时定义的无环计算图。此外,Tensor 类提供了接口, 使用户可以方便地求得梯度。

在 autograd 工具包的基础上, PyTorch 提供了常用的神经网络模块, 例如卷积层、池化层等。使用这些模块, 用户可以只关注网络的前向传播过程, 从而方便快捷地搭建需要的神经网络模型。为了方便网络的学习, PyTorch 还有一些常用数据集的数据加载模块, 和指定参数更新方式 (如 SGD、Adam 等) 的优化器。

12.5.5　PAI 平台

PAI (platform of artificial intelligence) 是阿里云人工智能平台,提供一站式的深度学习解决方案。

PAI 起初是服务于阿里巴巴集团内部 (例如淘宝、支付宝和高德) 的深度学习平台, 致力于让公司内部开发者更高效、简洁、标准地使用 AI 技术。随着 PAI 的不断发展, 2018 年 PAI 平台正式商业化,目前已经积累了数万的企业和个人开发者, 是中国领先的云端机器学习平台之一。

PAI 底层支持多种计算框架:

- 基于开源版本深度优化的深度学习框架, 支持 TensorFlow、Caffe 等主流的机器学习框架;

- 流式计算框架 Flink;

- 千亿特征样本的大规模并行计算框架 Parameter Server;

- Spark、PySpark、MapReduce 等主流开源框架。

PAI 提供的服务包括:

- 可视化建模和分布式训练 PAI-Studio;

- Notebook 交互式 AI 研发 PAI-DSW (Data Science Workshop);

- 自动化建模 PAI-AutoLearning;

- 在线预测 PAI-EAS(Elastic Algorithm Service)。

PAI 的优势有以下几个方面。

- 服务支持单独或组合使用。支持一站式机器学习, 只要准备好训练数据 (存放到 OSS 或 MaxCompute 中), 所有建模工作 (包括数据上传、数据预处理、特征工程、模型训练、模型评估和模型发布至离线或在线环境) 都可以通过 PAI 实现。

- 对接 DataWorks, 支持 SQL、UDF、UDAF、MR 等多种数据处理方式, 灵活性高。

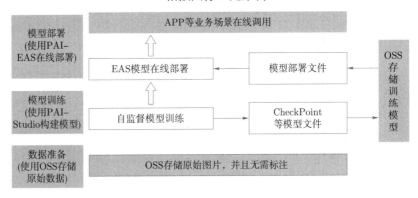

图 12.17 相似图像匹配架构示意

● 生成训练模型的实验流程支持 DataWorks 周期性调度, 且调度任务区分生产环境和开发环境, 进而实现数据安全隔离。

1. 图像检索开发实例

针对图像检索业务场景, PAI 提供了端到端的相似图像匹配和图像检索解决方案。只需要准备原始的图像数据, 无须标注就能够构建模型; 然后利用 PAI 的可视化建模平台快速自定义构建图像自监督模型; 最后将模型在 PAI 上进行部署推理, 形成完整的端到端流程, 从而实现相似图像匹配和图像检索的业务系统。相似图像匹配和图像检索架构示意分别如图 12.17 和图 12.18 所示。

2. 图像内容风控开发示例

在诸多生产内容的场景 (例如使用图像进行评论、发布短视频、直播等) 中, 由于生产内容的范围不受限, 因此难免出现高风险内容, 这就需要平台能识别这些高风险

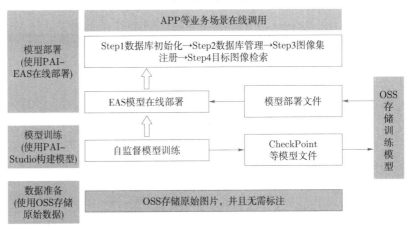

图 12.18 图像检索架构示意

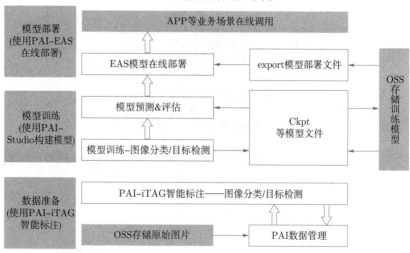

图 12.19 图像内容风控架构示意

内容, 并及时拦截。针对该问题, 阿里云机器学习 PAI 提出了一种解决方案, 借助人工智能算法, 快速判断风险内容: 基于智能标注 (iTAG) 平台和 PAI 数据集管理, 对目标场景的图像进行快捷标注和样本管理; 基于 PAI 提供的预训练模型, 针对特定的图像风控场景, 在可视化建模平台 PAI-Studio 上进行模型 Fine-Tune, 从而基于卷积神经网络构建图像分类模型或目标检测模型; 将模型进行 PAI-EAS 在线部署, 形成完整的端到端流程, 从而自动识别生产过程中的风险内容。图像内容风控架构示意如图 12.19所示。

12.6 深度学习与非深度学习方法结合

近年来, 深度学习取得了开创性突破。随着相关研究的进展, 研究者发现神经网络模型虽然可以直接运用于分类等目标简单的任务, 但难以直接运用于目标较为复杂的任务, 例如物体检测、人脸识别、场景深度估计等。为了解决这些问题, 研究者通常把一些传统方法的思想引入深度学习模型, 或者把神经网络作为传统方法的特征提取器。事实证明, 这种深度学习与非深度学习结合的方法十分有效, 并且持续推动着深度学习研究的发展。

下面介绍 DCNF、FaceNet 和 R-CNN 三个深度学习模型。它们分别针对场景深度估计、人脸识别和物体检测这三个任务, 从不同层面融合了传统方法和深度学习方法, 是深度学习与非深度学习结合的典例。

DCNF (deep convolutional neural field) [85] 是 Liu 等提出的解决单目图像场景深度估计的神经网络模型,是最早使用神经网络解决该问题的深度学习模型之一。这里的单目图像场景深度估计指从单张图像中,估计出图像上每一点的场景深度信息。由于没有额外的辅助信息,例如尺度信息、运动信息和空间结构信息等,因此场景深度的推断十分困难。

为了解决这个问题,Liu 等做了两点假设。一,图像可以视为由若干个超像素块构成,每个超像素块内有相同的深度值;二,视每个超像素块为一个节点,大多数相邻节点的深度值是相近的。基于这两点假设,Liu 等构建了一个条件随机场网络。在训练阶段,该网络与传统的条件随机场类似,定义了一个包含一元项和二元项的能量函数作为训练目标函数。假设,输入图像 x 的超像素集为 N,预测的超像素深度值序列为 $y = \{y_1, y_2, \cdots, y_n\}$,超像素块的真实深度序列为 $z = \{z_1, z_2, \cdots, z_n\}$,超像素相邻关系集合为 S,则该能量函数定义如下:

$$E(y, x) = \sum_{p \in N} (y_p - z_p)^2 + \sum_{p,q \in S} \frac{1}{2} R_{pq} (y_p - y_q)^2 \tag{12-17}$$

其中,一元项 $(y_p - z_p)^2$ 描述了一个超像素块的估计深度值 z_p 和真实深度值 y_p 的差距。这里,z_p 由一个神经网络得到,该网络由 5 层卷积和 4 层全连接组成,接受一个超像素块重心点为中心的图像块作为输入。二元项 $R_{pq}(y_p - y_q)^2$ 描述了相邻节点间的关系。这里的 R_{pq} 表示 p 和 q 两个相邻超像素之间的关系,它由一个接受相邻超像素块的各种相似性特征 (如直方图距离、像素强度差等) 作为输入的全连接层求出。在完成训练后,仅需要推断 z 的神经网络便可以对任意输入图像进行深度估计。图 12.20 展示了整个模型的框架。

FaceNet [86] 是 Schroff 等提出的人脸识别算法。该算法使用神经网络把人脸图像映射成一个向量,然后使用两向量的欧式距离来衡量两张人脸图像是否属于同一个人,这种向量称为人脸图像的编码向量。为了获得良好的编码向量,Schroff 等提出了三元组损失函数来训练需要的神经网络模型。下面详细介绍这个损失函数。

假设神经网络模型为 $\boldsymbol{f}$,它把输入图像 $\boldsymbol{x}$ 编码成向量 $\boldsymbol{f}(\boldsymbol{x})$。对于一张某人的人脸图像 $\boldsymbol{x}_i^a$,选择同一个人的图像 $\boldsymbol{x}_i^p$,和另一个人的图像 $\boldsymbol{x}_i^n$,组成一个三元组 $(\boldsymbol{x}_i^a, \boldsymbol{x}_i^p, \boldsymbol{x}_i^n)$。为了使编码向量可以很好地区分不同人的人脸图像,希望对于训练集上的所有三元组都满足以下条件:

$$\|\boldsymbol{f}(\boldsymbol{x}_i^a) - \boldsymbol{f}(\boldsymbol{x}_i^p)\|^2 + \alpha < \|\boldsymbol{f}(\boldsymbol{x}_i^a) - \boldsymbol{f}(\boldsymbol{x}_i^n)\|^2 \tag{12-18}$$

这里,α 为一个正常数,它表示了区分 $\boldsymbol{x}_i^p$ 或 $\boldsymbol{x}_i^n$ 是否与 $\boldsymbol{x}_i^a$ 表示同一个人的最小边界。基于这个条件,三元组损失函数定义为,

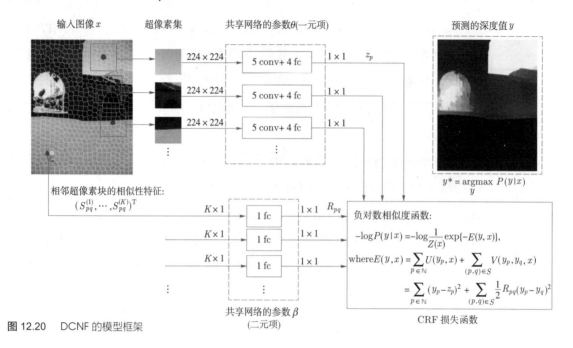

图 12.20　DCNF 的模型框架

$$L = \sum_{i}^{N} \left[\left\| \boldsymbol{f}\left(\boldsymbol{x}_i^a\right) - \boldsymbol{f}\left(\boldsymbol{x}_i^p\right) \right\|^2 - \left\| \boldsymbol{f}\left(\boldsymbol{x}_i^a\right) - \boldsymbol{f}\left(\boldsymbol{x}_i^n\right) \right\|^2 + \alpha \right]_+ \qquad (12-19)$$

这里的 $[\cdot]_+$ 表示仅考虑结果为正值的三元组, 即当前模型无法以 α 为边界区分的三元组。在实际运用三元组损失函数时, 涉及三元组的选取。这部分内容较为复杂和琐碎, 大家可以通过 Schroff 等的论文进行学习。

R-CNN[87] 全称为 Region CNN, 是 Girshick 等提出的基于深度学习的目标检测方法。该方法首次将深度学习用于目标检测, 相较于传统的目标检测方法, 其性能有巨大的提升。该方法主要包含三个步骤, 即生成候选区域、提取特征和判断类别, 很好地将深度和非深度的方法结合了起来。

在生成候选区域时, 使用选择搜索 (selective search)[88] 的方法对每张图生成 2 000~3 000 个候选区域。在这一步中, 不需要进行任何模型训练。在提取特征时, 需要训练一个类似 AlexNet 的分类网络对候选区域进行分类。首先, 使用分割数据集中的图像生成若干候选区域, 然后把这些区域归一化到同一维度 (227 × 227)。其后, 把与某类的某个真实区域重叠大于 50% 的区域标记为该类的正样本, 把其他区域标记为单独的一类, 并使用这些带有类别的区域训练分类网络。在判断类别时, 使用分类网络倒数第二层的输出 (通常为 4 096 维的向量) 作为输入, 对每一个类别训练一个 SVM 分类器。

当完成上述训练后, 对一张新的图像, 便可以使用选择搜索获取候选区域, 使用分类网络提取特征, 使用 SVM 分类器判断这些候选区域的类别, 最终保留有效的区域作为 R-CNN 的输出。图 12.21 给出了 R-CNN 的总体框架。

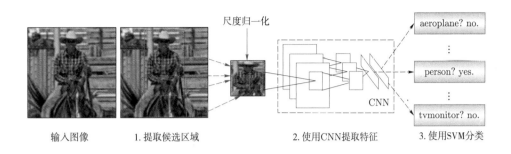

图 12.21　　R–CNN 的模型框架

第 13 章　模式识别在生物特征识别中的应用

13

13.1　人脸识别

人脸识别可以说是人们日常生活中最常用的身份确认手段, 也是当前最热门的模式识别研究课题之一。人脸识别就是通过计算机或手机智能设备的摄像头动态捕捉人的面部, 同时把捕捉到的人脸与预先录入的人员库存中的人脸进行比较识别。人脸识别系统的基本流程如图 13.1 所示。因为人们对这种技术没有普遍的排斥心理, 所以从理论上讲, 人脸识别可以成为一种最友好的生物特征身份认证技术。

广义的人脸识别是指从待分析待识别的人脸图像中提取出有效的信息, 并与数据库中已知人脸信息进行比较, 从而得出决策或认证信息的一种技术。其研究内容包括以下 6 个方面。

(1) 人脸检测: 此阶段相当于模式识别系统结构中的信息获取, 目的是检测到图像中的人脸之后进行定位和提取, 这里的图像可以是静态的图像, 也可以是动态视频序列。人脸检测是人脸识别中关键的一部分。此部分包括人脸检测、人脸定位和人脸跟踪。给定任意图像, 需要从各种不同的背景中检测是否存在人脸, 并确定其位置、大小、形状、姿态等信息。它关系到后续识别工作能否正确进行, 并保障最终识别结果的可靠性。

(2) 人脸图像预处理: 对人脸图像进行预处理的目的是使外界干扰对识别目标的影响减至最小, 并且按照人脸图像识别方法的要求使图像达到标准化 (标准尺寸及标准位置)。预处理包括消除噪声、灰度归一化、几何校正、滤波变化等。一般有现成的算法可以帮助实现这个步骤, 通过这些预处理, 可以最大限度地把干扰减到最小, 并对人脸识别性能的稳定性起到一定作用。

(3) 人脸表征: 亦称为人脸特征选择, 是确定表示检测出的人脸和数据库中的已知人脸的描述方式。通常的表示方法包括几何特征 (如欧氏距离、曲率、角度等)、代数

图 13.1　人脸识别系统的基本流程

特征 (如矩阵特征矢量) 和固定特征模板等。

(4) 人脸鉴别: 即狭义的人脸识别, 就是通常所指的将待识别的人脸与数据库中的已知人脸进行比较, 得出相关信息。这一过程的核心是选择适当的人脸表示方式和匹配策略, 系统的构造与人脸的表征方式密切相关。

(5) 表情/姿态分析: 即对待识别人脸的表情或姿态信息进行分析, 并对其加以归类。

(6) 生理分类: 对待识别人脸的物理特征进行分类, 得出其年龄、性别、种族等相关信息, 或从几幅相关的图像中推导出希望得到的人脸图像, 如从父母的脸相推导出孩子的脸相。

本节介绍的人脸识别主要是指狭义的人脸识别, 指将待识别的人脸与数据库中的已知人脸之间进行匹配的人脸鉴别, 是统称的广义人脸识别的一个子过程。

人脸识别又分为两类: 确认 (verification) 和辨认 (identification)。确认是一对一进行图像比较的过程。辨认是一对多进行图像匹配 (matching) 比对的过程。人脸确认是人脸辨认的简单化, 人脸辨认比人脸确认要难得多, 因为人脸辨认系统涉及大批量数据的比对。在海量数据的检索比对中, 识别精度和检索时间是相当重要的指标, 因而这一过程的核心是选择适当的人脸表征方式和匹配策略。

人脸识别的目的是让计算机具有通过人脸的特征来鉴别身份的功能。基于人脸特征的身份识别主要涉及复杂场景中的人脸检测及识别技术, 是一种依托于图像理解、模式识别及计算机视觉、统计学和人工智能等高技术的研究方向。

13.1.1　人脸识别发展历史

人脸识别的研究最早开始于 20 世纪 50 年代, 当时的研究主要基于人脸的外部轮廓方法。由于人脸轮廓的提取比较困难, 在随后的十多年人脸识别的研究相对停滞。20 世纪 60 年代末, Bledsoe 以人脸特征点的间距、比率等参数为特征, 建成了一个半自动人脸识别系统。而且早期人脸识别研究主要有两大方向: 一是提取人脸几何特征的方法, 包括人脸部件归一化的点间距离和比率, 以及人脸的一些特征点, 如眼角、嘴角、鼻尖等部位所构成的二维拓扑结构; 二是模板匹配 [90] 的方法, 主要是利用计算模板和图像灰度的自相关性来实现识别功能。Betro 在 1993 年对这两类方法做了较全面的介绍和比较后认为, 模板匹配的方法优于几何特征的方法。这是人脸识别研究的第一个阶段。

20 世纪 80 年代后期, 人脸识别方法有了新的突破, 引入了神经生理学、脑神经学、视觉知识等, 人脸识别的研究重新活跃起来, 进入到第二个阶段。这个时期的人脸识别研究主要有两个方向: 其一是基于整体的研究方法, 它考虑了模式的整体属性, 包括特征脸 [91] 方法、SVD 分解的方法、人脸等密度线分析匹配方法、弹性图匹配 [92] (elastic graph matching, EGM) 方法、隐马尔可夫模型 [93] (hidden markov model, HMM) 方法, 以及神经网络的方法等; 其二是基于特征分析的方法, 也就是将人脸基准点的相对比率和其他描述人脸脸部特征的形状参数或类别参数等一起构成识别特征向量。基于整体脸的识别不仅保留了人脸部件之间的拓扑关系, 而且也保留了各部件本身的信息, 而基于部件的识别则是通过提取出局部轮廓信息及灰度信息来设计具体识别算法。有文献认为, 基于整个人脸的分析要优于基于部件的分析, 理由是前者保留了更多的信息, 但是这种说法值得商榷, 因为基于人脸部件的识别要比基于整体的方法来的直观, 它提取并利用了最有用的特征, 如关键点的位置和部件的形状分析等, 而对基于整个人脸的识别而言, 由于把整个人脸图像作为模式, 那么光照、视角、人脸尺寸等会对人脸识别有很大的影响, 因此如何能够有效地去掉这些干扰非常关键。虽然如此, 但对于基于部件分析的人脸识别方法而言也有困难, 其难点在于如何建立好的模型来表达识别部件。近年来的一个趋势是, 将人脸的整体识别和特征分析的方法结合起来, 如 Kin Man Lam 提出的基于分析和整体的方法, Andreas Lanitis 提出的利用可变形模型 (flexible model) 来对人脸进行解释和编码的方法。

到了 20 世纪 90 年代后期, 由于计算机处理速度的飞速提高及图像识别算法的革命性改进, "人脸识别" 继 "指纹识别" "虹膜识别" 及 "语音识别" 等前期生物识别技术之后, 以其独特的方便、经济及准确性, 而越来越受到世人的瞩目, 进入至今仍在蓬勃发展的人脸识别研究第三阶段。在 1996 年后, 人脸识别技术在世界范围内被广泛采用, 应用领域日趋广泛。其中部分产品已开始在各国移民、司法、医疗、社会福利等政府机构中使用。PAROLL 银行的 ATM 自动提款机, 马来西业 "兰卡威" 机场登机控制, 英国伦敦警事监控, 巴以加沙地带的出入控制等方面开始实际应用, 并取得了良好的效果。关于人脸识别的研究也取得了很大的进步, 国际上发表有关论文的数量大幅增长, 仅 1990—1998 年之间, 工程索引可检索到的相关文献就多达数千篇。美国电气电子工程协会 PAMI (模式分析与机器智能) 会刊还于 1997 年 7 月出版了人脸识别专辑, 每年的国际会议上关于人脸识别的专题也屡屡可见。随着人脸识别的研究不断深入, 研究者开始关注面向真实条件的人脸识别问题, 主要包括以下四个方面的研究。

(1) 提出不同的人脸空间模型, 包括以线性判别分析为代表的线性建模方法, 以 Kernel 方法为代表的非线性建模方法和基于 3D 信息的 3D 人脸识别方法。

(2) 深入分析和研究影响人脸识别的因素, 包括光照不变人脸识别、姿态不变人脸识别和表情不变人脸识别等。

(3) 利用新的特征表示, 包括局部描述子 (Gabor Face, LBP Face 等) 和深度学习方法。

(4) 利用新的数据源, 例如基于视频的人脸识别和基于素描、近红外图像的人脸识别。

在这个阶段的早期, 由于人脸识别实验所采用的数据库通常不大, 最常见的人脸数据库仅包括 100 幅左右的人脸图像, 如 MIT (麻省理工学院)、Yale (耶鲁大学)、CMU (卡内基梅隆大学) 等人脸数据库均为小型库, 且由于不同的人脸数据库之间的输入条件各异, 因此不同的识别程序之间很难进行比较。为促进人脸识别算法的深入研究和实用化, 美国国防部发起了人脸识别技术 (face recognition technology, FERET) 工程, 它包括一个通用人脸数据库和一套通用测试标准。该 FERET 人脸数据库可用于各种人脸识别算法的测试比较。1997 年, FERET 人脸数据库存储了取自 1 199 个人的 14 126 幅图像, 其中同一个人的图像差异, 包括不同表情、不同光照、不同头部姿势, 以及不同时期 (相隔 1 个月以上) 拍摄差异等。如今 FERET 人脸数据库仍在扩充, 并定期对各种人脸识别程序进行性能测试, 其分析测试结果对未来的工作起到了一定的指导作用。由于 FERET 人脸数据库中包括军人的图片, 不能在美国以外获得, 因此其他国家的研究只能采用本地的人脸库, 如英国的 Manchester (曼彻斯特) 人脸数据库。

随着深度学习的持续发展, 针对公开的、大型的、带详细标注信息的人脸数据库的需求越来越大。2007 年, 美国马萨诸塞州立大学阿默斯特分校计算机视觉实验室整理完成了 LFW (labeled faces in the wild) [94] 人脸数据库, 主要用来研究非受限情况下的人脸识别问题。LFW 数据库主要是从互联网上搜集图像, 而不是实验室, 一共含有来自 5 749 人的 13 233 张人脸图像, 每张图像都被标识出对应的人的名字, 其中有 1 680 人对应不只一张图像, 即大约 1 680 个人包含两个以上的人脸。LFW 数据集主要测试人脸识别的准确率, 该数据库从中随机选择了 6 000 对人脸组成了人脸辨识图片对, 其中 3 000 对属于同一个人每人 2 张人脸照片, 3 000 对属于不同的人每人 1 张人脸照片。测试过程 LFW 给出一对照片, 询问测试中的系统两张照片是不是同一个人, 系统给出 "是" 或 "否" 的答案。通过 6 000 对人脸测试结果的系统答案与真实答案的比值可以得到人脸识别准确率。LFW 数据集具有相当重要的意义。在 LFW 数据库中, 人脸的光照条件、姿态多种多样, 有的人脸还存在部分遮挡的情况, 因此识别难度较大。现在, LFW 数据库性能测评已经成为人脸识别算法性能的一个重要指标。

自从 LFW 发布以来, 出现了越来越多针对人脸识别的深度卷积神经网络, 例如 DeepID、FaceNet、VGGFace、DeepFace 等。2014 年以来, "深度学习 + 大数据 (海量的有标注人脸数据)" 成为人脸识别领域的主流技术路线, 其中两个重要的趋势为:

① 网络变宽变深 (VGGFace16 层, FaceNet22 层); ② 数据量不断增大, 大数据成为提升人脸识别性能的关键。2017 年, 大规模人脸数据集 VGGFace2 发布, 其中包含了 331 万张图片, 9 131 个不同的人, 平均每个人的人脸图像个数为 362.6。该数据集具有以下几个特点: ① 包含的人物较多, 且每个人物包含的人脸图像个数也较多; ② 覆盖大范围的姿态、年龄和种族, 其中约有 59.7% 的男性, 除了身份信息之外, 数据集还包括人脸框、5 个关键点, 以及估计的年龄和姿态; ③ 尽可能地使人脸图像包含的噪声最少。数据集分为训练集和评测集, 其中训练集包含 8 631 类, 评测集包含 500 类。

通过上述数据集, 基于深度学习的人脸识别研究发展迅速, 诸如多任务卷积神经网络 (MTCNN) 等相关研究陆续出现。由于越来越多的参数量少、计算量不大、运算速度也较快的轻量神经网络出现, 面向移动端的人脸识别技术也逐步面世。2017 年, 苹果公司发布的 iPhone X 包含了人脸识别功能, 可用于解锁屏幕和支付账单。2018 年, 阿里巴巴公司也发布了刷脸支付产品 "蜻蜓"。现如今, 人脸识别技术已经逐渐进入到人们生活的方方面面。

13.1.2　人脸识别主要方法

本小节详细介绍狭义的人脸识别方法, 即现有的表示人脸特征的方法。人脸识别方法根据输入对象的不同可以分为静态人脸图像识别和动态人脸图像识别。人脸图像识别研究最典型的 3 种方法是特征脸方法、弹性图匹配方法和神经网络方法, 还有其他常用的方法譬如几何特征分析方法、模板匹配方法等。下面对这些较常用的方法进行一些介绍。

1. 几何特征方法

几何特征方法是人脸识别研究中最早被提出的方法之一。其特征提取以人脸面部特征点 (如眼睛、眉毛、鼻子和嘴) 的形状和几何关系为基础。对于不同的人来说, 面部特征点和人脸轮廓的形状、大小、相对位置和分布的情况各不相同。几何特征方法通过计算面部特征点形状、分布的几何参数来区分不同人脸。所采用的几何参数一般包括特征点之间的距离、边缘曲率、角度等。特征提取后, 往往采用欧氏距离分类器进行匹配, 采用最近邻法输出识别结果。

卡内基梅隆大学的 Kanade 在 20 世纪 70 年代提出了基于距离比例进行特征提取的方法, 并在 20 个人的人脸图像库上进行了测试。伦敦大学学院的 Cox、Ghosn 和 Yianilos 提出了混合距离技术, 手工从每个人脸提取出 30 个特征, 实验室从 685 个样本中识别 95 幅图像。

基于几何特征的人脸识别方法的优点是方法简单, 识别速度快。这是因为识别过程基于自动查找几何特征, 在求出几何特征间距的比例关系后, 根据几何特征间距和样本库中人脸集合特征相应参数确定待识别的目标。这个方法大大减少了运算量, 但也由于其算法简单性导致了其有效性、可靠性较低, 分析如下。

(1) 基于几何特征的人脸识别算法需要大量精细的预处理确定几何特征的位置。目前, 自动定位面部特征点仍然是一个研究难点, 现有算法的精确度尚不能满足几何特征提取的需要。

(2) 面部几何特征仅仅能在局限范围内提供可用于人脸识别的信息。这是因为, 仅仅利用面部特征的形状和结构关系会忽略面部细节和全部特征, 造成信息丢失。

(3) 人类人脸识别机制获得的是对面部特征的模糊描述。在此意义上, 精确度量面部特征几何参数的人脸识别方法是难以接受的。

(4) 如果噪声干扰使得特征轮廓不清楚或者出现缺失时, 该方法将失效。

基于几何特征的人脸识别研究在近年里没得到更进一步的发展。应当指出, 几何特征之间的距离和结构关系在人脸识别的分类问题中仍然有潜在价值。例如, 在一个大型数据库中进行人脸检索时, 可以利用面部集合特征进行粗分类以缩小匹配范围。

2. 模板匹配方法

模板匹配方法是模式识别中所采用的最传统的方法之一。该方法利用了人脸图像的协方差, 只有在人脸有相同的缩放比例、旋转图像和光照影响时有比较好的效果。另外, 模板匹配的计算量比较大, 多尺度、多模板的使用会增加计算和存储的复杂度。

最简单的模板匹配法是将整个灰度图像矩阵当作一个模板, 进行识别时, 将待识人脸图像矩阵直接与库中模板进行比较, 计算得到图像矩阵间的欧氏距离, 取最小者作为匹配对象。较复杂些的匹配算法还要对灰度图像进行预处理, 如去噪声、灰度平滑等。另外, 对于每个目标对象在库中可以有多个模板, 分别对应目标的旋转、尺度变化等。

基于模板匹配的人脸识别算法研究的代表性工作是 Poggio 和 Brunelli 所提出的基于局部特征模板匹配的算法。他们首先利用积分投影法确定面部特征点, 提取局部特征的模板 (如眼睛模板和嘴巴模板等), 然后进行局部特征模板匹配, 计算相关系数进行分类。Brunelli 和 Poggio 比较了基于几何特征和基于模板匹配的人脸识别方法。他们的实验结果表明, 在人脸尺度、光照、姿态稳定的情况下, 后者优于前者。但同时他们也认为, 基于几何特征比较法的识别速度较快而且所需要的存储空间很小。

最新的人脸识别算法中, 基于静态图像的人脸识别算法多数属于基于表象的算法 (appearance based schemes)。这些方法往往仅依赖于目标的单视图像或者多视图像, 而不需要按照 Marr 理论重建物体的三维模型, 因此成为近年人脸识别研究工作的主流。特征脸方法、Fisher 脸方法、弹性图匹配方法和局部特征分析方法是其中的代表性算法。

3. 弹性图匹配

弹性图匹配方法又叫作弹性模板匹配方法, 此方法是模板匹配法的一种改进, 属于动态模板匹配法的一种。可以认为, 弹性图匹配方法是一种考虑到识别目标局部特点之间拓扑结构的、具有适应性的局部特征匹配方法。弹性匹配的理论基础是图匹配。弹性图匹配用图来描述人脸, 图的顶点表示面部特殊的局部特征点, 边则表示面部特征之间的拓扑连接关系。匹配测度同时考虑顶点和边之间的距离。

Lades 等人提出了采用一种基于不变目标变形识别的动态链接结构。在他们的实验中, 对象的拓扑图采用稀疏图结构, 图像库中还包括了 15° 角旋转的图像。在德国神经学家 Wiskott 等人的工作中比较了 300 幅不同的图像, 识别率可以达到 97.3%。但是采用信号分析的方法有其不足之处: 由于算法需要提取出相关的特征系数, 所以计算速度比较慢, Lades 的实验中使用了 87 幅图像的图像库, 识别每一幅的时间大约为 25 s, 因此基于弹性图匹配的方法虽然识别率较高, 但是在实时要求比较高的场景, 该算法不符合要求, 需要进一步改进。

4. 特征脸方法

基于特征脸的人脸识别算法属于构造子空间的人脸识别方法, 其理论依据是主成分分析[95], 或者说 K-L 变换。主成分分析通过求解训练样本协方差矩阵的特征值问题, 给出一组数量远远小于样本空间维数的正交基来表示训练样本张成的子空间。从线性重建的角度而言, 这组基的优点在于可以最充分地表征样本, 因此, 具有降维、去相关和集中能量的特性。

基于特征脸的人脸识别算法就是通过对大量样本进行主成分分析得到表征人脸子空间的一组正交基 (即所谓的特征脸), 所提取的特征就是人脸图像在这个子空间中的投影向量 (物理意义是人脸图像在人脸子空间中的位置), 然后采用分类器分类。下面简单地介绍基于 PCA 的算法。

PCA 算法是一种主成分分析的算法。这种方法将包含人脸图像的区域看作一种随机向量, 因此可以采用 K-L 变换得到正交变换基, 对应其中较大的特征值的基底具有与人脸相似的形状。PCA 算法利用这些基底的线性组合可以描述、表达人脸和逼近人脸, 因此可以进行人脸的识别和重建。识别的过程就是把待识别的人脸映射到由特征脸张成的子空间中, 与库中人脸的子空间位置进行比较。人脸的重建就是根据待识别人脸在子空间的位置, 还原到人脸空间中。

假设人脸图像库中的图像共有 N 个, 用向量表示为 $I_1, I_2, \cdots, I_N$ (假设向量维数

为 $L \times L$), 可得到它们的平均人脸图像为

$$I_{\text{ave}} = \frac{1}{N} \sum_{i=1}^{N} I_i \qquad (13-1)$$

由此可得到每张人脸图像相对于 I_{ave} 的均差为

$$\phi_i = I_i - I_{\text{ave}} \qquad (13-2)$$

构造协方差矩阵:

$$C = \frac{1}{N} \sum_{i=1}^{N} \phi_i \phi_i^{\text{T}} \qquad (13-3)$$

要求 C 的特征值 λ_k 与特征向量 μ_k, 可转化成求另一矩阵 S 的特征值与特征向量 v_k, 这样可使得计算复杂性大大降低。

其中, 矩阵 S 的元素为 $S_{ij} = \phi_i^{\text{T}} \phi_i (i, j = 1, \cdots, N)$。求出矩阵 S 的特征向量 v_k 后, 则协方差矩阵 C 的特征向量 μ_k 可根据下式求出。

$$\mu_k = \sum_{j=1}^{N} v_{kj} \phi_j \quad (k = 1, \cdots, N) \qquad (13-4)$$

这些求出的特征向量所形成的向量空间就可表示人脸图像的主要特征信息。对于图像库中的所有 N 个图像都可向此空间投影, 得到投影向量为 $\Omega_1, \Omega_2, \cdots, \Omega_N$。例如将库中任一人脸图像作投影, 得到一投影为 $\Omega^{\text{T}} = (\varpi_1, \varpi_2, \cdots, \varpi_N)$, 其中向量元素 ϖ_i 可由下式得到。

$$\varpi_t = \mu_i^{\text{T}} (I - I_{\text{ave}}) \quad (i = 1, \cdots, N) \qquad (13-5)$$

则对于一待识别的人脸图像 I_{new}, 其投影向量 P, 由以下公式可得。

$$e_i = \| P - \Omega_i \| \quad (i = 1, \cdots, N) \qquad (13-6)$$

取 e_i 最小值时所对应的 Ω_i 为所求人脸图像, 从而就完成了识别。

5. 局部特征分析方法

Pencv 和 Atick 提出了基于局部特征分析的人脸识别算法。他们认识到 PCA 虽然计算简便、易于推广, 但是 PCA 不能提取物体局部的结构性特征, 而且 PCA 本质上是一个非拓扑的线性滤波器, 降维后损失的结构信息无法在后续过程中弥补。局部信息和拓扑性质在模式分类中非常重要, 同时这些特点更符合生物神经系统的识别机制。为此, 他们基于全局 PCA 模型提出了一种局部特征的拓扑表示, 命名为 "局部特征分析"。他们在无背景脸像、室内背景脸像和三维脸像库上进行了测试。这种方法是 Visionics 公司 FaceIt 人脸识别软件的算法基础。

6. 隐马尔科夫模型

隐马尔科夫模型是一种基于二维变迁的概率神经网络, 反映了时间序列上的概率转移属性。其用于静态人脸识别工程中, 使用的是伪二维概率神经网络, 基本方法如下: 对人脸的各区域进行划分, 一般分成 5 个区域, 从上到下包括额头、眼睛、鼻子、嘴、下颚, 根据解剖学和美学原理, 这 5 个部分是决定人脸区域的重要特征; 然后从下到上用一个比人脸各部分高度都相对小得多, 宽度和人脸图像宽相同的扫描带有重叠地进行扫描; 人脸的 5 部分和各扫描带之间在扫描过程中, 存在转移关系和隶属关系, 构成马尔科夫模型的概率权值, 通过对隐马尔科夫模型的训练, 可以得到一组人脸图像库的人脸各部分转移关系。和特征脸方法相比, 隐马尔科夫模型反映了待识样本集中人脸 5 个部分的结构状况和扫描带宽度对隐马尔科夫模型的影响。识别过程中, 先选好扫描带宽, 然后对隐马尔科夫模型的结果进行阈值选择, 得到人脸分类结果。

7. 神经网络方法

随着深度学习的蓬勃发展, 越来越多的卷积神经网络模型被提出, 大型人脸数据库也逐渐被公开, 例如前文提到的 VGGFace2。使用这样的大型人脸数据库训练卷积神经网络, 将隶属于同一个人的人脸图像视为一个类别的图像。训练完成之后, 输入一张人脸图像, 倒数第二层输出的向量即为该张人脸图像的特征值。计算两个特征值之间的欧氏距离, 得到的结果小于一定阈值时, 即可认为两张人脸匹配上了, 人脸识别成功。

13.1.3 人脸识别应用

研究人脸识别在理论和技术上都具有重要的意义: 一是可以推进对人类视觉系统本身的认识; 二是可以满足人工智能应用的需要。采用人脸识别技术, 建立自动人脸识别系统, 用计算机实现对人脸图像的自动识别有着广阔的应用领域和诱人的应用前景。具体来说, 人脸识别技术的典型应用有以下几种。

(1) 身份鉴定 (一对多的搜索)。在鉴定模式下, 可以确定一个人的身份。人脸识别技术可以快速地计算出实时采集到的面纹数据与人脸图像数据库中已知人员的面纹数据之间的相似度, 给出一个按相似度递减排列的可能的人员列表, 或简单地返回鉴定结果 (相似度最高的) 和相对应的可信度。在现实生活中的实际应用即为犯罪嫌疑人照片匹配。

(2) 身份确认 (一对一的比对)。在确认模式下, 面纹数据可以存储在智能卡中或数码记录中, 人脸识别技术只需要简单地将实时的面纹数据与存储的相比对, 如果可信度超过一个指定的阈值, 则比对成功, 身份得到确认。在现实生活中的实际应用即为信用卡、汽车驾照、护照和个人身份验证等。

(3) 监控: 应用面相捕捉, 人脸识别技术可以在监控范围中跟踪一个人和确定他的位置。在现实生活中可实际应用在人群监测方面。

(4) 监视: 可以在监控范围内发现人脸, 而不论其远近和位置, 能连续地跟踪他们, 并将他们从背景中分离出来, 将他们的面相与监控列表进行比对。整个过程完全是无须干预的、连续的和实时的。

(5) 面相数据压缩: 能将面纹数据压缩到 84 字节, 以便用于智能卡、条形码或其他存储空间有限的设备中。在现实生活中的实际应用在银行/储蓄安全防控方面。

人脸识别技术的研究在实用化过程中还存在着一些挑战, 这首先与人脸本身的特性有关。

(1) 生理结构复杂。人脸的生理结构十分复杂, 包括表皮、肌肉、骨骼三层, 基本形状由最内层的骨骼决定, 肌肉末端附着于骨骼上, 肌肉和表皮间由韧带相连。整个头部骨骼通常称为头颅, 由楔状骨、上颌骨、次鼻骨、颊骨、颧骨、眼眶骨、鼻犁骨、眉骨、颅骨、下颌骨、筛骨组成。肌肉的缩张驱动表皮组织产生运动, 导致面部表现形式的变化, 所有面部肌肉运动综合作用就产生了丰富多彩的表情。上述生理解剖学的原理是人脸建模的基础和依据。

(2) 形态内容丰富。心理学研究表明, 人脸能够产生大约 55 000 种不同的表情, 其中有多种能够用人类自然语言词汇区别开来。

(3) 结构、表情上共性明确。所有人的面部结构和表情变化都有着明确的相似性。生理结构上都由口、眼、鼻、耳、眉五官组成, 头颅结构也完全相似; 表情表达上, 所有人脸都存在着共性, 甚至动态的变化过程也十分相似。

(4) 个性因素繁多。人脸存在共性的同时, 又有着千差万别的个性。例如, 人眼睛虹膜近乎相同的概率是百万分之一, 人耳朵形状的差别更大。不同的人种具有不同的肤色、五官特征。表情的细节也各有特点, 没有两个人的笑容完全相同。

(5) 易受环境影响。摄取的人物的图像、视频随着周围光照环境的不同, 差别很大; 因为面部的形状不是严格的凸结构, 所以有时会出现光照上的遮挡; 人们有时会佩戴眼镜。这些都会给计算机处理带来很大困难。

在以上人脸特性的影响下, 再加上现实环境的影响, 目前人脸识别的难点主要有以下几个方面。

(1) 图像质量对人脸识别的影响很大。对于拍摄清晰的人脸图像, 可从中准确地分辨出人脸各部分的结构信息及纹理信息, 有利于人脸图像特征的提取和提高识别率; 反之, 如图像质量较差, 将会给识别带来一定的困难, 有时需要先进行图像的增强处理和平滑处理。

(2) 背景对识别的影响不可忽略。人类能够在各种环境下识别某些特定的目标, 可以认为人类具有将目标从背景中提取出来进行识别的能力, 而不是只能在某一特定环境下识别目标。但背景却会对计算机识别产生不利影响, 因为要从一幅图像中分辨出背景与目标本身也是一个识别任务。如果背景较简单, 则目标提取相对容易些; 否则, 很可能提取不出目标, 使得后续的识别很难进行。对于一幅人脸图像而言, 背景的存在是必然的, 因此必须考虑背景的影响。

(3) 光照变化是影响人脸识别性能的最关键因素。对该问题的解决程度关系着人脸识别应用化进程的成败, 在人脸图像预处理或者归一化阶段, 尽可能地补偿乃至消除其对识别性能的影响。

(4) 成像角度及成像距离等因素的影响。人脸的姿态变化, 会造成面部信息的部分缺失。

(5) 不同年龄的人脸有着较大的差别。身份证是以前照的, 在逃犯的照片也是以前的, 因此在公安部门的实际应用中, 年龄问题是一个最突出的问题。

(6) 不同尺度的图像的识别率也会有所不同。对于人类而言, 当一个目标在远处出现时, 因其较小, 可能识别不出, 随着目标的靠近, 目标逐渐放大, 变得清晰, 人们能够准确地将其识别出来; 另一方面, 如果眼睛距离目标太近, 目标过于放大, 也可能识别不出。同样, 对于人脸图像的识别而言, 图像中目标的尺度也必须在一定的范围内, 目标太小或太大都将给识别带来困难。

(7) 采集人脸图像的设备较多, 主要有扫描仪、数码相机、摄像机等。由于成像的机理不同, 形成了同类人脸图像的识别率较高, 而不同类别间的人脸图像的识别率较低的情况。随着人脸识别技术的发展, 这一问题也将逐步得到解决。

(8) 人脸的表情也会给识别带来困难。每次成像时, 表情都不会完全一样, 反映到人脸图像上, 对于同一个人, 其表情不同, 得到的人脸图像也就不同。

(9) 人脸的图像数据量巨大。目前出于计算量的考虑, 人脸定位和识别算法研究大多使用尺寸很小的灰度图像。一张 64×64 像素的 256 级灰度图像就有 4 096 个数据, 每个数据有 256 种可能的取值。定位和识别算法一般都很复杂, 在人脸库较大的情况下, 计算量很大, 很多情况下速度令人难以忍受。而灰度数据事实上是丧失了色彩、运动等有用信息。如果要使用全部的有用信息, 计算量就更大了。

(10) 其他因素如头饰、眼镜、胡须、化妆等都会给识别带来困难。

另外人脸识别还涉及图像处理、计算机视觉、模式识别以及神经网络等学科, 都和人脸的识别程度紧密相关。这些因素使得人脸识别成为一项极富挑战性的课题。面向上述挑战, 人脸识别的未来研究主要集中在以下两大方向上。

① 多信息的融合。具体来说, 一方面是局部和整体的融合。局部特征的精确定位和提取, 尤其是具有判别力的局部特征的确定是一个难以解决的问题, 因此发展局部特征的确定和提取方法并和整脸处理方法相结合, 这将是提高识别率的一个方向。另一方面是加强局部图像特征和局部面部特征的结合与联系, 这也将对识别率产生积极的影响。还有一方面是利用多分类器和多信息 (特征) 融合, 减少总体识别率对单分类器的依赖, 同时减少单分类器的复杂度。

② 消除光照和姿态的影响。一方面可以利用统计知识和先验知识, 加强对图像类间变化和类内变化的研究, 通过图像合成和图像重建技术消除光照和姿态的影响。另一方面就是 3D 人脸模型的重建, 利用 3D 模型识别消除光照和姿态的影响, 这也是提高人脸识别率的途径和人脸识别的研究方向。

13.2 指纹识别

指纹是指手指末端正面皮肤上凹凸不平的纹路。这些纹路的存在增加了皮肤表面的摩擦力, 使得人们能够用手抓起重物。尽管指纹只是人体皮肤的一小部分, 却蕴含着大量的信息。因为每个人的包括指纹在内的皮肤纹路在图案、断点和交叉点上各不相同, 也就是说, 是唯一的, 并且终身不变。依靠这种唯一性和稳定性, 就可以把一个人同他的指纹对应起来, 通过将他的指纹和预先保存的指纹进行比较, 就可以验证他的真实身份, 这就是指纹识别技术。

指纹识别技术主要涉及指纹图像采集、指纹图像处理、特征提取、保存数据、特征值的比对与匹配等过程。相对于其他生物特征识别技术, 自动指纹识别是一种更为理想的身份确认技术, 理由如下。

(1) 每个人的指纹都是独一无二的, 两人之间不存在相同的指纹, 即便是同卵双胞胎。

(2) 每个人的指纹都是相当固定的, 很难发生变化。例如, 指纹不会随着人年龄的增长或身体健康程度的变化而变化。

(3) 便于获取指纹样本, 易于开发识别系统, 实用性强。目前已有标准的指纹样本库, 方便了识别系统的软件开发。另外, 识别系统中完成指纹采样功能的硬件部分也较易实现。

(4) 一个人的十指指纹皆不相同, 因此可以方便地利用多个指纹构成多重口令, 提高系统的安全性。同时, 并不增加系统设计的负担。

(5) 指纹识别中使用的模板并非最初的指纹图像, 而是由指纹图像中提取的关键特征, 因此存储量较小。另外, 对输入的指纹图像提取关键特征后, 可以大大减少网络传输的负担, 便于实现异地确认, 支持联网功能。

从以上分析可知, 自动指纹识别技术相对于其他技术不仅具有许多独到的信息安全角度的优点, 更重要的是还具有很高的实用性和可行性。因此, 现如今指纹识别是应用最广泛、最可靠的个人身份认证方法, 几乎已成为生物特征识别的代名词。

13.2.1　指纹识别发展历史

据考古学家证实, 公元前 7000 年到公元前 6000 年, 指纹作为身份鉴别的工具已经在古叙利亚和中国开始应用。在那个时代, 一些黏土陶器上留有陶艺匠人的指纹, 中国的一些文件上印有起草者的大拇指指纹, 在古城市的房屋留有砖匠的指纹等。由此可见, 指纹的一些特征在当时已经被人们认识和接受。

19 世纪初, 科学研究发现了至今仍然承认的指纹的两个重要特征, 每一个手指指纹的团布局是永久存在且始终不改变的, 直到人死后指纹才会腐烂。全世界没有两个人的指纹是完全一样的, 即便是双胞胎也不例外 (即指纹的唯一性和不变性)。这个研究成果使得指纹在犯罪事件的鉴别中得以正式应用。新中国成立后, 我国花费数年时间不断摸索完善了指纹管理及其相关专业人才培养的制度, 最终于 1956 年建立了统一的十指指纹分析和管理方法, 从而实现了规范的、统一的、科学的中华民族的十指指纹分析法和系统管理机构, 单指纹管理方法也在各城市纷纷应用。

20 世纪 60 年代, 由于计算机可以有效地处理图形, 人们开始着手研究利用计算机来处理指纹。从那时起, 自动指纹识别系统 AFIS 在法律实施方面的研究和应用在世界许多国家展开。1963 年, 美国联邦调查局提出了自动指纹识别系统的设想, 在参考手动指纹识别系统的基础上, 综合计算机和模式识别技术, 设计了能够对指纹进行图像采集、特征匹配和自动筛选的计算机管理系统, 并于 20 世纪 70 年代率先研制成功。20 世纪 80 年代, 个人计算机、光学扫描这两项技术的革新, 使得它们作为指纹取像的工具成为现实, 从而使指纹识别可以在其他领域中得以应用。德国、日本、南斯拉夫等国家开始将计算机应用到指纹管理和比对, 利用摄像机将指纹图像输入到计算机系统, 采用人工编码方式进行分类, 人工确定指纹中心、写结点的位置和方向, 实现了半自动指纹识别模式。自 20 世纪 80 年代末期, 西方各国逐渐淘汰了自动化水平较低的半自动管理系统, 开始使用自动指纹识别系统, 从此自动指纹识别系统开始蓬勃地发展起来。20 世纪 90 年代中期, 随着计算机技术、模式识别理论和形式科学技术的进一步发展, 我国成功研发了多套自动指纹识别系统, 比较著名的有北京大学的 Delta-S 系统、清华大学的 CAF-Is 系统等, 与此同时, 国外的自动指纹识别系统价格也大幅下降,

1997 年全国各地城市开始大范围应用自动指纹识别系统, 主要包括美国 CO-GENT、日本 NEC、法国 Morpho 等系统。

到目前为止, 作为指纹识别应用最成功的例子, 美国联邦调查局建立了一个国家级指纹和犯罪记录查找系统——IAFIS (the integrated automated fingerprint identification system), 该数据库在 2009 年已拥有超过 7 亿个的罪犯指纹和 3.4 亿个的公民指纹, 是当时世界上最大的生物特征数据库。

印度的身份识别项目 (unique identification project, 也成为 "Aadhar" 计划) 已完成了对逾 5 亿人的人口统计与生物识别数据采集工作。预计将剩下的 7 亿人纳入此数据库系统后, 该数据库总量将达到拍字节 (Petabytes) 级别。

而在我国, 全国各地城市采集、存储十指指纹超过亿份 (10 个指纹为 1 份), 现场指纹近千万枚, 年破案在 20 万起以上, 效果显著。

现在, 随着取像设备的引入及其飞速发展, 生物指纹识别技术的逐渐成熟, 可靠的比对算法的发现都为指纹识别技术提供了更广阔的舞台。例如, 指纹考勤系统代替了 IC 卡、磁卡等传统的考勤方法, 从而从根本上杜绝了代打考勤的现象。此外, 指纹识别越来越多地应用在门禁、手机锁屏、移动支付等民用领域。苹果公司在 2013 年推出的 iPhone 5s 将面向移动端的指纹识别推广出去, 现在指纹识别已经成为智能手机不可或缺的功能之一。

13.2.2 指纹识别主要方法

指纹识别其实是比较复杂的。与人工处理不同, 许多生物识别技术公司并不直接存储指纹的图像 (美国有关法律认为, 指纹图像属于个人隐私, 因此不能直接处理指纹图像)。但指纹识别最终都归结为在指纹图像上找到并比对指纹的特征, 因此多年来, 许多公司及其研究机构产生了很多数字化的算法。

经传感器采样所形成的是 224×288 的 256 级灰度数字指纹图像, 指纹图像经过处理抽取指纹特征。每个指纹都有几个独一无二、可测量的特征点, 每个特征点都有大约 $5 \sim 7$ 个特征, 人的十个手指产生最少 4 900 个独立可测量的特征, 这足以说明指纹识别是一个更加可靠的鉴别方式。

识别指纹主要从两个方面展开: 总体特征和局部特征。

1. 总体特征

总体特征指的是那些用人眼直接就可以观察到的特征。

(1) 纹形

指纹专家在长期实践的基础上, 根据脊线的走向与分布情况一般将指纹分为三大

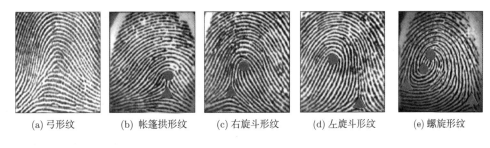

| (a) 弓形纹 | (b) 帐篷拱形纹 | (c) 右旋斗形纹 | (d) 左旋斗形纹 | (e) 螺旋形纹 |

图 13.2 指纹的分类

类——环型又称为斗形 (loop), 弓形 (arch), 螺旋形 (whorl)。在具体的场景下, 还会有帐篷拱形 (tented arch) 和左旋斗形 (left loop)、右旋斗形 (right loop) 这样的指纹, 如图 13.2 所示。

其他的指纹图案都基于这三大类的基本指纹环型, 但仅仅依靠纹形来分辨指纹是远远不够的, 这只是一个粗略的分类, 只有通过更详细的分类才能使得在大数据库中搜寻指纹更为方便快捷。

(2) 模式区

模式区是指指纹上能包含总体特征的区域, 即从模式区就能够分辨出指纹是属于哪一种类型的。有的指纹识别算法只使用了模式区的数据。SecureTouch 的指纹识别算法使用了所取得的完整指纹, 而不仅仅是通过模式区进行分析和识别。

(3) 核心点

核心点 (core point) 位于指纹纹路的渐进中心, 它在读取指纹和比对指纹时作为参考点。许多算法是基于核心点的, 即只能处理和识别具有核心点的指纹。

(4) 式样线

式样线是指指纹中包围模式区的纹路线开始平行的地方所出现的交叉纹路, 式样线通常很短就中断了, 但它的外侧线开始连续延伸。

(5) 三角点

三角点 (delta) 位于从核心点开始的第一个分叉点或者断点, 或者两条纹路会聚处、孤立点、转折处, 或者指向这些奇异点。三角点提供了指纹纹路的计数跟踪的起始之处。

(6) 纹数

纹数 (ridge count) 是指模式区内指纹纹路的数量。在计算指纹的纹数时, 一般先连接核心点和三角点, 这条连线与指纹纹路相交的数量即可认为是指纹的纹数。

2. 局部特征

局部特征是指指纹上节点的特征, 这些具有某种特征的节点称为细节特征或特征点。两枚指纹经常会具有相同的总体特征, 但它们的细节特征, 却不可能完全相同。指纹纹路并不是连续的、平滑笔直的，而是经常出现中断、分叉或转折。这些断点、分叉点和转折点就称为"特征点"，就是这些特征点提供了指纹唯一性的确认信息，其中最典型的是终结点和分叉点，图13.3是这些特征点的一些举例。

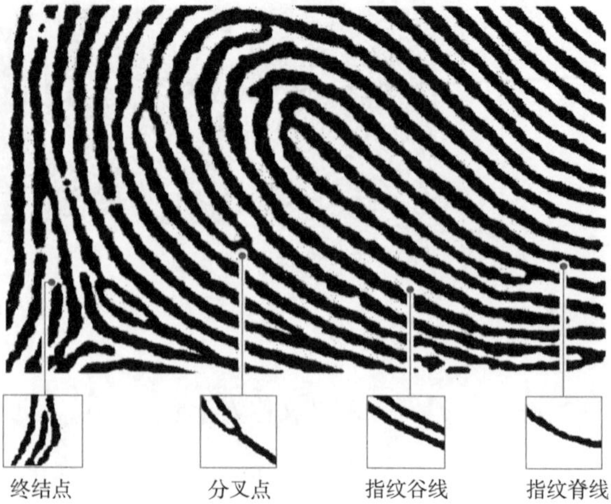

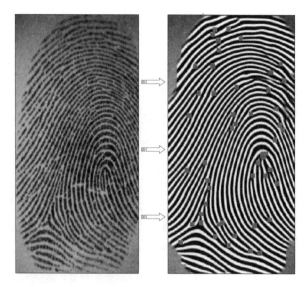

终结点　　分叉点　　指纹谷线　　指纹脊线

图 13.3　指纹特征点举例图示

(1) 特征点的分类

● 终结点 (ending): 一条纹路在此终结。

● 分叉点 (bifurcation): 一条纹路在此分开成为两条或更多的纹路。

● 分歧点 (ridge divergence): 两条平行的纹路在此分开。

● 孤立点 (dot or island): 一条特别短的纹路，以至于成为一点。

● 环点 (enclosure): 一条纹路分开成为两条之后，立即又合并成为一条，这样形成的一个小环成为环点。

● 短纹 (short ridge): 一端较短但不至于成为一点的纹路。

(2) 特征点的参数

● 方向: 节点可以朝着一定的方向。

● 曲率: 描述纹路方向改变的速度。

● 位置: 节点的位置通过 (x, y) 坐标来描述，可以是绝对的，也可以是相对于三角点或特征点的。

指纹识别技术主要涉及四个功能: 读取指纹图像、提取特征、保存数据和比对。通过指纹读取设备读取人体指纹的图像，然后要对原始图像进行初步的处理，使之更清晰，再通过指纹辨别软件建立指纹的特征数据。软件从指纹上找到被称为"细节点"(minutiae) 的数据点，即指

图 13.4　指纹节点定位图示

纹纹路的分岔、终止或打圈处的坐标位置, 如图 13.4 所示, 这些点同时具有七种以上的唯一性特征。通常手指上平均具有 70 个节点, 所以这种方法会产生大约 490 个数据, 这些数据, 通常称为模板。通过计算机模糊比较的方法, 把两个指纹的模板进行比较, 计算出它们的相似程度, 最终得到两个指纹的匹配结果。采集设备 (即取像设备) 分为光学、半导体传感器和其他几类。

下面对上述的指纹识别技术涉及的几个功能进行一些介绍。

(1) 指纹采集的方式

目前市场上常用的指纹采集设备有五种: 滑动式、按压式、光学式、硅芯片式、超声波式。

① 滑动式

将手指从传感器上划过, 系统就能获得整个手指的指纹。手指按压上去时, 无法一次性采集到完整的图像。在采集时需要手指划过采集表面, 对手指划过时采集到的每一块指纹图像进行快照, 这些快照再进行拼接, 才能形成完整的指纹图像。

滑动式的优点是成本低、易集成、可采集大面积的图像、应用传统的特征点算法, 但缺点是需要客户有一个连贯规范动作采集图像, 体验效果比较差, 在之前的应用推广中不太成功。

② 按压式

手指平放在设备上以便获取指纹图像, 一般为了获得整个手指的指纹, 必须使用比手指更大的传感器, 整个手指同时按压在传感器之上。

按压式的优点是客户体验好, 只用一次按压就可以采集图像, 与客户在手机应用的操作习惯匹配, 无须培训客户。缺点是成本高, 集成难度大, 一次采集图像面积相对较小, 没有足够的特征点, 需要用复杂的图像比对算法进行识别。

很明显, 从用户的角度出发, 按压式最简单、最方便。以后越来越多的移动设备都将采用按压式指纹识别方案。

③ 光学式

光学指纹采集器是最早的指纹采集器, 也是目前使用最为普遍的。它有如下优点:

• 使用时间最长, 经受了实际使用的检验;

• 对温度等环境因素的适应能力好;

• 价格比较低廉, 分辨率较高, 可以达到 500 dpi 以上。

目前, 也已出现了用光栅式镜头替换掉棱镜和透镜系统的采集器, 光电转换的 CCD 器件也已经换成了 CMOS 成像器件, 从而省略了图像采集卡, 直接得到数字图像。

④ 硅芯片式

硅芯片的指纹采集器出现于 20 世纪 90 年代末, 大部分硅芯片测量的是手指表面与芯片表面的直流电容场, 这个电容场经 A/D 转换后成为灰度数字图像。

⑤ 超声波式

超声波指纹采集器可能是最精确的指纹采集器, 但目前并不成熟, 尚没有大规模应用。

(2) 指纹图像的预处理

预处理在整个自动指纹识别系统中是很关键的一步, 通常直接输入计算机的图像有一定的噪声, 需要取出这些噪声才能正确地进行特征提取、分配、匹配等操作。对于不同的特征提取方法有着不同的预处理要求, 目前从大的方面分, 主要有三种特征提取方法: 第一种是从细化后的图像中提取细节特征; 第二种是从灰度级图像中直接提取细节特征; 第三种是从二值化后的图像中直接提取细节特征。后两种特征提取方法中预处理的内容都较少, 但是特征提取算法十分复杂, 而且由于噪声等因素影响, 特征定位也不够准确。目前大多数系统采用第一种方法提取特征, 该方法比较简单, 在得到细化二值图像后, 只需要一个 3×3 的模板便可将终结点和分叉点提取出来。但该方法的预处理的工作量较大, 一般包括图像增强、滤波、二值化、细化等步骤, 最后得到的是一幅指纹脊为单像素宽的二值图像。

(3) 特征提取

一旦一个高质量的图像被获取之后, 需要许多步骤将它的特征转换到一个符合的模板中, 这个过程称为特征提取过程, 它是指纹扫描技术的核心。

当一个高质量的图像被获取之后, 它必须被转换成一个有用的格式。如果图像是灰度图像, 相对较浅的部分会被删除, 而相对较深的部分被变成了黑色。脊的像素有 5~8 个被缩小到一个像素, 这样就能精确定位脊断点和分叉了。

微小细节的图像便来自这个经过处理的图像。在这一点上, 即便是十分精细的图像也存在着变形细节和错误细节, 这些变形和错误细节都要被滤出。例如一个分叉位于一个岛形痕之上 (可能是错误细节) 或者一个脊垂直穿过两到三个脊 (可能是疤痕或者灰尘)。所有这些可能的细节都要在这个处理过程中被舍弃。

除细节的定位和夹角方法的应用以外, 一些生产商也通过细节的类型和质量来划分细节。这种方法的好处在于检索的速度有了较大的提高, 一个显著的、特定的细节, 它的唯一性更容易使匹配成功。

大约 80% 应用生物识别技术的生产厂商以不同的方式来利用指纹图像细节。其余的生产商采用的方法是模式匹配的方法, 即通过推断一组特定脊的数据来处理指纹图像。录入过程中对这组脊的运用是比对的基础, 并且识别需要找到和比对一个细节部分的相同区域。多种脊的利用降低了细节点的可信度,并会受到手指磨损的影响。通过模式匹配获得的指纹模板比通过指纹细节获得的模板大两到三倍,通常有 900~1 200 个字节。

13.2.3　指纹识别应用

指纹识别技术目前在实际中的应用有以下几个方向。

(1) 电子政务领域方面

生物特征识别技术在电子政务领域中的应用已经十分广泛,例如,公民身份的管理控制,国家出入境人员的管理等。

以我国为例,公民使用的第二代身份证中含有科技含量较高的芯片,其中不仅存放了公民的个人信息,而且预留了存放指纹等生物特征的空间。很多地区已经开始采集公民的指纹信息并与身份证融合。

生物特征识别技术应用在电子政务领域会极大地提高政务的办公效率,并在出入境、户籍管理等方面为公民带来更为方便快捷的个人身份认证方法。

(2) 移动终端方面

生物特征识别技术不仅在电子政务领域为人们带来了边界,在移动终端应用中的个人身份认证方面也表现出色,尤其是手机端的指纹认证系统,已经被各大手机厂商和芯片厂商应用在其主打的旗舰手机中。

人机接口 IC (智能卡) 在智能手机市场的应用如火如荼,指纹识别作为现阶段旗舰手机的标配成为手机制造商手中的大卖点,为移动支付提供了后续服务。指纹识别芯片成为各家 IC 设计厂商的兵家必争之地。其中,既包括了国外的 AuthenTec (隶属于苹果公司)、新思 Synapucs、指纹卡 (Fingerprint Cards, FPC),也包括我国台湾的 F—敦泰、义隆,其他厂商还有茂丞科技、盛群等。此外,深圳的 Goodix 汇顶科技在近几年也得到了很好的发展。

目前,全世界各大手机厂商的旗舰机均配置了指纹识别模块,包括苹果从 iPhone5s 之后发布的所有机型、三星的 Galaxy5 之后的机型和华为的 Mate7 之后的机型,等等。

不难看出,生物特征识别技术将是未来智能手机上不可或缺的一个重要组成模块,将会为移动个人认证带来极大的方便。

(3) 电子商务方面

指纹识别系统在移动终端上的成功应用也给用户带来了全新的移动支付方式,其中的佼佼者当数苹果公司的 Apple Pay 和我国阿里巴巴公司的支付宝等。现如今,支付宝、微信支付和绝大多数电子银行应用都能够使用指纹认证快速完成支付。

(4) 移动端软件方面

为了保护移动设备上的信息, 现在许多软件都推出了指纹锁的功能。例如用于记录日记的私密型软件, 用户可以自己选择是否开启指纹锁。

随着指纹锁的应用, 移动端设备上的重要信息也能得到进一步的保护, 即便设备丢失, 也不会轻易泄露数据。

(5) 考勤和门禁等硬件方面

考勤机指纹识别灵敏。指纹考勤机用来记录员工上下班时间, 它基于指纹识别技术实现, 事先将员工的指纹注册到指纹考勤机中, 一人可以注册多枚指纹。当员工按指纹时, 指纹考勤机在所注册的指纹库中寻找相似度达到一定标准的指纹进行验证。指纹考勤机相对于感应卡考勤机的最大好处就是可以避免代打卡, 不用购买卡片。

门禁指纹识别应用广泛。门禁管理是现代安全防范系统的重要组成部分, 随着国内对门禁系统的安全性、先进性和稳定性要求的提高, 迫切需要一种高性能的门禁系统, 现在比较常用的门禁系统主要有生物识别 (指纹、掌纹、虹膜等) 和以射频卡系统为代表的系统。指纹门禁识别是生物识别的又一新型代表作。除了仓库大门可采用指纹识别外, 公寓及办公楼门禁系统也可以采用指纹识别技术。对于宾馆来说, 为客人记录指纹信息, 减少门卡的投资及使用, 可降低开发成本。在住房期限内不需要担心室内安全。

指纹门锁只为安全。日常生活中, 传统的门锁都是使用机械钥匙开门的, 但是机械钥匙存在忘带、丢失的问题, 甚至可能被别有用心的不法分子拷贝, 于是丢了钥匙不得不换锁。指纹锁相对于机械锁、感应锁、密码锁而言是科技含量最高的锁。

13.3 虹膜识别

虹膜识别是最具潜力的生物识别方法之一, 是识别率高、非接触、防欺骗性好的识别方法。虹膜是位于眼角膜之后、晶状体之前, 巩膜和瞳孔之间的环形可视薄膜, 它有纹理、血管和斑点等多个细微特征, 如图 13.5 所示。

虹膜中含有色素, 其颜色不同的人有所不同。通过红外光对虹膜上的纹络进行识别, 发现 60% 左右的纹络是每个人都相同的, 而 40% 的纹络因人而异。虹膜识别是利用人眼图像中虹膜区域的特征 (环状物、皱纹、斑点、冠状物等) 形成特征模板, 通过比较这些特征参数完成识别。据推算, 世界上任何两人拥有相同虹膜的概率是二万亿分之一, 几乎可以说, 每个人的虹膜都是独一无二的。虹膜扫描不太可能提供 "虚假身份", 并且通过临床观察发现: 虹膜在人的一生当中几乎不发生变化, 只有很少的虹膜纹

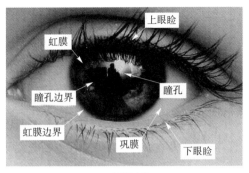

(a) 人眼图像

(b) 虹膜图像

图 13.5　人眼与虹膜图像

理可能会由于年龄或者外伤导致纹理破坏。因此虹膜作为身份认证技术是非常可靠和稳定的。

13.3.1　虹膜识别发展历史

基于虹膜的身份识别思想最早可以追溯到 19 世纪 80 年代。1885 年, 法国人类学家 Bertillon 指出, 人类的生理特征具有区分不同个体的能力, 他的儿子随后将利用生物特征识别个体的思路应用在巴黎的刑事监狱中, 当时所用的生物特征包括: 耳朵的大小、脚的长度、虹膜等。受技术的限制, 当时的虹膜识别主要依据颜色和形状信息, 而且信息通过人的观察获取。

1936 年, 眼科专家 Burch 指出, 虹膜具有独特的信息, 可用于身份识别。1987 年, 眼科专家 Safir 和 Flom 提出了自动虹膜识别的概念, 并将这个思想申报了美国专利。1991 年, 他们请英国剑桥大学 Daugman 开发了虹膜识别的实现算法。1991 年, 美国加利福尼亚 Los Alamos 国家实验室的 Johnson 开发了一个自动虹膜识别系统, 这是有文献记载的最早的一个应用系统。1993 年, 英国剑桥大学 Daugman 博士实现了一个高性能的虹膜识别原型系统。他提出利用多级 Gabor 滤波器 (Gabor filters) 实现虹膜图像纹理相位结构信息编码的方法, 被认为是目前定位综合性能最好的虹膜边界检测方法之一。该方法于 1994 年获得美国专利。目前, 大部分自动虹膜识别系统都使用 Daugman 的核心识别算法。1996 年, 美国麻省理工学院人工智能实验室 Wildes 等研制了基于虹膜的身份认证系统。他将图像配准技术用于虹膜编码, 即采用高斯 – 拉普拉斯二维滤波器, 对虹膜纹理进行多尺度滤波, 即拉普拉斯金字塔分解法, 从而实现虹膜编码。该方法于 1996 年获得美国专利。该方法存在的主要问题是计算量较大, 后来没有被实用化。与此同时, 北美和欧洲也有一些科学工作者致力于虹膜识别方面的研究, 但没有留下文字记载。1997 年, 澳大利亚昆士兰州理工大学的 Boles 等将小波变换用于虹膜识别,他通过计算不同半径的虹膜圆周上一维小波变换的过零点来表示虹膜纹理特征,试图利用不同相似测度实现虹膜匹配,但没有开发出应用系统。2000 年,法国人 Tisse 等提出用瞬时相位技术提取虹膜特征的方法。2001 年,韩国科学家 Lim 等人用二维小波变换实现了虹膜的编码,减少了特征维数,提高了分类识别效果。我国中科院自动化研究所谭铁牛等于 2000 年开发出了基于多通道 Gabor 滤波器提取虹膜特征的虹膜识别算法[96]。近几年,许多科研院所在该领域也取得了可喜的研究成果,研究成果主要涉及虹膜图像的预处理、虹膜边界定位、特征提取和模式比对等各个方面。

虹膜识别需要较高的图像质量、灰度分辨率和空间分辨率,因此对传感器的要求非常高,导致该类设备造价高,提高了虹膜识别研究的门槛。国外的硬件设备研究机构有美国的 Iridian Techbologies 公司、日本松下、OKI 公司和韩国的 LG 公司,国内的研究机构如北京中科模识科技公司,在采集质量上和距离上更加人性化,从人配合摄像机转变为摄像机适应人,更具有实际应用价值。由于虹膜采集困难,随着传感器技术和集成芯片技术发展,设备价格有所下降,在保证图像质量的情况下,虹膜图像的采集距离从 1990—1995 年的近距离采集设备,逐步增大了采集距离,达到 20 cm 以上,以满足更多场合应用的要求。

13.3.2　虹膜识别主要方法

生物特征识别通过捕获生物样本,然后采用数学方法把样本转化成相同大小的模板,提取有效的可区别特征,就可以客观地和其他模板进行比较进而确定身份。和许多生物学系统一样,虹膜识别系统也分为身份注册和身份识别,如图 13.6 所示。

身份注册就是提取身份特征并将特征模板增加到数据库或者保存到个人的智能 IC 卡中,身份识别就是通过采样被鉴别者的生物样本,并形成特征模板,然后和预先注册到数据库中的模板进行匹配或者与存储在个人智能卡中的特征数据进行比对,根据比对结果给出被鉴别者的身份。

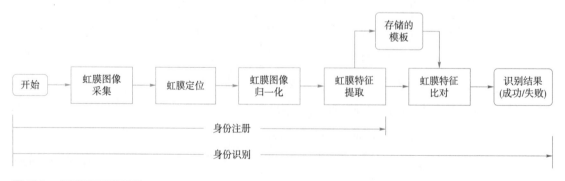

图 13.6　虹膜识别系统原理

一个完整的虹膜身份识别系统主要由虹膜图像采集、虹膜定位、虹膜图像归一化、虹膜特征提取、虹膜特征比对五个部分组成。

1. 虹膜图像的采集

要想进行虹膜识别, 必须先得到虹膜的图像, 因此虹膜图像的采集位于虹膜识别系统的最前端。普通的可见光摄像头很难获得清晰的虹膜图像, 而且受可见光影响会导致成像时灰度变化加大, 产生的图像亮度不均匀、纹路不真实, 因此虹膜图像必须通过特定的虹膜采集仪得到。虹膜采集仪一般采用近红外光源来避免可见光对虹膜图像的影响, 以保证采集到的图像质量。

虹膜图像的获取相对指纹、人脸等比较困难, 因为虹膜图像会受采集过程中光照、视角、距离、焦距等因素的影响, 并且想要获得清晰的虹膜图像还需要使用者的配合。

人眼睛的面积较小, 如果要满足识别算法对图像分辨率的要求, 就必须提高光学系统的放大倍数, 从而导致虹膜成像的景深较小, 所以虹膜采集装置要求被采集者在合适的位置, 同时眼睛凝视镜头, 才能得到质量较好的图像。

虹膜采集设备一般有双目虹膜采集和单目虹膜采集两种。双目虹膜采集仪出现得较早, 目前市场上应用较多的都是双目虹膜采集仪。随着大家对小型化设备的喜爱, 现在体积较小的单目虹膜仪也越来越多。市面上可以见到的虹膜仪如图 13.7 所示。

2. 虹膜定位

由于在采集图像时不可能将眼睛成像在相同的位置, 虹膜在图像中的位置和大小都会有一些变化, 虹膜区域在整个图像中只占很小的一部分, 需要进行虹膜定位。通

(a) 中科虹霸矿用隔爆型虹膜识别仪YBSH127

(b) Iris ID 公司的 iCAM 7000

(c) 探索者双目虹膜识别仪TCI321

(d) 中科虹霸接触式虹膜识别仪IKUSB100E

(e) 天诚盛业的探索者单目虹膜识别仪TCI301

图 13.7　不同公司的虹膜识别仪

(a) 原始图像   (b) 边界定位   (c) 眼皮轮廓检测

图 13.8   虹膜的边界定位和眼皮轮廓定位

常采集的虹膜图像中除了虹膜区域外, 往往还有眼睛的其他部分, 如眼皮、睫毛和巩膜等, 当存在干扰和光照变化时, 虹膜区域还会出现光源像点干扰, 需要消除这些干扰, 因此首先需要对虹膜定位, 包括虹膜的内、外边界定位, 然后通过眼皮轮廓定位、睫毛和光源像点检测去掉被破坏的虹膜区域, 这样实际的虹膜有效区域就是在图像中不包括覆盖和遮挡部分的可见虹膜区域。图 13.8 所示为经过虹膜边界定位和眼皮轮廓定位得到的虹膜有效区域。

3. 虹膜图像的归一化

在虹膜识别系统中, 因为拍摄距离、光照变化, 以及虹膜平面和摄像机平面是否平行等都会造成采集的虹膜图像大小不同、位置不定。虹膜圆环区域的面积大小不同, 说明了虹膜区域在尺度、位置、方位上不一致, 这样无法对虹膜图像进行比对。通常情况下, 需要将不同大小的虹膜区域转化为大小相同的区域, 消除其在尺度、位置和方位上的差异, 从而实现虹膜尺度、位置和旋转的不变性。

John Daugman 在他的论文中给出了一种弹性模型 (如图 13.9 所示): 把圆环通过极坐标展开成长方形。将虹膜区域看作可伸缩的弹性模板, 这样虹膜区域就可以被任意拉伸或压缩, 即使大小不同的虹膜区域, 也完全可以通过伸缩处理将圆环区域变为大小相同的矩形区域——即极坐标表示的矩形区域。在归一化的区域中再进行特征提取, 便能得到大小一致的虹膜模板, 这样就能很容易进行模式间的相似度计算了。

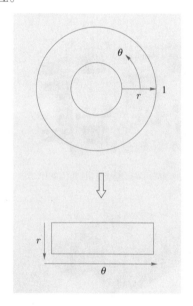

在弹性模型中, 将虹膜有效区域的每个点映射到一对极坐标 (r, θ) 表示的矩形区域, 如图 13.9 所示, 其中 r 是在径向位置, 范围是 [0,1], θ 是角度, 范围是 [0°,360°]。

图 13.9   Daugman 弹性模型

假设虹膜内边界的圆心为 $I(I_x, I_y)$, 半径为 R_i, 外边界的圆心为 $O(O_x, O_y)$, 半径为 R_o。$I(I_x, I_y)$ 和 $O(O_x, O_y)$ 的位置关系可以分为以下五种情况。

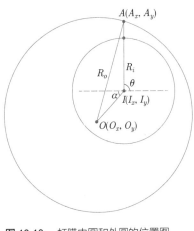

(1) $I_x = O_x$, $I_y = O_y$;

(2) $I_x > O_x$, $I_y \geqslant O_y$;

(3) $I_x > O_x$, $I_y \leqslant O_y$;

(4) $I_x \leqslant O_x$, $I_y > O_y$;

(5) $I_x \leqslant O_x$, $I_y < O_y$。

图 13.10 虹膜内圆和外圆的位置图

以 (2) 这种情况为例, 如图 13.10 所示。

以内圆圆心作为极坐标系的中心, 作与水平线成 θ 角的射线, 它与内、外边界各有一个交点, 分别记作 $A(x_o(\theta), y_o(\theta))$ 和 $B(x_i(\theta), y_i(\theta))$。根据三角函数关系式可得到:

$$\alpha = \operatorname{arctg} \left| \frac{I_y - O_y}{I_x - O_x} \right| \tag{13-7}$$

$$\angle OIA = \pi - \theta + \alpha \tag{13-8}$$

$$OI = \sqrt{(I_y - O_y)^2 + (I_x - O_x)^2} \tag{13-9}$$

由正弦定理得:

$$\angle OAI = \arcsin \frac{OI \times \sin \angle OIA}{R_o} \tag{13-10}$$

$$\angle IOA = \pi - \angle OIA - \angle OAI \tag{13-11}$$

由余弦定理得.

$$IA(\theta) = \sqrt{R_o^2 + OI^2 - 2 \times R_o \times OI \times \cos \angle IOA} \tag{13-12}$$

对于其他四种情况, 可以类似地推导出来相似的结果。于是射线上两个交点之间的任何一点都可以用 $B(x_i(\theta), y_i(\theta))$, $A(x_o(\theta), y_o(\theta))$ 的线性组合来表示:

$$\begin{cases} x(r, \theta) = (1 - r)x_i(\theta) + rx_o(\theta) \\ y(r, \theta) = (1 - r)y_i(\theta) + ry_o(\theta) \end{cases} \tag{13-13}$$

其中 $r \in [0, 1]$, $\theta \in [0, 2\pi]$。

经过以上的归一化处理以后, 虹膜图像中的所有直角坐标点 $(x(r, \theta), y(r, \theta))$, 均被映射为极坐标 (r, θ), 从而构成的集合为一个单位圆。这样, 利用该变换即可将虹膜图像中的每个点一一映射到极坐标对 (r, θ) 中去。这种由直角坐标系下的虹膜图像到极坐标系下的映射可以表示为:

$$I(x(r,\theta),y(r,\theta)) \rightarrow I(r,\theta) \qquad (13-14)$$

并且, 这种映射对于平移和内、外圆环的大小变换具有不变性。

另外, 为了方便图像的匹配, 将极坐标 (r,θ) 表示成在直角坐标系中的习惯表示方法, 即把极坐标下的单位圆展开为直角坐标系下的矩形。这样, 极坐标中的旋转在直角坐标系中变成了平移, 避免了 "插值" 运算, 节省了处理时间。

4. 虹膜特征提取

虹膜特征提取和分类器设计是虹膜识别系统最关键的步骤之一, 因为它将直接影响到虹膜识别的结果。特征提取要做到能提取尽可能多的有效信息, 但是又要尽量地节省存储信息的空间, 而分类器的设计, 则要尽量降低错误率。

典型的虹膜特征提取方法主要可以概括为以下三类。

(1) 对局部纹理定性分析的相位编码方法, 如基于二维 Gabor 滤波器或 Log-Gabor 滤波器的编码方法。

(2) 纹理分析方法, 如 Wilds 利用高斯–拉普拉斯金字塔的方法进行特征提取、中科院自动化研究所基于多通道空间滤波器、双交多小波的编码方法。

(3) 零交叉表示法, 如 Boles 提出的一种基于小波变换的过零点检测编码方法。

其中最为经典的还是 Daugman 提出的二维 Gabor 变换的编码方法。1985 年, Daugman 将 Gabor 函数扩展为二维形式, 并在此基础上构造了 2D Gabor 滤波器。人们发现, 2D Gabor 滤波器不仅可以同时获取时间和频率的最小不确定性, 而且与哺乳动物视网膜神经细胞的接受模型相吻合。人类的视觉具有多通道和多分辨率的特征。近年来, 由于多通道、多分辨率分析的方法受到广泛重视, 如 Gabor 滤波器、Winger 分布和小波空频分析方法等, 而 Gabor 滤波器是该类方法的典型代表, 因此 Gabor 滤波器及其在图像处理、理解、识别等方面的应用研究得到了广泛关注。

在图像空间, 二维 Gabor 滤波器的形式为:

$$G(x,y) = e^{-\pi[(x-x_0)^2/\alpha^2+(y-y_0)^2/\beta^2]}e^{-2\pi i[u_0(x-x_0)+v_0(y-y_0)]} \qquad (13-15)$$

其中, (x_0,y_0) 表示滤波器在图像中的位置; (α,β) 表示指定的有效宽度和长度; (u_0,v_0) 表示频率调制, 它具有空间频率 $\omega_0 = \sqrt{u_0^2+v_0^2}$ 和方向 $\theta_0 = \arctan(v_0/u_0)$。

Gabor 滤波器能够提供信号的空间和频率的局部信息, 它可以看成是由高斯调制正弦和余弦构建而成的, 虽然在频率上有一些损失, 但是它具有高斯包络的正弦调制可以定位局部位置, 以提取局部特征。John Daugman 就是利用二维 Gabor 滤波器的这种特点提取虹膜特征的。将式 (13–15) 作变换, 表示如下:

$$G(x,y) = e^{-\pi[(x-x_0)^2/\alpha^2+(y-y_0)^2/\beta^2]} \cdot e^{-2\pi i[u_0(x-x_0)+v_0(y-y_0)]}$$

$$= e^{-\pi[(x-x_0)^2/\alpha^2+(y-y_0)^2/\beta^2]} \cdot (\cos(2\pi(u_0(x-x_0)+v_0(y-y_0)))+$$

$$i\sin(2\pi(u_0(x-x_0)+v_0(y-y_0)))))$$

$$= G_R(x,y) + iG_I(x,y) \qquad\qquad (13-16)$$

可见上式其实部为偶函数, 虚部为奇函数。滤波器在空间域、频率域上都有良好的获取特征的功能。

Daugman 不是采用滤波结果的幅度信息作为虹膜特征, 而是通过判断滤波结果的符号进行特征编码, 表示如下:

$$h_{\{Re,Im\}} = \text{sgn}_{\{Re,Im\}} \int_{\rho}\int_{\phi} I(\rho,\phi) \cdot e^{-iw(\theta_0-\phi)} e^{-(r_0-\rho)^2/\alpha^2} e^{-(\theta_0-\phi)^2/\beta^2} \rho d\rho d\phi$$

$$(13-17)$$

其中, $I(\rho,\phi)$ 为图像的极坐标形式; $r_0 = \sqrt{x_0^2+y_0^2}$、$h_{\{Re,Im\}}$ 为特征编码。

这样, 根据滤波结果的符号进行而知编码, 将虹膜特征表示成四个状态, 00、01、10、11 表示的相位序列。

采用相位编码比采用幅度编码更稳定, 且二值化结果容易比对, 计算简单。

5. 虹膜特征比对

分类器的选择需要根据虹膜特征向量的特点, 采用 Daugman 的相位编码需要用 Hamming 距离判断。采用 Hamming 距离可以根据二值模板中匹配点占整个模板的比例大小来度量其相似度。因为特征变为二值化, 实际上就是通过统计两个模板上对应位编码不同的个数占总模板位数的比例作为这两个模板之间的距离, 距离越小表明两模板越匹配。

任意两个虹膜编码间的 Hamming 距离定义为:

$$HD = \frac{1}{N}\sum_{i=1}^{N} A_i \oplus B_i \qquad\qquad (13-18)$$

Hamming 距离 HD 就是把两个二值矩阵对应位置的每个数值 (1 或 0) 分别作"异或"运算, 然后将所有 (N 个)"异或"运算得到的结果相加后, 除以总的个数 N。显然, 若 $\boldsymbol{A}$ 和 $\boldsymbol{B}$ 完全相同, 则 $HD=0$; 若 $\boldsymbol{A}$ 和 $\boldsymbol{B}$ 完全不同, 则 $HD=1$。

由于存在眼睑、睫毛等干扰, 将噪声图像区域进行编码比较是无意义的。考虑到噪声的影响, 必须把噪声区域点排除, 所以还要统计噪声点的个数。在 Daugman 的虹膜识别系统中, 这时的 Hamming 距离应该是有效虹膜代码不匹配位数占整个有效代码位数的比例。原始的 Hamming 距离定义为:

$$HD = \frac{\|(codeA \oplus codeB) \cap maskA \cap maskB\|}{\|maskA \cap maskB\|} \qquad (13-19)$$

其中, 异或算子 $\oplus$ 检测每对相应码位的异同, 而 "与" 算子 $\cap$ 则确保正在比较的编码没有受到睫毛、眼睑等干扰的影响。其中 $(codeA, codeB)$ 表示相位编码向量, $(maskA, maskB)$ 表示掩码位向量。

在 Daugman 的算法中, 虹膜代码的数据量很小, 用 $3 \sim 4$ 个字节的数据来代表每平方毫米的虹膜信息。在直径 11 mm 的虹膜上, 虹膜的量化特征点约有 266 个, 独立特征点 13 个, 而一般的生物特征识别技术只有 $13 \sim 60$ 个特征点。独立特征点数决定了任意两个虹膜相似的概率是极小的。

13.3.3 虹膜识别应用

虹膜识别技术以其高精确度、非接触式采集、易于使用等优点, 得到了迅速发展, 被广泛认为是 21 世纪最具有发展前途的生物认证技术, 未来的安防、国防、电子商务等多个领域的应用, 也必然会以虹膜识别技术为重点。这种趋势, 现在已经在全球各种应用中逐渐显现出来, 市场应用前景非常广阔。虹膜识别在国内外的应用主要有以下几个方面。

(1) 在电子商务以及在线交易方面的应用。对于在线交易的双方身份准确的认证是电子商务发展很重要的环节。为了对交易进行尽可能地保护, 在身份认证的过程中一定要使用数据加密技术, 直接把交易和权威身份认证机构连接, 而不是通过一个密码。虹膜识别系统基本上防止了身份冒用, 增加了个人身份验证的可靠性, 同时大大降低交易风险。美国 "Iriscan" 研制出的虹膜识别系统已经应用在美国得克萨斯州联合银行的营业部。储户办理银行业务, 只要摄像机对用户的眼睛进行扫描, 就可以对用户的身份进行检验。

在阿富汗, 联合国与美国联邦难民署使用虹膜识别系统鉴定难民的身份, 以防同一个难民多次领取救济品。同样的系统在巴基斯坦与阿富汗的难民营中使用, 总共有超过 200 万的难民使用了虹膜识别系统, 这套系统对于联合国供给品和人道主义援助物资的分配起到了很关键的作用。

(2) 在医疗记录和个人隐私保护方面的应用。美国华盛顿和阿拉巴马等城市的医疗保健体系是基于虹膜识别系统。该系统保证了病人医疗记录不会在未授权的情况下被他人看到。而在德国, 育婴室安装了虹膜识别系统产品, 限制只有孩子的父母、医生和护士才能进入屋内, 一旦婴儿出院, 其母亲的虹膜代码数据就被从系统中删除, 而不再允许进入。这样降低了婴儿被绑架的概率。

包含个人姓名和身份证号等内容的个人敏感信息,若采用传统的身份识别方法,则无法保护个人隐私信息。而基于虹膜识别的医疗记录可以把权限和个人信息封装在一起,从而保证了病人或者医生身份的匿名性。虹膜识别在政府和交通部门也有广泛而重要的应用。由于虹膜识别的免接触性和可视性,使得它成为一个在无菌环境或者使用者双手被占用的情况下也可以使用的身份识别技术。

(3) 在门禁等出入控制系统中的应用。虹膜识别一开始就涉足传统门禁领域,为数据中心、设备公司和监狱等重要场所提供出入控制。例如银行的营业网点、金库、保险柜等都是防盗抢的重点单位,银行内部的中心机房、会计档案中心也是严格控制进出的重要场所。但是不管规章制度规定多么严格、安全通道如何设计,都要用钥匙、IC卡、密码或者指纹等打开安全门,而钥匙、IC卡、密码等物件容易被盗取、借用、遗失和仿造,甚至指纹也很容易被窃取,这些都会造成一定的安全隐患。采用虹膜识别技术为解决这一问题提供了行之有效的解决方案。虹膜识别门禁系统是以使用者在虹膜识别门禁设备上的数据比对作为基础,以计算机为后台处理工具,全面实现对通道控制区内出入人员的自动化管理。同时根据使用者登记记录能够快速自动生成和导出用户所需的按时间等多种排序条件的门禁记录报表,方便管理人员查询记录。

另外,美国新泽西州肯尼迪国际机场和纽约奥尔巴尼国际机场均安装了虹膜识别仪,用于工作人员安检,只有通过虹膜识别系统的检测才能进入如停机坪和行李提取处等受限制的场所。德国法兰克福机场、荷兰史基浦机场和日本成田机场也安装了虹膜出入境管理系统,应用于乘客通关。

(4) 在考勤方面的应用。虹膜识别也可以用于考勤系统。人事管理越来越复杂,员工隐私权,员工信息的安全,以及组织对于员工个人信息的保护义务这些问题也越来越引起员工和企业的重视。采用虹膜识别系统,在员工上下班时,只需要看一下虹膜识别摄像头,避免考勤中出现 "代刷卡" 现象,因此虹膜识别系统所记录的时间完全可靠,系统所生成的实时考勤报告可以让企业管理者在任何时刻立刻知道所有在岗的员工。

综上所述,在国际上虹膜识别技术已经开始在各行各业以各种形式进行应用,目前已经被人们所接受,并将随着对身份认证要求的不断提高,应用领域越来越广。在国内,很多单位对虹膜识别都表示了强烈的应用意向。虹膜识别系统成为各大航空公司、各大金融机构,以及其他保密机构等国家重点安全机构关注的身份鉴别技术。虹膜识别给应用单位带来了更多社会效益和经济效益,这种应用趋势正在以较大速度增长。与世界的发展趋势一样,在不久的将来虹膜识别技术也必将在中国掀起高潮。

13.4 其他生物特征识别

除了上述几种主流的生物特征识别技术之外, 本节还将介绍其他几种生物特征识别技术。

13.4.1 声音识别

声音识别是对基于生理和行为特征的说话者嗓音和语言学模式的运用, 是通过分析语音的唯一特性, 如发音的频率, 来识别出说话的人。声音辨识技术使得人们可以通过说话的嗓音来控制能否出入限制性的区域。声音识别非常方便, 只需要一个声音传感器即可完成声音采集并进行识别, 系统造价低, 并可以通过电话进行鉴别, 是一种比较

图 13.11　声音识别

受欢迎的、低成本的识别方法。在这些领域使用时, 可以采用基于固定文字的声音识别、不依赖文字的声音识别和会话式的声音识别等, 如图 13.11 所示。

声音识别的优点是: 使用方便, 距离范围大, 安装简单, 只需要一个话筒接收信号即可。缺点是容易模仿, 准确度低, 应用范围有限, 声音识别容易受到背景噪音、身体状况和情绪等的影响, 另外, 同一个人的录音也存在欺骗识别系统的可能。由于声音存在被模仿的可能和低准确度, 故而应用范围有限。

13.4.2 步态识别

步态识别指人们行走时的方式, 这是一种复杂的行为特征。尽管步态不是每个人都不相同的, 但是它也提供了一定的身份信息, 可用在虹膜、人脸、指纹等无法识别的远距离监控中。步态识别的输入是一段行走的视频图像序列, 步态识别的数据获取与人脸识别类似, 具有非侵犯性和可接受性。但是, 由于序列图像的数据量较大, 步态识别与视角有关, 计算复杂性比较高, 处理起来也比较困难。步态识别虽然能提供某种特征, 但并不具有独特性, 容易被模仿, 步态识别还与人的穿着有关, 在冬天穿大衣和夏天穿裙子都会影响到步态特征的提取。

13.4.3 静脉识别

静脉识别是利用静脉中红细胞对于特定近红外线的吸收特性来读取静脉图案。选

择静脉而不是动脉的最主要原因就是它比动脉靠近皮肤, 当近红外线照射手掌时, 比较容易读取到信息。静脉图案的样本数量较多, 曲线和分支也相当复杂, 每个人的差别十分清楚, 因此手指静脉、手背和手掌静脉均可作为一种生物特征, 但这几种静脉识别技术在成像之后的处理方式是不一样的。

手背静脉的隐秘性较差, 降低了复制盗取的难度。由于手掌结构, 手掌静脉识别的技术原理是通过红外线被血红素吸收之后反射回来的强和弱来推测静脉位置的。而手指静脉识别则是静脉成像之后, 使用摄像头直接捕捉静脉的影像。从操作便利性和识别精度方面考虑, 手指静脉识别略微领先, 所以全球范围内关于手背静脉识别和手掌静脉识别的研究数量要远远少于手指静脉识别技术。

手指静脉识别的操作便利性和指纹识别是相同的, 但手指静脉识别却可以克服指纹识别的所有缺陷。到目前为止, 市面上还没有出现伪造手指静脉特征的方法。目前手指静脉识别技术在国内逐步普及, 应用领域也逐步增加, 例如用于 ATM 机以取代金融卡, 或是用于自动贩卖机以取代信用卡或零钱来购买饮料。

尽管手指静脉识别具有高安全性、高准确率等优点, 但因手指静脉采集时无法像人脸或步态那样可以以一种隐蔽的方式获取, 因此在特定领域的应用受到一定的限制。另外, 目前所研发的手指静脉设备造价昂贵, 无法大规模量产, 影响了其在国内的推广应用。

13.4.4　掌纹识别

掌纹的研究是生物特征识别的另一热点。掌纹不仅指手掌皮肤脊纹 (隆线) 和它们的排列, 并且包括手掌皮肤上的屈肌纹和腕纹等。掌纹的形态由遗传基因控制, 掌纹形成后就很稳定, 每个人的掌纹形态各不相同, 不同个体的花纹即使相似, 其纹线数目或长度尺寸也不一致。尽管掌纹曲线长度尺寸及掌纹曲线之间的间距会随着年龄增大而变化, 或者由于种种原因而导致表皮脱落, 但变化后或新生的掌纹仍能够保留原来的结构。只有在有局部明显的外伤或各种引起深层皮下组织破坏的后天性疾病时, 其结构才发生显著变化。掌纹被测试者可接受的程度较高, 而且识别系统的硬件标准化程度比人脸识别、声音识别等方法高, 识别速度也较快, 因此是一种很有发展潜力的身份识别方法。掌纹经常与手形或指纹相结合, 组成融合的生物鉴定方法。

但是, 由于掌纹的复杂性、多样性, 目前基于掌纹的生物特种识别技术的研究与应用屈指可数, 大多数的研究都集中于掌纹特征提取、描述及分类算法, 掌纹识别系统中的一些关键问题还没有得到很好的解决, 例如需要高质量的图像采集设备以及如何选择高效的分类方法等。

13.5　生物特征识别训练平台

天池是阿里云旗下大数据平台, 围绕云生态挖掘输送优秀人才。旨在打造 "数据众智、众创" 平台, 进行真实业务场景演练, 与全球 AI 人才比拼, 挑战世界排名。以下比赛在天池平台长期开放, 读者可以运用相关知识进行训练。

案例 1: 声音识别比赛。赛题以语音识别为背景, 要求选手使用提供的语音数据训练模型并完成语音分类的任务。

案例 2: 心跳信号识别比赛。赛题以心电图心跳信号数据为背景, 要求选手根据心电图感应数据预测心跳信号所属类别, 其中心跳信号对应正常病例以及受不同心律不齐和急性心肌梗死影响的病例。

参考文献

[1] THEODORIDIS S, KOUTROUMBAS K. Pattern recognition [M].Fourth Edition. New York:Academic Press, 2008.

[2] AMIT Y. Structural image restoration through deformable templates[J]. Journal of the American Statistical Association, 1991, 86(414):376-387.

[3] JAIN A, ZHONG Y, LAKSHMANAN S. Object matching using deformable templates [J]. IEEE Transactions on Pattern Analysis and Machine Intelligence, 1996.

[4] JAIN A. Representation and recognition of handwritten digits using deformable templates[J]. IEEE Transactions on Pattern Analysis & Machine Intelligence, 2002, 19(12):1386-1390.

[5] BRUNELLI R, POGGIO T. Face recognition: Features versus templates[J]. IEEE Transactions on Pattern Analysis & Machine Intelligence, 1993, 15(10):1042-1052.

[6] LADES M, VORBRUGGEN J, BUHMANN J, et al. Distortion invariant object recognition in the dynamic link architecture[J]. IEEE Transactions on Computer, 1993, 3.

[7] MILBORROW S, NICOLLS F. Locating facial features with an extended active shape model[C]//Proceedings of the ECCV. Berlin: Springer, 2008: 504-513.

[8] DUDA R, HART P, STORK D. Pattern classification[M]. Second Edition. New York: John Wiley & Sons, Inc, 2001.

[9] BERGER J. Statistical decision theory and Bayesian analysis[M]. Berlin: Springer, 1993.

[10] KOCH K. Introduction to Bayesian statistics[M]. Berlin: Springer, 2007.

[11] ALPAYDIN E. Bayesian decision theory: In introduction to machine learning[M]. Cambridge. MIT Press, 2010.

[12] CRESSIE N, MORGAN P. Improving upon the Neyman-Person approach to testing hypotheses[D]. Ontario: University of Western Ontario, 1986.

[13] 张学工. 模式识别 [M]. 3 版. 北京: 清华大学出版社, 2010.

[14] 边肇祺, 张学工. 模式识别 [M]. 2 版. 北京: 清华大学出版社, 1999.

[15] 周志华. 机器学习 [M]. 北京: 清华大学出版社, 2016.

[16] 齐敏, 李大健, 郝重阳. 模式识别导论 [M]. 北京: 清华大学出版社, 2010.

[17] QUINLAN J R. Induction of decision trees[J]. Machine Learning, 1986, 1(1): 81-106.

[18] UTGOFF P E. Incremental induction of decision trees[J]. Machine Learning, 1989, 4(2): 161-186.

[19] CHANG C L. Pattern recognition by piecewise linear discriminant functions[J]. IEEE Transactions on Computers, 1973, 100(9): 859-862.

[20] COVER T M, Hart P E. Nearest neighbor pattern classification[J]. IEEE Transactions on Information Theory, 1967, 13(1): 21-27.

[21] DUDANI S A. The distance-weighted k-nearest-neighbor rule[J]. IEEE Transactions on Systems, Man, and Cybernetics, 1976, 4: 325-327.

[22] SVANTE W, ESBENSEN K, GELADI P. Principal component analysis[J]. Chemometrics and Intelligent Laboratory Systems, 1987, 2(1-3): 37-52.

[23] BERNHARD S, SMOLA A, MÜLLER K R. Kernel principal component analysis[C]// Proceedings of the International conference on artificial neural networks. Berlin: Springer, 1997, 583-588.

[24] 西奥多里蒂斯. 模式识别 [M]. 4 版. 李晶皎, 译. 北京: 电子工业出版社, 2004.

[25] WEBB A. 统计模式识别 [M]. 2 版. 王萍, 杨培龙, 罗颖昕, 译. 北京: 电子工业出版社, 2004.

[26] DUDA R, HART P, STORK D. 模式分类 [M]. 2 版. 李宏东, 姚天翔, 译. 北京: 机械工业出版社, 2003.

[27] 李晶皎, 赵丽红, 王爱侠. 模式识别 [M]. 北京: 电子工业出版社, 2010.

[28] MOGHADDAM B, PENTLAND A. Probabilistic visual learning for object representation [J]. IEEE Transections on Pattern Analysis and Machine Intelligence, 1997, 19(7): 696-710.

[29] TURK M, PENTLAND A. Eigenfaces for recognition[J]. Journal of Cognitive Neuroscience, 1991, 3(1): 71-86.

[30] MARTÔÂNEZ A, KAK A. PCA versus LDA [J]. IEEE Transactions on Pattern Analysis & Machine Intelligence, 2001, 23(2): 228-233.

[31] 徐勇, 张大鹏, 杨健. 模式识别中的核方法及其应用 [M]. 北京: 国防工业出版社, 2010.

[32] CORTES C, VAPNIK V. Support-vector networks[J]. Machine Learning, 1995, 20(3): 273-297.

[33] VAPNIK V. Estimation of dependences based on empirical data[M]. Berlin: Springer Science & Business Media, 2006.

[34] VIDYASAGAR M. A theory of learning and generalization[M]. Berlin: Springer, 2002.

[35] VAPNIK V. The nature of statistical learning theory[M]. Berlin: Springer Science & Business Media, 2013.

[36] VAPNIK V, CHERVONENKIS A Y. On the uniform convergence of relative frequencies of events to their probabilities[J]. Theory of Probability & Its Applications, 1971.

[37] KUHN H W. TUCKER A W. Nonlinear programming[C]// Proceedings of 2nd Berkeley Symposium. California: University of California Press, 1951: 481-492.

[38] PLATT J. Sequential minimal optimization: A fast algorithm for training support vector machines[J]. CiteSeerX, 1998.

[39] RODRIGUEZ A, LAIO A.Clustering by fast search and find of density peaks[J]. Science, 2014, 344(6191): 1492-1496.

[40] 盛立东. 模式识别导论 [M]. 北京: 北京邮电大学出版社, 2010.

[41] 冯晋臣. 模糊模式识别 [M]. 石家庄: 河北科学技术出版社, 1992.

[42] GENG X, YIN C, ZHOU Z. Facial age estimation by learning from label distributions [J]. IEEE Transactions on Pattern Analysis and Machine Intelligence, 2013, 35(10): 2401-2412.

[43] 孙即祥. 现代模式识别 [M]. 2 版. 北京: 高等教育出版社, 2008.

[44] 李弼程, 邵美珍, 黄洁. 模式识别原理与应用 [M]. 西安: 西安电子科技大学出版社, 2008.

[45] 邓俊辉. 数据结构 [M]. 北京: 清华大学出版社, 2012.

[46] 李航. 统计学习方法 [M]. 北京: 清华大学出版社, 2012.

[47] MUNKRES J, Algorithms for the Assignment and Transportation Problems[J]. Journal of the Society for Industrial and Applied Mathematics, 1957, 5(1):32–38.

[48] 朱大奇, 史惠. 人工神经网络原理及应用 [M]. 北京: 科学出版社, 2006.

[49] 阎平凡, 张长水. 人工神经网络与模拟进化算法 [M]. 北京: 清华大学出版社, 2002.

[50] 孙增圻, 郑志东, 张再兴. 智能控制理论与技术 [M]. 2 版. 北京: 清华大学出版社, 2011.

[51] 王凌. 智能优化算法及其应用 [M]. 北京: 清华大学出版社, 2001.

[52] 周树德, 王岩, 孙增圻, 等. 量子神经网络 [J]. 中国智能自动化会议论文集, 2003: 163-168.

[53] 王忠勇, 陈恩庆, 葛强, 等. 误差反向传播算法与信噪分离 [J]. 河南科学, 2002, 20(1): 7-10.

[54] 刘瑞霞. 人工神经网络在环境科学中的应用 [J]. 内蒙古水利, 2011(1): 91-92.

[55] VENTURA D, TONY M. An artificial neuron with quanturn mechanical properties[J]. Artificial Neural Nets and Genetic Algorithms, 1997: 482-485.

[56] KARAYIANNIS N, PURUSHOTHAMAN G. Fuzzy pattern classification using feedforward neural networks with multilevel hidden neurons[C]// Proceedings of the ICNN'94. IEEE, 1994: 1577-1582.

[57] PURUSHOTHAMAN G, KARAYIANNIS N B. Quantum neural networks: Inherently fuzzy feedforward neural networks[C]//Proceedings of International Conference on Neural Networks (ICNN'96). IEEE, 1997: 679-693.

[58] KRETZSCHMAR R, BUELER R, KARAYIANNIS N B, et al. Quantum neural networks versus conventional feedforward neural networks: an experimental study[C]//Proceedings of the Neural Networks for Signal Processing X, IEEE Signal Processing Society Workshop. IEEE, 2000:328-337.

[59] KRETZSCHMAR R, KARAYIANNIS N B, RICHNER H. NEURO-BRA: a bird removal approach for wind profiler data based on quantum neural networks[C]//Proceedings of the IEEE-INNS-ENNS International Joint Conference on Neural Networks. IEEE, 2000: 373-378.

[60] KRETZSCHMAR R, KARAYIANNIS N B, RICHNER H. A Comparison of Feature Sets and Neural Network Classifiers on a Bird Removal Approach for Wind Profiler Data[C]//Proceedings of the IEEE-INNS-ENNS International Joint Conference on Neural Networks. IEEE, 2000: 279-284.

[61] ZHOU J, QIAN G, ADAM K, et al. Recognition of handwritten numerals by quantum neural network with fuzzy features[J]. Document Analysis and Recognition, 1999, 2(1):30-36.

[62] ZHOU J. Automatic detection of premature ventricular contraction using quantum neural networks[C]//Proceedings of the IEEE Symposium on Bioinformatics & Bioengineering. IEEE, 2003:169-173.

[63] LI F, ZHAO S, ZHENG B. Quantum neural networks in speech recognition[C]//Proceedings of International Conference on Neural Networks. IEEE, 2000: 1267-1270.

[64] NOBUYUKI M, MASATO T, HARUHIKO N. A network model based on qubitlike neuron corresponding to quantum circuit[J]. Electronics and communications, 2000: 3-4.

[65] KOUDA N, MATSUI N, NISHIMURA H. Learning performance of neuron model based on quantum superposition[C]//Proceedings of the IEEE International Workshop on Robot & Human Interactive Communication. IEEE, 2000: 112-117.

[66] MATSUI N, KOUDA N, NISHIMURA H. Neural network based on QBP and its performance[C]//Proceedings of the IEEE-INNS-ENNS International Joint Conference on Neural Networks. IEEE, 2000: 247-252.

[67] KOUDA N, MATSUI N, NISHIMURA H. Iamge Compression by Layered Quantum Neural Networks[J]. Neural Processing Letters: 2002, 67-80.

[68] KAK S C. Quantum Neural Computing[J]. Advances in Imaging and Electron Physics, 1995, 94:259-313.

[69] TAD H, SUBHASH K, DAN V, et al. A quantum leap for AI[J]. Plos One, 2013: 1521-1525.

[70] RUMELHART D E, HINTON G E, WILLIAMS R J. Learning representations by back-propagating errors[J]. Nature, 1986, 5: 533-536.

[71] MOODY J, DARKEN C. Fast learning in networks of locally-tuned processing units[J]. Neural Computation: 1989, 1(2): 281-294.

[72] POWELL M. Radial basis function for multivariable interpolation: A review[J]. Algorithms for Approximation, 1985: 143-167.

[73] LI P, LIU Y, SUN M. Recursive autoencoders for ITG-based translation[C]//Proceedings of the Conference on Empirical Methods in Natural Language Processing. ACL, 2013: 567-577.

[74] HOCHREITER S, SCHMIDHUBER J. Long short-term memory[J]. Neural Computation, 1997, 9(8): 1735-1780.

[75] HINTON G E. Learning multiple layers of representation[J]. Trends in Cognitive Sciences, 2007, 11(10): 428-434.

[76] KRIZHEVSKY A, SUTSKEVER I, HINTON G E. Imagenet classification with deep convolutional neural networks[J]. Communications of the ACM, 2017, 60(6): 84-90.

[77] SIMONYAN K, ZISSERMAN A. Very deep convolutional networks for large-scale image recognition[J]. arXiv preprint arXiv:1409.1556, 2014.

[78] SZEGEDY C, LIU W, JIA Y, et al. Going deeper with convolutions [C]// Proceedings of the 2015 IEEE Conference on Computer Vision and Pattern Recognition (CVPR). IEEE, 2015: 1-9.

[79] HE K, ZHANG X, REN S, et al. Deep residual learning for image recognition[C]// Proceedings of the 2016 IEEE Conference on Computer Vision and Pattern Recognition (CVPR). IEEE, 2016: 770-778.

[80] HUANG G, LIU Z, VAN DER MAATEN L, et al. Densely connected convolutional networks[C]//Proceedings of the 2017 IEEE Conference on Computer Vision and Pattern Recognition (CVPR). IEEE, 2017: 4700-4708.

[81] GOODFELLOW I, POUGET-ABADIE J, MIRZA M, et al. Generative adversarial networks [J]. Advances in Neural Information Processing Systems, 2014: 2672–2680.

[82] ISOLA P, ZHU J Y, ZHOU T, et al. Image-to-image translation with conditional adversarial networks[C]//Proceedings of the 2017 IEEE Conference on Computer Vision and Pattern Recognition (CVPR). IEEE, 2017: 1125-1134.

[83] LEDIG C, THEIS L, HUSZÁR F, et al. Photo-realistic single image super-resolution using a generative adversarial network[C]// Proceedings of the 2017 IEEE Conference on Computer Vision and Pattern Recognition (CVPR). IEEE, 2017: 4681-4690.

[84] SHRIVASTAVA A, PFISTER T, TUZEL O, et al. Learning from simulated and unsupervised images through adversarial training[C]//Proceedings of the 2017 IEEE Conference on Computer Vision and Pattern Recognition (CVPR). IEEE, 2017: 2107-2116.

[85] LIU F, SHEN C, LIN G. Deep convolutional neural fields for depth estimation from a single image[C]//Proceedings of the 2015 IEEE Conference on Computer Vision and Pattern Recognition (CVPR). IEEE, 2015: 5162-5170.

[86] SCHROFF F, KALENICHENKO D, PHILBIN J. FaceNet: A unified embedding for face recognition and clustering[C]//Proceedings of the 2015 IEEE Conference on Computer Vision and Pattern Recognition (CVPR). IEEE, 2015: 815-823.

[87] GIRSHICK R, DONAHUE J, DARRELL T, et al. Rich feature hierarchies for accurate object detection and semantic segmentation[C]//Proceedings of the 2014 IEEE Conference on Computer Vision and Pattern Recognition (CVPR). IEEE, 2014: 580-587.

[88] UIJLINGS J R, VAN DE SANDE K E, GEVERS T, et al. Selective search for object recognition[J]. International Journal of Computer Vision, 2013, 104(2): 154-171.

[89] JAIN A K, FLYNN P, ROSS A A. Handbook of biometrics[M]. Berlin: Springer Science & Business Media, 2007.

[90] BRUNELLI R. Template matching techniques in computer vision: Theory and practice[M]. New York: John Wiley & Sons, 2009.

[91] ZHANG J, YAN Y, LADES M. Face recognition: eigenface, elastic matching, and neural nets[J]. Proceedings of the IEEE, 1997, 85(9):1423-35.

[92] WISKOTT L, KRÜGER N, KUIGER N, et al. Face recognition by elastic bunch graph matching[J]. IEEE Transactions on Pattern Analysis and Machine Intelligence, 1997, 19(7):775-9.

[93] BEAL M J, GHAHRAMANI Z, RASMUSSEN C E. The infinite hidden Markov model[J]. Advances in Neural Information Processing Systems, 2002.

[94] HUANG G B, MATTAR M, BERG T, et al. Labeled faces in the wild: A database for studying face recognition in unconstrained environments[J]. Month, 2008.

[95] WOLD S, ESBENSEN K, GELADI P. Principal component analysis[J]. Chemometrics and Intelligent Laboratory Systems, 1987, 2(1-3): 37-52.

[96] MA L, WANG Y, TAN T. Iris recognition based on multichannel Gabor filtering[C]//Proceedings of the Fifth Asian Conference of Computer Vision. 2002, 1(1).

新一代人工智能系列教材

"新一代人工智能系列教材"包含人工智能基础理论、算法模型、技术系统、硬件芯片和伦理安全以及"智能 +"学科交叉等方面内容,以及实践系列教材,在线开放共享课程,各具优势、衔接前沿、涵盖完整、交叉融合,由来自浙江大学、北京大学、清华大学、上海交通大学、复旦大学、西安交通大学、天津大学、哈尔滨工业大学、同济大学、西安电子科技大学、暨南大学、四川大学、北京理工大学、南京理工大学、微软亚洲研究院等高校和研究所的老师参与编写。

教材名	作者	作者单位
人工智能导论: 模型与算法	吴飞	浙江大学
可视化导论	陈为、张嵩、鲁爱东、赵烨	浙江大学、密西西比州立大学、北卡罗来纳大学夏洛特分校、肯特州立大学
智能产品设计	孙凌云	浙江大学
自然语言处理	刘挺、秦兵、赵军、黄萱菁、车万翔	哈尔滨工业大学、中科院大学、复旦大学
模式识别	周杰、郭振华、张林	清华大学、同济大学
人脸图像合成与识别	高新波、王楠楠	西安电子科技大学
自主智能运动系统	薛建儒	西安交通大学
机器感知	黄铁军	北京大学
人工智能芯片与系统	王则可、李玺、李英明	浙江大学
物联网安全	徐文渊、冀晓宇、周歆妍	浙江大学、宁波大学
神经认知学	唐华锦、潘纲	浙江大学
人工智能伦理导论	古天龙	暨南大学
人工智能伦理与安全	秦湛、潘恩荣、任奎	浙江大学
金融智能理论与实践	郑小林	浙江大学
媒体计算	韩亚洪、李泽超	天津大学、南京理工大学
人工智能逻辑	廖备水、刘奋荣	浙江大学、清华大学
生物信息智能分析与处理	沈红斌	上海交通大学
数字生态: 人工智能与区块链	吴超	浙江大学
人工智能与数字经济	王延峰	上海交通大学
人工智能内生安全	姜育刚	复旦大学
数据科学前沿技术导论	高云君、陈璐、苗晓晔、张天明	浙江大学、浙江工业大学
计算机视觉	程明明	南开大学
深度学习基础	刘远超	哈尔滨工业大学
机器学习基础理论与应用	李宏亮	电子科技大学
遥感图像智能分析与处理	尹继豪、罗晓燕、飞桨教材编写组	北京航空航天大学
具身智能	刘华平	清华大学
因果发现与推断	李廉	合肥工业大学

新一代人工智能实践系列教材

教材名	作者	作者单位
智能之门: 神经网络与深度学习入门 (基于 Python 的实现)	胡晓武、秦婷婷、李超、邹欣	微软亚洲研究院
人工智能基础	徐增林等	哈尔滨工业大学 (深圳)
机器学习	胡清华、杨柳、王旗龙等	天津大学
深度学习技术基础与应用	吕建成、段磊等	四川大学
计算机视觉理论与实践	刘家瑛	北京大学
语音信息处理理论与实践	王龙标、党建武、于强	天津大学
自然语言处理理论与实践	黄河燕、史树敏、李洪政	北京理工大学
跨媒体移动应用导论	张克俊	浙江大学
人工智能芯片编译技术与实践	蒋力	上海交通大学
智能驾驶技术与实践	黄宏成	上海交通大学
人工智能导论: 案例与实践	朱强、飞桨教材编写组	浙江大学、百度

模 式 识 别

Moshi Shibie

周杰　郭振华　张林　编著

图书在版编目（CIP）数据

模式识别 / 周杰, 郭振华, 张林编著. -- 北京：
高等教育出版社, 2022.11
ISBN 978-7-04-058874-3

Ⅰ.①模… Ⅱ.①周…②郭…③张…Ⅲ.①模式识
别-高等学校-教材 Ⅳ.①TP391.4

中国版本图书馆 CIP 数据核字 (2022) 第106536号

内容提要

模式识别是人工智能的重要分支，其理论建立在矩阵论、概率论与数理统计等基础知识之上，其技术在人机交互、自动驾驶、工业制造、医学工程，以及基因技术等方面都发挥着重要作用，具有典型的理论性与实践性紧密结合的特点。本书涵盖统计决策论、线性分类器、概率密度函数估计等基础知识点，注重公式推导，同时将经典算法与前沿技术应用结合起来进行介绍。全书内容共分为13章：绪论、模板匹配、基于统计决策的概率分类方法、线性判别函数、非线性鉴别函数、特征选择与特征提取、统计学习理论及 SVM、聚类分析、模糊模式识别法、句法模式识别、人工神经网络、深度学习，以及深度学习在生物特征识别领域的应用。

本书内容系统、案例丰富、阐述翔实，适合作为高等院校自动化类、计算机类、人工智能类等专业本科生、研究生的教材和教学参考书，也可作为高等院校各专业通识教育的教学用书。同时，本书还可供相关领域的科研人员、工程技术人员和管理人员参考阅读。

防伪查询说明

用户购书后刮开封底防伪涂层，利用手机微信等软件扫描二维码，会跳转至防伪查询网页，获得所购图书详细信息。

防伪客服电话
(010) 58582300

策划编辑　韩飞
责任编辑　韩飞
封面设计　张申申
责任绘图　黄云燕
责任校对　刘娟娟
责任印制　存怡

出版发行　高等教育出版社
社址　北京市西城区德外大街4号
邮政编码　100120
购书热线　010-58581118
咨询电话　400-810-0598
网址
http://www.hep.edu.cn
http://www.hep.com.cn
网上订购
http://www.hepmall.com.cn
http://www.hepmall.com
http://www.hepmall.cn
印刷　北京市大天乐投资管理有限公司
开本　787mm×1092mm　1/16
印张　19
字数　350千字
版次　2022年11月第1版
印次　2022年11月第1次印刷
定价　39.00元

本书如有缺页、倒页、脱页等质量问题，请到所购图书销售部门联系调换